地势坤，君子以厚德载物。

中国家庭
育儿百科

科学家庭育儿 著

科学技术文献出版社
SCIENTIFIC AND TECHNICAL DOCUMENTATION PRESS
·北京·

图书在版编目（CIP）数据

中国家庭育儿百科 / 科学家庭育儿著 . — 北京：科学技术文献
出版社，2023.2
ISBN 978-7-5189-9942-2

Ⅰ.①中…Ⅱ.①科…Ⅲ.①婴幼儿—哺育—基本知识Ⅳ.① TS976.31

中国版本图书馆 CIP 数据核字（2022）第 238018 号

中国家庭育儿百科

责任编辑：王黛君　宋嘉婧　　责任校对：张吲哚　　责任出版：张志平

出 版 者　科学技术文献出版社
地　　址　北京市复兴路15号 邮编 100038
编 务 部　（010）58882938，58882087（传真）
发 行 部　（010）58882868，58882870（传真）
邮 购 部　（010）58882873
销 售 部　（010）82069336
官方网址　www.stdp.com.cn
发 行 者　科学技术文献出版社发行　全国各地新华书店经销
印 刷 者　三河市嘉科万达彩色印刷有限公司
版　　次　2023 年 2 月第 1 版　2023 年 2 月第 1 次印刷
开　　本　700×980　1/16
字　　数　562 千
印　　张　38
书　　号　ISBN 978-7-5189-9942-2
定　　价　128.00元

目 录

第一章 科学饮食，才能有健康身体

第二章　掌控常见症状和疾病

第三章 健康安全教育与性教育

第四章　科学保健常识

第五章　科学的养育，用对方法

第六章　科学处理意外伤害

第九章　科学接种疫苗

第一章

科学饮食，才能有健康身体

从出生到 7 岁，孩子应喝什么奶？喝多少？

不少妈妈有疑问——1 岁以下的宝宝能不能喝纯牛奶？母乳喂养的宝宝满1 岁后，喝配方奶好还是牛奶好？然而，还有不少家长连这些问题都没有搞清楚，就敢学网红倒腾奶制品。

使不得！对于自制的奶制品，成年人未必能照单全收，何况宝宝呢？科大大就以牛奶和配方奶为例，说说那些喝奶知识。

一、首先解决喝什么奶

1. 配方奶真的要喝到 3 岁吗？

配方奶粉在制作时调整了蛋白质等营养物质的含量，成分更贴近母乳。1岁以下的宝宝需要喝母乳或配方奶，1 岁后才能考虑喝纯牛奶等奶制品，但具体喝哪一种，可以根据宝宝的喜好、吸收能力等来选择。

至于配方奶喝到几岁，没有明确要求，主要还是看辅食的整体添加情况和孩子的心理需求。

2. 孩子对牛奶蛋白过敏，或者乳糖不耐受怎么办？

如果孩子牛奶蛋白过敏，不建议喝牛奶。可以选择：

水解蛋白配方奶粉（低敏配方）：蛋白质被水解成分子较小的肽链，大大降低了致敏性。

氨基酸配方奶粉（无敏配方）：蛋白质被完全水解为氨基酸，无致敏性。

乳糖不耐受的孩子可以选低乳糖牛奶或者酸奶；如果喝配方奶，选择无乳糖配方奶粉。

二、牛奶怎么喝才更好？

1. 牛奶虽好，可不要贪"瓶"

"奶是多好的东西啊！"有的家长把牛奶神化，指望它多多益善，那也挺"强奶所难"的。

科大大最近看到一则新闻——一位妈妈每天给 2 岁大的孩子喝 6 瓶牛奶，结果孩子进了重症监护室。医生一查，原来是因为过量饮用牛奶，阻碍铁元素的吸收，导致了贫血，使得小肠的乳糖分解功能出现问题，而过多的乳糖又导致了肠道出血。

科大大不想耸人听闻地说"喝了 6 瓶奶就要进 ICU"这种话，但是，每个家长都需要重视宝宝合理的奶摄入量。

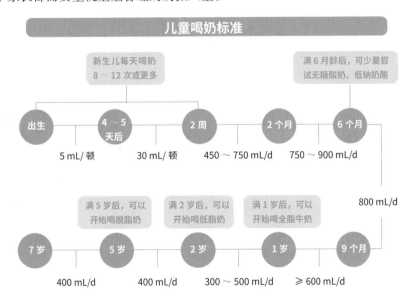

2. 怎么挑选市面上的牛奶？看营养？看价格？

不！强化营养的牛奶，听起来美滋滋，但宝宝吸收不了也是白搭。挑牛奶，营养、价格都要考虑，但重要的是看适不适合宝宝。

如果宝宝喝后体重、身高指标增加正常，睡得香、喝得好，而且没有出现口气、腹胀、皮疹等症状，眼睛也没有过多的分泌物，那么这就是适合宝宝的好牛奶。

3. 放凉的牛奶能用微波炉加热吗？

可以。不过要注意：

★ 加热时间不可过长：奶加热的时间越长、温度越高，营养流失就越严重。一般来说，用高火加热 1 分钟就足够了。

★ 摇匀防止烫伤：用微波炉加热后的牛奶经常会温度不均匀，所以加热后最好充分摇匀，否则宝宝可能会被烫到。

4. 孩子不喜欢喝牛奶，可以加糖吗？

不可以！蔗糖在体内分解成酸后，会与奶中的碱性钙盐中和，促使细菌发酵，不仅会导致腹胀，还削减了营养价值。而且，牛奶本身含有乳糖，额外加糖容易让孩子养成吃甜食的不良习惯，为能量摄入超标埋下隐患。对于小宝宝来说，喝奶"平平淡淡才是真"。

三、配方奶怎么喝才靠谱？

1. 冲泡奶粉，水该烫还是温？

有一种说法是，奶粉容易受到阪崎肠杆菌的污染，所以需要高温杀菌，但用高温水泡奶粉又会使部分营养流失。其实，只要奶粉质检合格而且存放得当，就不会受到污染。家长如果不放心，可以按月龄给宝宝调整冲泡奶粉的水温：

★ 宝宝小于 6 月龄：用 70 ℃的水冲泡。

★ 宝宝大于 6 月龄：用 40～55 ℃的水冲泡，减少益生菌和维生素 C 的流失。

2. 冬季喝奶粉易"上火"，怎么办？

★ 尽量母乳喂养，有利于宝宝吸收，母乳中的多种抗体还能维护宝宝肠胃的生态平衡。

★ 宝宝满 6 个月后及时添加辅食；合理选择、更换配方奶粉，一般而言，低糖化、低聚合蛋白的配方奶粉更容易消化和吸收。

★ 还可以在两餐之间给宝宝喂适量温水，并坚持做腹部按摩。方法是在肚脐周围顺时针按摩10分钟。

★ 避免长期过量食用奶粉、频繁更换配方奶粉、奶粉冲调过浓等问题，一言以蔽之，定时、定量并遵照说明书。

3. 孩子吃辅食特别慢，能混在配方奶里喂吗？

不能！无论是将辅食和配方奶混合后放在奶瓶里用大孔的奶嘴喂，还是放在碗里用勺子喂，都应该杜绝。

宝宝从喝奶转变为吃辅食，需要熟悉每种食物的味道和食物在口腔内的感觉，并练习咀嚼、卷舌和吞咽，这样对出牙也有好处。

养"四脚吞金兽"可不亚于打一场硬仗，外界每天传递给家长的信息太多了，新花样也层出不穷。这时候，最需要家长拿出自己的判断力，保持理智不跟风，以科学、健康的方式喂养宝宝。

补钙 3 大误区早知道

　　一入冬就有不少妈妈惦记着给孩子补钙，认为冬季不补钙，春天长不高。冬天晒不着太阳，得多吃钙片。骨头汤、奶制品、钙片，马上安排。

　　擅长辟谣的科大大就来一一说清楚——冬天真的需要多补钙吗？补钙的话吃什么最靠谱？孩子汗多、枕秃、瘦小等意味着缺钙吗？

　　大部分家长认为，冬天孩子晒不到太阳，要想在春天长个儿，就得在冬季多补钙，打好基础。

　　可晒太阳真的补钙吗？晒太阳真正的作用是——太阳光中的紫外线通过照射人体皮肤，使皮肤中的 7- 脱氢胆固醇转化成维生素 D_3，维生素 D_3 被吸收入血，并经过肝肾代谢，成为活性维生素 D，促进人体对钙的吸收。

　　如果孩子冬天晒不到太阳，那应该补的是维生素 D，而不是钙。而且通过晒太阳获取的维生素 D 往往很有限，还是不要冒着被晒伤的风险让孩子使劲儿晒太阳了。

　　关于"春天长个儿需要冬天补钙"的说法，相关研究表明，宝宝确实在春天会长得快一点儿，但补钙不应该有季节性。不管是冬天还是春天，都不需要额外吃钙片来补钙，补钙的首选方法是均衡饮食。

　　有些家长为了让孩子长得高一点儿，给孩子吃大量钙片，但盲目补钙会增加孩子的肾脏负担，可能引发比缺钙更严重的疾病。

　　除"冬天要多补钙"以外，还有很多关于补钙的误区，不少父母仍然在里面打转，下文就来一一辟谣。关于补钙和缺钙，很多家长都误会了。这 3

大误区很坑孩子：

误区一：动不动就觉得孩子缺钙

以下情况都不是缺钙：

★ 出汗多：出汗多和宝宝自主神经功能发育不完善的生理特点有关，不用过于担心，随着月龄增加会逐渐改善。

★ 夜醒多：小宝宝的睡眠周期本来就短，和缺钙没有关系。而且宝宝正处于快速生长发育阶段，胃肠道不适、长牙、温度变化、情感需求得不到满足等原因都会导致孩子睡觉不安稳。

★ 枕秃：小宝宝躺着的时间居多，出汗或感觉热、痒等，没法儿用手抓，只能通过摩擦来缓解不适，长此以往，摩擦的地方就形成了明显的枕秃，这是正常现象，和缺钙没关系。

★ 个子矮：身高多与遗传和营养等因素有关，只要孩子的生长曲线正常，就是健康的，不是缺钙。

★ 出牙晚：每个宝宝的基因和生长速度都不同，所以出牙时间也不同。

那么孩子出现什么症状才是真正的缺钙？

实际上，孩子缺钙的症状并不明显，真正需要严肃对待的是"低钙血症"。如果宝宝长期缺钙，当血钙浓度低于 1.8 mmol/L 时，就会被诊断为低钙血症。此时孩子可能会出现手足抽搐、全身痉挛等症状。这种情况需要去医院检查，遵医嘱治疗，不是单纯吃点儿钙片就能治好的。

误区二：骨密度低等于缺钙

很多妈妈带孩子做骨密度测量时，看到结果显示骨密度低，就惴惴不安，心想是不是得补钙。

冷静！骨密度低不等于缺钙。对生长发育正常的孩子来说，常规的骨密度测量完全没有意义。理由如下：

★ 国际上没有儿童骨密度测量的标准数值可供参考。

★ 每个医院的仪器不同，结果也会不同，不能准确反映骨代谢情况。

★ 处于生长高峰期的孩子，骨骼钙化不完全，骨组织中水分含量高、矿物质含量偏低是正常的。

如果有人因为孩子的骨密度低就建议吃钙片，请果断拒绝，甚至没必要做这项检查。

误区三：骨头汤、牛奶能补钙，放肆喝

骨头富含钙，但其中的钙质几乎不溶于水，骨头汤的补钙效果微乎其微，到头来反而补了一堆脂肪。而牛奶虽然是好东西，但不能贪多，喝太多会减少其他食物的摄入，影响铁、锌及其他维生素、微量元素的摄入。我国儿童膳食指南建议，1 岁以上的宝宝，每日摄入奶量为 300 ～ 500 mL。

所以，钙到底该怎么补呢？在说补钙方法之前，科大大要公布一个扎心的真相：补钙，真没必要。

缺钙的宝宝真不常见。6 个月以内的婴儿仅凭母乳中的钙就能满足发育需求，孕妇或哺乳期妈妈补充足量的钙就是胎儿或婴儿钙源的保证；配方奶的含钙量更是不用担心；添加辅食后，除必备的奶制品以外，绿色蔬菜、豆制品等都含有充足的钙，而且食物里的钙是最易吸收的；等宝宝再长大些，肉、蛋、鱼虾、奶酪、酸奶都能吃，就更不需要补钙了。

作为参考，科大大总结出来一个关于各年龄段补钙量的实用图表：

7 个月 ～ 10 岁宝宝钙推荐量及食物来源		
年龄段	推荐钙量	最佳食物来源
7 ～ 12 个月	270 mg	奶（800 ～ 1000 mL）、辅食（强化米粉、豆腐、深绿色叶菜、奶酪、酸奶等）
1 ～ 3 岁	600 mg	奶（350 ～ 500 mL）、奶酪、酸奶、深绿色叶菜、豆腐、坚果、油籽（3 岁前不要给颗粒）、去骨的小鱼、小虾
4 ～ 10 岁	800 mg	奶（300 mL）、奶酪、酸奶、深绿色叶菜、豆腐、坚果、油籽（芝麻酱、芝麻、榛子、松子等）、去骨的小鱼、小虾等

数据参考：中国居民膳食营养素参考摄入量（2013 版）

但是，有些孩子天生"骨骼清奇"，需要家长们遵医嘱为他们补钙：

★ 早产儿、低体重儿。

★ 饮食结构不均衡或严重挑食的宝宝。

★ 因为某些特殊疾病，或者因为特殊的饮食，比如过敏，而导致钙摄入不足的宝宝。

★ 医生明确诊断为缺钙，需要使用钙补充剂的宝宝。

★ 短期内身高猛长的宝宝，可以咨询医生，酌量补钙。

因此，给宝宝补钙，我们要掌握一个原则——与其抓着补钙不放，不如认真补充维生素 D，它可以促进骨骼对钙的吸收，而且维生素 D 在天然食物中的含量很少，没法儿完全指望食补。那维生素 D 怎么补呢？

★ 纯母乳喂养的婴儿：出生 2 周后就需要开始补充维生素 D 了，每天的摄入量为 400 IU。

★ 纯配方奶或混合喂养的婴儿：选择强化维生素 D 的配方奶，如果每日奶量超过 1000 mL，不需要额外补充；如果每日不足 1000 mL，也可直接补充维生素 D 400 IU/d。这个剂量是安全剂量，并能有效预防儿童维生素 D 缺乏性佝偻病。建议至少坚持补充到 2 岁，甚至可以覆盖儿童时期和青少年时期，也就是说，18 岁以内的"宝宝"都建议补充维生素 D。

★ 早产儿、低体重儿：出生后补充维生素 D 800 ～ 1000 IU/d，3 个月后减少为 400 IU/d。

谁都希望自家孩子长得高高大大、结结实实，但养孩子不是钱花得多就可以，还得讲究科学。

给孩子喝酸奶的 3 大误区

有家长问："前几天给孩子吃多了，导致现在消化不良，给孩子喝点酸奶能助消化吗？"给孩子喝酸奶有讲究，科大大必须好好给家长们上上课。

一、你对酸奶有误会

关于给孩子喝酸奶，妈妈们最易陷入的 3 大误区，你中了几条？

误区一：酸奶助消化，所有宝宝都能喝

不！首先，酸奶含有益生菌，确实有一定的促进肠道蠕动的功效，但酸奶本身没有消化酶，并不能真正帮助消化。其次，这两类宝宝喝不得：

①急性肠胃炎的宝宝。不仅难以吸收营养，还影响消化功能。

②牛奶过敏的宝宝。如果是单纯的乳糖不耐受，可以喝。但如果是对牛奶中的蛋白质过敏，不仅不能喝，还要限制奶制品的摄入。

误区二：多喝点酸奶没坏处

由于宝宝体内代谢乳酸的酶和胃肠道还没发育完善，喝过多的酸奶不仅不易消化，还可能引起腹泻、呕吐，破坏胃肠道的正常菌群。根据中国营养学会婴幼儿平衡膳食宝塔的建议：

★ 不建议给 1 岁内的宝宝喝酸奶。

这个阶段的宝宝暂时不宜喝牛奶，而酸奶又是由牛奶制成的。所以，给

宝宝喝用婴儿奶粉自制的酸奶还可以考虑，但超市里的酸奶还是算了。

★ 1 ～ 2 岁的宝宝，每天奶量 400 ～ 600 mL。

这个阶段可以少量进食酸奶或牛奶，但不能完全取代母乳或配方奶。

★ 2 ～ 5 岁的宝宝，每天奶量 350 ～ 500 mL。

这个阶段基本可以选择酸奶或牛奶来作为一天的全部奶量，根据宝宝的接受程度安排即可。

误区三：孩子不爱喝奶粉，换成酸奶就好

不建议这样替换。宝宝，尤其是 2 岁以内的，在生长发育过程中，需要大量的钙。用牛奶或奶粉发酵的酸奶如果不额外加糖，那么和纯牛奶或奶粉相比，营养没有什么损失。而超市里卖的风味酸奶，由于添加了糖分和其他添加剂，营养物质（钙）含量不如奶粉或牛奶。

二、挑选酸奶，记住 4 大原则

我们来认识一下酸奶家族的主要成员。根据《食品安全国家标准》（GB 19302）的规定，酸奶主要分为：酸乳、发酵乳、风味酸乳、风味发酵乳。

酸奶的种类及成分	
酸乳	生牛（羊）乳或乳粉 + 保加利亚乳杆菌和嗜热链球菌
发酵乳	生牛（羊）乳或乳粉 + 保加利亚乳杆菌和嗜热链球菌 + 其他菌群
风味酸乳	80% 以上的生牛（羊）乳或乳粉 + 保加利亚乳杆菌和嗜热链球菌 + 果蔬 + 谷物 + 营养强化剂、食品添加剂
风味发酵乳	80% 以上的生牛（羊）乳或乳粉 + 保加利亚乳杆菌和嗜热链球菌 + 其他菌群 + 果蔬 + 谷物 + 营养强化剂、食品添加剂

注：保加利亚乳杆菌和嗜热链球菌，是酸奶中一定要添加的两种菌。

一般而言，没有"风味"二字的酸乳和发酵乳，成分比较简单，只含牛（羊）奶、保加利亚乳杆菌和嗜热链球菌；有"风味"二字的酸乳和发酵乳，掺

了各种"添加剂"，配料表复杂，一般都很长。所以，在给孩子选择酸奶时，要注意：

★ 看配料表。

配料表越简单的酸奶越好，原味酸奶一般只有奶和菌群。假如除了这几种，还有很多看不懂的名字，那就说明有不少食品添加剂了。酸奶当中的食品添加剂多数是为了改善酸奶的口感和质地。

★ 看蛋白质含量。

喝酸奶主要是为了获取其中的蛋白质和钙。蛋白质含量不低于 2.9 g/100 g 的酸奶才称得上是适合宝宝喝的酸奶。

国家标准奶制品蛋白质要求：

原味酸奶的蛋白质含量 ≥ 2.9 g/100 g。

风味酸奶的蛋白质含量 ≥ 2.5 g/100 g。

含乳酸饮料的蛋白质含量 ≥ 1 g/100 g。

乳酸菌饮料的蛋白质含量 ≥ 0.7 g/100 g。

★ 看生产日期。

由于发酵菌并不是一直处于稳定状态的，而是会慢慢减少，所以距离生产日期近、保质期短的酸奶，其口感与营养价值更好。

★ 看味道。

最好选择含糖量低、食品添加剂少的原味酸奶。如果宝宝不喜欢原味酸奶，可以加入果泥，还可以给有咀嚼能力的宝宝加入一些果粒。

三、喝酸奶的 4 大灵魂拷问

1. 宝宝能空腹喝酸奶吗？

酸奶可以空腹喝，宝宝没有不适即可，但最好不要影响到正餐。

2. 酸奶能热着喝吗？

如果担心太凉，可以把酸奶放在 30 ～ 50 ℃的温水里加热一会儿再喝，根据宝宝的接受情况调整温度，记得摇匀，不要过度加热，尤其不要在微波炉里加热。过度加热的话，酸奶中的发酵菌活性会显著下降，口感也会不太好。

3. 宝宝生病时能喝酸奶吗?

1岁以上的宝宝,只要有胃口,完全可以喝酸奶,尤其在宝宝扁桃体发炎、食欲下降、饮食结构不均衡的时候。此时喝酸奶既有助于增加宝宝的食欲,又能额外补充一些优质蛋白质、乳糖、钙等营养素。

4. 能给宝宝自制酸奶吗?

当然。相比于鱼龙混杂的市售酸奶,科大大更推荐家长们给宝宝自制酸奶,安全又健康。自制方法如下:

★6个月~1周岁:可用婴儿奶粉给宝宝自制酸奶。

★1周岁以上:婴儿奶粉或普通牛奶均可。

用普通牛奶自制酸奶的注意事项如下:

①准备:做酸奶前,酸奶机内胆必须保持干燥。

②制作:直接将鲜奶倒入内胆,加适量酸奶菌粉并搅匀。

③等待:数小时后即可食用。

用配方奶自制酸奶的注意事项:

①冲调的浓度要比平时高,奶粉和水的比例为1:3。

②水温比平时高一点儿。

③放至微凉后把酸奶菌粉倒入配方奶中。

④放入酸奶机。

⑤现做现吃,保存时间不宜过长。

宝宝过敏、发热、咳嗽……究竟能不能吃鸡蛋?

水煮蛋、茶叶蛋、蛋炒饭、番茄炒蛋……菜式如此之多,鸡蛋堪称营养界的"业界良心",物美价廉,且蛋白质比例堪称完美。

张文宏医生曾说过:"孩子早餐要吃鸡蛋、喝牛奶,不吃不要去上学。"但是不少妈妈表示:"我也知道孩子每天吃一个鸡蛋好,但我实在做不到啊。"

孩子对鸡蛋过敏?生病了没法吃鸡蛋?不爱吃鸡蛋,怎么劝都不张嘴?科大大这就来解决老母亲们给孩子吃鸡蛋的难题,让每颗蛋都能在孩子体内爆发营养的"小宇宙"。

一、宝宝过敏、发热、咳嗽……怎么吃鸡蛋?

1. 宝宝对鸡蛋过敏还能吃吗?

3～12岁的中国儿童中,8.4%的孩子有食物过敏,其中对鸡蛋过敏的人数最多,占所有过敏人数的一半以上。

其实,对鸡蛋过敏的宝宝,大部分都是对蛋清过敏,只有少部分对蛋黄过敏。所以科大大建议,只对蛋清过敏的宝宝不要放弃摄入蛋黄。鸡蛋大部分的营养物质都在蛋黄中。可以给宝宝尝一点儿蛋黄,不过敏的话再逐步增量。每天一个蛋黄,也能保证营养。

如果过敏反应实在厉害,一丁点儿都不能碰,那就不要强迫孩子吃了,多吃红肉、鱼类、奶制品、豆制品等,也能摄入宝宝所需的蛋白质。

2. 宝宝感冒、发热、咳嗽能吃鸡蛋吗？

民间有种说法由来已久——当宝宝感冒、发热，或是有咳嗽症状时，不能吃鸡蛋，因为鸡蛋属于"发物"，会加重病情。其实，这种说法一点儿都不科学。

宝宝生病期间尤其需要保证优质蛋白的摄入，如果胃口尚佳，鸡蛋绝对是优质的营养来源。但不要吃油腻的煎蛋、炒蛋等。宝宝咳嗽的话，煮的蛋黄也不利于吞咽，易造成呛咳。所以在宝宝发热、咳嗽期间，可以选择吃比较好消化的蛋花汤、鸡蛋羹等。

3. 宝宝拉肚子能吃鸡蛋吗？

这个分情况。宝宝拉肚子，最先应该口服补液盐，吃液体量充足的流质食物。

盲目禁食不可取，腹泻初期可以给宝宝吃好吸收的蒸蛋清、蛋花汤等，补充水分和营养，利于身体恢复。腹泻开始好转，宝宝食欲恢复时，就可以吃整蛋啦。

4. 宝宝不爱吃鸡蛋怎么办？

科大大小时候不爱吃蛋黄，感觉噎得慌，就瞒着爸妈到处藏。当孩子被家长强迫吃讨厌的东西时，就会想办法让家具、宠物、玩偶等帮忙"消化"。想让宝宝心甘情愿地吃下一个蛋，首先要尝试不同做法，给鸡蛋展示它百变风味的机会。

鸡蛋并非不可替代，如果经过各种尝试后宝宝还是不吃，我们可以选择其他优质蛋白质来源。

二、90% 的家长都在纠结的"吃蛋疑难"

1. 宝宝几岁开始吃鸡蛋？

坊间流传甚广的一种说法是，宝宝应当 1 岁甚至 2 岁之后再开始吃鸡蛋，以防过敏。美国儿科学会认为，让宝宝推迟接触可能导致过敏的食物没有科学性，而且对于预防过敏也没有明显的作用。

所以一般而言，宝宝 6 个月左右开始添加辅食时，先添加富含铁的食物，比如高铁米粉；宝宝满 8 个月时，可以添加蛋黄；在宝宝满 1 岁时，开始添加蛋清。

科大大还要唠叨一句，鸡蛋是易致敏食物，务必由少到多地逐渐给宝宝添加，不要心急。

2. 土鸡蛋、鸽子蛋、鹌鹑蛋……哪种营养价值高？

其实，各种禽类的蛋，虽然在营养构成方面略有不同，但是没有太大差别，越贵的未必越好。只不过体积小一点儿的蛋更方便宝宝吞咽，也能引起孩子的好奇心，让他们多吃两口。所以不必为了追求"高营养"而多花钱，宝宝喜欢吃哪种，就吃哪种。

纠结鸡蛋皮的颜色就更没有必要了。鸡蛋壳颜色是由鸡的品种决定的，不同颜色的鸡蛋在营养、口味上，其实没什么差别。

3. 鸡蛋花式烹饪，哪些能给宝宝吃？

我们都知道，任何食物过度加工都不好。谁都不会油炸鸡蛋给宝宝吃，除此之外，其他的吃法都可以尝试一下。

金牌首选——蒸煮类，营养流失最少：蒸蛋羹、水煮蛋、荷包蛋、蛋花汤……

银牌推荐——煎炒类，偶尔换换口味：炒蛋、煎蛋、煎蛋卷、烙蛋饼……

不过有几种做法的蛋，科大大要"特殊照顾"一下：

黄牌警告——流心太阳蛋（溏心蛋）、鸡蛋水（开水冲鸡蛋）、生鸡蛋。

这些吃法的鸡蛋并未全熟，吃没熟透的鸡蛋有感染沙门氏菌的风险，还是要将鸡蛋煮熟再食用。

红牌罚下——松花蛋，还有其他深度加工蛋。

我们常吃的皮蛋，铅含量很高，不要给宝宝吃，大人最好也少吃。还有那种保质期很长，黑乎乎的包装卤蛋，含有大量的盐和酱油，还是给孩子吃新鲜的鸡蛋吧。

孩子能吃的"安全营养肉"，认准 4 点

对肉的需求不只成年人有，宝宝同样"无肉不欢"，但宝宝多大才可以吃肉，这是有说法的。

科大大听说一些地方有"百日开荤"的习俗，在宝宝满百天时举行仪式，给宝宝舔舔肉、尝尝鸡腿。

给宝宝"开荤"，过早过晚都不好。到底什么时候能吃？吃哪种肉好？孩子不爱吃又怎么办？

一、宝宝的第一口肉，过晚致贫血

说到给宝宝吃肉，家长的担忧就来了——肉不好消化，吃了怕积食。孩子太小，吃肉容易便秘吧？

家长都知道，宝宝满 6 个月可以开始尝试添加辅食。其实从吃辅食开始，就要吃富含铁的食物，包括肉类辅食。

小提示：别误以为要先给孩子吃上一段时间蔬菜、水果类的辅食，才能逐步过渡到肉类。一定要让孩子尽快吃肉，并且接受这些食物。

肉类可以提供大量的铁和蛋白质，尤其红肉，是铁和锌的重要来源。如果过晚在宝宝的日常饮食中添加红肉类食物，容易造成宝宝铁元素摄入不足，严重者还会导致缺铁性贫血。当然，家长也要注意，每添加一种肉类辅食，都要由少到多尝试，观察 2～3 天，如果反应良好再加量，以防过敏。

建议肉类添加顺序为：红肉（猪肉、牛肉、羊肉）→白肉（鸡肉、鸭肉）→

鱼虾类。肉类辅食的添加量也不能贪多，要适量：

 ★ 6～8个月：逐渐达到 30 g 肉类辅食。

 ★ 8～10个月：逐渐达到 50 g 肉类辅食。

 ★ 10～12个月：50 g 肉类辅食。

 ★ 1～2岁：50～75 g 肉类辅食。

二、宝宝吃肉的两大常见难题，怎么破解？

肉营养丰富又好吃，但有的宝宝就是看不上、吃不下，以致常常会出现这两种情况：

1. 只嚼不咽

宝宝这样做，可能并非因为不爱吃肉，而是因为咀嚼能力还不够，口腔、舌头的肌肉不够协调，肉无法咀嚼成肉糜，吞不下去。要解决这个问题，家长得做两件事：

①从食物制作下手。制作肉类辅食时，形状要符合宝宝的咀嚼能力发育情况。从泥糊状开始尝试，由稀到稠、由细到粗。

 ★ 7～8个月：适合肉泥。

 ★ 9～12个月：适合肉丁、小肉块。

 ★ 1岁以后：肉丸、肉肠、肉丝。

②从教育宝宝下手。家长尽量和宝宝一起吃饭，给宝宝夸张地演示咀嚼、吞咽的过程，以此方式锻炼他的咀嚼能力。

2. 宝宝对肉不感兴趣

给宝宝添加一种新的食物并不容易，婴儿期宝宝平均要尝试 7～8 次、幼儿期宝宝平均要尝试 10～14 次，才能接受一种新食物。所以，遇到宝宝不爱吃肉的情况，别灰心，多努力几次，给宝宝尝试和习惯的机会。

另外可以尝试多种做法。宝宝不爱吃单纯的肉泥、肉丝的话，可以做成水饺、肉丸等食物，或是搭配宝宝喜欢的蔬菜一起做，将豆腐、土豆泥、山药泥和碎肉拌在一起，可以丰富肉的口感和均衡营养。

小提示：如果担心宝宝不喜欢肉腥味，可以用柠檬片或姜片稍稍腌制，或在制作过程中添加番茄等蔬菜调味去腥。注意，不能用料酒等调味料。

三、学会这 4 招，避开"问题肉"

给孩子吃肉，增加营养是好事，但要是吃到"问题肉"就糟心了。为了避免被不良商家坑骗，在买肉时，要用这 4 招辨好坏——一查、二看、三闻、四摸。

查认证：尽量到正规超市购买，要注意肉上是否有检疫验讫印章（蓝紫色印章），有的话才是合格肉。

看颜色：新鲜猪肉呈淡粉、淡红色，肥肉有光泽；新鲜牛、羊肉是鲜红色的，脂肪大多颜色发黄；新鲜鸡肉一般是淡黄色或白色。

闻气味：新鲜的肉气味新鲜，有微微的腥味，而放置时间长的肉会有明显的血腥味或腐臭味。

摸黏性：新鲜的肉摸起来不粘手，而且弹性好；变质的肉表面发黏、弹性差。

既要把好质量关，也要选好肉的部位。以猪肉为例，可以选择里脊部位的肉给宝宝吃，口感比较软嫩。

科大大再给各位一个烹调建议，给 1 岁内的宝宝做肉类辅食，尽量选择清蒸、水煮的方式。等到宝宝 1 岁后，再适当地尝试炒、煎等更多方式。

宝宝喝奶的 7 大常见疑问

喝牛奶有多好？钟南山院士一直保持着喝牛奶和健身的习惯，所以尽管 80 多岁了，可他看上去还是年轻又健康。牛奶不仅有营养，而且是补钙的首选食物来源。

牛奶的好处虽多，但要等宝宝 1 岁后才能喝。如果确认宝宝对牛奶不过敏，那么即使在 1 岁以内也可以作为辅食少量喂食。而给宝宝喝牛奶也是有讲究的，喝错、喝多都会对孩子有伤害。

科大大总结了宝宝喝奶的 7 大常见疑问。

一、宝宝喝牛奶拉肚子，还能喝吗？

宝宝摄入牛奶等奶制品后感到不适，先要判断宝宝是对牛奶蛋白过敏，还是乳糖不耐受。

牛奶蛋白过敏：宝宝喝奶后，出现湿疹、腹泻、气喘、流泪、声音沙哑、口周发红、拒绝吃奶、呕吐等症状。

乳糖不耐受：宝宝喝奶后肠胃不适，出现胀气、腹痛、腹泻等症状。

如果只是肠胃不适，往往是乳糖不耐受。1 岁后的宝宝，在通常情况下牛奶是可以继续喝的。但要注意 3 点：

★ 牛奶要少量多次喝，避免乳糖一次性摄入过多。

★ 直接选择 0 乳糖的牛奶，其配料除了生牛乳，只有乳糖酶。

★ 可以摄入一些低乳糖的乳制品，如酸奶或奶酪。

但如果确认宝宝对牛奶蛋白过敏，最好的办法就是避免摄入奶制品。

那奶粉也不能喝了吗？

普通奶粉肯定不行。可选择喝水解蛋白配方奶粉（低敏性），如果宝宝依然有反应，就要选择氨基酸配方奶粉（无敏性）。不过对牛奶蛋白过敏的主要是1岁内的宝宝，很多宝宝2岁以后就不易过敏了。即使孩子牛奶蛋白过敏较严重，到了青春期也会好转。

建议对牛奶蛋白过敏的宝宝，可以在医生指导下，1岁后再考虑摄入牛奶，从不易过敏的含牛奶的烘焙食物开始少量尝试。

二、巴氏或常温？要选儿童牛奶吗？

事实上，巴氏奶和常温纯牛奶，二者的主要差异是灭菌方式不同，从补充钙和优质蛋白的效果上来说，基本无差别。至于选择喝哪种，就看宝宝的喜好了。

大多数的"儿童牛奶""风味牛奶"，为了迎合宝宝的口味，添加了糖等添加剂，不建议喝。给宝宝选牛奶时，真正的硬标准只有两个：

一看配料表：越简单越好。最好只有生牛乳，没有任何添加剂。

二看营养成分：纯牛奶蛋白质含量应 ≥ 2.9 g/100 mL，碳水化合物含量在5 g/100 mL 左右。不符合这个标准的通通不要。

那现挤的牛奶呢？无添加还新鲜？恰恰相反，未经杀菌处理，牛奶中可能携带各种危险细菌，不能喝。

三、给宝宝喝全脂奶还是脱脂奶？

全脂奶的口感和味道更好，而且优质脂肪对宝宝的大脑发育很重要。所以2岁内的宝宝都应选择喝全脂奶。除非宝宝已经超重或有超重的可能，以及有医生的指示，否则5岁以内的宝宝都不建议喝脱脂奶。

四、空腹喝牛奶会拉肚子吗？

科大大看到有不少家长提到，宝宝空腹喝牛奶会拉肚子。实际上，导致宝宝拉肚子的真正原因是乳糖酶缺乏，也就是前文提到的乳糖不耐受。而空腹喝牛奶可能会加重这种症状。因此，建议乳糖不耐受的宝宝避免空腹喝牛奶，而习惯了空腹喝且没有不良反应的，就放心喝吧。

那睡前喝牛奶有助于睡眠吗？事实上并没有。喝牛奶没有所谓的"黄金时间"，按宝宝的喜好和习惯来就好，早、中、晚随意挑选。

五、牛奶加热后营养会流失？

怕宝宝喝了凉牛奶不舒服，又怕牛奶加热后营养流失？其实无须纠结。如果是常温奶，直接喝即可；如果是冷藏的巴氏奶，可以在宝宝喝之前拿出来放置成常温，或加热到适口温度。一般加热到 30 ～ 50 ℃喝起来比较舒服。

可以选择用微波炉或隔水加热，然而把牛奶煮沸完全没必要，这有可能会破坏牛奶中的营养成分，水分挥发会提高奶中的矿物质浓度，给宝宝的肾脏造成负担。当然，还有一个更直接的原因——喝起来烫嘴。

六、宝宝把牛奶当水喝，能行吗？

既然喝牛奶好处多，而宝宝又爱喝，那能当水喝吗？饮用过量的牛奶会带来热量超标的问题，也会引发因其他食物摄入不足而导致缺铁性贫血风险增加等问题，所以不可"贪杯"。

《中国居民膳食指南（2016）》建议，13 ～ 24 月龄的宝宝，每天奶量应维持在 500 mL 左右，这里的奶量指包含配方奶、牛奶和母乳的总量。而 2 ～ 5 岁的宝宝，营养摄入主要依赖均衡饮食，牛奶仅作为补充，建议每天的饮奶量为 300 ～ 400 mL，或摄入等量的奶制品，来满足宝宝的生长发育需求。

七、牛奶、豆浆谁更有益？

尽量选择喝牛奶。从补钙的角度考虑，牛奶更具优势。豆浆的钙含量仅为牛奶的 10%。

如果 1 岁后的宝宝对牛奶蛋白过敏，除特殊配方奶粉外，也可以考虑选择豆浆，尽管豆浆的营养价值不等同于牛奶。

最后，科大大提醒各位家长，照顾宝宝的同时不要忘了给自己补充牛奶。

3 种鱼 + 1 个部位，不能给孩子吃

我们常说"吃鱼能让宝宝聪明"，这还真不是谣言。美国宾夕法尼亚大学在杂志 *Scientific Reports* 上发表了一项研究结果，研究表明，每周至少吃一次鱼的孩子，比很少吃鱼甚至不吃鱼的孩子睡眠更好，且智商平均值高出四分之一。

鱼的脂肪中富含 DHA，能促进宝宝大脑和视力发育。然而，鱼虽好，家长也不能来者不拒。有些鱼生来就不适合做"盘中餐"，一旦误吃反而会害了孩子。所以关于宝宝吃鱼的讲究，科大大就来好好盘一盘。

一、曝光鱼类黑名单，这 3 种吃不得

1. 高汞鱼

研究显示，汞对幼儿神经系统的发育影响极大，而鱼类是人们摄入汞的主要食物来源。因此，汞含量高的鱼建议一次也不要给孩子吃，如方头鱼、剑鱼、旗鱼、大眼金枪鱼、马林鱼、长寿鱼等。

2. 野生鱼

你以为吃点野味解馋无妨，实际上野味有可能要命。由于环境污染，野生的鱼更有可能在体内聚积毒素，不如养殖鱼有保障。如果宝宝恰好吃了体内含毒素的鱼，很容易中毒甚至危及生命。

3. 咸鱼

腌制的咸鱼营养成分损失严重，钠含量高，容易产生致癌物。

宝宝本来就不适合摄入过多的盐，可想而知，咸鱼真的不适合给宝宝吃。如果成人想换换口味，解解馋，可以偶尔吃吃，但不要贪嘴。

那什么鱼能放心吃呢？汞含量低的鱼。比如鳕鱼、龙利鱼、三文鱼、沙丁鱼、银鱼、鲶鱼、凤尾鱼、平鱼、鱿鱼等。

另外宝宝吃鱼还有一种风险——鱼刺卡喉。虽然家长会仔细挑出刺再给宝宝吃，但免不了有遗漏，所以要尽量挑选刺少的鱼，比如鳕鱼、三文鱼、银鱼、带鱼、黄花鱼、鲈鱼等。

挑对了鱼，接下来就该说说怎么吃才对宝宝更有益了。

二、1 个部位 +1 种做法 = 坑孩子

关于吃鱼，民间有两个传言：

1. 吃鱼眼明目、吃鱼脑补脑

事实真的如此吗？天真！鱼脑中的重金属污染物含量较高，不建议吃。鱼眼中确实含有多不饱和脂肪酸，但是分量太小，口感也一般，就别强求宝宝吃了。

2. 吃鱼子不识数

科大大必须得为鱼子正个名。鱼子含有相当丰富的蛋白质和胆固醇，对宝宝神经系统的发育有帮助，和"不识数"没有半毛钱关系。当然，如果宝宝使劲儿吃的话也有危害——变胖，所以即便宝宝喜欢，鱼子也要适量吃。

此外，鱼身上有一个部位是绝对不能碰的——鱼胆。对于成年人来说，几克鱼胆汁就能导致中毒，更何况是宝宝。所以，在烹饪鱼之前，一定要把鱼胆处理掉，胆汁也要注意避免外流。

鱼处理好了，下面就要展示十八般厨艺，开始烹饪了。

水煮、清蒸、煎炸、烧烤……鱼有多种吃法，但对宝宝来说，清蒸是首选。清蒸用油很少，而且高温蒸煮可以有效杀菌，鲜味和营养物质也保留得较多。

油炸是最不推荐的做法。首先，这会让宝宝摄入大量烹调油，烹调油在高温下容易产生较多过氧化物，甚至是致癌物。另外，油炸过程中温度较高，

鱼肉本身的不饱和脂肪酸会被氧化、破坏。

虽然鱼好吃又营养，但是有的宝宝就是不爱吃或过敏，该怎么办呢？鱼中丰富的 DHA 和其他营养物质就这么放弃了吗？

当然不，科大大这就带你想办法。

三、宝宝不吃鱼，DHA 从哪补？

3 岁内的宝宝，最需要补充 DHA。

如果在母乳喂养阶段，那么宝宝从母乳中就可以摄取 DHA，无须额外补充；奶粉喂养的宝宝，从含 DHA 的奶粉中也可以摄取。

一般来说，要想通过母乳、奶粉外的食物摄取 DHA，建议参照如下饮食量：

★ 7 ～ 12 月龄：每天摄入鱼、禽肉 50 g。

★ 13 ～ 24 月龄：每天摄入鱼、禽肉 75 g，保证每周吃 2 ～ 3 次。

★ 2 ～ 3 岁：每周吃 1 ～ 2 次富含 DHA 的鱼，每次约 30 g。

如果宝宝不吃鱼，也没在喝母乳或奶粉，在食物中摄取的 DHA 不足，就要选择 DHA 补充剂，也就是鱼油或藻油。

不用纠结选哪种，科大大告诉你：藻油比鱼油更适合孩子的需求，也更安全。

那补充剂要给孩子吃多少呢？

基本不能从食物中获取 DHA 的宝宝，DHA 补充剂每天补充 100 mg，基本儿童型的 1 粒 =100 mg；每日能从食物中获取一半 DHA 的宝宝，隔天吃 1 粒。

宝宝能不能吃螃蟹？

俗话说：夏吃龙虾，秋吃蟹。可在宝宝吃蟹的路上，总会出现一两句"绊脚言"。宝宝真的不能吃吗？科大大就好好说说宝宝吃蟹的那些事儿。

一、这些谣言，你都信了吗？

网传螃蟹有三大标签：含重金属、3岁宝宝禁食、与西红柿相克，科大大必须说一句，都是谣言。

1. 健康的螃蟹，不含汞

螃蟹本身是不含汞的，但有些"不幸运"的螃蟹，生存在污染水域，长期喝着"金属水"，久而久之，"身体"也就垮了，不适合食用了。其实，只要购买的螃蟹生长在正常监管的水域，就基本没什么问题，可以放心吃。

2. 3岁以下宝宝能吃，但要少吃

研究表明，延迟食用某种会过敏的食物，并不能降低过敏的可能性。也就是说，无论宝宝2岁吃，还是5岁吃，该过敏还是会过敏，不过敏的也并不会突发过敏。

一般来说，满6个月后，宝宝就可以尝试吃海鲜了。初次添加时，先给宝宝尝试一勺尖，如果没有出现过敏症状，下一次再加一点儿；这样观察2～3天，宝宝仍然没有过敏反应的话，就可以正常吃了。

3. 螃蟹和西红柿相克？

网传，同时吃螃蟹和西红柿体内会产生砒霜，甚至会"躺板板"。

首先要知道，导致人体中毒的是三价无机砷，砒霜中就有它。而螃蟹中的砷大多为有机砷，在消化过程中，西红柿中的维生素 C 并不能将其转化为有毒的无机砷。

此外，螃蟹中无机砷的含量小于 0.06 mg/kg，远低于国家标准限量要求 0.5 mg/kg，与中毒的剂量更是相差甚远。同理，那些水果不能和螃蟹同吃，或者不能和海鲜同吃的说法，也是谣言。

说了这么多，总结起来就一句话，宝宝是可以吃螃蟹的，但有些细节还是得注意。

二、这些部位，再好吃也别吃

知己知彼，才能吃得痛快，一图看清大螃蟹的营养。

蛋白质：17.5 g
维生素 E：6.09 mg
钙：126 mg
铁：2.9 mg
锌：3.68 mg
硒：56.72 g

螃蟹的营养成分图（每 100 g）

★ 钙含量：126 mg/100 g，已经超过很多牛奶的标准，不过螃蟹一次不能吃太多，所以补钙还是要靠奶制品。

★ 蛋白质含量：每 100 g 蟹肉中，蛋白质含量为 15～18 g；若按干重算，能占 70%～90%，远超鱼肉、猪肉。

但也要注意，螃蟹的胆固醇含量可不低，不建议一次性给宝宝吃太多，否则身体会提出"抗议"。

接下来，科大大要强调重要"考点"，请注意：

（1）螃蟹一定要挑选新鲜的，并且要蒸熟。开锅后再加热 30 分钟以上，才能起到消毒作用。不然真会有风险。

（2）不靠谱的部位，千万别吃。

①蟹腮：揭开蟹壳，蟹爪旁有两排灰色的小软腮，是螃蟹的呼吸器官，面积大又容易累积细菌和其他污染物，不建议食用。

②蟹心：蟹心位于蟹黄中间，味道有些苦涩，吃螃蟹的时候最好将其剜掉。

③蟹胃：蟹胃呈三角状，藏在壳子的蟹黄里，其中有众多排泄物和泥垢。慎吃！

④蟹肠：蟹肠由胃通到脐，里面藏有很多污泥和细菌等杂物，务必去除。

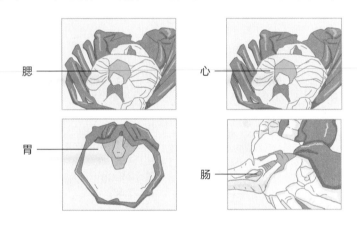

腮　　心　　胃　　肠

此外特别注意，给宝宝吃蟹最好吃蟹肉，而不是蟹膏和蟹黄。

接下来，科大大再附上几个暖心小菜谱，方便应对更小的宝宝和挑食的宝宝。

三、手把手教你做营养餐

1. 蔬菜蟹肉海鲜粥

适合：12月龄以上宝宝

食材：蟹肉、大米、基围虾、芹菜、西蓝花

做法：

①将食材清洗干净，西蓝花、芹菜切成末，生姜切丝，螃蟹隔水蒸15分钟后取出蟹肉。

②大米放入砂锅慢慢熬煮成软饭后，加入蟹肉、虾肉，慢慢搅拌。

③当粥熬煮得软稠时，加入西蓝花和芹菜，加入盐、香葱调味即可。

2. 蟹黄豆腐

适合：12月龄以上宝宝

食材：内酯豆腐、螃蟹、虾仁、蛋黄

做法：

①豆腐切成厚片，螃蟹去壳取蟹肉、蟹黄，蛋黄碾碎备用。

②锅中倒油烧热，加入姜末，再加入蟹肉、虾仁、蟹黄、蛋黄炒香，慢慢加入豆腐，注入清水，盖过豆腐。

③最后加入盐调味，起锅前撒上葱花，即可出锅。

3. 蟹肉小馄饨

适合：12月龄以上宝宝

食材：面粉、螃蟹、瘦肉、胡萝卜

做法：

①将螃蟹清洗干净，蒸熟后取出蟹肉剁碎备用；瘦肉和胡萝卜剁成碎末备用；面粉和匀，做成片状。

②将蟹肉、瘦肉、胡萝卜搅拌在一起，加入少量盐、糖、生抽、蚝油，朝着一个方向搅拌。

③包成小馄饨，煮开过程中再加些许紫菜，出锅。

螃蟹存储小技巧：将螃蟹在水里放几分钟后再放入容器，搁置在冰箱冷藏，每隔1～2天在螃蟹上洒一点水，可以延长保鲜时间，保持新鲜口感。

草莓是"最脏水果"？

每到草莓季，水果超市里都弥漫着草莓的香气。草莓，稳居春季水果"C位"，从小孩到老人无一不爱，除了贵没有别的缺点。

草莓虽然好吃，但家长们对它的顾虑却没停过——农药残留会不会对孩子有害呀？听说草莓打了激素，孩子吃了会性早熟？怎样才能彻底洗干净呢？

关于草莓的所有问题，接下来，科大大给你一并解答。

一、这些年，草莓背了 3 口"大锅"

很多人对草莓都是"又爱又怕"，爱它的香甜，怕它的危害。其实，这都是因为多年来，人们甩给了草莓 3 口"大锅"。

1. 草莓是最脏的果蔬

前段时间，网上流传着一份"最脏果蔬榜单"，其中草莓位居榜首，且蝉联 5 年。然而，这份榜单的权威性有待考证，后来也有专家指出它有"误导民众"的嫌疑。

无风不起浪，草莓之所以被评为"最脏果蔬"，是因为它的表面凹凸不平，以致人们认为它农药残留率更高。实际上真的如此吗？把农药残留吃进肚子真的就等同于吃毒药吗？宝宝吃多了会中毒吗？答案是：NO。

果蔬在生长过程中，基本都会遇到病虫害，对此，最直接有效的方法就是使用农药。即便是有机果蔬，也可能因为土壤遗留或水源迁移而存在少量农药，无农药的果蔬，我们几乎不可能吃到。

所以，哪怕果蔬中有一些低毒、微毒的农药残留，只要不超过国家规定的标准上限，安全性还是有保障的，从你信任的正规渠道购买的果蔬，不会伤害孩子身体，更不至于中毒。一项针对草莓农药残留的研究显示，其合格率高达 98.21%。

2. 大草莓打了膨大剂，这是激素，有害

现在的草莓越来越大，主要得益于品种改良和种植技术的提高。当然，在草莓种植过程中，有可能用到膨大剂，准确地说，叫作"植物外源激素"。但用量很小，并且只对植物起作用，对人体无影响，只要合理使用，一般是没有问题的。所以，完全可以放心给宝宝吃大草莓，只是，咬开之后有空心的可能。

3. 草莓携带诺如病毒

"孩子吃了没洗的草莓，感染诺如病毒"这类消息一度在家长群炸开了锅。其实这并非草莓的锅，只要是生长在地上的果蔬都比较容易附着带病毒的污染物，特别是像诺如病毒这种传染性极强的病毒，更容易附着在果蔬表面。草莓表面是否有病毒，我们不可能通过肉眼看出来，所以纠结这一点也基本没用。

其实，生吃果蔬最安全的方法就是去皮，但对于草莓这种不能去皮的水果，如果从绝对安全的角度来考虑，建议加热后食用，比如做成草莓酱。但科大大相信大家肯定也想吃新鲜的草莓，那么如何清洗才能保证洗得相对干净呢？

二、如何把草莓洗干净？

首先，科大大必须说明，盐水浸泡、淘米水浸泡和面粉加水浸泡这些清洗方法的效果有限，相对来说，只比清水洗的效果好那么一点儿。如果一定要用点什么才安心的话，推荐浸泡时使用小苏打（2% 的碳酸氢钠溶液）。

当然，洗草莓更重要的是这 3 步：

1. 蒂头不要提前摘除

清洗草莓前不要把蒂头摘掉。因为草莓去蒂后再放到水中浸泡，有害物

质会随水进入内部，果肉就被污染了。

正确做法是把蒂头的叶子揪成一团，清洗被叶片遮挡住的部位，里面藏有污垢或农药。

2. 清水冲洗，短暂浸泡

第 1 步：用流动的清水冲洗。

第 2 步：浸泡 3 ～ 5 分钟。

第 3 步：再次用流动的清水冲洗。

不需要揉搓，毕竟草莓表皮很脆弱，搓烂了会影响口感。

3. 即吃即洗

草莓本就不易储存，沾水后更容易发霉、烂掉，所以建议每次吃多少洗多少。吃不完的草莓，要正确储存，放在垫有一层纸巾的盘子里，用保鲜膜封起来，再放进冰箱冷藏。

现在我们知道了草莓无害，也学会了清洗方法，接下来科大大再给大家一个吃草莓的理由。

有以下这些情况的宝宝或成年人，吃草莓或许可以治病、防病。

三、这几类人吃草莓，好处太大了

1. 缺乏维生素 C 的宝宝

草莓的维生素 C 含量很高，比以富含维生素 C 著称的柠檬还要高。每 100 g 草莓中含有 47 mg 的维生素 C，吃 100 g 草莓就能满足 1 ～ 6 岁宝宝一天的维生素 C 需求，所以需要补维生素 C 的宝宝，可以适量吃一些草莓。

2. 排便不通畅的宝宝

草莓中有丰富的膳食纤维，能有效缓解便秘。草莓表面细小的籽大多属于纤维类，不能被肠道消化、吸收，但它们会刺激肠道蠕动，从而促使宝宝的便便顺畅排出。

3. 想要减肥的人

甜甜的草莓含糖量并不高，其中一半的糖都是果糖，升糖指数为 40，属于低升糖指数（GI）食物。热量也只有 32 kcal/100 g，远低于香蕉、苹果、橙子等。所以，草莓相对来说算是减脂友好型水果了。

4. 老年人

草莓、黑莓、蓝莓等莓类水果中的花青素、花色苷、儿茶素等抗氧化物质，能保护大脑免受氧化应激反应，而该反应是阿尔茨海默病的主要诱因。所以，老年人长期吃草莓等莓类水果，对减缓认知衰退速度也有潜在益处。

夏季，慎吃 4 大"危险"水果

夏天到了，五颜六色的水果馋得人口水直流。科大大要趁着这个果味飘香的季节，向各位家长传达一个好消息。

在全球顶级医学杂志《新英格兰医学杂志》刊登的一篇论文中，科学家跟踪调查了 51 万人后，发现每天吃水果的人，与不吃水果的人相比，因心脑血管疾病死亡的比例降低了 40%。

北京大学的李立明教授称，如果中国人每天吃新鲜水果，那么因为心血管疾病死亡的人数可以降低大约 50 万。

看到这里，爸妈们是不是迫不及待地要去给宝宝买水果了？不要高兴得太早。虽然吃水果有好处，但有些水果就像带刺的玫瑰，吃的时候稍不注意，就可能会引发过敏、出疹等不良反应。

以下 4 种水果就属于当之无愧的"果中玫瑰"。

一、这 4 种水果吃错了会"生病"

1. 荔枝

荔枝虽然营养价值高，但吃不对可能会引发可怕的"荔枝病"。印度就曾发生过因食用荔枝不当而致 103 名儿童死亡的事件。

正确食用方法：

①避免空腹食用，最佳食用时间是饭后半小时。

②吃之前，先在盐水中浸泡 15 分钟以上。

③3 岁以下儿童不建议吃荔枝，3 岁以上儿童建议一次食用不超过 5 颗。

2. 菠萝

不知道各位家长有没有听说过这样一句话——当你吃菠萝的时候，菠萝也在吃你。

这不是吓唬人的。要知道，菠萝内有大量可以刺激口腔黏膜的菠萝蛋白酶。当人在吃菠萝的时候，口腔黏膜也在被这些菠萝蛋白酶"攻击"，很容易让宝宝的口腔出现瘙痒、出血等症状。

正确食用方法：

①吃之前，先用盐水将切好的菠萝浸泡 15 分钟。

②初次吃菠萝，先给宝宝尝一小块，观察 24 小时，没有异常再继续给宝宝吃。

3. 芒果

芒果中含有致敏性蛋白质，会对人体的皮肤黏膜产生刺激，从而诱发过敏。宝宝的免疫力比成人低，如果芒果汁沾在嘴上，很容易导致红肿、瘙痒。

正确食用方法：

①把芒果切成小块，喂一口后观察 24 小时，确认没问题后再吃。

②吃芒果时最好用牙签将果肉直接放进宝宝的嘴里，避免接触唇周皮肤，以防过敏。

4. 杨梅

杨梅含有丰富的维生素是真的，但能吃出"小白虫"也是真的，而且杨梅味道较酸，食用过多会造成便秘、胃溃疡，残留在口腔还会使宝宝牙齿酸痛。

正确食用方法：

①凉开水加盐将杨梅浸泡 10 分钟以上，把"小白虫"泡出来后再食用。

②宝宝每日食用杨梅 4 ～ 6 颗为宜。

说完了夏天的"果中玫瑰"，科大大再说一说夏天适合宝宝吃的水果。

★ 西瓜：含水量丰富，富含维生素 A、维生素 B_1、维生素 B_2 和维生素 C

等多种营养物质。

★葡萄：含有十多种氨基酸和多种维生素。

★苹果：一年四季都百搭的"水果之王"。

二、这 5 种水果吃对了能"治病"

你知道吗，有 5 种水果不仅可以补充营养，还可以"治"这三种"病"。

1. 轻度生理性腹泻

对于轻度生理性腹泻的宝宝，爸妈可以蒸苹果水给宝宝喝。苹果中含有大量可以收敛胃肠道的鞣酸，而且加热过的果胶具有吸附肠道细菌和毒素的作用。因此，宝宝喝了蒸苹果水后腹泻症状会有所缓解。

2. 便秘

提起便秘，很多爸妈的第一反应就是吃香蕉。但实际上，香蕉并不算膳食纤维含量高的水果。没完全成熟的香蕉吃起来涩涩的，是因为里面同样含有收敛胃肠道的鞣酸。宝宝吃多了香蕉，反而可能加重便秘。

真正能缓解便秘的是火龙果，膳食纤维含量高，果肉里的籽也能帮助软化粪便，堪称水果界的通便神器。值得注意的是，宝宝食用红心火龙果后可能出现"红便、红尿"。但爸妈不用担心，这是火龙果的天然色素所致，不会对宝宝的身体造成伤害。

3. 夜盲症

橙子、柚子、猕猴桃含有丰富的 β - 胡萝卜素，其在人体内可以转化成维生素 A，能够保护宝宝视力，预防夜盲症。

三、夏季吃水果 7 大事项

虽然炎炎夏日里能吃到五彩缤纷的水果，但也容易滋生很多问题。夏季水果要如何保存呢？怎么吃才能避免生病呢？

科大大准备了一份夏季水果保鲜与食用建议。

①买来的水果最好在 1 ~ 2 天内吃完。

②水果清洗后会缩短保鲜时长，因此放进冰箱前不用特意清洗；放入时，

袋子打开透气。

③已经切开的水果，最好包上保鲜膜再放入冰箱，避免接触细菌。

④热带水果放在避光、阴凉处保鲜。因其对低温敏感，放进冰箱后表皮容易出现斑点，果实软烂。

⑤即使是部分霉变，也不要给宝宝吃，因其肠胃敏感，容易导致腹泻。

⑥刚从冰箱里拿出来的水果，最好在常温下放置一会儿，避免让宝宝吃太凉的水果。

⑦不能因为夏季宝宝食欲不振，就把水果当饭吃。水果和蔬菜的营养元素存在一定的差异，只吃水果不吃蔬菜，小心宝宝营养不良。

接下来，科大大告诉大家，孩子每天吃多少水果才不超标，看看你家孩子吃对了吗。

年龄段	每日水果量	食物质地	喂养方法
满6个月	1～2勺	泥糊状	用勺子喂
7～9个月	20～30g	泥状、碎末状	大人喂食、学习自己进食
9～12个月	50g	碎块状	学习自己进食，大人辅助
1～2岁	100～150g	碎块状、条状	自己进食
2～3岁	100～150g	条状、块状	自己进食
4～5岁	150g	条状、块状	自己进食

秋天，宝宝要慎吃这 4 种水果

金秋时节，除了美景，还有各种香甜可口的水果。红色的苹果、黄色的橙子、绿色的猕猴桃……宝宝的口水都要"飞流直下三千尺"了。

秋季水果种类多，但并不是每一种都可以给孩子吃，吃错了可是会生病的。到底哪些水果不能给孩子吃，哪些水果可以吃？怎么吃呢？

一、秋季，这 4 种水果慎吃

1. 柿子

柿子中含有鞣酸，尤其是没熟透的柿子，鞣酸含量特别高。鞣酸与蛋白质结合会形成鞣酸蛋白沉积在胃里，很容易形成胃石，引起肚子胀痛、呕吐、消化不良等症状，严重的还会造成肠梗阻、胃穿孔等。所以，家长一定要注意，低龄宝宝尽量少吃，尤其注意不要吃没熟透的柿子。

柿子的正确吃法：

★ 空腹时不要吃。

★ 一次不要吃太多，孩子一天最多吃 1 个。

★ 肠胃功能不好的孩子，尽量不吃或少吃。

★ 尽量不要和高蛋白食物同吃，比如牛奶、鱼、虾、蟹、猪肉等，会增加形成胃石的风险。

★ 尽量避免吃柿子皮。

2. 橘子

橘子维生素C含量高，很多家长和孩子都爱吃。橘子虽然可以常吃，却不能多吃。因为其中的有机酸会刺激口腔、腐蚀牙齿，吃多了还容易引起胃石症。

橘子的正确吃法：

★ 饭前和空腹时都不要吃。

★ 吃完后一定要让宝宝漱口。

★ 每天吃3个就能满足一天的维生素C需要量。

★ 不要与萝卜、牛奶同食，可在喝完牛奶1小时后再吃。

3. 石榴

石榴不仅美味，营养也丰富，大部分宝宝都喜欢。石榴虽好，但是同样不能多吃。一方面是因为石榴中含有生物碱、有机酸，食用过多会腐蚀牙齿，使牙齿发黑；另一方面是肠胃功能不好的宝宝，吃多了可能会引发急性肠胃炎。

石榴的正确吃法：

★ 一天最多吃1个中等大小的。

★ 不要让宝宝把石榴籽吞下。

4. 杏

杏中含有大量的植物酸，宝宝食用后会使胃部分泌大量的胃酸和肠液，很容易造成消化不良。

杏的正确吃法：

★ 不要让孩子空腹吃。

★ 一次最多吃3颗。

说完吃错会让孩子"生病"的水果，肯定也有能"治病"的。跟着科大大往下看，到底哪些水果能治病。

二、秋季吃这3种水果，能"治病"

俗话说：水果吃得对，解馋又养胃。比如以下3种水果，吃对了就能缓解宝宝的不适症状。

1. 梨子润喉补水

秋天干燥，宝宝很容易咳嗽。梨的水分多，能够滋润咳嗽后干燥的咽喉，尤其是熬成梨汤后能为不爱喝水的宝宝补充更多的水分。但科大大要提醒一句，梨的纤维素比较多，肠胃不好的宝宝尽量少吃。

2. 火龙果缓解便秘

具体可参考上文"便秘"。

3. 山楂助消化

山楂酸酸甜甜，富含有机酸，有助于促进消化酶分泌，对积食有一定的缓解作用。但是要达到这种效果有两个前提，一是饭后吃，二是适量吃。一次给宝宝吃 1～2 个即可，不能天天吃，隔几天吃一次。

另外，科大大整理了一份秋季最适合宝宝吃的水果清单：

★ 苹果：一年四季都必吃的"水果之王"。

★ 橙子：类胡萝卜素丰富。

★ 柚子：热量低、维生素 C 丰富。

★ 猕猴桃："维生素之王"。

★ 葡萄：含有十多种氨基酸和多种维生素。

那秋季吃水果应该注意什么呢？

三、秋季水果这样吃，健康不生病

有妈妈问：天凉了怎么吃水果呀？一般来说，如果是大宝宝，凉的水果是可以吃的；如果是小宝宝，可以放至常温后再吃，或者适当加热。

有家长担心加热水果会使营养流失掉。但其实水果加热并不会对营养价值有太大损伤。可以将水果切块，放入热水中浸泡一会儿，再给宝宝食用。除此之外，秋季给宝宝吃水果，还要注意以下 3 点：

1. 吃水果要适量

不管是什么，吃多了都会危害健康。再好的水果，吃过量了也会影响宝宝的膳食均衡。中国营养学会妇幼营养分会建议，在正常饮食的情况下，每天摄入的水果最好不要超过 3 种，且要适度。

1 ～ 3 岁的孩子，每天吃 150 ～ 200 g 的水果；3 ～ 6 岁的孩子，每天吃 150 ～ 300 g 的水果就足够了。

不同年龄段宝宝水果摄入量 （以一个约 250 g 的中等大小苹果为参考）		
年龄	怎么吃	吃多少
6 ～ 8 月龄	软烂的水果泥	2 ～ 3 勺
8 ～ 10 月龄	小块 / 条状的水果	2 ～ 3 片
10 ～ 12 月龄	块状 / 片状的水果	1/4 个中等大小的苹果
1 岁后	可以吃整个水果，但要切开去籽	1 个中等大小的苹果

2. 用流动的水清洗水果

给宝宝吃水果还要注意的一点就是清洗，不然，不小心吃到脏东西引发肠胃炎就麻烦了。其实，清洗水果，简单的水冲是远远不够的。"清洗教程"可见下表。

水果清洗方法	
水果类型	清洗方法
皮可以食用的水果	①用流动的水冲洗，洗掉表面的病菌、农药及其他污染物 ②放进淘米水或淡盐水中浸泡 5 分钟 ③用流动的水冲洗 2 次
比较紧密小颗的水果	①放进加了一点儿面粉的水中浸泡 10 分钟左右 ②用流动水冲洗，洗掉表面的污染物

3. 时间选在两餐之间

科大大要提醒各位家长，水果作为每天的加餐，最好在两顿正餐之间吃，和宝宝的吃饭时间间隔 1 小时以上，而且分量以不影响正餐的摄入为宜。另外，1 岁以内的宝宝最好选择味道不太甜或不太酸的水果，以免干扰奶的摄入。

冬季，孩子吃水果的 10 大传言

冬天给孩子吃水果，生怕凉了拉肚子的老人总要用热水泡一下，这样做行不行呢？营养会不会流失呢？

其实，关于冬季给孩子吃水果的问题，远不止这两个。科大大就整理了 10 个常见疑惑，来和大家聊一聊。

1. 冬天给孩子吃凉的水果，会拉肚子？

不对。首先，我们是恒温动物，拥有体温调节中枢，下丘脑可以让体温维持平衡。其次，凉的食物要经过宝宝的口腔、喉咙、食道之后才进到胃部，最后到达小肠。在这一路的"长途跋涉"中，食物的温度早就和体温差不多了。

宝宝要是吃了凉的水果肚子不舒服，有可能是水果没有清洗干净，导致病原体入侵，和食物的温度没关系。

2. 冬天水果热着吃会丢失营养？

不对。要不要热着吃，完全因人而异、因果而异。因为就算是不耐高温的维生素 C 和维生素 B_1，经高温煮熟后也才流失 10% 和 26%。更何况只是将水果放在热水里泡一下，或略微加热，这样做的话营养素几乎没有什么损失。

对于一些消化不良、肠胃不好的宝宝，可以将水果煮熟以后吃，减少纤维等成分对消化道的刺激。像苹果、雪梨、黄桃等水果，煮熟更好吃，但草莓、猕猴桃、冬枣等，还是现买现吃比较好。

3. 反季催熟的水果会让宝宝性早熟？

不对。催熟水果的激素，跟人的激素完全不同，不会造成宝宝性早熟。如果说非要给反季水果加上一个不能吃的原因，那就是——贵。

4. 掉色水果打了染色剂，不能给宝宝吃？

错。像杨梅、草莓、桑葚这类颜色较红、"皮肤"较脆弱的水果，洗一洗很容易就染红了水。但别怕，这种颜色其实是水果中的花青素——一种水溶性的天然色素，只要水的颜色不是太深，就无须大惊小怪。

5. 打蜡的水果，不能给宝宝吃？

不对。果蜡吃进肚子里，其实无妨。果蜡不能被消化，吃了也就排出去了。而且给水果打蜡的工艺已经有很悠久的历史了，主要是为了提高水果的卖相，使它们更加美观，也为了延长水果的销售期。家长实在担心的话，可以削皮吃。

6. 柿子、冬枣、山楂，宝宝要慎吃

这个是对的。因为柿子、冬枣、山楂中的鞣酸，会与蛋白质结合，形成鞣酸蛋白沉积在胃里，再和果胶及植物纤维素等团成块状，形成胃石。胃石会引发宝宝肚子胀痛、恶心、呕吐、消化不良等症状，严重者还会胃穿孔，导致肠梗阻。尤其是没熟的柿子，鞣酸含量特别高。

有这样一则新闻——一个 3 岁的孩子吃了没有成熟的柿子得了肠梗阻。所以，为了降低形成胃石的风险，爸妈们要注意：

★ 不要让孩子空腹吃大量发涩的生柿子。

★ 肠胃功能不好的孩子，尽量不吃或少吃。

★ 尽量不要和大量高蛋白食物同吃，比如牛奶、鱼、虾、蟹、猪肉等。

7. 给宝宝吃草莓不用洗？

错。都 2022 年了，还信"不干不净，吃了没病"的傻话吗？水果不打农药不等于水果干净。没打农药反而说明水果上可能存在的细菌或病毒没有被杀死，不洗就吃更容易感染病菌。

8. 橘子吃多了会"上火"？

这个说法不准确。其实，"上火"是个很难定义的概念，有的宝宝吃多了

橘子觉得牙龈、嗓子不舒服，家长就以为是上火了。

橘子的含糖量高达 10%，再加上容易吃多，过多的糖分会让喉咙、食道表层的细胞脱水，导致嗓子发干、发涩。还有一些宝宝的牙龈和胃部比较敏感，可能会因为橘子中的果酸而感到不适。

吃完橘子后，记得让宝宝喝清水漱口，这种情况就会改善很多。同时，不要给宝宝一次吃太多橘子，一天吃 1 ~ 2 个就可以了。

9. 柑橘类水果吃多了会变"小黄人"？

这个不是谣言。宝宝如果一下子吃太多橘子，可能会导致皮肤黄染。因为橘类水果富含胡萝卜素，一次吃太多的话，一时半会儿代谢不掉，就会进入血液循环，流向全身的组织器官，把皮肤"染"黄。不过别担心，这不会影响宝宝的健康。只要暂时不吃黄色果蔬，比如橘子、橙子、胡萝卜、南瓜等，3 ~ 5 天后就能恢复。

10. 水果营养丰富，宝宝可以尽情吃？

任何食物吃过量了都不利于健康，要当心营养失衡。澳洲对不同年龄段宝宝的水果摄入量有详细说明，大家可以参考。

不同年龄段宝宝水果日摄入量	
不到 1 岁的宝宝	1 ~ 11 岁的宝宝
6 ~ 7 个月：初添辅食，1 ~ 2 小勺即可	1 ~ 2 岁：75 ~ 100 g
8 ~ 9 个月：每天 20 ~ 30 g	2 ~ 3 岁：150 g 左右
10 ~ 11 个月：每天 50 g 左右	4 ~ 8 岁：225 g 左右
/	9 ~ 11 岁：300 g 左右

这种"水果垃圾"，90% 的家长还在当"宝"

近年来，高尿酸、肥胖症等频频找上幼小的宝宝们。12 岁的孩子，5 年间亲果汁，远白水，突发痛风；父母带 110 斤的 10 岁男孩体检，不幸确诊高尿酸血症、肥胖症……

病来如山倒，爸妈慌了脚。难道给孩子喝鲜榨果汁也错了吗？果汁不是很有营养吗？这毕竟不是"饮料"啊。

实际上，鲜榨果汁的含糖量超高，并没有水果那么健康，比饮料强不了多少。

为什么孩子不能喝过多的鲜榨果汁？每天喝果汁的限值是多少？科大大这就带大家深究一番，关于鲜榨果汁的那些事儿。

一、鲜榨果汁，其实是"水果垃圾"

想要榨出一杯 350 mL 的新鲜橙汁，大概需要 5 个橙子。喝一杯是不是就等于让孩子吸收 5 个橙子的营养？

从水果到果汁，看似只发生了形态变化，其实营养成分和含糖量都有了本质区别。

1. 营养成分流失

众所周知，水果里含有纤维素、维生素 C 等多种营养成分，能够帮助孩子提升免疫力。但如果将水果榨成汁，无论怎么做，都不能避免破坏水果中易氧化的维生素。

实验数据显示，橙子榨成汁后，每 100 g 橙子中的维生素 C 含量减少了约 32.76%。除维生素 C 外，大多存在于果渣里的不易溶于水的纤维、钙、果胶等营养成分，也无法摆脱被丢弃的"命运"。丢掉这么多营养的果汁，四舍五入也就是杯糖水了。

2. 榨果成汁，含糖量翻倍

不同果汁的含糖量大有不同，橙汁的含糖量约 7%、苹果汁和梨汁的含糖量约 10%、甘蔗汁的含糖量高达 18%。但身体对糖的消化速度有限，用不完的糖只能变成脂肪囤积起来，孩子也就开始了晋升成"小胖"的悲惨之旅。

孩子摄入过多的糖，不仅会导致体重超标，还会产生龋齿、加速尿酸形成，甚至出现痛风。

世界卫生组织建议，每天摄入的人工添加糖最好不超过 25 g，而孩子的摄入上限要更低些才好。

人工添加糖摄入建议	
4 岁以下	每日应摄入不超过 12 g，最好不摄入
4 ～ 6 岁	每日应摄入不超过 19 g
7 ～ 10 岁	每日应摄入不超过 24 g
11 岁至成年	每日摄入最好不超过 30 g

所以科大大建议，对于果汁饮料、棉花糖等高糖食物，孩子能少吃就少吃。说到这里，各位家长都明白了吧？鲜榨果汁并不是多多益善的"健康好伙伴"，适量饮用的标准不能忘。

二、三种情况，让孩子对果汁 say bye

科大大总看到家长耳提面命地和孩子说，不要总是喝可乐，要多喝新鲜果汁，有营养。有一说一，要不是各位还在看书学习育儿知识，科大大都要怀疑孩子是不是亲生的了。

给孩子直接吃水果不好吗？如果孩子"撒泼打滚"请求喝点果汁，也不必一味地拒绝，但务必控制好量。

各年龄段果汁建议摄入量	
年龄	果汁量
1～3 岁	≤ 120 mL
4～6 岁	≤ 180 mL
7～8 岁	≤ 240 mL

建议摄入量也并非金科玉律，有以下几种情况的孩子请务必远离果汁。

1. 1 岁以下的宝宝

宝宝天生嗜甜，和白水相比，一定更喜欢有滋有味的果汁。但对 1 岁以下的宝宝来说，果汁没有任何营养价值，过量的糖会引发蛀牙、肥胖、渗透性腹泻等健康问题，甚至会影响宝宝对铜的吸收，从而为心脏病、贫血等疾病的发生埋下隐患。

2. 宝宝处于腹泻状态

对于消化系统还不太健全的儿童来说，果汁可不是个好东西。宝宝腹泻时肠道吸收功能差，果汁中的高糖无法被吸收，会使肠道渗透压增高，进而吸收更多水分，导致腹泻加重，甚至出现渗透性腹泻。所以宝宝在腹泻时就不要喝果汁了，口服补液盐效果会更好。

3. 正在吃药的宝宝

很多家长为了让生病的宝宝顺利服药，会在药剂里添加果汁。对此，科大大想说，大错特错。

果汁中含有大量果酸，宝宝服药和喝果汁间隔不到 1 小时的话，酸性物质容易让药物提前溶解。尤其与阿司匹林等药物同服时，药物本就对胃黏膜有刺激作用，而果酸则会加剧对胃壁的刺激，严重时会导致宝宝的胃黏膜出血。

红霉素等抗生素易与果酸融合甚至会生成有害物质，对宝宝的身体产生不利影响。

夏天，乱吃这些蔬菜要命

夏天一到，天气越来越热，尤其是一些南方城市会提前进入"桑拿天"。

在东莞，一位奶奶为了给孙女消暑，喂服放置了4年的冬瓜水。结果，这个可怜的宝宝不幸中毒，被送进重症监护室救治。

科大大也请各位来关注一下这件事的罪魁祸首——"4年陈酿冬瓜水"。4年啊！真以为这是陈年老酒，越陈越香？这已经不是冬瓜水了，而是妥妥的"老坛发酵细菌培养液"。

虽然知道奶奶是为孩子好，可是这些流传的土方法真的害过不少孩子。就说喝冬瓜水中毒事件，已经不是第一次发生了。之前就有一位妈妈，给3个孩子喝了"腌制3年的冬瓜水"，结果他们相继出现嘴唇变紫、全身发绀、恶心的症状。

久置的冬瓜水中含有大量亚硝酸盐。亚硝酸盐危害有多大？常见于哪些食物中？还有哪些可怕的毒素容易被家长忽视，让孩子误食？

科大大就一次性把这些事讲清楚。

一、亚硝酸盐毒性强，间接致癌

亚硝酸盐实质上是一种各国都普遍使用的食品添加剂。我国的《食品添加剂使用标准》中规定，亚硝酸钠和亚硝酸钾可以作为护色剂、防腐剂用于食品加工。但都有明确规定的安全剂量。

那如果食品中的亚硝酸盐过量了，或是自制食品中暗含亚硝酸盐，吃了会有什么危害呢?

①急性毒性:一次性摄入 200 mg 就有中毒的风险,一次性摄入 1.3 g 就有死亡的可能。

②间接致癌:亚硝酸盐本身不致癌,但进入人体内会和胃里的蛋白分解物结合,形成致癌物亚硝胺。

要想让孩子远离亚硝酸盐的毒害,家长们首先要清楚它的"藏身基地",那就是我们餐桌上天天见的蔬菜。

二、给孩子吃蔬菜,有"三怕"

一怕:久存的绿叶菜

绿叶菜中含有一定的硝酸盐,存放过程中,其会被蔬菜自身的"还原酶"转化成亚硝酸盐。蔬菜存放越久,转化出的亚硝酸盐含量越多。

★ 安全攻略

蔬菜要勤买勤吃,特别是绿叶菜。新鲜蔬菜中的亚硝酸盐含量很低,家长要少量多次买进蔬菜,不要长久存放,尤其在夏天。

切碎的蔬菜要及时烹饪。给宝宝制作辅食时,切碎的菜要尽快下锅烹饪;如不是马上烹饪,应把新鲜菜叶放入冰箱冷藏。在煮之前,用沸水焯一下,可除去 60% 的亚硝酸盐。

二怕:隔夜菜

对于烹熟的绿叶菜,其自身的"还原酶"被高温杀灭,但不论是冰箱内还是冰箱外,其保存环境都不可能是无菌状态,而亚硝酸盐主要是通过细菌制造出来的。那么,吃隔夜菜会中毒致癌吗?

要看剂量。成人摄入 200 mg 的亚硝酸盐就可引起中毒,出现缺氧状况。

有实验表明,把做好的菜不经翻动放进冰箱里,24 小时后,其亚硝酸盐的含量从 3 mg/kg 升到 7 mg/kg,达不到中毒甚至致癌的水平。但隔夜菜保存不当,长期与细菌接触的话,对健康还是有危害的。

★ 安全攻略

蔬菜要现做现吃。隔夜菜中的亚硝酸盐虽不足以致癌，但对健康也是不利的，因此，剩饭、剩菜不要常吃、多吃。

科大大知道家长们肯定是不舍得给宝贝吃隔夜菜的，但是大人自己也要多注意。

另外，宝宝的自制辅食如蔬菜泥等，放久以后，除了营养成分被破坏，亚硝酸盐含量也会升高，宝宝的肠道娇嫩，容易发生危险。如果确定要分次食用，建议先用干净的勺子将要吃的量舀出，再将剩余的辅食放入冰箱，最好冷冻，建议在 12 小时内尽快吃完。

三怕：未腌透的蔬菜

腌菜方便、爽口，很多家庭喜欢在春夏季节食用。实际上，未腌透的蔬菜亚硝酸盐的含量很高，随后才会慢慢减少。

★ 安全攻略

自制腌菜，最好放置 20 天以上再食用，这样比较安全。购买腌菜，建议购买正规厂家的包装腌菜，少食用路边摊的散装腌菜。

腌制过的食品，不仅营养成分被破坏，而且含有大量的盐分，宝宝不宜食用。

另外，如果家中存放有亚硝酸盐，一定要放在宝宝够不到的地方。亚硝酸盐的外观与食盐、白糖相似，很容易误食并引起中毒。

在饮食中，我们除了要提防亚硝酸盐，对于另外两种比它更毒的毒素也要严防死守。

三、这两种毒素，比亚硝酸盐更可怕

1. 米酵菌酸：最容易出现在发酵的食物里

"酸汤子中毒事件"的新闻中，一家九口因为服用了"酸汤子"，引发食物中毒后身亡，其罪魁祸首就是米酵菌酸。

米酵菌酸，是由一种"椰毒假单胞菌酵米面亚种"的细菌产生的毒素，致死率接近 100%。

那么米酵菌酸经常藏身于哪些食物里呢?

★ 隔夜泡发的木耳或银耳:长时间高温泡发下,很容易滋生椰毒假单胞菌。

★ 自制谷类发酵食品:像南方地区的肠粉、米粉、河粉、陈村粉、粿条、濑粉等湿米粉。

其污染常发生于潮湿温热环境中,特别是在夏秋季节,一旦相关食物存储不当,很容易受到污染产生米酵菌酸,即便高温加热也无法消除。因此,一定要加倍警惕这类食物。

2. 黄曲霉素:最容易出现在久放、变质的食物中

黄曲霉素毒性大过农药,有强致癌性。一般隐藏在下面这些食物及用品中:

★ 被污染的谷物、坚果、籽类:尤其是被严重污染的玉米和花生,所以不要吃土榨花生油。

★ 变质的米饭:包括大米、小米等。

★ 用了很久的筷子:筷子上很容易残留淀粉,时间长了会藏污纳垢,滋生黄曲霉素。

★ 劣质芝麻酱、花生酱:有些不良商家为了降低成本,用变质的芝麻、花生为原料制作花生酱、芝麻酱,而它们变质后都含有黄曲霉素。

要想远离毒素,对这些食物、用品千万要小心。

最后,科大大还想唠叨一句,夏天温度高,各种食物都容易变质,滋生细菌。无论是大人还是宝宝,都要以安全、健康为本。为了避免浪费,少量买,及时吃。

秋季少生病、蹿个子，吃这些

多数宝宝在告别炎炎夏日之后，食量也会猛增，家长们都跃跃欲试，想要给孩子好好补补。吃对了，孩子长肉、长个、身体棒；但吃不对，大便干结、流鼻血、干咳找上门。

从营养师那里"取经"回来，科大大就马不停蹄地写了这篇入秋饮食指南。

一、想让孩子秋冬少生病，吃它

1. 莲藕

适合年龄：6个月以上的宝宝。

营养成分：碳水化合物、维生素E及钾等。

专属技能：通便，藕粉易消化且升糖指数低。

俗话讲，荷莲一身宝，秋藕最养人。莲藕富含膳食纤维，每100 g中含有2 g，与油菜含量相当，对预防所谓"秋燥"引起的便秘有很好的效果。尤其对于胃口不太好或病后初愈的宝宝，口感微甜的莲藕不仅可以增加食欲，还可替代一部分主食。

宝宝怎么吃：

★ 1岁以内，将藕蒸熟或做成藕泥吃；1岁以上，可以清炒藕片；2岁以上，就可以凉拌吃了。

★ 不管是哪种做法，都要做熟吃。

2. 芋头

适合年龄：6个月以上的宝宝。

营养成分：富含碳水化合物、B族维生素等。

专属技能：口感微甜，可代替主食。

别看芋头长得丑，浑身是宝。既能当主食，又能当蔬菜，对秋季胃口不好的宝宝很友好。

宝宝怎么吃：

★ 可以将芋头煮熟或者蒸熟，捣成芋泥给宝宝吃。

★ 把芋泥和在面粉里，做成芋头饼。

3. 南瓜

适合年龄：6个月以上的宝宝。

营养成分：膳食纤维、β-胡萝卜素、B族维生素等。

专属技能：保护呼吸道和胃肠黏膜、保护宝宝视力、增强抵抗力。

秋天到，南瓜俏。南瓜也被誉为"金瓜"，有预防维生素 A 缺乏、保障呼吸系统健康等功效，非常适合在容易出现咳嗽症状的秋季食用。

宝宝怎么吃：

★ 尽量不要用南瓜替代全部主食，吃太多容易胀气，且无法提供足够的热量。

★ 每次 50 g 左右，大约鸡蛋大小。

★ 南瓜泥、南瓜粥、南瓜饼、南瓜汤……这么多种菜式，总有一款，宝宝会喜欢。

4. 萝卜

适合年龄：6个月以上的宝宝。

营养成分：维生素 C、钾、钙等。

专属技能：补充水分，促进肠胃蠕动，助消化，缓解喉干、咽痛、反复咳嗽或有痰排不出等症状。

胡萝卜和萝卜的营养特点各有不同。

胡萝卜：主要含有类胡萝卜素，可在人体内转换为维生素 A，对宝宝的眼睛发育及视力保护有很好的作用。

萝卜：家族成员包括樱桃萝卜、红萝卜、白萝卜、青萝卜等，主要含有有机硫化物、木质素和糖化醇素等物质，具有抗氧化和抗癌的作用。

宝宝怎么吃：

★ 小宝宝肠胃娇弱，咀嚼能力差，建议以熟萝卜为主；1 岁以上可以吃生萝卜。

★ 有宝宝不喜欢萝卜的味道，可以混合其他食材一起吃。

5. 鸭肉

适合年龄：6 个月以上的宝宝。

营养成分：富含优质蛋白质、维生素 A、B 族维生素、生物素、铁等。

专属技能：补充蛋白质和铁。

给孩子做辅食，除了鸡肉和鱼肉，鸭肉也是不错的选择。而且鸭肉中的脂肪酸主要是单不饱和脂肪酸和多不饱和脂肪酸，更健康。

宝宝怎么吃：

★ 做成鸭汤后吃鸭肉或用鸭肉煮粥都可以。

★ 鸭肉较肥，最好去皮食用。

二、想让孩子秋季个子蹿一蹿，吃它

据研究，每年春、秋两季，是孩子长个儿的"黄金期"。长高所需的蛋白质、钙、维生素等通通不能少。

1. 牛奶：1 岁以上

牛奶富含钙、磷、优质蛋白质等，对宝宝长高极为有利。想让宝宝长高，牛奶不可少。如果孩子不喜欢喝牛奶，也可以喝酸奶或者吃奶酪。

2. 豆腐：6 个月以上

豆腐含有植物蛋白和钙，可替代一部分动物性食品。可以做成豆腐汤，也可以做成豆腐煲，口感细软，非常适合辅食添加初期的宝宝食用。

3. 西蓝花：6 个月以上

西蓝花营养丰富，富含类胡萝卜素、B 族维生素、维生素 C、膳食纤维、钙和钾等，不仅能帮助宝宝强化骨骼和促进生长，预防幼儿骨骼问题，还能帮助消化，预防便秘。

西蓝花表面有很强的疏水性，很难冲洗干净，建议浸泡时加一些小苏打。不要切开，避免营养成分流失，或者焯水后再烹调。

4. 沙丁鱼：1 岁以上

沙丁鱼的钙含量较高，每 100 g 中含钙 184 mg，可以促进宝宝骨骼发育。还富含 DHA，有助于宝宝视力和大脑的发育。

鱼类及其制品属于易致敏食物，首次尝试要少量添加，观察宝宝食用后有无过敏反应。

5. 口蘑：6 个月以上

口蘑相对其他菌类，最优秀的特点就是锌含量较高，100 g 中含 9 mg 锌，是鲜香菇的 10 倍以上。它还含多种维生素和矿物质元素，不仅能促进骨骼生长，还能提高抵抗力。

科大大提醒各位家长，给宝宝吃的食物一定要蒸煮至软烂，或者剁成碎末，煮粥、包饺子都可以。一周 2～3 次即可，不要天天吃，吃太多容易消化不良。秋补固然好，但也不能无节制，拒绝填鸭式喂养。

秋季饮食这样做，宝宝更健康，爸妈少担心。

★ 不要太着急

要循序渐进，不要大补特补。否则孩子的脾胃承受不了，反而更容易生病。

★ 喂养有度

不要因宝宝爱吃就拼命喂食。即使宝宝胃口好，爸妈也要把好关，切莫喂养过度，给孩子的肠胃加重负担。

★ 适时调整

根据宝宝的消化能力，适当调整饮食，能做到多样化更好。

总之，儿童饮食要义就这 8 个字：均衡营养，食物多样。

冬天，这些菜别乱吃

冬天一到，简直是十家有娃九家愁，宝宝便秘、口腔溃疡、皮肤脱皮……再问怎么应对，90%的家长都会回答多吃水果和蔬菜。然而，水果蔬菜固然好，乱吃可是会要命的。

有一位2岁的宝宝，因吃了未煮熟的四季豆而入院，最终抢救无效身亡。所以，各位家长千万不能认为吃蔬菜是小事，不放在心上。

别急，关于宝宝吃蔬菜的所有问题，科大大给你一次讲清楚。

一、吃蔬菜4大坑，踩了等于白吃

首先，对于宝宝吃什么蔬菜，一般没有硬性要求，这主要取决于各家的喜好。但是，关于吃蔬菜有4大误区，是基本上所有家庭都会犯的。

1. 认为蔬菜包治百病

基本每个宝宝生病的时候，家长都能听到医生这样嘱咐："给他多吃蔬菜，蔬菜中含有的维生素C、钙等营养成分，对宝宝很有好处。"但是，想要宝宝真正痊愈，可不能一个劲儿地吃蔬菜，更要注意肉、蛋、奶的均衡。

2. 把菜煮得很烂

这不仅会让营养流失，还会阻碍宝宝练习咀嚼、吞咽，从而也会影响牙齿发育。

所以，给宝宝吃绿叶菜的时候，最好用水焯一下，然后再剁碎。

3. 用水果代替蔬菜

有些宝宝不爱吃蔬菜，所以家长会用水果来代替，但水果中的膳食纤维要比蔬菜少很多，如果只吃水果可能引起便秘。蔬菜和水果应该相辅相成，而不是互相替代。

4. 和水果一起打成果蔬汁

注意，通过打成果蔬汁的方式给宝宝食用蔬菜，不仅会损失很多营养，还可能让宝宝排斥本来爱吃的水果。

误区就说到这儿，下面是另一件重要的事：有些蔬菜，吃不对，可能会引起宝宝腹痛、中毒。

二、这几种常见蔬菜，吃不对会要命

1. 吃之前，必须焯水的蔬菜

像菠菜、苋菜、马齿苋、鲜笋、茭白、苦瓜和其他口感苦涩的蔬菜，都含有大量草酸，会影响钙的吸收，所以一定要焯水后再吃。

除了以上几种，还有像香椿这类亚硝酸盐含量高的蔬菜，吃之前也需要焯水 15 ~ 45 秒，让亚硝酸盐的含量降到安全范围内。

2. 这几种蔬菜，生吃有毒

鲜黄花菜、各种菜豆等，未煮熟时千万不能给宝宝吃，否则会引发恶心、腹泻等中毒症状。

这类蔬菜含有的毒素可通过加热分解，但所需加热时间较长，像豆角中的皂素，就需要在 100 ℃的烹调温度下加热 10 分钟以上才能分解。

3. 苦味的菜，别随便吃

如果是常见的苦味蔬菜，如苦菊、苦瓜，孩子喜欢的话可以适当吃一些。但如果是本来不苦的蔬菜变苦了，如发芽的土豆，就说明有毒素蓄积，要及时丢弃。还有，野菜如果是苦的，也不建议吃。

那说完了不能这么做、不能这么吃，接下来自然就该给大家讲讲，蔬菜要怎么吃。

三、宝宝怎么吃蔬菜最好？不爱吃怎么办？

首先，宝宝满 6 个月添加辅食的时候就可以吃蔬菜了，不要添加得太晚，最迟不要晚于 8 个月。有研究证明，10 个月以后再吃蔬菜，宝宝很容易养成挑食的毛病。

在刚开始时，可以先给宝宝吃蔬菜泥，建议先尝试胡萝卜、南瓜或者小油菜。宝宝在不同年龄段需要的蔬菜量也不同。下面科大大给出一张表，以妈妈的拳头来做单位，量出每天需要的蔬菜量：

7 个月～7 岁蔬菜摄入量	
7 个月～2 岁	半个拳头以内，按宝宝需要添加
2～3 岁	1～2 个拳头大小
4～5 岁	1.5～3 个拳头大小
6～7 岁	3～4.5 个拳头大小

但如果有宝宝在这个过程中养成了挑食的毛病，又该怎么办？下面教你 3 项基本功和 1 项终极大招。

★ 家长要以身作则，不挑食。

★ 障眼法＋换着法吃，将蔬菜和肉混在一起做成馅，包饺子或做丸子。

★ 让孩子参与到蔬菜烹饪过程中，哪怕只是简单地洗个菜，孩子也会有成就感，从而更容易接受蔬菜。

至于终极大招，那就是联想法。比如秋葵，做过的妈妈都知道，切开的横截面像星星。除此之外，如果宝宝确实不爱吃某种蔬菜，也不要强迫他吃，可以找其他替代蔬菜。

科大大按照每种蔬菜的功效，整理了一张推荐给宝宝吃的蔬菜表，不管是发愁给宝宝吃什么，还是想找替代蔬菜，都可以参考。

宝宝这样吃，准没错	
含钙量高	小油菜：必吃。钙含量高居同类蔬菜之首 莴苣：叶子的营养更高
对视力好	胡萝卜：富含维生素 A，不用油炒也可以吸收 西蓝花：富含维生素 A，甚至超过胡萝卜
可以代替少量主食	芋头：可以缓解便秘 紫薯：饱腹感较强，但水分含量少，建议煮粥或煮熟压泥后加入奶液，再做成手指食物食用 山药：易消化，更适合小宝宝
助消化	白萝卜：含水量丰富 大白菜：维生素 C 含量比柠檬还高

总的来说，家长们一定要保证宝宝的蔬菜摄入量，只有营养均衡才能提高免疫力。

6个月宝宝抽搐、翻白眼，原来是没吃这个东西

为了让宝宝长高，妈妈们使出了浑身解数，而且总是绕不过补钙这个问题。可是不少妈妈发现，又是骨头汤，又是菠菜豆腐汤，没少折腾，体检时，医生还是说宝宝缺钙了……这是怎么回事？

科大大在这里郑重强调一下，请放过钙，多关注维生素D。

宝宝可以通过日常饮食获取钙，但维生素D（本篇下文简称维D）的摄入量却不一定能达标。科大大一直提倡给宝宝补充维D，要是补充不及时或是补充不足量，可不只是影响钙吸收那么简单。

科大大朋友的宝宝，就突然出现抽搐症状，把两口子吓得够呛，还以为是什么严重的问题，结果去医院检查才发现，是维生素D缺乏引起的。

为了避免更多的家长踩坑，科大大把教大家给宝宝挑选和补充维D提上了日程。

一、宝宝抽搐、夜闹，可能缺维D

无遗传病史、合理喂养、一直身体健康的宝宝，如果突然出现抽搐、翻白眼的症状，可能与缺乏维D有关。

科大大发现，存在同样问题的宝宝还真不少。此外，我们一般很难跟缺乏维D联系起来的症状还有宝宝夜闹。

如果你家宝宝出现了同样的症状，并且查不出病因，建议带宝宝检测血清25（OH）D水平，判断宝宝是否缺乏维D。

★ 维D充足：25（OH）D ≥ 20 ng/mL（50 nmol/L）。

★ 维D不足：25（OH）D 介于 16～20 ng/mL（40～50 nmol/L）。

★ 维D缺乏：25（OH）D ≤ 12 ng/mL（30 nmol/L）。

注意——宝宝抽搐、翻白眼可能是缺乏维D，但也不能排除其他原因。家长在宝宝出现不适的时候，要及时去医院排查，别大意。

为什么缺乏维D宝宝会抽搐？

维D就好比一个勤劳的快递小哥，把钙运送到需要的地方。

宝宝维D缺乏，会影响血钙吸收，导致血钙低，从而引起抽搐的症状，常见于3岁以下的宝宝。不仅如此，维D缺乏会导致骨骼不能正常钙化，容易引起骨骼变软和弯曲变形，继而发展成佝偻病。

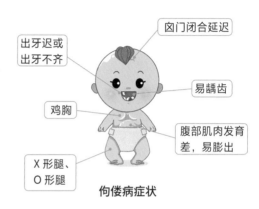

佝偻病症状

这也是维D被称为"激素类营养素"的原因，少了它的助攻，钙就去不了要去的地方，缺钙的各种问题也随之而来。

二、这个年龄就要开始补

晒太阳是自身合成维D的主要方式，但是由于季节、纬度、空气污染、晒伤风险等各种现实条件的限制，宝宝很可能晒不到足够的阳光。虽然母乳中钙含量充足，维D含量却很少，所以新生儿从第2周起，即可补充维D，促进钙的吸收。

不建议妈妈吃维D，通过乳汁喂宝宝。妈妈摄入维D后，能转化到乳汁中的量非常少，要想达到宝宝的需求量，妈妈恐怕就要维D中毒了。

不论年龄和体重，我国采用"一视同仁"的方法，推荐宝宝补充维D的剂量如下：

儿童维生素 D 推荐补充量		
年龄	每日推荐量 /IU	每日最高限量 /IU
0～0.5 岁	400	800
0.5～1 岁	400	800
1～4 岁	400	800
4 岁以上	400	1200

★ 早产儿、低体重儿、双胎儿：推荐摄入量 800～1000 IU/d（对应 20～25 μg/d），3 个月后改为 400 IU/d（对应 10 μg/d）；

★ 配方奶粉喂养宝宝：如果每日摄入 500 mL 配方奶，可补充维 D 200 IU（对应 5 μg/d），若加上适当的户外活动，则不必额外补充维 D。

请严格按照推荐剂量补充维 D，如果不小心超过了每日最高限量，可以暂停几天，让宝宝充分代谢一下。

补到几岁可以停？根据具体情况分析。

《中国居民膳食指南》推荐补到 2 岁，美国儿科医生推荐补到青春期，而偏北的加拿大、英国建议一辈子都要补。综合来说就是——每天补充 400 IU 维 D，直至青少年，甚至成年。

另外，住在高纬度地区、住在常年阴雨天气地区、每天在家晒"灯光"、皮肤偏黑的宝宝，更易缺乏维 D，更要注意补充。

三、一招挑对维 D 补剂

那么问题来了，市面上那么多类型的维 D 补剂，该怎么挑选呢？科大大提供一个简易版的挑选指南：

★ 维 D_3 优于维 D_2 优于维 D。

★ 滴剂优于胶丸。

★ 鱼油是 DHA，和维 D 没有关系。

★ 天然提取的鱼肝油，与人工合成的维生素 A（以下简称维 A）、维 D 滴剂也有不同。如果宝宝也需要补充维 A，更推荐后者。

尝着不咸就是没盐？ 90% 的家长不知的 4 大误区

究竟宝宝多大可以吃盐？过早吃盐有什么危害？

科大大就来好好说一下吃盐这件事。

一、辟谣！吃盐 4 大误区必须知道

在育儿江湖上，流传着很多关于吃盐的谣言，科大大这就给大家逐一击破。

误区一：宝宝夏天出汗多，应该多吃点盐

宝宝夏天出汗多，会流失掉很多水分和钠、钾等电解质。但是爸妈不用担心，宝宝体内并不会因此缺失钠离子。母乳、配方奶和辅食中都含有丰富的钠，宝宝吃两餐就补回来了。

误区二：辅食不加盐味道不好，宝宝不爱吃

有的家长认为自家宝宝不爱吃辅食，是因为没加盐不好吃。实际上，宝宝的味觉比大人更敏感，不加盐反而能让他尝到食物最本真的味道。因为随着年龄增长，人的味蕾是不断退化的。很多时候，大人感觉味道正好，对于孩子来说已经过咸了；大人觉得淡、没有味道，孩子反而觉得刚刚好。

那为什么孩子一吃辅食，就各种抗拒不肯配合呢？

这是因为，宝宝习惯了喝带有甜味的母乳或者配方奶，突然接触辅食会

有些不适应。不过宝宝很快就会发现，原来除了甜味，还有酸味、咸味等各种各样的味道。还可能是辅食种类不够丰富、口感太软或太硬的原因。不能单纯地认为宝宝不爱吃辅食是因为不加盐没味道。

总之，不要以大人的口味去衡量孩子的喜好。

误区三：吃盐补碘

有些人因为没摄入足够的碘，得了"大脖子病"，就想当然地把补碘和吃盐联系在一起。其实，宝宝从食物里就能获得足够的碘，过早吃盐反而会危害宝宝的健康。如果家长怀疑孩子缺碘，最好去医院查一查，千万不要自己给宝宝乱补。

误区四：不吃盐，没力气

老人们常说："不吃盐，没力气。"其实，补充体力是盐里"钠"的功劳。而过早吃盐对宝宝没有好处，只有害处。

那么，宝宝多大可以吃盐？该吃多少呢？

二、开始吃盐的时间，别卡死在 1 岁

根据《中国居民膳食指南》建议，1 岁以内的婴儿不需要额外吃盐。为什么呢？

1. 过早吃盐有 3 大危害

①导致孩子养成重口味的习惯，偏食、挑食。

②导致钙流失，影响骨骼发育。

③影响孩子的肾脏功能和增加成年后患高血压的风险。

2. 食物中的钠足够满足宝宝的日常需要

吃盐就是为了补充钠，1 g 盐里含有 400 mg 的钠，而在 2.5 g 盐中就有整整 1 g 的钠。但是食物中的钠能够满足宝宝日常所需，不需要再额外加盐补充。

科大大把常见食物中的钠含量整理成了表格：

常见食物中的钠含量（mg/100 g 可食部分）					
食物	含量	食物	含量	食物	含量
食盐	39 311	羊肉（肥瘦）	80.6	茄子	5.4
味精	8160	鸭肉	69	番茄	5
酱油	5757	鸡肉	63.3	小米	4.3
海虾	302.2	白萝卜	61.8	甜椒	3.3
海蟹	260	猪肉（肥瘦）	59.4	小麦粉（标准粉）	3.1
河蟹	193.5	油菜	55.8	粳米（标一）	2.4
河虾	133.8	大白菜	57.5	黄豆	2.2
鸡蛋	131.5	牛奶	37.2	赤豆	2.2
黄鱼	120.3	甘蓝	27.2	苹果	1.6
牛肉（肥瘦）	84.2	韭菜	8.1	柑橘	1.4

那么问题来了，1岁内不吃盐，1岁后可以吃吗？

如果宝宝还能接受无盐食物，就不用刻意添加。家长应当秉持一个原则：吃盐，越晚越好。如果发现宝宝对食物的兴趣降低，可以在1岁后少量添加盐。

当然，科大大要提醒一句，不在饮食里加盐不等于万事大吉，还有一些"隐形盐"在等着宝宝。

三、警惕！这些"隐形盐"同样在坑孩子

1. "隐形盐"

有些食物混入了盐等调料，也许它们尝起来并不是咸的，实际上却含有很多钠。一不小心，宝宝就"盐"值爆表。

2. 常见"隐形盐"食品

结合我国居民常见的饮食习惯，科大大给大家揪出来6大"藏盐大户"，

妈妈们要警惕啦。

6 大高盐食品		
	隐形程度	代表食品
零食类	★★★★	话梅、蜜饯、肉干、海苔、膨化食品、果冻
甜品类	★★★★★	面包、蛋糕、奶酪、冰激凌、饼干
快餐食品	★★★★	比萨、薯条、汉堡
干果类	★★★	瓜子、开心果、大杏仁
熟食制品	★★★★★	腊肉、香肠、烧鸡、卤味制品
饮料	★★★★	果蔬汁、运动饮料

3. 如何规避"隐形盐"

★ 含有"隐形盐"的食物尽量少给孩子吃，如上表列出的那些。

★ 学会看零食包装袋上的营养成分表。

营养成分表一般在食品包装的侧面或背面，主要看每 100 g 食品中各类营养素的含量和营养素参考数值（NRV%：100 g 食品中营养素的含量占该营养素每日所需摄入量的比例）。

因为盐有可能"隐身"，所以看盐含量的参考意义不大，应该看钠含量。当某种食品中钠的 NRV% ＞能量 NRV% 时，就属于高钠食物，尽量少吃。

爸妈可以参考以下标准，根据宝宝的年龄来选择食物：

★ 3 岁以下婴幼儿：选择钠含量低于 300 mg/100 g 的食物。

★ 3 ~ 6 岁的孩子：选择钠含量低于 600 mg/100 g 的食物。

这只是个参考值，如果能把宝宝的实际摄入量考虑进去，会更合理。宝宝能不能健康成长，就看家长的执行力。希望大家用最科学的方法，养育最健康的孩子。

"笨蛋脂肪"竟藏在这些"儿童美食"里

大家都知道，油吃多了没好处，毁心脏又毁血管。但是，在很多食品中还有一种常见物质害人不浅，它就是反式脂肪。

那什么是反式脂肪呢？

反式脂肪在一些肉类、母乳、配方奶中存在，对人体无害。需要警惕的是人造反式脂肪，它是在油脂的加工烹调中产生的。对于平时常见的薯条、可乐、汉堡、奶茶、烧烤、蛋糕，都要警惕其中的人造反式脂肪。它存在的意义就是，让食物更美味。而美味的代价是沉重的——每年有50多万人因长期摄入人造反式脂肪而死于心血管疾病。

早在2018年，世界卫生组织就呼吁各国政府采取措施，争取5年内彻底消灭食品中的人造反式脂肪。

随着这股消灭人造反式脂肪之风，食品生产商们纷纷改进生产工艺，现在的食品包装袋上，已经很少能看到这个词了。

虽然不挑明了写，但还可以给它穿个"马甲"继续用啊。其实，在我们认为健康的一些食物里，也藏有人造反式脂肪。

科大大就来揪出这些食物中的"定时炸弹"。

一、人造反式脂肪，让宝宝变胖、变傻、脾气大

人造反式脂肪带来的伤害是长期积累才会显现的，偶尔吃点儿没什么大问题。但投喂宝宝就需谨慎了，毕竟我们都不希望宝宝爱上富含人造反式脂

肪的零食，然后无法自拔。长期摄入过量的人造反式脂肪，会威胁宝宝的生长发育和健康。

1. 让宝宝变胖

有研究发现，1 g 人造反式脂肪在人体内的代谢周期长达 51 天。什么概念？比如一杯奶茶中含有 6.4 g 人造反式脂肪，完全代谢出体外就需要大概 326 天。

2. 让宝宝变傻

人造反式脂肪更是被称为"笨蛋脂肪"，《神经病学》（*Neurology*）杂志发表了一项新研究，发现摄入富含人造反式脂肪酸的工业食品会增加阿尔茨海默症等痴呆症的患病风险。早在 20 世纪 90 年代，就有研究人员发现，那些在青少年时期具有不良饮食习惯的人，年老后患老年痴呆症的比例增大。

这种"笨蛋脂肪"会干扰宝宝生长发育过程中对必需脂肪酸的利用，严重的话可造成中枢神经系统发育障碍。

3. 让宝宝脾气大

人造反式脂肪是一种能够诱发身体明显炎症的成分，宝宝爱发脾气，也可能和它有关。美国已有研究表明，不论年纪大小，常吃含人造反式脂肪食物的人更具有攻击性。相反，人造反式脂肪摄入较少的人，能更好地控制自己的情绪。

真不是科大大不想让小朋友吃甜点、零食，而是人造反式脂肪对人体没有一点儿好处，吃得越少越好。

二、这些食物，都是"披着羊皮的狼"

对于薯条、可乐等公认的"垃圾食品"，就算科大大不展开说，家长们也知道不能给宝宝多吃。而有些食物我们以为很健康，实际上里面的人造反式脂肪一点儿都不少。

1. 高温热油炒青菜

家里宝宝不爱吃菜时，家长总会想办法让宝宝喜欢吃，最常见的办法就是用高温热油把菜炒得更香。然而，食用油在高温下容易产生人造反式脂肪，且加热时间越长，产生的人造反式脂肪就越多。

在家烹饪时，建议少用煎、炸等方式，尽量选择蒸、煮、炖、低温炒以及凉拌的调味方式。而且，科大大亲身实践后发现，无论多放油还是少放油，炒出的菜味道差别并不大。

2. 网红果蔬干

宝宝实在不爱吃瓜果蔬菜，果蔬干是健康零食，宝宝多吃点儿没关系？

科大大研究过某品牌果蔬干的配料表，发现其中的"精炼植物油"往往意味着隐藏的人造反式脂肪。

科大大继续深挖，发现几乎每个品牌的果蔬干配料表都含有"植物油"成分。植物油只要经过热加工处理，多少都会产生一些人造反式脂肪，因此这类零食，最好也少给宝宝吃。

3. 花样穿"马甲"的人造反式脂肪

植物淡奶油、植物起酥油等"植物××油"都属于植物油，是不是听起来挺健康？

然而，跟上面提到的"精炼植物油"一样，商家给很多食品披上了"植物"的马甲，使其看上去很健康，实则不然。

人造反式脂肪还有其他五花八门的"小马甲"，家长们给宝宝采购食品时，在配料表中看到这些字眼时，都要警惕人造反式脂肪的存在。

人造反式脂肪的"小马甲"包括：植物奶油、植物黄油、人造奶油、人造黄油、起酥油、植脂末、植物奶精、代可可脂、氢化植物油、精炼××等。这些成分在配料表中越靠前，可能意味着人造反式脂肪的含量越高，不知不觉间，就给宝宝吃了好多"笨蛋脂肪"。

三、宝宝需要"聪明"的脂肪

宝宝的成长发育需要脂肪，例如，对于学步期的宝宝来说，日常膳食要有 30% ～ 40% 的脂肪热量。

脂肪家族庞大，我们要学会吃，并且要给宝宝吃"聪明"的脂肪才可以。"聪明"的脂肪富含 ω-3 脂肪酸，普遍存在于母乳、深色蔬菜、海产品和豆类食物中。

★ 母乳喂养的宝宝，通过母乳可以摄入足量的"聪明脂肪"。

★ 配方奶喂养的宝宝，可以选择添加DHA/ARA和OPO成分的配方奶粉。

★ 开始吃辅食的宝宝，可以通过吃海产品、亚麻油、牛油果等，来补充"聪明脂肪"。

虽然科大大说的都是宝宝的事儿，但不代表成年人就可以肆无忌惮地吃了。有研究显示，人造反式脂肪可造成生育功能下降，使不孕率上升。

60% 的宝宝，夏天都会缺锌？

好多家长热衷于"补补补"，宝宝的身体状况稍有点风吹草动，就担心宝宝缺钙、铁、锌、硒、维生素等各种元素。有时候，发现宝宝不爱吃饭、头发稀黄等，就怀疑宝宝缺锌；到了夏天，宝宝出汗多也怀疑是缺锌的表现。

哪些宝宝需要补锌？为什么夏天要补锌？如何判断宝宝是否缺锌？如何科学补锌？

一、这些情况不等于缺锌，夹指检测不靠谱

1. 不爱吃饭不等于缺锌

"孩子不吃饭，补锌是关键。"还记得当年这句十分洗脑的广告语吗？实际上，虽然缺锌有可能导致食欲不好，但食欲不好未必就是缺锌，这是两回事儿。

饭菜难吃、餐具不好看、宝宝心情差、填鸭式追喂等，都可能影响宝宝吃饭的积极性。所以，宝宝"吃饭难"这件事，与其全赖"缺锌"，不如调整喂养习惯、多花心思在辅食搭配上，让宝宝对吃饭感兴趣。

2. 出汗多不等于缺锌

之所以提倡夏季给孩子补锌，主要是因为：

★ 夏季宝宝胃口不好，食量减小，从食物中获取的锌相应减少。

★ 夏季出汗量增多，而锌是一种会随汗液排出体外的营养素。

★ 夏季易患肠道疾病，尤其是腹泻，会加重锌流失。

所以，不是缺锌导致出汗多，而是出汗多导致锌流失，而且很少有宝宝单纯因为出汗而缺锌。

3. 头发少而黄、手上长倒刺不等于缺锌

对于这些情况的缘故，流传甚广的说法是——要么缺钙，要么缺锌。然而实际原因是什么呢？

★ 头发少而黄：发量和发色主要是由遗传因素和自身生长发育的速度决定的，只要保证营养均衡，1岁后会慢慢改善。

★ 手上长倒刺：天气过度干燥、频繁洗手、经常摩擦粗糙物体等，都会使指甲周围皮肤干燥并发生剥离，形成倒刺。把手洗干净，用指甲刀轻轻剪掉，然后及时涂抹润肤霜即可缓解。

值得一提的是，不论在哪儿，但凡遇上那种夹夹手指就敢说你家宝宝缺这缺那的所谓微量元素检测，科大大给你一个建议：快跑。

早在2013年，这种检测就被国家卫计委叫停了。宝宝缺锌与否，需要专业医生结合宝宝的膳食详情、发育指标以及血液中的含锌量这三方面来综合判断。

二、出现这 4 种情况，再怀疑缺锌

当宝宝出现以下情况的时候，家长有理由怀疑是缺锌。但注意，只能是怀疑。

1. 味觉障碍

缺锌会导致味觉下降，进而让孩子厌食、挑食、偏食等，严重的话还会引发异食癖。当孩子出现异食癖时，比较容易引起父母的警觉，但挑食、偏食的问题就容易被忽视了。说到底，家长只能是存一份疑心，不要幻想本来仿佛跟饭有仇的孩子，喝完补锌的药物马上就能"猛虎扑食""狼吞虎咽"了。

2. 皮肤损伤，不易愈合

锌能加速皮肤创伤的愈合，孩子缺锌时，皮肤出现损伤后特别难愈合。最常见的表现是口腔溃疡反复发作，喷药、补充维生素 C 等治疗效果都不理想。

3. 毫无缘由地出现"地图舌"

对于一些没有发热等症状的宝宝，如果舌苔上有一片片的舌黏膜剥脱，类似于地图状，可能与缺锌有关。

4. 免疫功能降低，反复生病、腹泻等

缺锌也会导致免疫力下降，最常见的表现就是爱生病，每一波季节性流感都逃不过，甚至动辄发展成肺炎。

如果宝宝出现以上4种情况，我们可以结合平时的饮食来判断是否与锌的摄入不足有关。但是不能自己直接认定是缺锌，然后盲目开补，以免耽误真正病情的治疗。

当家长产生怀疑时，应当带宝宝找专业医生诊断。就医后，确定宝宝属于下面这4种情况，才需要在医生的指导下补锌。

★ 经专业评估后确定缺锌的宝宝。

★ 长期腹泻的宝宝。

★ 肠病性肢端皮炎患儿。

★ 特定的早产儿。

三、预防缺锌，首选食补

有些家长不管宝宝缺不缺锌，总想补点以做预防，觉得没什么坏处。那么科大大首先推荐科学又保险的补锌方式——食补。

根据《中国居民膳食营养素参考摄入量（2013 版）》的推荐，科大大还给出了相应的喂养量作参照。只要给宝宝吃够推荐量，基本就不会缺锌。

《中国居民膳食营养素参考摄入量（2013 版）》推荐锌的摄入量		
年龄	推荐摄入量	科大大推荐食物摄入量
0 ～ 6 个月	2 mg/d	每 100 mL 母乳中约含 0.28 mg 锌，宝宝每日摄取母乳中的锌含量已足够
7 ～ 12 个月	3.5 mg/d	6 个月后，母乳中锌含量逐渐下降 母乳喂养的宝宝，除每日 600 ～ 800 mL 奶量外，要及时添加辅食，选择强化铁米粉以及肉类 配方奶喂养的宝宝，没有太大的缺锌风险

《中国居民膳食营养素参考摄入量（2013 版）》推荐锌的摄入量		
年龄	推荐摄入量	科大大推荐食物摄入量
1～3 岁	4 mg/d	12 个月后，母乳中的锌含量进一步降低 母乳喂养的宝宝，每日奶摄入量约 500 mL，建议从其他食物中摄取锌 4 mg 左右 配方奶喂养的宝宝，每 100 mL 奶粉中含锌 0.5 mg 以上，奶粉中可摄取锌 2.5 mg 以上 开始喝牛奶的宝宝，每 100 mL 鲜牛乳含锌约 0.42 mg，牛奶中可摄取锌 2.1 mg
4～7 岁	5.5 mg/d	参照下表"富含锌的食物"进行喂养

对于已经开始摄入辅食的宝宝，家长们可以结合自家宝宝的实际情况，搭配一些常见的富含锌的食物。

	富含锌的食物	锌含量（mg/100g）
动物性食物	鸡蛋黄	5.78
	瘦牛肉	3.91
	瘦羊肉	3.91
	瘦猪肉	2.99
	鸡肉	1.09
	生蚝	71.2
	扇贝	11.69
	牡蛎	9.39
	明虾	3.59
	鲈鱼	2.83
	三文鱼	1.11

	富含锌的食物	锌含量（mg/100g）
植物性食物	黑豆	4.18
	腐竹	3.69
	黄豆	3.34
	豇豆	3.04
	豌豆	2.35
	口蘑	9.04
	黑芝麻	6.13
	腰果	4.8
	松子仁	4.61
	杏仁	3.54

一般来说，如果孩子的饮食结构比较均衡，也没有出现偏食、厌食等情况，那么宝宝光靠日常餐饮就能获取充足的锌。缺锌的孩子真没这么多。

对于并不缺锌的宝宝来说，额外摄入药物，大量补充，可能会造成锌过量，引起代谢紊乱等情况，甚至会对大脑发育造成损害。

所以，宝宝缺不缺锌要靠医生的专业判断，确定缺锌的话，也要在医生指导下用药补充。

有这些饮食习惯的宝宝，99% 缺铁

我们常常担心宝宝缺钙、缺锌、缺其他各种各样的营养，其实，宝宝真正容易缺的是铁元素。相关调查指出，我国 7 个月至 7 岁儿童的缺铁率高达 40.3%。也就是说，每 3 个孩子中，就有一个缺铁。

难办的是，缺铁或轻度的缺铁性贫血没什么明显症状，往往要到体检或严重缺铁时才能看出来，所以常常被家长忽视，但这并不妨碍它偷偷伤害我们的孩子。

现在的孩子吃得比以前好太多了，家长都不计成本地给孩子最好的，那为什么孩子还会缺铁呢？又该如何给孩子补铁呢？

一、这 3 类宝宝容易缺铁

1. 添加辅食过晚

怀孕后期，宝宝会从妈妈那里收集铁元素存储在体内，足够使用 4 ~ 6 个月。6 个月后，若不及时给宝宝添加辅食，就会导致铁元素缺乏，1 岁以内患缺铁性贫血的宝宝比例高达 22% ~ 31%。而且，辅食添加得晚，宝宝错过了最佳咀嚼学习期，还容易出现只喝奶、不吃饭的情况。所以，科大大建议：

★ 宝宝满 6 个月就要添加辅食，最早不早于 4 个月，最晚不晚于 8 个月。

★ 1 岁以后，要逐渐过渡到以吃饭为主，喝奶为辅。

2. 辅食中的铁元素不足

初期的辅食米粉，很多家长会在家自制，觉得健康、有营养；也有些家长担心宝宝消化不良，辅食中只加蛋不加肉。其实，自制米粉的铁含量往往

很少；鸡蛋虽然营养丰富，但所含的铁并不好吸收，跟肉比差远了。所以科大大建议：

★ 初期辅食，选择高铁米粉。

★ 满 7 个月后，就可以添加肉泥了，顺序为：红肉（猪肉、牛肉、羊肉）→白肉（鸡肉、鸭肉）→鱼虾类。

3. 宝宝挑食，只吃菜不吃肉

这是很多孩子会有的问题，即使饭量不错，长期吃素的"素食宝宝"也容易缺铁。因为我们平时吃的食物中有 2 种铁：

血红素铁	比如，动物肝脏、肉类、动物血等	人体吸收超 20%，铁元素重要来源
非血红素铁	比如，深绿色蔬菜、豆制品、木耳、坚果等	人体不易吸收

所以哪怕吃再多的菜也不一定能吸收足够的铁。那宝宝不吃肉怎么办呢？

★ 减少腥味。做肉时，可以用生姜去腥。

★ 利用其他食材，改善口感。比如，肉丁加蛋清，做出来更嫩；做肉泥的时候加一些含淀粉的土豆、番薯；也可以跟蔬菜混在一起做肉丸子。

★ 不强求宝宝吃太多，每天一点点，循序渐进。

那怎么判断宝宝有没有缺铁呢？

二、出现这 5 种情况，孩子可能已严重缺铁

开篇讲到，缺铁或轻度缺铁性贫血的症状不明显。但当宝宝长期不好好吃饭、挑食、偏食等，担心缺铁的话，可以先带宝宝去医院检查。医生会询问宝宝平时的喂养情况，分析缺铁的风险。有必要的话，会安排抽血检查，根据各项指标来进一步判断。

但如果宝宝出现以下 5 种情况，可能已经长期缺铁或中重度缺铁性贫血了。

★ 面色发白，嘴唇和眼结膜也发白。

★ 指甲薄脆，指甲盖按压 5 秒后，不能立马恢复粉红色。

★厌食、食欲减退，体重增长缓慢。

★免疫力低，容易反复感染，如呼吸道感染等。

★容易疲乏、注意力不集中、易烦躁、记忆力变差等。

这时候更要及时去医院诊断，查明缺铁的原因。

那日常生活中，如何补铁呢?

三、宝宝缺铁，这样补才有效

1.6 个月以内

足月出生的宝宝吃奶正常的话，不需要额外补铁，但妈妈要注重自身铁的摄入。那早产宝宝怎么补?

①早产宝宝，由于出生时铁元素的储备不足，2～4周时，就要在医生指导下补充铁剂。

②一般情况下，根据宝宝的体重进行补充，每天需摄入铁元素（食物中的铁＋铁剂）2 mg，最多 15 mg，每日一次，根据情况补充到 1～2 岁。

2.6～12 个月

对于 6 个月左右的宝宝选择高铁米粉作为辅食，可以用水、母乳或奶粉冲调，每天 10～20 g，家长可以在米粉说明书上确认好一勺的量。

7 个月以后，就可以加一些红肉泥、肝泥和鸡、鸭、鱼肉泥了，这些食物含铁较丰富，也易吸收。刚开始时少量添加，确定宝宝不过敏后再正常吃。

3.1 岁以后

要引导宝宝好好吃饭，培养良好的进餐习惯，同时要注意多吃含铁的食物。

高铁食物	
动物肝脏类	鸭肝、猪肝、鸡肝
红肉类	羊肉、猪肉、牛肉
动物血类	猪血、鸭血、鸡血
植物类	深绿色蔬菜、豆制品、坚果、黑木耳等

尤其是动物肝脏类，不但含铁丰富，还含有大量维生素 A，但具体应该怎么吃呢？

宝宝吃动物肝脏，注意这 5 点，补铁又安全。

①购买正规渠道出售的动物肝脏，最好是有机食品。

②满 8 个月后再吃，一周不要超过 2 次，每次不超过 25 g，约为 10 ～ 20 片。

③充分清洗，用清水泡 1 小时左右，不能加盐，否则肝表面会形成保护膜，影响水渗出；泡完后，剔除筋膜，再用流动水冲干净。

④最好采用蒸或煮的方式，熟后再剁碎或碾碎。

⑤在吃高铁食物的同时，还要注意搭配富含维生素 C 的食物，促进铁的吸收。

富含维生素 C 的食物（以 100g 为例）			
鲜枣	243 mg	草莓	47 mg
甜椒	130 mg	卷心菜	40 mg
猕猴桃	62 mg	橙子	33 mg
西蓝花	56 mg	番茄	14 mg
绿苋菜	47 mg	苹果	3 mg

吃高铁食物虽然可以有效补铁，但严重缺铁的宝宝，还应在医生的指导下服用铁剂。服用时，需注意这 5 点：

①可以与水或果汁同服，空腹时服用效果最佳。

②铁剂和钙片，最好不要一起吃，至少间隔 1 ～ 2 小时。

③铁剂颜色较深，吃完后要漱口或刷牙。

④补铁期间，宝宝大便颜色会变成深黑色，但不用担心，通常停止补铁后大便颜色就会恢复正常。

⑤铁剂应放在宝宝够不到的地方，以免误服太多造成中毒。

宝宝喝水这事全家要达成共识

"多喝水"已经成了万能的"健康宝典"，我们还常听到：感冒了多喝水，肚子疼多喝水，上火、便秘多喝水……

但喝水真的能治病吗？你们知道宝宝"狂"喝水可能导致中毒吗？喝水的学问大着呢。

科大大这就一一揭晓。

一、这 3 种情况，别盲目多喝水

喝水治百病？信了你就"输了"。

"多喝水，大量喝"到底能不能治好病？要分情况。

1. 喝水治便秘？没有用

便秘主要与饮食、胃肠道的结构和功能、精神和代谢等因素有关。对于便秘的宝宝，要合理膳食，还要纤维素和益生菌"双管齐下"，仅靠喝水来治便秘，效果微乎其微。

2. 喝水治咳嗽？作用不大

给宝宝少量多次地喂水，可以稀释痰液，舒缓喉咙，缓解不适，但要把化痰止咳纯粹寄希望于"多喝水"，就不现实了。

3. 喝水治腹泻脱水？喝多了有害

如果孩子腹泻已经导致脱水了，体内矿物质元素会流失，这时，大量补充白开水会加速这些成分的流失。紧接着，为了维持体内电解质平衡，身体

会通过排尿、出汗等方式排出体内多余水分，导致宝宝越补水越脱水。

对于腹泻脱水的宝宝来说，喂口服补液盐就行，这也是世界卫生组织（WHO）推荐的方法。

★ 1岁以下的宝宝，每次腹泻后补充50 mL左右的口服补液盐。

★ 1岁以上的宝宝，每次腹泻后补充100 mL左右的口服补液盐。

即使家长想喂水，也得在宝宝呕吐完10分钟后。如果宝宝呕吐频繁，要及时到医院就诊，通过静脉补液治疗，症状缓解后再口服补液盐。

事实上，只有当宝宝感冒发热时多喝水才是有好处的。

宝宝高热时，间歇性地喂水能促进排尿，有利于带走热量，降低体温。除此之外，家长还要让宝宝清淡饮食，注意大小便的情况，对症用药。如果病情有变化，要及时就医。不过，喝水虽有好处，但如果喝不对，也会喝出病来。

二、宝宝每天该喝多少？

1. 警惕水中毒

科大大一直记得有位妈妈给宝宝喂了太多水，导致宝宝水中毒去世的惨剧。2016年，美国格鲁吉亚的一位妈妈因为母乳少，就用水混合母乳来喂养宝宝，没过多久，宝宝的身体情况变得很糟糕，经医院检查，发现是喂水过度导致血液中的电解质和钠水平骤降，引起大脑肿胀，造成"水中毒"，最后孩子因抢救无效而亡。

水中毒多发于6个月以下的宝宝，因为一旦喝水过量，他们功能发育不全的肾脏无法及时排出过多的水分，血液中的钠会被过分稀释，造成低钠血症，引起水中毒，最严重时可致昏迷、死亡。就算没有到水中毒的地步，婴儿喝太多水也不好，因为他们的胃很小，水占据有限的胃容量后，自然会减少奶的摄入，导致营养不良。水喝多了还会加重宝宝肾脏负担，影响生长发育。

那小宝宝每天到底该喝多少水呢？

2. 宝宝每天需水量有参考

大多数宝宝进入6月龄后，就可以额外喝水了。但奶和辅食里有很多水分，所以宝宝喝水少未必就缺水，补充水分也未必要直接喝水，年龄越小，越要"控制水量"。

中国营养学会编著的《中国居民膳食营养素参考摄入量（2013版）》给出了宝宝每日需水量（额外喝水量＋食物含水量）的参考建议：

宝宝每日需水量	
0～6个月	没必要额外喂水，实在觉得宝宝渴了，可以喂奶
6～12个月	每日需水量800 mL，两餐之间可以少量喝水（每次不超过50 mL），补水的同时，可以清理口腔中的食物残渣
1～3岁	每日需水量1300 mL，额外喝水约300 mL
4～8岁	每日需水量1700 mL，少量多次，拒绝豪饮

但问题来了，宝宝喝水能用量杯，可要是吃饭、吃水果，还得列个算式用百分比求含水量吗？

所以，在参考上表的基础上，家长们还要会找宝宝的缺水信号。

3. 宝宝的缺水信号

关键看尿量和颜色：

①宝宝尿量充足（不到3小时就尿一次），颜色浅黄、清亮或者透明无色，说明喝的水已经够了。

②尿量少（3小时以上还没尿尿），颜色发黄、混浊，需要适量喝水。

还有，当天气炎热、运动后出汗时，当前囟或眼窝有所凹陷、孩子哭闹但眼泪较少时，可以多喝水。

总之，当宝宝出现以上缺水信号的时候，就要给宝宝补水。

三、宝宝就是不爱喝水？快学这4招

对于不爱喝水或是渴了才肯喝水的宝宝，怎么才能让他爱上喝水呢？科大大提供4个方法。

1. 适当改变水的味道

如果宝宝实在不喜欢寡淡的味道，可以在凉白开、纯净水里面放一点儿新鲜果蔬片。但是，不要为了让水变得甜美更有吸引力，就加糖、兑饮料，甚至喂饮料。宝宝喝的水要秉承"减少味蕾刺激"的原则。

2. 树立喝水榜样

可以通过卡通、绘本给宝宝树立学习的榜样。比如告诉宝宝，今天睡前故事里的小乌鸦之所以那么聪明，是因为它为了喝水，动了脑筋。

3. 一起做游戏，激发喝水兴趣

与其命令宝宝"过来喝水"，不如和宝宝做互动游戏，可以玩"碰杯"游戏，效果更好。

4. 换个容器吸引注意力

孩子的耐性有限，喜好也多变，可以给宝宝准备几个可爱新奇的水杯，让他们觉得有趣，从而多喝水。

90% 的家长正给宝宝吃过期油

科大大想问大家两个问题：你已经给宝宝吃油了吗？你注意过油的保质期吗？

虽然保质期注明有 18 个月，但那指的是未开封前的保质期。一旦开封，油就很容易变质，一般建议在两个月之内吃完。所以，你给宝宝吃的食用油，可能已经过期了。

如果计划买那种专门给宝宝吃的油，一定要买小瓶装。除此之外，宝宝吃油，还有很多值得注意的地方。比如什么时候开始吃油，每个阶段要吃多少油，以及坚决不能吃哪种油等。

接下来，科大大就好好给大家讲讲，怎样才能正确地为宝宝"加油"。

一、宝宝不吃油，可能会影响发育

宝宝开始吃辅食后，会相应地减少对母乳、配方奶粉等高脂肪食物的摄入。但脂肪对宝宝的成长十分重要。它是宝宝智力和视力发育的基础；如果没有脂肪，需要它来做溶剂的维生素 A、维生素 D、维生素 E、维生素 K 也不能正常吸收。

那宝宝还能从哪里摄入脂肪呢？答案就是食用油。食用油的脂肪含量高达 95% 以上，在辅食中加点油，就可以代替部分高脂肪食物。但值得注意的是，油虽能为宝宝提供一定的营养，但过量摄入也会危害健康，所以要适量吃。

下面，科大大就把每个阶段的宝宝需要摄入的油量给大家列出来：

★ 6 个月～ 1 岁：每天推荐加 0 ～ 10 g 的油。

★ 1 ～ 2 岁：每天推荐加 5 ～ 15 g 的油。

★ 2 ～ 3 岁：每天推荐加 10 ～ 20 g 的油。

★ 4 ～ 13 岁：每天推荐加 20 ～ 25 g 的油。

★ 等到 14 岁以上，就可以每天和成人吃得一样多了，也就是 25 ～ 30 g。

家长可以根据宝宝的年龄，把每天需要吃的量，根据烹调需求适当分配在三餐中。如果掌握不好克数，就参考家里常用的小勺子，一勺油的量基本在 10 mL 左右。

这时候，是不是有家长要问：科大大，那该给孩子吃哪种油啊？

二、给宝宝吃油，认准这两种成分

1. 我们要给宝宝吃哪种油呢？

科大大建议，一定要选富含亚麻酸或者亚油酸的植物油。

富含亚油酸的油包括：葵花籽油、豆油、花生油、玉米油、核桃油。

富含亚麻酸的油包括：亚麻籽油、紫苏油、核桃油。

2. 不同年龄阶段的宝宝分别怎么吃油？

如果宝宝刚开始吃辅食，也就是在大概 6 个月的时候，基本上只吃水煮的菜或者粥。这时候，家长可以直接往里面拌几滴油，并且选择适合凉拌的油，也就是核桃油、紫苏油、亚麻籽油等。等到 1 岁左右，宝宝就可以适当吃炒菜了，家长们就需要选择适合煸炒的油，也就是花生油、芝麻油、牛油果油、橄榄油等。总的来说，定期给宝宝换油，再根据做法来选油，这才是科学的吃油方法。

最后，科大大还要提醒大家，有一种油，绝对不能给宝宝吃，那就是农家自榨油。之前听一位妈妈说，婆婆千里迢迢带了两桶"自榨"花生油，再三叮嘱这是给宝宝吃的。

自家榨的油，相当于工业生产的原油，而原油需经过一系列复杂的工序，才能变成人们饭桌上的食用油。如果长期吃自家榨的油，可能会摄入连高温烹调都很难清除的毒素——黄曲霉毒素，这可是致癌的物质。

还有一种油，也要注意，那就是藏在零食中的"超标油"。

三、这些零食，吃了等于喝油

虽然科大大已经说过很多次不要在宝宝太小的时候给他吃零食，但架不住有些长辈总偷偷给宝宝买。

要注意，下面这些宝宝最爱的零食，只吃那么一块，宝宝一天的油量可能就超标了。

儿童最爱零食含油量		
零食名称	含油量	示意图
4 个蒸蛋糕	10 g 左右	🥄
2.5 个半熟芝士	10 g 左右	🥄
1 包华夫饼	10 g 左右	🥄
1 个巧克力派	10 g 左右	🥄
100 g 爆米花	20 g 左右	🥄🥄
1 包薯片	20 g 左右	🥄🥄
100 g 果蔬脆	40 g 左右	🥄🥄🥄🥄

其中，还有一些听起来就很清淡的零食，如蒸蛋糕、果蔬脆等。尤其是果蔬脆，家长千万别想着用它来代替水果蔬菜，每 100 g 果蔬脆竟然含有 40 g 左右的油。

对于薯条、炸鸡等食物，家长们更要注意，除了含油量高，它们还含有人造反式脂肪。人造反式脂肪也是油，但属于"坏油"，以奶油、黄油为首，吃多了还会影响宝宝的智力。

那有没有可以代替油的健康零食？

那就是坚果。如果今天的烹调中基本没有用到油，就可以给孩子吃一些坚果。

病从口入，这几种零食宝宝一口也不能吃

零食真的一点儿都不能吃吗？但凡零食，都是垃圾食品吗？科大大就来跟大家好好说道说道如何为宝宝挑选健康零食，以及如何避开垃圾食品。

一、零食也分"三六九等"

零食，作为宝宝正餐以外的零星小吃，也分"三六九等"。《中国儿童青少年零食消费指南》把中国现有的零食分为3个等级，分别是：可经常食用、适当食用、限制食用。具体可见下表。

零食分级表		
零食分级	**判断标准**	**举例**
一级零食：健康，可经常食用	低脂、低盐、低糖，每天都可以吃，但要选择适当时间	水煮蛋、无糖或低脂燕麦片、煮玉米、全麦面包、豆浆、纯鲜牛奶等
二级零食：可适当食用	含中等量脂肪、盐或糖类，建议每周1～2次	黑巧克力、酱鸭翅、肉脯、蛋糕、葡萄干、果汁含量超过30%的果蔬饮料等
三级零食：限制食用	含高糖、高盐或高脂肪，有较多添加剂、不健康成分，每周不超过1次	炸鸡块、膨化食品、方便面、可乐、雪糕、棉花糖、奶糖、蜜饯等

二、怎样挑选健康零食？

科大大作为一个资深的零食爱好者，把这么多年吃零食的经验与营养知识结合，总结出一套通过看配料表和营养成分来挑选健康零食的方法。

1. 排名越靠前的配料含量越多

比如，配料表中只有鲜牛奶或生牛乳，说明这是 100% 的纯牛奶，而如果水、白砂糖紧随其后，代表这是被稀释的牛奶。

对于那些配料表最后出现的各种看不懂的成分，则越少越好，尤其是各种添加剂。1 岁内的宝宝不需要加任何调味料。如果添加量少于 2%（多数为添加剂），可随意排列。

合理使用添加剂不会对人体造成伤害，对身体有害主要是因为过量，一般来说，宝宝辅食、小零食的配料表越简单越好。

需要注意的是，有时候配料表长并不一定就代表着添加剂多，我们还要看其成分。如婴儿奶粉的配料表一般都很长，但其成分是宝宝成长所需的各种营养素，因此，营养价值较高。

2. 仔细看营养成分表

有些营养成分表标注的是每 100 g 食物中的营养素含量，而有些可能标注的是每份，如每 15 g 该种食物中的营养素含量。家长们在计算时要小心"陷阱"。

3. 无蔗糖不等于无糖

蔗糖仅仅是糖的一种，有些商家在宣传时故意隐藏了果葡糖浆、葡萄糖、果糖、麦芽糖、蜂蜜等其他形式的糖。尤其注意，1 岁以内的宝宝不能摄入任何形式的蜂蜜。

4. 钠含量越低越好

高钠食物很容易导致宝宝的肾脏负担过重。建议家长在给宝宝选购零食时，一定检查营养成分表中的钠含量。

每 100 g 零食中的钠含量低于 100 mg 的食物才适合宝宝，如果钠含量超过 600 mg，就说明零食中的盐含量较高，不适合给宝宝吃。

5. 名字中有"奶"的并不一定是"奶"

宝宝酷爱的旺××奶、香蕉×奶、养×多等都不是奶，它们都是高糖饮料。只有蛋白质含量≥2.9 g/100 g 的才是真正的纯牛奶。

6. 认识常见添加剂

常见添加剂	
有"糖""蜜""甜"字眼的	基本都是甜味剂，比如阿斯巴甜、安赛蜜、糖精钠
有颜色字眼的	往往是色素，比如日落黄、胭脂红、亮蓝
有"苯甲酸""山梨酸"字眼的	都是防腐剂
有"胶"字的	大多是增稠剂，比如卡拉胶、黄原胶

总的来说，以下几项原则，家长们一定要掌握：

★ 吃的量不干扰正餐。

★ 零食种类尽量多样化。

★ 多选择新鲜果蔬、奶制品和易于消化的零食。

★ 避免高糖、重油、重口味的食品。

★ 学会读懂营养标签和配料表。

★ 自制零食更健康。

★ 饭前、睡前 1 小时不吃零食。

★ 1 岁后才可以开始吃零食。

三、健康零食都有哪些?

科大大整理了一份健康零食清单。

推荐零食	
零食类型	**举例**
坚果类	不添加油脂、糖、盐的花生米、核桃仁、瓜子、大杏仁及松子、榛子等

推荐零食	
零食类型	**举例**
豆类及豆制品类	不添加油脂、糖、盐的豆浆、烤黄豆等
谷类	加油脂、糖、盐较少的煮玉米，无糖或低糖的燕麦片，全麦饼干等
薯类	不添加油脂、糖、盐的蒸、煮、烤制薯类零食，可以经常吃
肉类、海产品、蛋类	水煮蛋或其他没有添加油脂、糖、盐的零食

哪些零食不推荐给宝宝吃呢？

果汁、方便面、火腿肠、蜜饯、果冻、冰激凌、膨化食品（如薯片、薯条、虾条等）、奶茶、可乐、罐头等。家长们选购时一定要小心避让。

最后，科大大要叮嘱大家，在为宝宝挑选健康零食的时候，还要看清楚包装上的品牌名称，千万别被山寨品蒙骗。

第二章

掌控常见
症状和疾病

孩子便秘了，怎么办？

孩子又便秘了？快吃香蕉。这是不是大多数人的常规操作？其实，吃香蕉不治便秘，反致便秘。这是为什么呢？

因为我们（北方人）常吃的香蕉，大部分都是"伪熟香蕉"，里面含有一种叫作鞣酸（单宁酸）的物质，它具有收敛作用，可将粪便结成干硬的粪便，从而造成便秘。再加上香蕉本身的膳食纤维含量也不高，孩子吃了不但不通便，反而会加重便秘。

那孩子便秘怎么办？吃什么水果呢？别急，科大大就来讲讲孩子的便秘问题。

一、孩子几天不大便，算便秘吗？

不一定，关键看孩子有没有这些便秘症状：

①两到三天排便一次或每周排便少于三次。

②大便坚硬或比平时粗，或成球状。

③比平时更明显的腹胀或吐奶频率增加，或出现呕吐。

④尿不湿上漏有少量大便。

⑤哭闹不止或者大便时面部通红或疼痛。

孩子没便秘，皆大欢喜；如果不幸中招，爸妈通常会给孩子吃高纤维素食物、使用开塞露甚至是口服肠道润滑剂，但通常也收效甚微。要想缓解孩子的便秘，最根本的方法是找到根源，对症处理。

二、便秘四大诱因

1. 进食太少，肠道蠕动速度慢

常见指数：☆☆☆☆☆

当日常饮食中的食物纤维素过少，或进食太少，没有足够多的东西刺激肠壁，肠道蠕动速度就会减慢，粪便就会在肠道内停留，时间一长大便干燥，就会引起便秘。而且幼儿饮食比较精细，不能食入较多的纤维素，加上饭量小，就会比较容易便秘。

解决办法：

①要鼓励宝宝吃能够增加肠容积的食物，如绿叶蔬菜、萝卜、红薯等。

②对于食量小、不喜欢吃蔬菜和杂粮的宝宝，要适当增加运动量。

③帮助宝宝进行腹部按摩，加强对肠道的机械刺激，使肠蠕动增加。

④鼓励宝宝多喝水，养成定时排便习惯。

2. 便秘与肛门疾病的恶性循环

常见指数：☆☆☆☆

得过痔疮的朋友都知道，一便秘就会雪上加霜，孩子也会出现这样的情况，肛门肿痛—不敢排便—便秘，周而复始，形成恶性循环，让孩子苦不堪言。

解决办法：

①一旦孩子发生便秘，赶紧拉响一级警报。

②给孩子进行腹部按摩，让他跑一跑，陪他蹲便盆，让他精神放松。

③如果这些方法都无效，使用开塞露或肥皂条。

总之，先让孩子把大便排出来，再解决以后的问题，切不可一直拖着，造成孩子大便干硬无法排出、肛门撑裂出血。有过这样的经历只会增加孩子对排便的恐惧感。当已经出现肛周脓肿、肛裂、痔疮等，要立即治疗。

护理好宝宝的小屁屁是预防肛门疾病的重要环节，大便后最好用清水冲洗，用纸巾擦干。

3. 结肠罢工

常见指数：☆☆☆

当孩子长时间处于紧张情绪中也会引起结肠罢工，比如：

①妈妈突然上班，把宝宝交给他人看管。

②刚刚送到幼儿园，产生分离焦虑。

③父母脾气不好，经常吵闹。

④父母对宝宝管教过于严厉。

⑤对宝宝排便问题疏于管理，宝宝贪玩，即使有了便意也顾不上排便。

那如何让结肠恢复正常工作呢？关键一点是不要频繁更换宝宝的看护人。

妈妈上班前要不断和宝宝讲，让他明白妈妈是去上班了，到时候就会回来，宝宝明白了这个道理，紧张情绪会得到缓解。

第一次送孩子去幼儿园时，家长要和老师保持良好关系，每次接送孩子时，最好和老师亲热交谈几句。宝宝看到老师和家长的关系好，紧张情绪也会缓解，对老师产生信任。

还有一点是不要过多给孩子补充钙剂，以免增加其肠胃负担，影响食欲也会引起便秘。

4. 药品导致肠道收缩无力

常见指数：☆☆

如果宝宝有由肠痉挛引起的腹痛，医生可能会让孩子服用抗胆碱能类药，如阿托品、颠茄等。慢性铅中毒也可使肠道平滑肌发生痉挛，引起便秘。儿童甲状腺功能减退症因肠道蠕动慢可导致便秘。

解决办法：

在使用抗胆碱能药物时，要严格按照剂量给药。尤其是宝宝肚子疼时，家长为了尽快缓解宝宝腹痛，不到服药间隔时间，就提前给孩子服药，或自行加大用药剂量。这样不但会引起腹胀、便秘，还会引起排尿困难、烦渴等症状。

慢性铅中毒、呆小病需要医学干预。家长需要对照孩子的情况自查。

其实，多数情况下，孩子便秘是由食物太精细、缺少果蔬、憋便、久坐、缺乏运动等"恶习"引起的。只要在日常生活中做出一些调整，如摄入足够的膳食纤维和水分，就能有效地改善便秘情况。

下表中的果蔬富含可溶性膳食纤维、维生素和水分，快给家里便秘的孩子、老人或自己安排上吧。

蔬菜或水果	做法
胡萝卜	生吃或榨汁，可缓解便秘；煮熟做成泥，可缓解腹泻
红薯和花生	煮熟做成花生红薯泥，对缓解便秘有很好的作用
菜泥	白菜、芹菜、菠菜、韭菜等绿叶菜，煮熟剁成泥，可单独吃，也可和在面条或粥里
西瓜、葡萄、荔枝、狝猴桃、白梨、火龙果	直接吃
黄豆	与芹菜、花生、胡萝卜放在一起，做成菜，可缓解便秘
木耳、南瓜	南瓜切成小块，蒸熟吃
燕麦片	生燕麦片煮 20 ～ 30 分钟；熟燕麦片煮 5 分钟；熟燕麦片若与牛奶一起煮，只需 3 分钟，中间搅拌一次

宝宝一大便就哭闹，没有便秘，那到底是什么原因？可能是肛裂了。要知道肛裂不只是成年人的"专属"。小儿肛裂也很容易发生，而且更严重。

孩子每天排便都颤抖、哭闹、流血，家长都愁坏了。那么，孩子出现肛裂后要如何治疗与护理？又该怎样预防孩子肛裂呢？科大大把大家想了解的问题都总结出来了，一起来看看吧。

一、肛裂是怎么造成的？

简单来说，肛裂就是肛门上裂了一个小口子，多与长期便秘、大便干结相关。

肛裂的主要症状为肛门口瘙痒、排便疼痛、擦便有血、肛门前侧（少量后侧）见肿起，无法表达的小宝宝常会哭闹、烦躁。

宝宝大便后，家长要观察宝宝的屁屁。

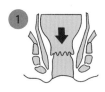 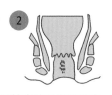 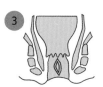

便秘等原因导致排便时腹压较大	肛管皮肤层出现炎症，患部抵抗力减退，容易受伤	出现肛裂

肛裂的形成

肛裂高发人群：新生儿和儿童，2～8岁的女童尤甚。

这是因为婴幼儿的肛管发育还没成熟，大便干燥时，肛管很容易撕裂。

另外，女性多于男性，这和女性怀孕期间多发便秘，以及分娩时用力过度损伤肛管有关。

那如何发现宝宝有没有肛裂呢？

二、如何诊断肛裂？肛裂能自愈吗？用什么药效果好？

小儿肛裂可以通过观察肛门情况来判断，也可以通过一些诊查手段来确诊。

一般来说，小儿肛裂除肛门视诊外无须特殊检查，但如病因不明或合并其他疾病，则视具体情况选用适当的检查方案。

①直肠指诊及内镜检查。

对难以确诊的肛裂可酌情进行直肠指诊及肛门镜检查。

②组织病理学检查。

对位于侧位的慢性溃疡，要想到是否有结核、癌、克罗恩病及溃疡性结肠炎等罕见病变，进行活组织病理检查可鉴别诊断。

就诊后，医生一般会建议用小檗碱（黄连素）1片＋温水250 mL，进行肛门局部温热敷，每次15分钟，每天1～2次；再使用红霉素等含抗生素的软膏，坚持1～2周，观察肛裂好转情况。

家长在孩子每次排便前，涂些红霉素药膏到肛裂部位，这样既能增加润滑，也能帮孩子减轻大便时带来的疼痛。涂药时应动作轻柔，以免引起孩子患处剧痛。

小宝宝的肛裂一般都可以自愈，下面我们来说说如何保守治疗吧。

1. 保守治疗

新鲜肛裂也就是刚刚形成的肛裂，能自愈，此时还是一个小溃疡，表浅，鲜红而有弹性。这样的肛裂，主张保守治疗，也不一定要用药。

平时要让孩子保持大便通畅，忌口，少吃辛辣油腻才能好得快。便后用温水外洗，泡泡肛门最好。

如果保守治疗无效的话，就需要做手术。

2. 手术治疗

新鲜的肛裂如果没有得到呵护，或者反复裂开，就会形成慢性感染。时间久了，肛门就会越来越窄，肛裂就会频繁出现。这时候用药物是很难治愈的，只有一个方法，就是手术治疗。

犯病很久的肛裂，会变成又深又硬的"老年溃疡"，没有弹性，排便时肛门会出现像刀割一样的疼痛，排完便后疼痛仍然不会停止，会持续几个小时。所以家长发现孩子有肛裂时要及时治疗，否则变成"老年溃疡"会更遭罪。

当孩子出现小儿肛裂症状时，家长们要及时带孩子去正规医院的肛肠科，早日就医。另外，做完手术一定要让孩子注意休息，少活动，减少肛门伤口摩擦的机会。

那肛裂要如何预防呢？我们往下看。

三、肛裂如何预防？如何防止肛裂复发？

肛裂的预防需要从生活中的小事做起，科大大总结了几点：

①保持大便通畅，养成良好的排便习惯。

不要让孩子因玩耍忘记按时排便，家长应尽量帮助孩子养成规律排便的习惯。

②软化大便，平时多给宝宝吃水果、蔬菜，增加水分摄入。

如大便干结时，不要用力排便，可温水刺激肛门或开塞露辅助通便，减少损伤，必要时口服益生菌等药物调节肠道功能。尽可能不用干燥且粗糙的纸巾直接擦拭肛门部位。

③便后用水冲洗臀部，并用软布蘸干或风干。

④经常检查孩子肛门部位，及时发现问题。

⑤多活动，帮助肛周血液循环。

看到这，大家对肛裂的认识是不是更全面了？还有疑问的朋友继续往下看。

四、肛裂常见问题答疑

1. 孩子反复肛裂怎么办？

反复肛裂与排便困难有关，而排便困难可能与胀气有关。对于小宝宝来说，肠胀气的主要原因多跟生理发育的特点有关，妈妈要注意饮食，少吃辛辣刺激食物。

缓解肠胀气的方法：

①让孩子在清醒时多趴着，可以把腿屈起来，这样的体位可以对肚子形成一定的压迫，有利于打嗝和排气。

②用小毯子或包巾适当地包裹住宝宝。

③在宝宝耳边播放一些白噪声。

④服用罗伊氏乳杆菌，可以有效预防并缓解宝宝肠绞痛。

2. 肛裂出血的表现是什么？会导致贫血吗？

肛裂出血颜色鲜红，有时候大便表面会黏附着血丝，一般出血量小。肛裂长期不治，极易失血过多，造成缺铁性贫血。

3. 肛裂会加重便秘吗？

会的，便秘也会加重肛裂，约 25% 的便秘儿童有肛裂。

4. 腹泻和肛裂有关吗？

有的，周期性的腹泻会使肛管皮肤长期受到水样便的刺激，非常容易出现炎症。而肛管皮肤一旦出现炎症，患部的抵抗力就会减退，肛管皮肤就很容易受伤，进而引发肛裂。

5. 肛裂和痔疮有什么关系？

肛裂会加重便秘，便秘会诱发痔疮，痔疮会进一步加重便秘，进而加重肛裂，缓解便秘是治疗二者的共同任务。

6. 肛裂和痔疮怎么区分？

肛裂出血量少且疼痛剧烈，一般是手纸带血，最多只有几滴。

内痔出血量多，但无痛。至于外痔，肛门口有明显突出物，而肛裂患者一般扒开肛门就能看到前后肛管纵形裂口。二者很容易区分。

7. 肛裂后孩子能跑步吗?

慢跑还是可以的,但如果在跑的过程中感受到明显的疼痛,那最好停止运动,避免刺激伤口。

8. 肛裂会传染吗?

不会。

9. 哪些食物有助于肛裂恢复?

燕麦片、木耳、梨、山楂、火龙果、芝麻、蜂蜜、植物油等。

肛裂的治疗原则是早发现、早治疗。同时,除了积极配合治疗,要时刻保持肛周的清洁,饮食上要以清淡为主,尽量避免辛辣刺激性食物。希望所有宝宝都能远离肛裂,拥有健康的屁屁。

蛋花、泡沫、黏液……便便的 4 色 7 形

众所周知，大便是宝宝身体状况的晴雨表。

在辛苦养孩子的过程中，总有那么几款"叛逆大便"，让家长揪心难过、夜不能寐，恨不得直接上手做个"深度解剖"。而这些异常大便很可能是提示孩子有消化道出血、肠梗阻，甚至有患肝胆疾病的风险。哪些异常大便要送医？哪些大便不用大惊小怪？

这一篇，科大大就带家长一起走进"便便"的世界。

一、4 色大便含 4 种信号

在细数异常大便之前，科大大首先要给大家讲讲健康大便是什么样子。一坨"上好"的宝宝大便应该具备色泽金黄、稠稀得当、软硬适中等特点。只有让孩子多做运动，摄入足量的膳食纤维，才能使大便完成华丽的转型。

健康宝宝的便便		
母乳喂养宝宝	配方奶喂养宝宝	添加辅食后的宝宝
特点： 多呈金黄色，糊状，有时稍稀，或带绿色	特点： 多呈浅黄色或褐色，稠糊状	特点： 呈黄色，会更稠一些，好的便便呈条状香蕉样

宝宝之所以排出"多彩大便"，主要有受所摄入食物影响和患有疾病两种原因。以下 4 种颜色的大便就可能预示着宝宝身体出了状况。

预警 1 号：绿色大便

风险等级：☆

隐藏信号：受凉。

宝宝排出绿色大便，可能是吃的奶有点凉了或者腹部、脚部受凉了。

应对措施：注意给宝宝腹部保暖，多数在几天内即可恢复。

另外，母乳喂养或吃强化铁配方奶粉和水解蛋白奶粉的宝宝，也可能出现绿色大便的情况，家长大可放心。

预警 2 号：黑色大便

风险等级：☆☆☆

隐藏信号：消化道出血。

食用大量含铁丰富的动物肝脏、铁剂等，会使宝宝的大便变成黑色，如果宝宝没有食用这些物质，就要警惕消化道出血的可能。

应对措施：建议做个便常规加潜血，听听医生的建议。

预警 3 号：血色大便

风险等级：☆☆☆☆

隐藏信号：消化道出血、肛裂。

如果鲜血在大便里面混着，提示下消化道出血；如果鲜血在大便表面附着，提示肛裂。

应对措施：排出血色大便的宝宝一般同时伴有便秘或者遗粪。

一旦出现以上两种情况，家长不要掉以轻心，需要带宝宝去医院进行检查。当然，不是所有红色大便都是出血，比如，吃了红心火龙果后大便也会变红。

预警 4 号：白色大便

风险等级：☆☆☆☆☆

隐藏信号：肠梗阻、肝胆疾病。

胆汁是大便的"上色器"，如果大便"颜色尽失"，很可能意味着胆汁不足，有肝胆疾病或肠梗阻的风险。

应对措施：出现这种便便，一定要带宝宝去医院，千万别耽搁。

为了让大家精准地辨识便便，科大大还准备了大便比色卡，其中 1 ～ 6 都是不正常的，7 ～ 9 是正常的，家长可以给便便对号入座。

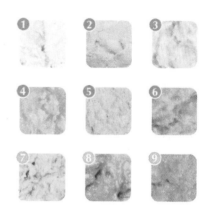

婴儿大便比色卡

除了颜色，爸妈还可以通过便便的形态来判断宝宝的健康情况。

二、7 种形态大便

首先说明，不是所有异常形态的大便都需要时刻担心，有 3 种情况爸妈可以先观察。

1. 泡沫便

宝宝拉出泡沫样的大便同时伴有酸味，可能是乳糖不耐受，如果孩子只是偶尔有这种情况，多数可以自己调整好。但如果同时伴有腹泻，母乳喂养宝宝需要服用乳糖酶，奶粉喂养宝宝需要更换无乳糖奶粉或者低乳糖奶粉。

出现此情况的宝宝大多会有肠胀气，可以给宝宝做个排气操——让宝宝平躺在床上，轻轻抬起宝宝的腿，用腿贴近肚子，稍抵一下就可以促进放屁、排便。

2. 黏液便

黏液是肠道的润滑剂，一般情况下，大便中都有少量的黏液。如果宝宝出现黏液便的次数较少，且饮食和精神正常，没有腹痛，可能是肠道受到轻度刺激后的反应，不用太过担心。但是同时大便带血、腹痛、腹胀、呕吐，就需要注意了，这可能是牛奶蛋白过敏或肠道疾病的表现，需要在医生的指导下进行干预。

3. 奶瓣大便

奶瓣就是宝宝喝完奶后，没有消化完的蛋白。如果宝宝大便一直有奶瓣或大便较稀的情况，但生长发育、饮食等正常，可以继续观察；如果生长发育落后，则提示孩子消化功能有损伤，需要到医院进行检查。

爸妈最不能掉以轻心的是以下第 4 ～ 7 种情况：

4. 兔子便便

兔子便便，顾名思义，就是便便像兔子便便一样。出现这种情况，极有可能是宝宝便秘了。

科大大做了一张布里斯托大便分类表，爸妈可以根据便便的形态做出判断。

第一型		一颗颗硬球（很难通过）	便秘 ↑
第二型		香肠状，但表面凹凸	
第三型		香肠状，但表面有裂痕	
第四型		像香肠和蛇一样，且表面很光滑	正常
第五型		断边光滑的柔软块状（容易通过）	
第六型		粗边蓬松块，糊状大便	
第七型		水状，无固体块（完全液体）	腹泻 ↓

建议日常多给宝宝吃膳食纤维含量高的食物，鼓励多做运动。早期便秘

可以给宝宝吃火龙果、西梅泥来帮助排便；若效果不理想，应该尽快就诊，否则容易造成孩子习惯性便秘。

5. 蛋花汤大便

如果宝宝大便呈现黄色，水分多、粪质少，且次数明显增多，小便减少，同时精神状态不佳，就表示宝宝可能得了病毒性肠炎，需要就医。

6. 豆腐渣大便

如果宝宝的便便为黄绿色带黏液的稀便，有时呈"豆腐渣"形状，表示宝宝可能患有霉菌性肠炎，需要就医。

7. 果酱样大便

当宝宝拉出果酱样血色大便，并伴有不明原因的阵发性哭闹、面色苍白、呕吐等症状时，首先应该想到的就是肠套叠。肠套叠多发于婴幼儿，是非常危险的情况，必须赶紧送医。

自从有了宝宝之后，家长们摇身一变成了"鉴屎达人"，看见任何异常都格外紧张。其实爸妈们不用太焦虑，只要宝宝吃得好、睡得好、精神状态好，就不用过于追求完美的便便。

孩子发热、腹泻，可能是积食？

不能出门的日子里，吃、睡、玩成了宝宝们的主题。肚皮圆滚滚，各种不舒服就来了。

我家孩子便秘又口臭，是积食了吗？孩子积食发热，吃点什么管用？舌苔厚是积食吗？

科大大来答疑解惑，到底什么是积食？那些一直在用的方法到底管用吗？

一、这些情况根本不是积食

家长们关于"积食"的问题实在太多了，科大大简单来一波"是"或"不是"的问答。

1. 孩子便秘是积食吗？

不是。便秘只是积食的一种表现，但不能用便秘一个症状来认定积食。

2. 孩子口臭是积食吗？

不是。孩子口臭是积食的一种表现，但也可能是口腔问题，如龋齿、牙龈炎、口腔清洁不到位等。此外，还可能是咽炎、鼻窦炎等原因导致的。

3. 孩子舌苔厚是积食吗？

不是。孩子舌苔厚是积食的一种表现，但也可能是不清洁舌面、进食量少或进食的粗纤维食物少、食物与舌面摩擦不够等原因导致的。

4. 孩子发热了是积食引起的吗?

不是。孩子吃太多不会引起发热,但是积食可能会影响整体健康状况,在受凉、疲劳等诱因下引发细菌或病毒感染,从而出现发热。所以,积食不是发热的直接诱因,家长不能一味地把发热归因为积食而耽误病情。

5. 孩子咳嗽是积食导致的吗?

不是。咳嗽是呼吸道感染常见症状,多种病原体引起的急慢性呼吸道感染、咽炎、气管炎、肺炎都会出现咳嗽。咳嗽与积食没有直接关系,只能说积食情况下孩子身体状态不好,抵抗力下降,容易被细菌或病毒感染,从而生病。

发现重点所在了吗?

★ 单一症状是不能判断积食与否的。

★ 积食状态下的孩子,由于抵抗力下降,会比平常更容易生病。

宝宝吃了太多食物又没有消化的时候,会引发各种问题。当宝宝出现腹胀、腹痛、腹泻、便秘、便便呈酸臭味、口臭、食欲不振、睡眠减少、恶心呕吐、体重增长变慢、容易犯呼吸道疾病等症状时,可能就是消化不良了。

一听说消化不良,很多家长就慌了,各种偏方和药物齐上阵,什么扎指头放血、吃山楂,甚至还有母婴店推荐的积食调理药。

这些法子能用吗?对孩子有害处吗?

二、治积食: 偏方 vs 药物哪家强?

为了搞定消化不良,家长们的方法可以说是五花八门,从偏方到中药再到母婴店。

1. 偏方阵容

扎针放血。这个方法不可行,不仅没有用,还容易让孩子受到惊吓,同时存在感染的隐患。

2. 中药阵容

妈妈们问的频次最多的是鸡内金、焦三仙、七仙丹。这 3 种药物作为中药,与西药相比,没有经过循证医学的验证,因此使用时服用剂量要精准,一定要在正规中医院的医生指导下对症使用。家长不要自行去药店购买，更不要从母婴店购买。

那四磨汤呢？

四磨汤中含有槟榔，槟榔里有槟榔碱和槟榔次碱，虽然可以增强肠道蠕动导致排便，但也会产生瞳孔收缩、支气管痉挛等不良反应，因此应用比较广泛且复杂。使用时还是要谨慎一些，一定要在医生或药师指导下服用。

偏方和中药都不靠谱，那消化不良时，该怎么做呢？

首先给大家吃个定心丸，宝宝消化不良，一般会自行缓解，如果确实非常难受，还有以下两种药物可以尝试：

①葡萄糖酸锌：宝宝腹泻时，适量补锌不但可以及时补充由于腹泻丢失的锌，而且能缩短宝宝腹泻的时间。

②益生菌类药物：比如妈咪爱、思连康，有助于改善宝宝腹泻、便秘的症状。

已经腹泻的宝宝，使用益生菌后可以同时用思密达（八角蒙脱石散），不仅止泻，还能保护胃肠黏膜。当然，要避免消化不良，还是要养成良好的饮食习惯。

科大大根据宝宝的不同年龄段，整理了一个喂养的表格，家长们可以作为参考。

健康饮食指导方法	
0～6个月	以母乳或配方奶为主要食物，注意按需喂养，不要把奶粉冲得过稠或过稀
6个月～1岁	从强化铁米粉开始添加辅食，依次添加菜泥、肉泥、果泥，满8个月以后再加蛋黄
1～2岁	尽量提供营养丰富、适宜的食物种类，在膳食均衡的前提下，尊重宝宝对于食物的选择
2岁以上	要注意养成吃饭专心、不暴饮暴食的习惯，遵从膳食宝塔建议的科学饮食

另外，玉米、小米、高粱、胡萝卜汁（去皮）、小米山药粥、山楂丸等都是促进宝宝消化的食物。但是，有些情况不能轻视，出现以下这些症状，一定要尽早就医：

①腹泻伴无尿或者尿量明显减少。

②反复呕吐伴呕血，腹痛、腹胀伴发热。

③长期厌食、食欲不振，出现体重不增或体重下降。

④怀疑有贫血等营养性疾病。

罕见而可怕的川崎病

有种病，一直被提起，很少被科普。主要是因为这种病比较罕见，很多家长可能都不知道，它就是川崎病。这种病与感冒相似度极高，常发生于5岁以下儿童，且发病急。

发病初期，宝宝常伴随高热，有时甚至连医生都会误诊。对这种病更要重视的是，如果没有及时治疗，可能对心脏造成永久性的伤害。科大大就来揭开川崎病的"神秘面纱"。

一、高热≥5天，警惕川崎病

川崎病属于一种心血管疾病，因为病因不明，无法预防，所以一定要在疾病初期发现并治疗。福州一个2个月大的男婴高热10天，父母以为是感冒，当送到医院抢救时，已引发重症肺炎、呼吸衰竭等。

从这个案例可以看出，川崎病非常难判断，而且症状和感冒、肺炎很接近，那么家长要如何更早地发现川崎病呢？

首先科大大要告诉大家，川崎病有6大典型症状。

（1）高热≥5天，且退热药、抗生素治疗效果不佳。

（2）双侧眼睛结膜充血，且眼部没有分泌物；若合并一侧眼部感染时，会出现单侧分泌物。

（3）红色的皮疹：肚子、胳膊、腿、后背等部位都可能出现。

（4）口腔及咽部充血，草莓舌，嘴唇红、皲裂等。

（5）手足改变：手脚肿胀，手指脚趾脱皮；肛门周围脱屑。

（6）颈部淋巴结肿大。

科大大也将家长能判断的症状，整理成了一张图。

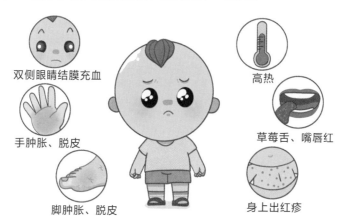

但因为还有部分不典型的川崎病病例，所以，相关症状出现不足 4 条或者出现时间较晚，家长也要予以重视。因为川崎病的可怕之处不在于病本身，而在于有很多严重的并发症。

当你怀疑孩子得了川崎病的时候，一定要尽快带孩子去医院。而且要注意，因为川崎病难诊断，所以不要去普通卫生所，最好带孩子去三甲医院，挂心内科。

接下来的事情，交给医生。

二、病因不明，但治疗方案成熟

针对川崎病，主流的治疗方案是：

★ 大剂量静脉注射丙种球蛋白（IVIG）联合口服阿司匹林（ASP），除非存在阿司匹林禁忌证。

★ 根据患儿的病情严重程度及对药物的反应，酌情使用糖皮质激素（GC）。

但需要注意的是，IVIG 要求患儿的体温必须在 38.5 ℃以下才能输入。所以在治疗期间，家长们需要配合医护人员做的事情相对较多，一定要做好以下护理。

1. 发热护理

宝宝持续反复高热，应定期监测体温，每 4 小时测量一次，尽量物理降温，多饮水；当腋温＞ 38.5 ℃时口服退热药。禁用酒精擦浴及捂热出汗。

2. 皮肤护理

宝宝出现皮疹且指（趾）端脱皮，应保持皮肤清洁，对于半脱皮处不能强行撕脱，应待其自然脱落，以免引起出血及感染。肛周皮肤发红，每次便后清洗臀部，保持清洁，防止感染。

3. 饮食护理

早期口腔黏膜充血明显，易并发黏膜糜烂，给予易消化、营养丰富的流质或半流质饮食。避免食用过烫的食物，以及避免食用煎炸、坚果、水果类食物，以免造成口腔黏膜损伤。要少量多餐，待体温恢复正常后，应给予高热量、高蛋白、高维生素的食物。

科大大知道，孩子生病，家长肯定着急，但我们都要有战胜疾病的信心，并积极配合医生进行正确治疗。即使出院后，也不能掉以轻心。

三、出院护理的重要性，不低于住院治疗

川崎病患儿大都是可以治愈的，而且不会复发，但这些都是建立在做好出院护理的基础上。

一个 5 岁男孩，因为在川崎病治疗后没有及时随访，导致合并出现心梗、脑梗，以致昏迷。所以在宝宝出院后，这 3 件事一件都不能忽视。

1. 坚持遵医嘱服药，不可私自停药

川崎病患儿，即使痊愈出院后，也可能会有几个月甚至更久的服药治疗。但这并不是我们私自停药的借口，因为一旦没有用够疗程，可能导致病情反复，甚至出现严重并发症。

2. 定期复查

川崎病患儿出院后均需定期随诊，首次复诊一般在出院后 7 ～ 10 天，之后在起病约 2 周和 6 周时复查超声心动图，以评估冠状动脉受累情况。

只要患儿在 IVIG 治疗后临床状况保持良好，并且起病 2 周时超声心动图表现正常，就很少出现新发异常。相反，如果存在冠状动脉瘤或面临较高的冠状动脉扩张风险，就需要更频繁实施超声心动图检查。

3. 在家中监测体温

出院 48 小时内，每隔 6 小时测一次，之后每天测一次。

除此之外，出现下面这些异常情况，立即复诊：

①服用阿司匹林期间，出现过敏反应。

②川崎病的征象复发（有 1% ～ 2% 的复发概率）。

③有并发症的征象发生，如脸色苍白、呼吸急促、心跳过快、食欲差、睡眠差等。

四、宝宝得了川崎病后，疫苗该如何接种？

我们前面提到川崎病治疗的主流方案——大剂量静脉注射丙种球蛋白（IVIG）联合口服阿司匹林（ASP），而注射丙种球蛋白会影响宝宝的疫苗接种。如果宝宝使用了丙种球蛋白，一定记得在 8 ～ 9 个月后再接种计划免疫中的麻腮风疫苗或麻风疫苗。

咳嗽流鼻涕、腹泻便秘、揉眼睛……可能是过敏

为何很多家长春天时不仅不敢带孩子出去撒欢儿，甚至只要想到春天就开始瑟瑟发抖？原因无他——孩子是过敏体质。

流行病学研究显示，每5个孩子里，就有一个患过敏或有过敏史。除了常见的花粉、柳絮、海鲜过敏，家里的霉菌、尘螨也是很多宝宝的过敏原，同样不可忽视。

根据《中国新闻周刊》的报道，2009年，协和医院变态反应科的门诊量接近7万人次，8年后，这个数字增长了43%。

各种过敏原也让家长们防不胜防。常州一名3岁宝宝，吃大米都过敏。美国一名18个月大的宝宝，确诊对水过敏——流泪、出汗都会导致皮肤红肿、长水疱。纽约一名11岁的男孩，因对鱼味过敏，瞬间呼吸困难，引发严重气喘，急救未果，不治身亡……

过敏的孩子越来越多。家长究竟该怎么判断、怎么预防呢？科大大这就手把手教学，给孩子罩上一层"金钟罩"。

一、第一时间识破过敏真面目

应对孩子过敏，首先就得第一时间识破过敏的种种表现。

（1）皮肤：瘙痒、红斑、荨麻疹、血管神经性水肿等。

（2）消化系统：宝宝可能出现呕吐、恶心、肚子痛、拉肚子、便秘等症状。

（3）呼吸系统：频繁打喷嚏、流鼻涕、咳嗽、喘息等。

一般来说，消化系统和皮肤的症状表现得最早。如果宝宝进食后出现呕吐、腹泻、便秘，尤其是腹泻和便秘交替出现，以及严重的肚子疼，很可能就是过敏了。如果没有规避过敏原且未及时治疗，还可能出现类似感冒的反复流鼻涕、咳嗽、扁桃体肿大、眨眼睛、流眼泪等症状。

一旦怀疑宝宝过敏，首先要远离过敏原——去除怀疑的食物或者远离怀疑的环境。如果症状好转，再有意识地接触被怀疑的食物或者环境，如果过敏再度出现，那就锁定了"元凶"。

如果过敏症状比较严重，要及时带宝宝就医治疗。如果长时间无法自查出过敏原，可以考虑进行过敏原检测。

二、预防过敏，这些传言一个都别信

起疹子、咳嗽、呕吐……想着孩子小小年纪遭这些罪，家长都是实打实地心疼。为了让孩子远离过敏困扰，很多妈妈从孕期开始就慎之又慎。

1. 宝宝过敏，都是遗传的"锅"？

如果父母有过敏史，今后孩子出现过敏的概率远远高于其他孩子，但这并不意味着孩子今后一定会过敏。

2. 孕期吃了抗过敏药，对宝宝有影响吗？

临床上，抗组胺药物有很多是妊娠期 B 级用药，即使在怀孕期间，如病情需要，也可使用，相对安全。

3. 为了预防宝宝过敏，孕期就要严格忌口？

不建议忌口，孕妈妈们应该尽量丰富饮食。研究发现，在怀孕期间挑食或忌口的孕妈妈，相比均衡饮食不挑食的孕妈妈，其宝宝发生过敏的概率更大。原因可能与这些食物经消化进入血液后，在子宫内少量多次刺激孩子，让宝宝产生耐受有关。

4. 哺乳期要严格忌口吗？

不需要。除非妈妈吃了某样食物，宝宝出现了过敏症状，这时再规避该食物即可。不需要为了预防而盲目忌口。

三、做好 5 件事，让孩子远离过敏

提前做好预防过敏的准备，科大大觉得这个思路很好。

1. 从第一口奶开始，坚持母乳喂养

大分子牛奶蛋白是引起新生儿食物过敏的主要原因。一旦第一口奶喝了大分子牛奶蛋白，宝宝就有可能开启过敏历程，甚至伴随终身。

为避免这种情况的发生，妈妈们要坚定信心，坚持母乳喂养，生产后与宝宝早接触、早开奶。如果父母双方有过敏史，但妈妈又因疾病不能哺乳或出现母乳不足的情况，建议选择适度水解奶粉替代母乳，减少过敏风险。

宝宝出生后，体重下降未超过出生体重的 7%，就应坚持母乳喂养。如果超出，就需在每次母乳喂养后，补充部分水解配方奶粉。

母乳过敏怎么办？母乳过敏的发生率极低，一旦确认母乳过敏，要选用深度水解蛋白配方奶粉或氨基酸配方奶粉。

2. 辅食添加，要循序渐进

宝宝一般 6 个月可以开始添加辅食。第一辅食不是鸡蛋，而是强化铁的营养米粉，之后再逐步添加菜泥、肉泥、蛋黄等。

鸡蛋是婴儿常见的食物过敏原，安全起见，建议在宝宝满 8 个月后再添加蛋黄，满 1 岁后尝试添加蛋清。

给宝宝添加辅食时，要循序渐进，一种一种地添加。每次添加的新食物至少坚持三天，并观察宝宝的接受情况——因为急性过敏在 24 小时内就会发生，慢性过敏一般在 3 天内发生。

注意，这里的 3 天，并不是 3 天都要进食这种食物，而是每次添加一种新食物后的 3 天内，不要再添加另一种新食物。这样当宝宝出现过敏等症状时，可以清晰地判断是哪种食物引起的。

如果确认宝宝对某种食物过敏，应该完全规避过敏食物至少 3 个月。要注意的是，购买加工食物时也要仔细阅读成分表，检查其中是否有需要规避的成分。

3. 避免过度干净

宝宝需要干净的环境，但不是无菌的环境。

很多家长为了给孩子创造一个更干净的环境，免受细菌的危害，对居住环境和物品进行消毒，但在日常生活中，应该少用杀菌剂、消毒剂等，因为宝宝对环境及细菌接触不足，也容易过敏。适度的"脏乱"，反而能促进宝宝的免疫系统逐步完善。

4. 不滥用抗生素

滥用抗生素会杀灭肠道内的正常细菌，破坏肠道表面已形成的保护膜，导致大分子蛋白被吸收入血液，引发过敏。

对于抗生素，科大大希望家长牢记三个原则：

①不要自行给孩子使用抗生素。

②不主动要求医生开抗生素。

③不拒绝医生开具的抗生素。

5. 拒绝二手烟

孩子的呼吸频率比成人快，且呼吸系统发育不成熟，会导致宝宝吸入更多的污染物，而且无法有效清除。所以，为了宝宝的身体健康，一定要有一个好的生活环境。

不过，家长们警惕之余，也不用过于担忧，大部分的食物过敏等过敏情况随着年龄增长有逐渐消退的可能。我们要做的，就是在宝宝免疫尚不成熟的当下，多加小心，多些耐心。

这种坐姿、运动，对孩子的伤害非常大

常有妈妈问科大大："能讲讲驼背吗？我家孩子每天背的书包快有 5 斤重，背都直不起来……"真不是吓唬你们，孩子长期驼背，很可能是脊柱出了问题。这到底是怎么一回事儿呢？科大大就跟大家聊聊这件事儿。

一、驼背，可能暗藏大疾病

说起"驼背"，很多家长都认为是孩子坐姿不正、书包过重或是没养成好习惯导致的。科大大虽不否定上述观点，但我们也要学会透过现象看本质。

有研究表明，80% 的宝宝驼背都和脊柱侧弯有关。此外，如果孩子出现含胸、高低肩等现象，家长们也要特别留意。特别是那些有脊柱侧弯家族史的宝宝，更需要注意相关症状。

含胸状态	正常状态	正常状态	高低肩
含胸的典型特征		**高低肩的典型特征**	

脊柱侧弯要是早期没有发现，后期严重时恐怕还要手术治疗，花巨资不说，宝宝还遭罪。

二、3 招判断脊柱侧弯

宝宝早期脊柱侧弯，其实很难单纯地用肉眼判断，这时我们就要用一些方法。

（1）脱掉上衣，让宝宝双腿并拢，向下弯腰 90°，观察脊柱中线是否呈一条直线，若不是直线需要注意。

（2）弯腰的同时观察背部是不是平的，若一侧偏高就要重视起来。

（3）两臂伸开，如果臂展长于身高 5 cm，同样要特别留意。

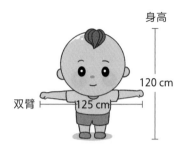

身高

120 cm

双臂 125 cm

如果发现宝宝有以上 3 点中的任意问题，或伴有双侧不平逐渐加重、持续的背部疼痛、生长发育速度异常等情况，就要带孩子到医院做检查了。

医生会通过脊柱侧弯测量尺、脊柱 X 线检查，判断宝宝是否存在脊柱侧弯。

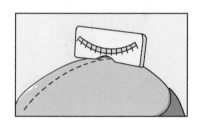

要不要治疗？

看测量后的侧弯弧度。

如果侧弯弧度不到 10°，多数对宝宝没有影响，只需密切观察，定期复查就好。但如果宝宝脊柱侧弯弧度已经超过 10°，家长就要及时带宝宝就医治疗。

①脊柱侧弯弧度 10°～29°，带孩子做检测，在骨骼成熟前，都要根据实际情况在正规医院定期复查，遵医嘱戴矫正器，防止侧弯加重。

②脊柱侧弯弧度 30°～49°，佩戴矫正器的同时根据医生的判断，在必要时进行手术治疗。

③脊柱侧弯弧度大于 50°，一般情况下必须进行手术治疗。

三、学会这 6 招，从根源预防脊柱侧弯

说到这儿，很多家长可能会觉得宝宝还小，身体发育还不完全，不会存

在脊柱侧弯问题。但你有所不知，孩子之所以会脊柱侧弯，通常都是从小养成的不良习惯造成的。因此，家长在孩子的成长过程中更要特别留意以下6点。

1. 训练坐姿别太早

一般来讲，家长只要在宝宝4～9个月时引导宝宝学坐就可以。但很多妈妈本着"让孩子赢在起跑线"的心态，过早地让孩子学坐（＜4个月），宝宝脆弱的脊柱承担过量的身体压力，非常不利于他们的生长发育。要是再教错了坐姿，后果更是不堪设想。

比如，看似可爱的W坐姿，不仅影响孩子腿形，还会影响背部发育，导致脊柱前凸。

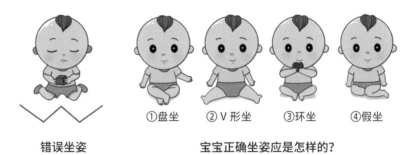

错误坐姿   ①盘坐   ②V形坐   ③环坐   ④假坐

宝宝正确坐姿应是怎样的？

2. 挑选合适的枕头

具体可见"宝宝多大可以用枕头？"

3. 学会正确抱孩子

对于3个月内的新生儿，由于脊柱还没发育完全，建议横抱；对于3个月后的宝宝，可以选择竖抱，但如果竖抱姿势不正确，极可能造成脊柱侧弯或损伤。

4. 带宝宝做合适的运动

有一种运动——翻跟头，可以说是科大大小时候最爱和小伙伴们玩的游戏了。但你知道翻跟头对孩子的危害有多大吗？

一个爸爸为模仿短视频平台上的翻跟头，竟失手致2岁宝宝脊髓严重受损，上半身无法行动。

翻跟头是个危险动作，别说脊柱侧弯了，稍有不慎，甚至会给宝宝带来生命危险。科大大还是建议家长尽量选择安全、有益的运动，如跑步、跳绳、游泳、踢球等，避免高危运动。

5. 少给孩子玩电子产品

宝宝长期玩手机、iPad，不仅会导致近视，长期低头也会影响脊柱发育。日常生活中尽量不要让宝宝碰电子产品，全家人要以身作则，给宝宝起到一定的带头作用。

6. 不正确的儿童用品

儿童用品选不对，同样会影响宝宝脊柱发育。婴儿车、背带到底怎么选？

①婴儿车。

0～8个月：选择平躺的婴儿车。

8～14个月：选择能坐起来的斜躺婴儿车，但安全座椅要宽松，保证宝宝的腿能弯曲自如。

②背带。

4个月以上婴儿可用，每次使用不宜超过2小时。

尽量选择前抱式、坐垫部分够宽的背带，保证宝宝坐上去是"青蛙腿"。

家长们只要做好以上6点，让宝宝从小养成良好的坐姿、站姿，定期观察宝宝脊柱发育，就可以有效预防脊柱侧弯。

防"热感冒"，做好 4 件事

夏天到了，天气慢慢变得闷热，而且还和宝宝的小脾气一样：阴晴不定，反复无常。宝宝在这个时候容易患上感冒，很多家长都很疑惑：明明小心护理了，而且天气暖和了起来，怎么还能感冒呢？

其实，夏天有一些容易被忽视的生活细节，可能让宝宝一不小心就患上"热感冒"。

一、"热感冒" 3 大潜入方式

1.忽冷忽热须小心

很多家长觉得孩子夏天感冒是吹空调的"锅"，那么，以下场景大家熟悉吗？

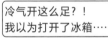
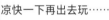

夏季感冒和空调有关，但其实并不是空调的原因；温差大、忽冷忽热才是主要原因。还有家长担心空调吹久了不好，一会儿开一会儿关，这种忽冷忽热更让宝宝无法适应，更容易感冒。

2."茶饭不思，睡不安稳"要注意

天气一热，大人、小孩都吃不下饭，炎热的天气也会影响睡眠，造成抵抗力下降，让细菌病毒有了可乘之机。所以夏季要尤其注意营养均衡，同时

要注意合理地安排宝宝的作息时间，提供舒适的睡眠环境。吃好睡好，宝宝才能长高、长壮。

3."病从口入"需警惕

夏季高温、高湿，致病菌繁殖速度快，食物也非常容易变质，没有及时吃的食物，很可能就坏了……

健康的成年人吃了不新鲜的食物，都可能生病，何况是娇嫩的宝宝，所以宝宝吃的东西最好现吃现做。此外，要时刻保持宝宝的小手清洁，谨防"病从口入"，避免引起呼吸道、消化道感染。

二、"热感冒"2大误区

很多家长不禁要问了，夏天感冒和冬天感冒，护理上有什么区别？科大大可要严肃地提个醒，夏天感冒的护理，有2个坑千万别踩。

1.感冒不能给孩子吹空调

"感冒了，当然要好好保温，别再冻着"，很多家长都是这样的想法，所以在大热天也不敢开空调，生怕让孩子的病情加重。

实际上，美国儿科学会（AAP）是一直推荐父母在闷热的夏天使用空调的。夏季合理使用空调，不仅可以降低宝宝猝死的概率，还可以避免中暑脱水、哮喘、过敏、皮肤炎症等疾病的发作。

宝宝患上"热感冒"时合理使用空调，不仅不会加重病情，反而有利于退热。

2.感冒了不能洗澡

家长觉得不能给得了感冒的孩子洗澡，无非是担心着凉。可是大热天儿的，这种担心完全没必要。

大热天生病了，更应该保持清洁卫生，不给孩子洗澡不仅让孩子黏糊糊的更难受，还会加快皮肤表面细菌的滋生繁殖。要是痱子、湿疹等皮肤问题找上门，更是火上浇油。

洗个温水澡，也是不错的物理降温方式。担心宝宝着凉，可以在洗澡时关闭空调，出浴后及时擦干全身。

三、对付"热感冒",护理比吃药管用

一分预防胜过十分治疗。为了不让宝宝大热天的"活受罪",家长们要了解清楚"热感冒"原因和误区,在日常生活中需做好以下4点。

(1)冷气不要开得太足,尽量减小室内外温差,避免频繁冷热交替。

(2)保持孩子入口的东西新鲜卫生;保持室内清洁卫生,勤洗手、勤通风。

(3)做一些清凉开胃的食物,保证宝宝充足的营养摄入。

(4)补充足够的水分,保证正常的新陈代谢。

如果孩子还是不慎中招了,不管春夏秋冬,感冒通常吃药7天好,不吃药一周好。对症护理,让宝宝感觉舒服才是最重要的。

复方感冒药、凉茶、禁忌尚不明确的中成药,科大大已经强调过多次:不能给孩子吃。

还有一种药,特别容易在夏季被当作"万能神药"来用——藿香正气水。宝宝在夏季出现不适症状的原因有很多,藿香正气水并不一定对症,而且很多剂型中含有酒精,容易造成宝宝酒精中毒、过敏等不良反应。

那么,怎样对症护理才能让患上"热感冒"的孩子快点好起来呢?科大大给爸妈们支上几招儿。

①发热。

若宝宝只是发热,其他状态良好,家长可以利用好空调保证室内温度适宜,少量多次喂水,保证正常排尿排便,多休息。

如果宝宝感到不适,或体温超过38.5 ℃,可以给宝宝用单一成分的退热药退热,如布洛芬或对乙酰氨基酚。

②鼻塞、流鼻涕。

6个月以下:小滴管吸少量生理盐水,滴到宝宝鼻腔里,清理鼻腔。

6个月以上:儿童专用生理性海水鼻腔喷雾剂。

③咳嗽痰多。

不建议自行给4岁以下的孩子吃止咳药,因为咳嗽是机体自我保护的一

种正常现象。比如有痰时，咳嗽可以把呼吸道里的分泌物排出来，这是一件好事儿。

下面是实用的咳嗽护理法：

★ 使用加湿器，湿度控制在 45% ~ 50%，会比较舒适。

★ 少量多次补充液体，6 个月以上的宝宝可以喝水，6 个月以下的宝宝可以多喝奶。

★ 1 岁以上的孩子可以吃一点儿蜂蜜，2 ~ 5 mL，直接吃即可。

★ 避免孩子接触二手烟、三手烟或其他刺激性气体，避免接触过敏原。

要注意的是，如果孩子出现以下及其他家长无法判断病情轻重的情况，应该立即就医，避免耽误治疗。

★ 持续高热超过 24 小时、口服退热药无效。

★ 身上长皮疹。

★ 声音嘶哑、喘气费劲。

★ 耳朵痛。

★ 面部肿胀。

★ 发热后惊厥。

最后，科大大想告诉各位爸妈的是，不要对宝宝生病太过紧张。即使我们百般护理，小孩子也总要生病的，人体的免疫系统就是在不断与病菌抗争的过程中成熟的。从这一点来看，生病对孩子也并非坏事，反而是宝宝自身免疫系统完善和提高的标志。

做父母的都不愿看到孩子生病难受的样子，但心疼孩子之余，我们更要学会用轻松的心态对待宝宝的病症，积极地照顾与治疗。

5 招缓解孩子肠绞痛

宝宝刚满 2 个月，一到晚上又哭又闹。喂奶不吃，喂水不喝，尿布没尿也没拉，谁抱都不管用。三十六计都用遍了，可还是哭个不停。最后搞得封建迷信思想都出来了——是不是白天看了什么不干净的东西……

打住。如果你家宝宝也在经历这样的事情，一定要考虑是不是肠绞痛。

一、判断肠绞痛，记准这 3 点

肠绞痛常出现在 1 ～ 3 个月的婴儿身上，且多发生在夜里，尤其是晚上 6 点以后。孩子出现肠绞痛主要有以下 3 个表现：

1. 突然大哭

哭声比平时高很多，同时会双拳紧握，双膝屈曲。

2. 难安抚

肠绞痛的宝宝，一般都是直到哭累了才会停下。

3. 不伴有任何消化系统疾病症状

没有呕吐、腹泻等。

鉴于宝宝这些吓人的表现，每当家长遇到肠绞痛都会被吓到，以为孩子得了什么严重的疾病。但事实上，肠绞痛是一种常见现象。患上肠绞痛的宝宝，除了反常地哭闹，饮食睡眠、体重增长速度、运动发育等方面都是完全正常的。孩子长大后也跟其他孩子在行为、发育上没有区别。

因为肠绞痛的病因尚不清楚，所以目前没有针对肠绞痛的辅助检查，也没有针对肠绞痛的特效药。新手爸妈们能做的，就是通过孩子的哭闹状态，准确地判断肠绞痛，并采取一些方法来帮助宝宝缓解疼痛。

判断的方法很简单：

①肠绞痛主要发生在孩子出生后的第 3 周，也有少部分延续到半岁以后，多发生于傍晚或半夜时分。

②每天哭泣持续至少 3 小时，每周至少发作 3 天，且至少持续一周。

③出生后 3 个月左右消失，也有些宝宝会晚一些。

缓解的方式也不难，科大大给大家准备了 5 个小妙招。

二、这 5 个方法，家长都说好用

1. 飞机抱

就是让宝宝趴在大人的手臂上，模拟飞机爬升或飞行的状态。

第一步：宝宝平躺，妈妈右手贴紧宝宝身体并扶住宝宝头部（脸颊）。

第二步：将宝宝轻微翻转。

第三步：将宝宝的右腿搭在妈妈右手上。

第四步：妈妈左手贴于宝宝背部，并轻轻翻转宝宝，让宝宝身体置于妈妈右手上。

第一步

第二步

第三步

第四步

第五步：交换左右手。

第六步：让宝宝枕在你的左肘弯里，身体侧面靠在你身上，防止宝宝翻出去。右手轻轻安抚宝宝背部。

第五步　　　　　　　　　　　　　　第六步

飞机抱是目前缓解宝宝肠绞痛比较有效的方式，但是也要注意以下几点。

①刚喂完奶别抱：时机把握不好，飞机抱很容易让宝宝吐奶，所以至少要在喂奶后半小时再尝试。

②动作稳一些：新手爸妈对怀抱小宝宝尚且不够熟练，操作飞机抱就更加不容易。所以在操作的时候，动作不要幅度太大，力度不要太猛。家长的动作稳一点儿，也可以避免宝宝吐奶。

③爸爸妈妈都要学：飞机抱还是比较考验臂力的，如果妈妈臂力较小，就要换爸爸来，两位家长都要学会飞机抱。

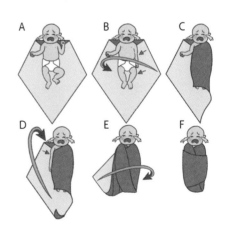

④不要用飞机抱哄孩子：尽管飞机抱可能会逗乐宝宝，但切忌将飞机抱作为一种逗娃方式而不停地颠、摇、晃。

2. 襁褓法

将宝宝用包被包裹起来，让宝宝有安全感。

3. 按摩

将手捂热后，顺时针方向温柔地按摩宝宝的小肚子，有助于排出肠道内的气体，缓解不适。

4. 声音安抚

可以让宝宝听听白噪声，比如吸尘器、吹风机、烘干机、电风扇等发出的声音。

5. 更换奶粉

有研究认为，部分肠绞痛与牛奶蛋白过敏存在相关性，因此可以更换水解配方奶粉。母乳喂养的妈妈可以选用低敏膳食，缓解宝宝肠绞痛的症状。

不同的安抚技巧，在不同宝宝身上效果也大不一样。如果某一种技巧尝试几分钟无效，就换为另一种。如果采取以上所有方式后，宝宝的状况仍然无法缓解，那么建议尝试药物辅助治疗，比如益生菌制剂。但具体的用药选择，家长要根据宝宝的情况，咨询专业的儿科医生后再做决定。

其实对于肠绞痛，最好的方法就是等待，随着宝宝各方面发育的不断成熟，这些问题会自行解决。但是眼睁睁看着宝宝难受哭闹，自己却束手无策，对家长们来说，也是一种巨大的考验。除了保持耐心乐观的心态，帮宝宝度过这个时期，家长们也要及时向家人求助，共同分担，不要一个人扛下所有。孩子的健康很重要，家长的状态也很重要。

泪囊炎，眼屎多是第一征兆

　　入秋之后，宝宝眼屎一多，家里的老人就说是上火了。凉茶一杯一杯地喝，症状却丝毫不减轻。这就很可能是找错了方向，孩子不是上火了，多半是先天性鼻泪管阻塞，诱发了泪囊炎。不及时治疗会让孩子长湿疹，引发角膜炎、结膜炎，甚至失明。

　　那先天性鼻泪管阻塞到底是如何影响孩子的呢？要如何治疗？我们就来细说下。

一、孩子总是泪眼汪汪，家长要当心

　　鼻泪管的成管过程通常在出生前完成，这个过程可能会因为个体差异而存在变化，所以有的宝宝出生以后，鼻泪管还发育不全。而鼻泪管阻塞的宝宝，就像是眼睛的"下水道堵了"，眼睛长时间"泡在脏水"里，当然容易发炎了。

　　这也是为什么宝宝持续流眼泪、脓性分泌物增多（眼屎多），且单眼出现的情况比较多。严重者可能出现泪囊表面的皮肤呈淡蓝色肿胀，以及内眦韧带上移，提示泪囊突出，有类似症状应尽快由眼科医生检查，可能需要干预。

　　剖宫产的孩子更容易患此病吗？据统计，先天性鼻泪管阻塞在新生儿中的发生率约为6%，而20%～30%的足月新生儿会在出生后一年内出现类似症状，与生产方式没有明显的关联。

　　患鼻泪管阻塞的宝宝该怎么办呢？早发现早治疗，千万别拖。

二、阶梯式治疗效果佳

如果宝宝在儿科或眼科被确诊为先天性鼻泪管阻塞，父母也无须太担心，因为大多数宝宝在出生后泪道仍处于不断发育的阶段。

在约 90% 的确诊婴儿中，症状会在 6 月龄前自发消退。症状在 6 ～ 10 月龄时仍然持续的婴儿，约 65% 会在 6 个月内自发消退。但不幸的是，也会有 5% ～ 10% 的孩子持续阻塞。

解决办法：分年龄治疗。

① 6 月龄以内的宝宝：保守治疗。

由上向下按摩宝宝的泪囊区 (鼻梁两侧)，以挤压——放松——挤压——放松的方式进行，每次按压 2 ～ 3 秒，可促进泪液往鼻泪管方向流动，每天做 2 ～ 4 次。

除此之外，可根据实际情况选择热敷或遵医嘱配合使用抗生素眼药水，如妥布霉素滴眼液，缓解宝宝因泪囊炎带来的不适。

需要注意的是，滴药水前先用棉签将宝宝眼角的分泌物擦拭干净，这样治疗一段时间后，薄膜就会自行破裂，泪道也就畅通了。

② 6 月龄以上的宝宝：泪道冲洗 + 泪道探通术。

如果经过一段时间的保守治疗无效的话，可以带孩子到眼科冲洗泪道，即将液体注入泪道，疏通阻塞的部位，将薄膜冲破。

泪道冲洗仍然无效的宝宝，则须进行泪道探通术，用探针将薄膜刺破，使泪道通畅。通过加压冲洗或泪道探通术，99% 的患儿都能痊愈。

如果是由骨性狭窄或鼻子畸形造成的泪道堵塞，就需考虑手术或者其他的方法来使泪道通畅。

泪囊炎与先天性鼻泪管阻塞有什么关联吗？

先天性鼻泪管阻塞是泪囊炎的病因，泪囊炎是先天性鼻泪管阻塞的并发症。虽然鼻泪管堵塞会引发泪囊炎，但不是立刻就引起，也不是一定会引起。而泪囊炎分急性和慢性，假如婴幼儿患上急性泪囊炎，应请眼科医师会诊。

若要行鼻泪管阻塞探通术，则应在术前应用全身性抗生素。血样和引流期间所得样本应送培养，以指导确定性抗生素治疗。

除了鼻泪管阻塞，还有哪些新生儿眼病要注意筛查呢？

三、5 种小儿常见眼病

1. 先天性青光眼

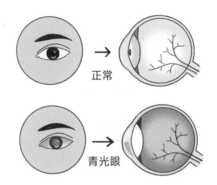

正常

青光眼

症状：宝宝黑眼珠特别大，同时有怕光、流泪的情况。

治疗：以降低眼压为主，选择局部或全身应用的降眼压药物或手术治疗。

2. 先天性白内障

症状：瞳孔发白。

治疗：以手术治疗、屈光矫正及视力训练为主。

3. 小儿斜视

症状：眼球向内偏斜、斗鸡眼。

治疗：尽早就医。

4. 倒睫

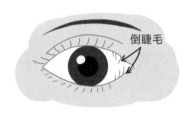

症状：睫毛倒长，接触到黑白眼球。

治疗：滴眼药水或手术治疗。

5. 急性结膜炎，也叫红眼病

症状：眼红、眼屎多。

治疗：及时就医，防止交叉感染。

最后，科大大强调一点，新生儿眼病种类繁多，家长们在发现孩子眼部异常时，一定要早发现、早治疗，并定期带孩子接受眼病筛查和视力评估。

5岁儿童蛀牙率70%？

有些家长很不解：已经很注意孩子的牙齿清洁，糖也少吃了，为什么孩子还是会得龋齿？

其实科大大也发现了，不少咧嘴一笑露出"小黑牙"的孩子，大多有个喜欢找糖"背锅"的爸妈。事实上，龋齿并不完全是"糖"在作祟，而是这4大因素的合力"催化"。

龋齿找上门，爸妈却不在意，久而久之，便会出现不同程度的牙齿龋坏。

一、3类龋齿，对号入座

第四次全国口腔健康流行病学调查结果显示，我国5岁儿童患龋齿的概率已达70.9%。也就是说，10个宝宝中，7个患有龋齿。但这些宝宝的龋齿程度却有不同，可分为三类：浅龋、中龋和深龋。

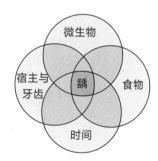

1.浅龋

浅龋的龋坏多局限于釉质，一般会经过两个过程：平滑面龋的牙面上有白垩色斑块；之后斑块因着色转为黄褐色，窝沟处呈浸墨状弥散。前期无明显的龋洞，后期可能会出现浅洞，不易发觉，甚至探诊也没有反应，有时照X线牙片才会发现。

2. 中龋

中龋的龋坏已经到达牙本质的浅层，有明显的龋洞。孩子吃冷、热、酸等食物时，会明显感到疼痛，这也就是我们常听说的牙齿敏感，尤其冷刺激最敏感。但离开这些刺激后，疼痛感会立即消失，孩子的牙齿也不会无故疼痛。

3. 深龋

深龋就是传说中的"龋王"了，龋坏已抵达牙本质深层，龋洞大而深，或入口小，但深入破坏力极强。对酸、冷、热的刺激反应更大，但离开刺激食物后，也会立即止痛】，不会无故疼痛。食物很容易进入龋洞，如果残留物未取出，就会产生刺激而引发较剧烈的疼痛。这时，就别再问科大大什么程度需要就诊了。这事没有轻重缓急，发现就赶紧带孩子去看医生。

虽说龋齿很"难缠"，但也不必如临大敌，还是有效果很好的预防方式的。

二、预防龋齿认准"1+2"

当前预防龋齿的方案大抵可分为 2 种：窝沟封闭、日常护理。

1. 窝沟封闭

想要了解什么是窝沟封闭，就得先知道什么是窝沟。

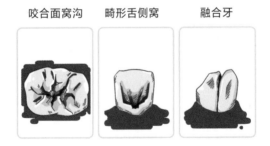

咬合面窝沟　　畸形舌侧窝　　融合牙

窝沟，就是牙齿上那些凹凸不平的点隙和裂沟。窝沟封闭就是用特殊的流动性材料，将这些"沟壑"填平，不疼不痒，防龋有效率超 90%。

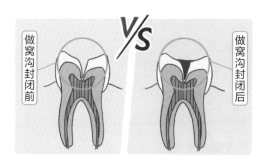

孩子做窝沟封闭有 3 个合适的时间：

① 3 ~ 4 岁，孩子的乳牙完全萌出，且能够有意识地配合。

② 6 ~ 7 岁，这一阶段陪伴孩子时间最长的牙齿——第一恒磨牙，要长出来了。

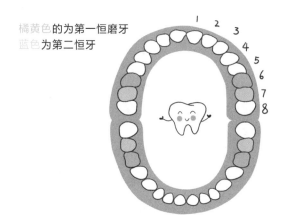

橘黄色的为第一恒磨牙
蓝色为第二恒牙

注：20 颗乳牙都会被换掉，但恒牙一生仅此一颗

恒牙担当着咀嚼"大任"，因此 85% 的龋齿会发生在这。所以这时做窝沟封闭相当重要。

③ 11 ~ 13 岁，这时孩子的第二恒牙也出来了。

2. 日常护理

我们来说说到底怎么护理孩子的口腔。

①认真给孩子刷牙。

从宝宝小牙"露头"起，就得给孩子把刷牙安排上了。

·6个月～1.5岁：指套刷牙。

家长可以用纱布或指套牙刷，蘸着温开水为孩子清洁牙齿的内外侧面，清除牙齿上的菌斑、软垢。

·1.5～3岁：开始使用牙刷。

宝宝乳牙逐渐长全，家长可以让宝宝站或坐在板凳上，用一只手固定宝宝的头，另一只手用牙刷为孩子刷牙。

·3～6岁：让孩子用正确的姿势自己刷牙。

什么是正确姿势？牢记4句话：上牙从上往下刷，下牙从下往上刷，咬合来回用力刷，不要忘记舌头啊。

除了刷牙，护理孩子的口腔还有一大法宝。

②涂氟。

儿科医生建议，宝宝们从3岁起，每年进行1～4次常规涂氟。

说到涂氟，家长们可能已经脑补了一场"以毒攻毒"的大戏。其实完全可以放心，这里用的氟都是无害的，且只在牙齿表面操作，不会很疼，也不会伤到牙齿和口腔黏膜。给牙齿涂氟相当于给牙齿加了个保护层，可以降低50%～75%的龋齿发生率。

对于已有龋齿征兆及对冷、热、酸敏感的宝宝来说，涂氟还有很好的修复和改善作用，也在后续治疗上省下很多费用。

6岁以下的宝宝使用含氟牙膏能够有效控制龋齿，但用量还得家长把控一下。

孩子换牙的 8 大常见问题

关于孩子换牙问题，很多家长充满疑问，接下来，科大大挨个解答。

首先，科大大先附上孩子乳牙萌出和脱落的时间顺序示意图。

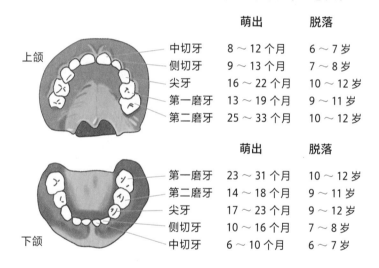

	萌出	脱落
中切牙	8～12 个月	6～7 岁
侧切牙	9～13 个月	7～8 岁
尖牙	16～22 个月	10～12 岁
第一磨牙	13～19 个月	9～11 岁
第二磨牙	25～33 个月	10～12 岁

	萌出	脱落
第一磨牙	23～31 个月	10～12 岁
第二磨牙	14～18 个月	9～11 岁
尖牙	17～23 个月	10～12 岁
侧切牙	10～16 个月	7～8 岁
中切牙	6～10 个月	6～7 岁

乳牙的萌出和脱落

问题 1：乳牙松动还没掉，新牙就长出来了怎么办？

首先，出现这种情况与钙质太多没有太大关系。其次，不能放任这种"双排牙"不管，"双排牙"会导致恒牙牙列不齐或颌骨发育异常，影响孩子牙齿整洁和形象。

当出现这种情况时，家长不要帮孩子拔掉，特别是有牙根的大牙，这样极容易引起牙齿感染，应该尽快请医生检查并拔除滞留的乳牙。

问题 2：换牙需要补钙吗？

宝宝从出生到 18 岁，都需要适当补充含钙和维生素 D 的食物或补充剂。

钙是骨骼和牙齿的主要成分之一，缺钙会影响牙齿的发育，体内钙质充足，牙齿生长就更加饱满。而维生素 D 可以帮助钙更好地被人体吸收。

在换牙期间，可以给宝宝多吃含钙质高和维生素 D 充足的食物，这些对宝宝的身体健康和生长发育非常有好处。

★ 含钙丰富的食物：牛奶、豆浆、豆腐、芝士、燕麦、油菜、空心菜、紫菜、金针菇、柿子、葡萄等。

★ 富含维生素 D 的食物：深海鱼类、鸡蛋、瘦肉、坚果等。可以让宝宝多晒太阳，人体也可以合成维生素 D。

另外，维生素 D 不可以过量补充，超量后容易出现中毒症状，如恶心、呕吐、消瘦等。

有的家长觉得通过饮食补充维生素 D 太慢了，吃补剂可以吗？当然可以，不过要控制好用量。如果孩子户外活动时间长、吃的食物种类丰富、喝含有维生素 D 的配方奶粉或其他强化维生素 D 的食物，每天补充 400 mg 即可，否则需要补充 600 mg。

牙齿的发育包括生长期、钙化期、萌出期。当宝宝的乳牙或恒牙萌出时，钙化阶段已然完成，此时补充再多的钙和维生素 D 也不能帮助牙齿钙化得更好。反之，在牙齿的钙化期，也就是妈妈的孕期和宝宝生后的第一年，通过均衡饮食补充充足的乳制品、肉类、蛋类等富含钙和维生素 D 的食物和补充剂，能帮助宝宝牙齿钙化得更好。

问题 3：新长出来的牙是歪的怎么办？

这种情况通常是在上颌中切牙刚萌出的时候，会出现两个中切牙长歪了。这时需要分两种情况：

①侧切牙没有萌出的时候，可以继续观察。

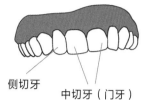

侧切牙 中切牙（门牙）

因为侧切牙没有萌出的时候，侧切牙的牙胚可能会向中间挤中切牙的牙根，使中切牙撇向两边，形成"八"字。

换牙期可能出现暂时性错颌，家长不用过分担心，在侧切牙萌出的时候，会推着长歪了的中切牙回到正确的位置上。

②侧切牙已经萌出，恒中切牙仍然位置不正确，就需要进行正畸治疗。

还有孩子会出现后牙长歪的情况，科大大建议尽早到正规医院的口腔科进行检查，拍片来判断牙齿长歪的原因，然后听取医生建议，并结合具体情况进行正畸治疗。

问题 4：乳牙松动了，要及时拔掉吗？

如果松动的乳牙已经对宝宝的饮食造成严重的影响，可以带宝宝去看牙医，医生会根据脱落情况，选择性地将牙齿拔下来。对孩子的日常生活没有太大影响的话，还是建议自行脱落。

科大大再次提醒家长朋友们，一定不要自己拔孩子的牙，不然可能会造成牙龈组织损伤或感染。

问题 5：乳牙脱落一直不长恒牙怎么办？

每个人的恒牙萌出时间是不一样的，乳牙正常脱落后，一般两三个月甚至更长的时间萌出恒牙。

当乳牙正常脱落后很长时间还不长时，可能是出于以下 3 种原因：
①恒牙先天缺失。
②多生牙，阻碍恒牙萌出。
③乳牙在脱落之前根尖有疾病，影响恒牙的钙化和萌出。

这时，科大大建议到正规医院的口腔科进行检查。拍摄根尖片，或曲面断层片的 X 线片，查看不长牙的位置是否有要长出的后期恒牙牙胚。

问题 6：恒牙长一半不长了，是什么情况？

宝宝长一颗恒牙的时间为一个月左右。如果一个月后还是不能完全萌出，那么就建议到正规医院的口腔科进行检查。

问题 7：乳牙一直不松动，可以帮助摇松吗？

在不知道是什么情况的时候，别自作主张摇晃孩子的牙齿。

宝宝一般会在 6 岁左右开始乳恒牙交替，乳牙从开始松动到最后完全脱落，可能需要几个月的时间。在没有牙齿疾病的前提下，乳牙可能会因为乳牙根得不到压迫刺激，较长时间留在牙床上。

家长们要反思一下是否存在这个问题：平时给孩子吃的东西过于精细和软烂，因此得不到有效的咀嚼练习。

科大大建议，平时要给宝宝多进食一些比较硬的食物，特别是换牙期间，比如小饼干、甘蔗，蔬菜不要煮得太烂，苹果不要切小块，可以让宝宝试着啃等。如果乳牙仍然一直不掉落，已经影响到恒牙的生长，这种情况是可以到医院进行拔除的。

问题 8：孩子换牙早可能是性早熟？

换牙的早晚，和孩子吸收的营养、个体差异、遗传因素等都有关系，孩子提前换牙，并不代表性早熟。

孩子正常换牙时间是在 6 岁左右，最早在 4 岁，最晚大概在 7 岁，如果只是提前或推迟一两年换牙，并不会对孩子的健康带来影响。

孩子的牙齿如果在 4 岁前就开始脱落了，家长们要警惕。这通常是孩子口腔问题的一种征兆，有可能是患有牙周疾病，或是代谢紊乱、内分泌失调等疾病，会对孩子日后的咬合能力有一定的影响。家长得尽早带孩子去医院做相关检查，及时接受进一步治疗，来保护剩余的乳牙。

原来这些表现，是孩子晕车了

很多孩子乘车出行可能都会晕车，对于不会表达的小宝宝，家长更不易发现。

这一篇，科大大就来详细说说小宝宝晕车的表现。

一、孩子晕车是怎么形成的？

晕车常见于 2 ～ 12 岁的儿童，长大后会逐渐消失。它其实是一种生理反应，叫作晕动症。简单来说，眼睛看到的运动和身体感觉到的运动是不相符的，产生了矛盾，于是反反复复产生眩晕感。但随着宝宝的长大，前庭功能发育逐渐完善，晕车的现象会逐渐减轻。

除了前庭平衡能力失调，头痛感冒、消化不良、睡眠不足也会诱发和加重晕车症状。除了先天发育，后天的运动也可以促进前庭平衡能力的发育，如平衡木、荡秋千、旋转木马、滑梯、跷跷板、贴上彩色贴纸练习走直线等。

若出行前锻炼收效甚微，那么我们做好预防更加重要。

二、出行前做什么？

1. 保持充足睡眠

晕车和外部刺激有很大的关系，精神状态差更容易晕车，充足的睡眠和良好的心情对晕车有一定的预防作用。在出行前几天，尽量不要让孩子熬夜，保证出发时精神状态最佳。

2. 吃饭七分饱最好

出发前 1 小时吃好饭，给孩子吃一些蛋白质含量和热量较高、做法简单、口味清淡的食物；尽量避免吃太饱、太多、太油腻；避免喝易产生胀气的碳酸饮料，也不要喝太多牛奶、小米粥等液体食物。同时不要空腹出发，饥饿感会导致头晕、出冷汗、心慌等症状，也会加剧晕车症状。因此出发前吃的食物中也要含有一些易升高血糖的食物，如葡萄干、米糕、枣糕、甜面包等。

出发前还可以准备一些质地比较干的零食，比如苏打饼干、烤面包片、牛肉干、糖果等，防止在路上因饥饿引起不适。此外，苏打饼干、橄榄蜜饯、话梅、山楂片、姜片糖等也有缓解晕车症状的作用。

3. 保持良好舒适的车内环境

车内维持合理的温度，太热、太冷都会让宝宝不舒服，可以适当打开车窗，让宝宝多呼吸新鲜空气。不在车内吸烟、喷洒香水，不携带任何有强烈气味的食物。

观察孩子平时的喜好，一些清香淡雅的柑橘柠檬味精油、薄荷味的涂抹棒也有缓解晕车的效果。

4. 药物选择

如果宝宝晕车严重，2 岁以上的可以在医生指导下使用晕车药，常用东莨菪碱或抗组胺药，胃复安缓解晕车的恶心呕吐症状效果也比较好。但这些药物也有副作用，可能会引起嗜睡甚至躁动。因此必须权衡孩子发生晕动病的严重性与药物可能的副作用。

防晕车药物一般在出发前 1 小时服用，在坐车、乘飞机途中每 6 小时服用一次。还有最重要的一点，司机一定不要频繁停车、起步，开车时一定要保持车速平稳，不要突然加速或刹车，更不要急转弯。

如果孩子在这些时候晕车，该怎么办？

三、在路上晕车怎么办？

带晕车宝宝出行，家长一定不要提孩子容易晕车，会给孩子造成心理暗示，导致不必要的紧张和焦虑，同时，也要留心观察他的状态。当宝宝出现不安、出汗、唾液分泌增多、脸色苍白、头晕、恶心呕吐等症状，可能就是晕车了。

对于无法表达的小宝宝，晕车常表现为上车就睡、下车就醒。此外，还有以下这些表现：

①精神状态由很好逐渐变为异常安静。

②哭闹不止、烦躁不安、无心玩耍。

③面色苍白、出汗。

④打哈欠、拒食、呕吐。

这时候最好的办法是停车，让孩子下车缓缓。一般来说，下车呼吸新鲜空气后可以得到有效缓解。如果不方便停车，可以试试这些办法：

①用清水给孩子漱口。

②开窗通风，减少车内异味。

③立即处理掉呕吐物，防止异味刺激再次呕吐。

④让孩子在后座躺平休息。

⑤挂上车两侧的窗帘或者鼓励宝宝向前看，不要看两侧的车辆。

⑥转移宝宝注意力，可以聊天、玩游戏、讲故事。

总之，家长上车前一定要做好预防工作，乘车过程中也要关注宝宝的状态，一旦发现不对劲及时停车或者通风。

3大表现，揪出中暑前兆

三伏天后，全国各地进入桑拿模式。孩子中暑后家长怎么做才是正确的？哪些孩子最容易中暑？如何预防中暑呢？

这一篇，科大大就好好讲讲中暑的问题。

一、3种不同中暑表现

很多家长常把中暑和暑热感冒混淆。

暑热感冒，季节性强，热象突出，是四季感冒中症状较重的一种类型，主要以发热、汗出热不退、心烦、口渴为症状。暑热感冒的发病时间、预防和治疗都与中暑不同，所以大家别被自己的错误认知给带偏了。

下面我们来看看中暑的具体表现都有哪些吧。

1. 先兆中暑，也就是中暑前期

建议：一旦有中暑的迹象，立即带宝宝离开高热的环境，到阴凉通风处，

适当给宝宝喝点温水，擦干身上的汗便于散热。

2. 轻度中暑

建议：如果宝宝已经出现发热状况，要采取物理疗法进行降温。在症状轻微、人清醒的状态下，可以给宝宝补充水分，选择口服一些含盐的冷开水或者绿豆汤。

3. 重度中暑

建议：当宝宝出现昏迷现象，赶紧将宝宝送到阴凉处，迅速拨打"120"或者就近送医处理。如果有呕吐现象，让宝宝侧向一边，轻拍背部，吐出呕吐物。

科大大提示，不管是哪种程度的中暑，家长都应牢记哪儿凉快就和孩子待在哪儿。如果情况比较严重，一定要及时送医。

较小的宝宝一般不太会表达，家长要细心观察孩子的反应。宝宝中暑可能会烦躁不安及哭闹、呼吸和脉搏加快。接着会显得倦怠，甚至进入抽搐或昏迷状态。

另外，中暑后常见的错误做法也要规避：

★ 服用藿香正气水、十滴水、风油精。

★ 用酒精擦拭。

★ 给孩子服用退热药。

★ 立刻把孩子浸泡到冷水里。

★ 过量饮水、进食，冷食降温。

★ 扎手指放血。

看到这里，中暑的症状大家都熟悉了吧。除了症状，还要记住下图中的 6 种易中暑人群，希望大家对号入座，做好防暑工作，安心度夏。

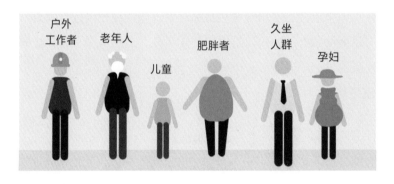

易中暑人群

关于儿童中暑，还有 6 种类型的孩子要格外关注，继续跟着科大大往下看吧。

二、这 6 种孩子最容易中暑

夏季暑气难耐，宝宝的身体各个系统发育不够完善，体温调节功能差，对散热不利，所以中暑的风险比较大。而接下来科大大提到的这 6 种孩子，家长们一定要提高警惕。

1. 超重、肥胖的孩子

此类型的孩子体内含水量相对较少，心血管系统负荷重，容易中暑。

2. 处于急性病期间的孩子

宝宝在发热或被肠胃炎缠身时，细菌或病毒性感染可以使人体产生内源性致热源，让人体产热加速。炎症还会使人体释放出一些物质，使血管痉挛收缩，更不利于散热，所以容易中暑。

3. 有心脏病等慢性疾病的孩子

炎热天气会使患有心血管疾病的孩子心血管负荷加重，尤其是心脏功能不全的，他们体内的热量不能及时散发而积蓄，所以容易中暑。

4. 营养不良的孩子

此类型孩子容易脱水，导致血压下降，水盐代谢紊乱，出现中暑。

5. 有脑功能障碍的孩子

此类型孩子的下丘脑体温调节中枢不能及时调节体温，容易中暑。

6. 长期服用抗组胺药、利尿药的孩子

这些药物会影响人体体温调节能力，也易中暑。

关于预防中暑，科大大简单总结了一下，就是"不要热、不要晒、不要闷"，最好不要在10点至16点在烈日下行走，早晚带孩子外出也要预防中暑。

最后，附上一首小诗：

暴晒别出门，外出要打伞。

不渴也喝水，空调别太低。

饮食加点苦，午睡别太久。

⟨━ 1种药＋5招护理，保住扁桃体 ━⟩

扁桃体本来是人体的"健康卫士"，在抵御病毒上立了不少功。可随着孩子的长大，扁桃体却开始反复发炎，并伴有发热、咽痛、食不知味等症状，让家长们又爱又恨。所以在对扁桃体的治疗方案上，也难免犯嘀咕，总是发炎折腾孩子，不如割了省事。可是孩子本来免疫力就不好，这一割，会不会更影响免疫力？

如果你家也有个扁桃体总发炎的孩子，接下来的内容一定要认真看。

一、扁桃体切还是不切？

当然要根据孩子的具体情况来判断。如果孩子的扁桃体反复发炎，并且符合7、5、3这几个数字，就可以根据孩子的年龄及实际情况，在医生的建议下，安排切除手术。

★ 在之前的 1 年内，扁桃体炎发作 7 次或更多次。

★ 在之前的 2 年内，每年扁桃体炎发作 5 次或更多次。

★ 在之前的 3 年内，每年扁桃体炎发作 3 次或更多。

除了反复发炎，还引起其他疾病的，可以对照以下情况，在医生的指导下进行切除：

（1）扁桃体炎曾引起咽旁间隙感染或扁桃体周围脓肿者。

（2）扁桃体过度肥大，妨碍吞咽、呼吸或发声者；或引起阻塞性睡眠呼吸暂停、睡眠低通气综合征的 2 岁以上的孩子。

（3）不明原因的低热及其他扁桃体源性疾病，如明确存在特定有害菌群在扁桃体定植，伴有慢性扁桃体炎的急性肾炎、风湿性关节炎等。

科大大不建议家长通过自己的观察来判断孩子的情况，一定要及时去找医生做更仔细的检查。

如果孩子的扁桃体感染比较严重，已经开始影响到孩子的健康，医生一般都会主动建议切除。此时的扁桃体，在经历长期的感染后，不仅基本没有了免疫功能，还成了一个大的感染源，留着还不如切掉安全。而且除了扁桃体，人体的免疫器官还有胸腺、骨髓、脾脏和全身的淋巴结等，都能起到免疫作用，所以也不用担心孩子免疫力变低。但是，如果孩子只是偶尔发生扁桃体炎，就不要急着去做手术。

儿童免疫系统本就处于发育时期，所以扁桃体轻度肥大是正常生理现象。如果这种肥大未影响呼吸和吞咽，没有给孩子的健康造成影响，就不建议摘除。部分异常的扁桃体肥大在控制原发病因后，也能得到控制，从而不再进展。科学的用药治疗和护理，对孩子来说是更有益处的选择。

二、用不用抗生素？记准 1 个原则

很多家长可能觉得治疗扁桃体就要用抗生素，但事实上，抗生素只在 1 种情况下可以使用，那就是细菌引发的扁桃体炎。而大部分孩子的扁桃体炎都是病毒引起的，不仅不用抗生素，也不用特殊治疗。对于少数如 EB 病毒、流感病毒等引起的情况，则需要在明确病原体后应用抗病毒治疗。

至于要怎么判断孩子的扁桃体发炎是细菌还是病毒引起的，去医院检查。医生会根据检查的详细结果，给孩子确定治疗方案。一旦医生诊断为细菌性扁桃体炎，开具了抗生素，家长也要注意让孩子按照医嘱吃完整个疗程。

口服抗生素的常规疗程为 10 日，只有坚持整个疗程，才能达到咽部相关细菌的最大根除率。如果经过初步诊断，孩子的扁桃体发炎是病毒引起的，那就不需要额外吃药。观察局部症状及体温情况，如果没有明显的病情变化及体温反复，则只要做好日常护理即可。

三、如何护理让孩子更舒服？

1. 温盐水漱口

温水有舒缓的作用，盐则可以帮助抑制细菌，有助于减轻炎症。

①6岁或6岁以上儿童和青少年，通常建议每240 mL温水中加入1/4～1/2茶匙盐（1～2 g）。

②6岁以下儿童如果还没掌握正确漱口的技巧，通常不推荐使用这种护理方法。

2. 多吃富含维生素C的水果

比如柠檬，可以在一杯温水中加入柠檬汁、一撮盐和一茶匙蜂蜜，慢慢地喝，每天喝2次。

3. 吃点凉的

严重的咽痛可以适当喝点偏凉的液体，利用冰块、冰棒等补充水分，偏凉的液体具有麻痹效应，可以暂时缓解吞咽的疼痛。一定要鼓励孩子多喝水，如果超过4小时没有小便，并有嘴唇干裂、哭时无泪、囟门凹陷等预示脱水的情况，建议及时就医。

4. 用热水袋给孩子热敷颈部以缓解疼痛

5. 日常物品分开使用

病毒性扁桃体炎传染性强，可通过眼泪、鼻涕等分泌物传染。如果孩子得了病毒性扁桃体炎，水杯、餐具、毛巾等物品不要与家人共用，也不能与其他物品在同一个水盆中清洗。

除了护理，在孩子的饮食上也要特别注意：

①以清淡易吞咽饮食为主，忌容易引起过敏、辛辣、煎炸、坚硬的食物。

②食物品种应多样，以保证营养均衡，谷薯类、蔬菜水果类、少量动物性食物、大豆类等合理搭配。

③多食用膳食纤维含量高的食物，以保证大便通畅。

虽然大部分的扁桃体发炎目前还不能根治，且存在反复发作的可能，但如果用对了方法，也能让孩子好得更快。

科大大最经常听到家长说的一句话就是"真希望自己能代替孩子生病"。孩子生病时，每个父母都希望自己能替孩子受这份罪。可是，成长这条路，还得孩子自己一步步往前走。家长们能做的，就是好好填充自己的知识库，变成一个"全能辅助"。

⊷ 3 种黄疸，不同方法治疗 ⊶

家长应该都听过：十个宝宝九个黄。宝宝出生后，体内胆红素无法及时排出，就会变成"小黄人"，胆红素值越高，就越危险。

那同样是黄疸，为什么有些可以不治而愈，有些却要命？

科大大就来说说，如何分辨黄疸的轻重程度，不同的黄疸又该怎么治疗，还有哪些操作会伤害宝宝。

一、你一定要知道的 3 种黄疸

黄疸分为生理性黄疸、母乳性黄疸和病理性黄疸。

1. 生理性黄疸

出现时间：出生后 2 ~ 3 天，早产儿 3 ~ 5 天。

表现：多见于宝宝面部和身体，皮肤呈浅黄色，精神状态正常。

胆红素值：足月儿 < 12.9 mg/dL，早产儿 < 15 mg/dL。

消退时间：正常 2 周内消退，早产儿 3 ~ 4 周消退。

2. 母乳性黄疸

它跟生理性黄疸很像，但胆红素值略高。

根据出现时间分为早发型和晚发型两种，几乎 2/3 母乳喂养的宝宝都会出现。

名称	早发型母乳性黄疸	晚发型母乳性黄疸
出现时间	出生后 2 ～ 3 天，跟生理性黄疸相似	出生后 1 ～ 2 周出现，比病理性黄疸症状轻
原因	因宝宝摄入奶量不足，不能及时排出胆红素	母乳中的某些物质，阻碍胆红素排出体外
胆红素值	>12.9 mg/dL	>12.9 mg/dL
消退时间	3 周左右，比生理性黄疸晚一些	持续时间比较久，甚至 2 ～ 3 个月

3. 病理性黄疸

家长们要警惕这种黄疸，因为它胆红素值高、上升快，也更危险，容易引起脑损伤、危及生命。新生儿肺炎、肝功能不完善等疾病，会引起胆红素增多或者排出障碍，导致胆红素值升高。

出现时间：出生后 24 小时，或者消退后反复出现。

表现：黄疸程度重，除面部、身体外，眼睛、手心和足心都泛黄，精神状态差，哭闹等。

胆红素值：足月儿> 12.9 mg/dL，早产儿> 15 mg/dL，并且上升速度很快。

消退时间：一般 2 周左右消退，早产儿大于 4 周消退。

了解完黄疸之后，很多家长就要问了，那黄疸到底要不要治呢？看情况。

二、黄疸怎么治，你一定要分清

一般从轻重程度上来说：生理性黄疸<母乳性黄疸<病理性黄疸。

1. 生理性黄疸：不用特别治疗，注意观察

正常喂养就可自行消退，但要注意观察宝宝状态，定期测胆红素值。如果足月儿超过 3 周、早产儿超过 4 周，黄疸还未消退，及时就医检查。

2. 母乳性黄疸：视情况而定

①胆红素值小于 15 mg/dL。

如果排除疾病因素，宝宝状态一切正常。定时测胆红素值，数值在安全范围内，不用特别吃药治疗，一般会慢慢消退，只是时间长一些。不需要停

母乳，继续充足喂养，让宝宝多吃多排。

②胆红素值超过 15 mg/dL。

先停母乳 2 ～ 3 天，看胆红素值能否下降。

·如果下降，再继续少量多次喂养母乳，随时监测胆红素值。

·如果没有下降，及时咨询医生，必要时采取光疗，避免胆红素值过高引起更严重的后果。

3. 病理性黄疸：光疗、换血治疗

①光疗。

光疗也就是家长们所说的"照蓝光"。这种光会把胆红素变成一种水溶性物质，随胆汁和尿液排出体外，加快胆红素的排出。它是一种物理治疗，副作用小，见效快。如果宝宝胆红素值过高，且上升速度快，照蓝光是最有效的方法。

宝宝照蓝光，家长们要注意 2 点：

·提前准备眼罩和足量的纸尿裤，光疗时要遮住眼睛和外生殖器。

·光疗时，有些宝宝可能出现发热、腹泻、皮疹等副作用，暂停光疗后可以缓解，医生也会对症处理，不用太担心。

科大大特别提醒，不要自己网购蓝光机等设备。之前就有家长网购蓝光灯，在家给孩子照，结果照了三天，胆红素值越来越高，只能换血治疗。当宝宝需要光疗时，到正规医院由专业人士进行操作。

②换血治疗。

当出现重度黄疸，胆红素值很高时，医院会采取换血治疗。

换血治疗，就是一边抽血一边输血，通过这种方式降低胆红素值。

除以上方法之外，下面这些方法不仅没效果，可能还会害了孩子，家长一定要避免。

三、3 大退黄误区

1. 吃茵栀黄：引起腹泻、呕吐和皮疹，损害胃肠功能

研究显示，每 100 个服用茵栀黄退黄的宝宝，就有 25 个会出现严重腹泻，

概率相当高。早在 2017 年，国家药监局就发布公告明确说明，服用茵栀黄口服制剂会引起腹泻、呕吐和皮疹等不良反应，脾虚大便溏者慎用。

那为什么医生还开这种药呢？

因为口服茵栀黄的退黄原理与泻药类似，就是让孩子多排便、拉肚子，把多余的胆红素排出体外。但新生儿肠道功能发育不全，这种方式弊大于利。

2. 晒太阳：效果差、不安全

科大大看到网上有个爸爸忍着 30 ℃的高温，陪着有黄疸的宝宝晒太阳，热得一身汗。爸爸的行为确实让人很感动，但科大大还是要说，晒太阳真的没有多大效果。

晒太阳跟照蓝光原理差不多，虽然日光里有蓝光，但还有紫外线。日光直接照射的话，还有热晒伤和紫外线辐射的风险。如果黄疸较严重，早期不重视，以为晒太阳有用，一不小心导致胆红素过高，还要面临换血治疗。

3. 喝葡萄糖水：有害无利

葡萄糖只是增加血液里的葡萄糖含量，并不会增加排便量，而且喝了葡萄糖水，占胃容量，宝宝吃奶减少，排便少，反而不利于胆红素排出。

当孩子出现黄疸，千万不要抱侥幸心理，觉得过段时间就好了，更不要听信偏方。

如果胆红素值偏高或有上升趋势，一定要提高警惕，遵医嘱治疗。希望每个"小黄人"宝宝，都能尽快恢复，健康成长。

一个口腔溃疡，却能让人"遭大罪"

放假 5 天，瘦了 3 斤，根据科大大亲身经验，成年人最"简单"的减肥方式，就是得几次口腔溃疡。吃饭痛、喝水痛、说话痛……发作起来真让人茶不思、饭不想。宝宝更是如此。烦躁哭闹、抗拒吃奶、吃饭……一个"小毛病"，让宝宝"遭大罪"。

口腔溃疡要贴维生素片？要多吃水果？担心癌变？科大大这就开始辟谣。

一、粉碎口腔溃疡 3 大谣言

1. 口腔溃疡是缺维生素了，蔬菜水果快安排

虽然维生素缺乏，尤其是维生素 B_2 和矿物质缺乏，的确与单纯性口腔溃疡（RAS）有关，但补充维生素在 RAS 治疗中作用仍不明确。

事实上，有些水果吃多了，还会起反效果。比如，菠萝、芒果、猕猴桃、番茄等，太酸或者太甜都可能会刺激口腔黏膜，加重溃疡。吃完水果没有及时清洁口腔，糖分就会滞留在口腔中发酵，更对防治口腔溃疡有害无利。

把维生素片贴在伤口上，对伤口则是一种刺激，宝宝还可能误吸入气管。

2. 口腔溃疡是上火了

没那么简单。引起口腔溃疡的原因很多，清洁不到位、遗传、免疫力下降……甚至喂养姿势不对、奶嘴不合适都能引发口腔溃疡。

相关研究表明：因喂养姿势不对和选择的奶嘴不对，导致 15% 的孩子出现口腔溃疡。奶粉喂养的宝宝，如果妈妈采用水平喂养的姿势，同时使用开

口太小的普通奶嘴，会导致孩子为了喝奶要使劲吮吸，不断刺激上颚处黏膜，出现溃疡。

①给宝宝喂奶建议采用半坐位，选择适合的仿真奶嘴。

②尽量减少安抚奶嘴的使用。

而盲目降火，给宝宝喝凉茶、吃所谓"下火"的食物，都没什么用。如果宝宝因此好转，最大的可能性是本来就快自愈了。

3. 口腔溃疡长期不治隐患大

口腔溃疡长期得不到有效治疗，可能会得扁平苔藓、白塞病，但并不会转变为癌症。

以下这些症状，要警惕口腔癌：

①溃疡面积超过黄豆大小，最大直径超过 0.5 厘米。

②伴随着发热、皮疹、腹泻等症状，舌头和牙齿等部位疼痛。

③口腔溃疡持续超过 3 周不愈，部位固定，表面发硬。

如果有这些症状，要特别警惕口腔癌，尽早就医。那口腔溃疡到底是什么？往下看。

二、口腔溃疡是一种"绝症"

更严谨点说，相当一部分的口腔溃疡，其实是一种"绝症"。我们常见的口腔溃疡，主要有两种：

1. 创伤性口腔溃疡

孩子偶尔口腔溃疡？最常见的原因是被牙刷捅伤、被鱼刺刺伤，或者一不小心自己把嘴巴咬破了……

这种情况下我们能做的，就是好好给孩子清洁口腔，不要吃辛辣刺激、过甜过热过酸、粗糙坚硬及粉末状食物，等待愈合。

2. 复发性阿弗他口炎

孩子口腔溃疡反复发作，掰开一看"黄、红、凹、痛"——别怀疑，这就是最常见的复发性阿弗他口炎，也叫复发性口腔溃疡。

遗憾的是，医学界至今不能明确其病因。一般认为口腔溃疡与免疫、遗传、精神压力、内分泌、系统性疾病、营养缺乏等都有关系。因此目前也没有特效治疗药，成了"不治之症"。但是，口腔黏膜 4 ～ 14 天会更新一次，所以忍一忍，它是能不治而愈的。

三、想缩短病程？靠谱的 4 招

看着孩子嘴里反反复复长溃疡，家长都是既心疼又担心，只能等自愈吗？有什么办法让孩子快点好？少发作？

成年人疼得厉害时，可以用糖皮质激素膏剂或贴片、氨来占诺、漱口水等缓解症状，促进愈合。但是，目前还没有针对儿童设计的、具有有效证据的安全外用药。因此，防治宝宝口腔溃疡，家长能做的只有 4 件事。

1. 重视孩子的口腔清洁

在宝宝有牙齿萌出时就应该开始刷牙，日常养成进食后漱口的习惯。还不会漱口的宝宝，饭后、吃零食后、喝饮料后，喝几口白开水。保持口腔清洁，能大大减少口腔溃疡的发生概率。

2. 多吃流食，避免刺激

宝宝患有口腔溃疡时，饮食建议以清淡的流食为佳，汤水、蛋羹、粥……平时也要注重饮食均衡，多蒸煮，少煎炒炸，控制零食摄入，会更健康。

3. 适当吃冷饮

宝宝患有口腔溃疡，可以适当吃些冷饮凉食，如冷藏的酸奶、牛奶、自制水果棒冰等，让宝宝觉得口腔内舒适。实验证明，宝宝心情好也利于溃疡的防治。

4. 药物

有些医院会给疼痛明显、可以漱口的孩子单独配制利多卡因、苯海拉明、铝镁混悬液等成分混合成的漱口水，以减少进食痛苦。

3个习惯，容易诱发鹅口疮

这一篇，科大大给大家科普一个专门爱找小宝宝的疾病。当然，大宝宝也可能中招，家长都要提高警惕。

它潜藏在口腔中，容易和奶渍混在一起，被爸妈们忽视，而且和口腔溃疡难以区分，它就是鹅口疮。鹅口疮有什么危害？如何与口腔溃疡区分？哪些原因会导致鹅口疮，又该如何治疗？如何预防反复发生？

一、鹅口疮非小事，重可引发败血症

很多人知道鹅口疮，但是对它并不了解，甚至把它当作小事。要知道，鹅口疮的危害可不是你想象的那么简单。

（1）可能蔓延到宝宝的咽后壁，进攻扁桃体、牙龈等部位。

（2）对食管、支气管"下毒手"，导致念珠菌性食管炎或者肺念珠菌病。

（3）如果出血，甚至可能引发真菌性败血症。

既然鹅口疮有这么大的危害，那么及时发现就变得相当重要了。首先，我们可根据宝宝口腔内的一些特征来判断。

鹅口疮是一种由白色念珠菌感染引起的新生儿疾病，常出现在宝宝的舌头、口腔两侧等位置，表现为凸起于黏膜的白色小点或小片状物。但不是说口腔内所有小白点都是鹅口疮，也有可能是口腔溃疡或地图舌。

很多家长容易将鹅口疮与口腔溃疡搞混，科大大特意做了个对比图。

鹅口疮		口腔溃疡
图片		
特征	白色小点或小片状物，像凝乳，凸起于黏膜，白斑周围多无红肿，可能慢慢融合成大片，不容易擦掉；如果弄掉白斑，会看到口腔黏膜潮红，粗糙，甚至可能出血	像口腔黏膜"破了个洞"，或大或小，形态各异；溃疡本身是凹陷的，表面有偏灰色或黄色的假膜，边缘有一圈红色的充血带

地图舌目前原因不明，主要表现为在舌苔上出现一片片舌苔黏膜剥落，类似地图状。

鹅口疮是口腔黏膜受感染引发的炎症，常出现在舌面、两颊以及唇内黏膜，表现为孩子口腔黏膜出现乳白色的白膜。

导致口腔溃疡的原因很多：清洁不到位、免疫力下降，都会引发口腔溃疡。主要出现在两腮内侧、上下牙龈等部位。当孩子出现鹅口疮或者口腔溃疡，千万不能盲目给孩子喝凉茶、吃所谓下火的食物，这些都没用。多重视口腔卫生，及时就医才是王道。

其次，还可根据宝宝发出的一些信号，来判断鹅口疮的严重程度。

当病情较轻时，宝宝不会疼，也不影响吃奶，甚至没什么感觉；当病情较重时，宝宝可能会哭闹、拒绝吃奶，甚至影响吞咽、导致呕吐。如果鹅口疮蔓延到喉咙，宝宝的声音就会变得嘶哑。所以当口腔内出现白色斑点，并且难以擦除时，就要考虑鹅口疮了。

如果宝宝出现食量变小，进食时哭闹不止、烦躁不安，甚至轻微发热的情况，很可能是病情变严重了。

知道了危害和如何区分，接下来，科大大就带大家找出让宝宝患上鹅口疮的"真凶"，逐一消灭。

二、3件小事不注意，鹅口疮找上娃

俗话说，知己知彼，方能百战不殆。想要解决宝宝的鹅口疮，必须先知道哪些原因会导致鹅口疮。

1. 不注意口腔卫生

如果奶汁长时间停留在宝宝口腔内，就会导致口腔内滋生细菌，引起鹅口疮。

2. 宝宝用品未消毒干净

当宝宝处于长牙期或口欲期时，总喜欢东啃西咬，如果宝宝的玩具等没有消毒干净，很容易接触到念珠菌。另外，宝宝的毛巾、奶瓶、奶嘴等用品都要定期做好消毒工作。

3. 滥用激素、抗生素药物

这样会杀死宝宝体内能抑制白色念珠菌过度生长的"好菌类"，导致肠道菌群失调。另外，妈妈也可能让宝宝患上鹅口疮，当妈妈乳头不干净或患有妇科疾病，都会让宝宝患上鹅口疮。

知道了原因，当务之急就是要立即治疗。而治疗的关键，就是杀死白色念珠菌，通常有以下两种方法：

①制霉菌素涂抹口腔患处

宝宝吃奶、吃饭后，家长用棉签将制霉菌素混悬液外涂，每天3次，直到口腔内完全没有白点，再巩固2～3天。如果很快见效，也建议至少使用10天，不能见好就停，否则会反复。

家长也不用担心药物过量影响孩子，因为这个药吃进去也基本不会吸收，会随着大便排出体外。另外，别忘了把配好的混悬液放冰箱冷藏保存，否则会失效。

②2%～5%的碳酸氢钠溶液

目前，不推荐单独使用5%碳酸氢钠。可在使用制霉菌素前，用2%碳酸氢钠冲洗或者擦洗口腔，之后再涂上制霉菌素。

但有不少家长表示，孩子用药了，为什么还总是反复？那你就要考虑是不是没做好下面2件事。

三、鹅口疮总找娃，自查2点

如果药也吃了，但没过多久又长了，就需要家长扪心自问，用足疗程了吗？卫生保证了吗？

如果都做到了，鹅口疮还反复，甚至加重，必须马上去医院。因为宝宝可能遇上了白色念珠菌耐药，或者已经全身感染了念珠菌，又或者是免疫力出现问题。

另外，在日常生活中，妈妈们更要做好这些：

①母乳喂养前，清洁乳头。

②哺乳空间要相对独立，保证空气流通。

③定期给哺乳文胸、奶瓶、奶嘴、玩具等用煮或蒸的方法消毒。如果宝宝已经上学，家长要注意别让自家宝宝和小伙伴共享餐具，以防止交叉感染。

④清洁很重要，但不要清洁过度。否则会使细菌大量减少，导致有害菌类大量繁殖。

⑤大人尽量不要亲吻宝宝，嘴对嘴更是不行，宝宝可没那么容易抵抗病原体的"袭击"。

3 招助孩子排痰

科大大小时候，只要嗓子有痰，就会被大人们一通揪脖子。每个时代都有不同的育儿经，老一辈认为揪脖子能化痰，现在的家长大都懂科学育儿。可问题来了，宝宝能吃化痰药吗？哪种药适合宝宝？科大大就来和你们聊聊这件事儿。

一、给孩子化痰除了吃药，就没别的招？

科大大重点强调：不推荐给 1 岁内的宝宝自行使用化痰药。即便是 1 岁以上的宝宝，通常也只在痰多实在不易咳出的情况下服用。

要说明的是，化痰药仅仅是为了稀释痰液，让宝宝排痰变得更容易一点儿，并没有直接把痰变没了的功效。对于咳痰无明显困难，咳嗽后有明显的吞咽动作，干呕后会吐出黏液的宝宝，没必要吃化痰药。

日常生活中做好这些护理，也能更好地让宝宝化痰。

1. 补充液体

少量多次地给宝宝（6 个月以上）喂水，水温控制在 23 ℃左右，有利于稀释痰液。

2. 蒸汽吸入

对于大一点儿的宝宝来讲，可以让他到蒸汽充足的浴室里待 5～10 分钟。

3. 控制室内湿度

尽量将室内湿度控制在 60%～65%，保持室内空气清新。

只有当宝宝咳嗽伴有明显痰音，且迟迟不见缓解时，在医生指导下才可以适当吃点化痰药。家长常给孩子用的化痰药主要有 2 种：盐酸氨溴索口服液和氨溴特罗口服液。

二、盐酸氨溴索口服液 VS 氨溴特罗口服液，傻傻分不清？

两种药虽说都可用于化痰，但无论是适用症状还是不良反应上，都有明显不同。

1. 药品成分

盐酸氨溴索口服液（100 mL）里含有盐酸氨溴索（600 mg），属于单方制剂；氨溴特罗口服液（100 mL）的药品成分，既含有盐酸氨溴索（150 mg），又含有盐酸克仑特罗（100 μg），属于复方制剂。

2. 不良反应

相比盐酸氨溴索口服液来说，氨溴特罗口服液的不良反应更多一些。由于氨溴特罗口服液里含有盐酸克仑特罗（支气管扩张剂）成分，宝宝服用后可能会导致一些神经系统症状，出现如头晕、头痛、手颤、心悸、嗜睡、四肢发麻等。

如果宝宝服用后没有出现不良反应，不必过于担心；但要是出现哭闹不适，可先暂时停用。

3. 适用症状

两种药虽然都可以在宝宝排痰困难时服用，但不同的是，盐酸氨溴索口服液的作用仅仅是化痰，而氨溴特罗口服液的作用更多一点儿，除化痰以外，还可以用于：

①急、慢性呼吸道疾病，如支气管炎、支气管哮喘。

②缓解宝宝喘息。

③起到一定的镇咳作用。

那么，该怎么给孩子选择适用的药？

★ 要是宝宝仅仅是排痰困难，遵医嘱用盐酸氨溴索口服液就好。

★ 要是宝宝排痰困难的同时，伴有喘息或呼吸道疾病，可遵医嘱考虑用氨溴特罗口服液。

三、给孩子用化痰药，3个误区千万避开

在给宝宝服用这2种药时，家长务必避开这几个误区。

1. 不看说明书自行用药

使用前，一定要看清药品说明书的年龄限制，使用剂量需遵医嘱，盐酸氨溴索口服液仅适用于1岁以上宝宝；氨溴特罗口服液虽没有年龄限制，但对于8个月内的宝宝，要谨慎使用。

氨溴特罗口服液的用法、用量		
儿童年龄（体重）	每次剂量	每日次数
未满8个月（4～8 kg）	2.5 mL	
8个月～1岁（8～12 kg）	5 mL	
2～3岁（12～16 kg）	7.5 mL	2次
4～5岁（16～22 kg）	10 mL	
6～12岁（22～35 kg）	15 mL	

2. 混淆用药

①盐酸氨溴索口服液/氨溴特罗口服液不能和止咳药同时吃

首先，科大大本就不提倡宝宝吃止咳药。其次，当盐酸氨溴索口服液/氨溴特罗口服液与止咳药同时服用，止咳药中的镇咳成分不仅不能有效帮助化痰，而且当咳嗽的动作被抑制后，反而会使痰液停留在宝宝呼吸道内，导致排痰困难。

②盐酸氨溴索口服液和氨溴特罗口服液不能同时吃

盐酸氨溴索口服液和氨溴特罗口服液都含有盐酸氨溴索，同时服用会导致用药过量，引起不良反应。

3. 盲目海淘

很多家长喜欢从德国海淘盐酸氨溴索口服液，其实国内和德国的盐酸氨溴索口服液是同一个公司，并没有什么差别。况且购买海淘药存在风险，如成分难辨别、剂量有差异、运输不安全、种类很复杂……你真的放心给孩子吃吗？

还是那句话，是药就有风险。给孩子用药一定要遵医嘱，自行用药只会害了孩子。

以为"生长痛"没事？

你家孩子有生长痛吗？据统计，25%～40%的孩子都经历过不同程度的生长痛。那到底什么是生长痛？会引发严重的后果吗？有办法治吗？想必很多家长都为此感到困惑。科大大就给大家揭晓答案。

一、生长痛是何方神圣？

我们常说的生长痛，多见于2～13岁的孩子。由于这个年龄段的孩子骨骼生长速度比肌肉生长速度快，快慢不均，就造成了腿部，特别是小腿、膝关节的肌肉间出现牵扯性疼痛，极少数孩子也会出现腹部疼。

如何准确判断生长痛？三个词总结就是，不请自来、不动却痛、不治而愈。

1. 不请自来
不打一声招呼，疼痛就毫无征兆找上孩子。

2. 不动却痛
白天活动时大多感觉不到疼，到了晚上一动不动了却开始疼。疼痛的部位也不固定，时而左腿，时而右腿。

3. 不治而愈
生长痛通常都是短时间疼痛，睡一觉就好了，皮肤表面不会出现异常，也不会对宝宝造成其他不良影响。

此外，当孩子出现以下4种症状，都有可能导致或者加重生长痛。

①站、坐、走路姿势不对。

②白天运动过量。

③腿部肌肉经常处于紧张状态。

④心情焦虑不安。

二、生长痛的 3 大误区，你中了几个？

一听生长痛没什么不良影响，很多家长开始不当回事儿了。

1. 生长痛没大碍，忍忍就好了

警惕！不是所有腿疼都是生长痛，疼痛背后或许暗藏着疾病风险，如骨肉瘤、骨折、扭伤、骨膜炎……

如果宝宝出现以下症状，一定要及时就医。

①以骨痛为主要表现。

②每次都是同一个部位疼，持续疼痛超过一个月。

③腿部或关节出现瘀血、红肿、皮温升高、发胀、活动受限。

④近期受过外伤。

2. 生长痛就是缺钙，补点钙就好了

这是个十分错误的说法，生长痛与缺钙无关。盲目地补钙，不仅不会缓解疼痛，还不利于骨骼生长，甚至会引起其他副作用。如，影响铁、锌的吸收，大便干结，增加患肾结石的风险。如果孩子不是严重挑食或缺钙，是不需要额外补钙的。

3. 生长痛就是在长个儿，疼得厉害、长得快

科大大前面也说了，生长痛多是孩子骨骼与肌肉生长速度快慢不均导致的，并不是在长个儿。而且"疼得厉害、长得快"这种说法，完全就是谬论。甚至还有家长担心，我家孩子从没生长痛过，会不会长不高啊？

宝宝能不能长高，跟生长痛真没关系。毕竟，有些宝宝从来没生长痛过，长得也挺高；有些宝宝动不动就生长痛，却还是班里最矮的。

三、生长痛无特效药，给娃护理看 5 点

看到这儿，有些家长问了："宝宝这么疼着也不是个事儿，能不能吃点药缓解治疗下呀？"

恕科大大直言，生长痛，无特效药，更无须治疗。家长千万不要轻易给孩子吃止痛药，治标不治本。要想缓解宝宝疼痛，完全可以从生活护理和心理安慰方面入手。

1. 睡前洗个温水澡

睡前给孩子洗个温水澡，水温不超过 38 ～ 40 ℃，有助于肌肉舒缓，减轻疼痛感。

2. 毛巾热敷

可以用略高于宝宝体温的温毛巾热敷，敷在疼痛的地方，但最好别在睡着后热敷。

3. 注意运动后拉伸、休息

宝宝运动后，肌肉容易过度劳累，家长最好在宝宝运动后进行拉伸，早点休息。

4. 转移注意力

生长痛最爱在晚上出现。睡前可以给孩子听听舒缓的音乐，陪孩子做做游戏、读读绘本……转移注意力，或许就没那么疼了。

5. 言语上安慰

还有一点非常非常重要，给予孩子足够的爱和关怀。

与其无视，我们不如对孩子说，"妈妈很理解你的心情""我小时候也和你有过同样的经历""别担心，今晚妈妈陪你睡一觉，明早带你去动物园玩好不好"。

以上方法，希望可以对孩子的生长痛起到一定的缓解作用。如果你的孩子正在经历生长痛，不要慌张，更不要焦虑。试着理解孩子的感受和需求，必要时给予他足够的宽慰和呵护。或许你的一句安慰和拥抱，就能让宝宝减轻一些疼痛。

"超强细菌"，宝宝感染率高达 40%

要问宝宝们的"老冤家"是谁，毫无疑问，一定是各类细菌、病毒，其中幽门螺杆菌算是"常客"了。

幽门螺杆菌是导致胃癌的重要病因，传染性强，可长期存活在胃里，和慢性胃炎、胃溃疡等胃部疾病关系密切……有数据表明，全球至少有一半人感染幽门螺杆菌；中国感染人数最多，近 7 亿人感染；10 岁以下儿童感染率高达 40% ～ 60%；我国每年新发胃癌，近一半与幽门螺杆菌有关。

既然如此，那是不是要抓紧检查、安排治疗呢？别急，看完科大大对它的分析，大家心里就有谱了。

一、3 大常见误区，坑了无数家庭

提到幽门螺杆菌，很多人都能聊上几句，但对错就另说了。下面这 3 种常见的认知错误，可坑了不少人。

1. 口臭、屁臭 = 感染幽门螺杆菌

真不一定。大多数幽门螺杆菌感染的宝宝，其实没有症状，要不是检查发现，根本不知道。通过气味"识菌"，那是天方夜谭。

口臭主要源于口腔细菌对食物残渣、唾液蛋白的发酵；屁臭主要源自肠道菌群发酵食物产生的硫化物，并不是因为幽门螺杆菌感染。

2. 吃大蒜、用牙膏能杀死幽门螺杆菌

不可否认，大蒜提取物有杀菌作用，但大蒜和大蒜提取物差距很大，也

没有研究表明大蒜能杀掉幽门螺杆菌。另外，想靠用牙膏给孩子清除幽门螺杆菌的家长，快停手吧，同样没有研究证明牙膏有这功效。

3. 有家人感染，要和孩子隔离

隔离大可不必，不过这 3 个小动作，千万要规避，以防宝宝被传染。

①怕饭菜烫，喂宝宝之前吹一吹。

②嘴对嘴亲宝宝。

③餐具共用。

说到这里，可能有家长要问了，要是家里大人感染了幽门螺杆菌，那宝宝是不是也要去查查呢？

二、宝宝有这 5 种情况，必须查

一般来说，14 岁以下的孩子不建议常规检查幽门螺杆菌，但遇到以下 5 种情况，就有必要去检查了。

1. 宝宝经常肚子疼、打嗝、呕吐、反酸、食欲不振等

这可能是孩子的肠胃出问题了。如果医生考虑宝宝可能患有慢性胃炎、消化性溃疡等消化系统疾病，在寻找病因时，幽门螺杆菌就是怀疑对象之一。家长要尽快带宝宝去医院，遵医嘱检测，排查病因。

2. 缺铁性贫血反复发作，找不到原因

铁的吸收部位在小肠，幽门螺杆菌感染属于肠胃疾病，易引起铁吸收障碍，从而导致宝宝缺铁性贫血。因此宝宝有难治性缺铁性贫血找不到原因时，就要考虑检测幽门螺杆菌了。

3. 家族直系亲属（父母、兄弟姐妹）有患过胃肠肿瘤的

4. 宝宝患有胃黏膜相关淋巴组织淋巴瘤

5. 计划长期服用非甾体类消炎药（NSAID）的宝宝

具体检测方式，医生会根据情况选用，一般推荐儿童选用 C13 呼气试验，过程易操作、无痛苦。

检测不难，那治疗难吗？难！所以不建议治了。

你没看错，国内外指南都不推荐 14 岁以下的孩子常规治疗、根除幽门螺

杆菌。

有以下 3 个原因：

①根除难。小于 10 岁的孩子即使清除了幽门螺杆菌，1 年内再感染的概率也大大高于大龄儿童及成人。

②所用药物副作用大，几乎都是抗生素。

③儿童感染幽门螺杆菌，很多是无症状或症状轻微，并不主张为了预防成人期幽门螺杆菌相关并发症而进行根除治疗。

当然了，也不是所有宝宝感染后都能相安无事，以下情况就要考虑根除了。

★ 必须根除

患有消化性溃疡、胃黏膜相关淋巴组织淋巴瘤。

★ 考虑根除

有胃癌家族史，患慢性胃炎、不明原因的难治性缺铁性贫血，因病要长期服用非甾体类消炎药（包括低剂量阿司匹林），家长、大龄儿童强烈要求治疗。

三、成人感染后，需要根除吗？

家长最怕的就是把病菌传给孩子，所以如果确认自身携带幽门螺杆菌，可以考虑根除。但必须认清一个事实，就算你安全了，那你可以保证别人不传染给孩子吗？

"口口相传"是最常见的传染方式，孩子的抵抗力较差，极容易被传染。所以，只保证自己不携带幽门螺杆菌，并非根本解决办法，关键还得平时防护到位。除了日常要规避科大大上面提到的 3 个误区，也要摸清幽门螺杆菌的特性——不耐热。所以，不吃生的食物、餐具定期高温蒸煮是能有效规避的。

另外，有调查显示，厕所的水龙头细菌数是马桶座圈的 44 倍，所以别以为马桶最"脏"，厕所的洗手池、水龙头也要定期清洗，杀掉细菌。

除了担心孩子被传染，成人自身的身体情况也是决定要不要根除幽门螺杆菌的重要因素。

①如果你有消化性溃疡、胃黏膜相关淋巴组织淋巴瘤，就一定要根除。

②如果你有慢性胃炎等和幽门螺杆菌有关的胃病，建议和医生商量后决定是否根除。

③如果你想降低患胃癌的风险，可以考虑根除。

最后，科大大强烈建议让家人们共同建立健康的用餐、卫生习惯，让幽门螺杆菌无缝可钻。

这样给孩子喂饭最"毁"肠胃

在天气寒冷的日子里，来一碗热乎乎的汤泡饭简直太惬意了，尤其是有些宝宝根本不爱吃主食，一碗汤泡饭，有饭又有汤，简直是理想选择。

那么问题来了，汤泡饭真的能给宝宝吃吗？会不会伤害宝宝的肠胃？实际上，汤泡饭本没有问题，但如果吃错，那可就麻烦了。科大大就来好好说一说，汤泡饭是如何"毁了"孩子的好肠胃、好胃口的。

一、这样吃汤泡饭，不"毁"肠胃才怪

科大大提问：汤泡饭，什么汤？泡的什么饭？

泡饭的汤可能是菜汤，也有可能是专门炖肉的肉汤，或其他"营养汤"，更丰富一点儿的是有菜有肉泡到饭里。饭自然就是以白米饭为主。

很多人会觉得，米饭吸收了汤的味道和营养，吃起来又不费劲，宝宝呼噜呼噜吃下去，好得不得了。实际上，汤泡饭是宝宝饮食中的一个大问题，像下面这样吃汤泡饭，会对宝宝产生很多不良影响。

1. 呼噜呼噜吃下去

宝宝吃汤泡饭时，会连饭带汤一起咽下去，根本不需要咀嚼。这样的吃法容易导致 2 大危害：

①阻碍咀嚼能力发展

呼噜呼噜吃，看上去省事儿了，但对咀嚼能力还在发育中的宝宝来说，就失去了锻炼的机会。长此以往，会阻碍牙齿的生长，还会影响颌面部的正

常发育，甚至影响局部血液循环及淋巴回流。

②增加患龋齿风险

咀嚼不充分，唾液分泌就会减少。而唾液分泌过程可以清除和冲洗附着于牙齿及口腔的食物残渣，这对于预防龋齿和牙周疾病有重要作用。

2. 把汤泡饭当正餐，天天吃

很多家长，尤其是老一辈认为，营养都在汤里面，骨汤、鸡汤、鱼汤……所以"饭＋汤"，是宝宝理想的食物，一顿饭只吃汤泡饭就够了。但这样的搭配会带来 2 大危害：

①营养不良

实际上，肉里面的营养并不会炖出来，汤的主要成分还是水、脂肪、盐，营养少得可怜。想补充营养，还是得吃肉和菜。

当没营养的汤泡饭吃下去，占据了胃容量，导致宝宝吃不下别的东西，长此以往容易造成营养不良甚至贫血。

②盐摄入超标

按照大部分人习惯的烹饪咸度，汤的含盐量在 0.3% ～ 0.7%，也就是说，喝一小碗 200 mL 的汤，就吃下去了 1 g 盐。对于肾脏功能发育不完善的宝宝来说，这么高含量的盐，很容易就超标了。

3. 趁热吃，很危险

好多家长给孩子吃汤泡饭，就是为了追求热乎乎地吃下去肚子舒服。但是这热乎乎的饭对食道来说简直就是"虐待"。

WHO 表示，65 ℃以上的食物属于 2A 类致癌物，可能会增加患食道癌的风险。

高温食物会造成食道黏膜烫伤，长期高温刺激会引起食道黏膜的慢性创伤和炎症，最终诱发食道癌。

看到这儿不少家长就要问了，照你这么说，汤泡饭就吃不得了吗？

合理、正确地吃汤泡饭，是可以的。

①不要长期吃：汤泡饭的营养比较单一，很难满足生长期宝宝对营养多样化的需求。如果想吃，偶尔尝一尝即可。

②尽量多嚼：吃的过程中，家长可以在旁边指导宝宝多嚼，嚼充分了再往下咽。

③别太烫：不管是吃汤泡饭还是别的菜，都要晾到温热再吃，千万别趁热吃。

④别太咸：1岁以内不能吃盐，3岁以内尽量少吃。

不吃汤泡饭，怎么让孩子接受主食呢？别着急，科大大继续支着儿。

二、主食别乱吃，3 大原则一个也别错

孩子不吃主食，当然急坏家长，因为主食对宝宝的生长发育来说，太重要了。

★ 主食是宝宝生长发育主要的能量来源。

★ 主食中的碳水化合物是三大产能营养素之一，可以快速为宝宝提供能量，供能后会分解成二氧化碳和水，直接排出体外，身体负担小。

★《中国居民膳食指南》第一条指导意见：食物多样，谷类为主。

如果没有按时按量摄入主食，宝宝很容易出现智力发育迟缓、心血管疾病、糖尿病、脂肪肝等可怕的问题。所以主食怎么添加最合理？如何让宝宝爱上主食？科大大给大家总结了3大原则。

1. 按年龄吃

① 6个月添加辅食后：强化铁米粉、土豆泥。

② 7～9个月：煮稠烂的米粥、稠烂的面条。

③ 10～12个月：在以上基础上可以添加软米饭，也可以在宝宝能接受的前提下添加粗粮，比如燕麦、黑米、小米、藜麦等。但还是要以细粮为主。

2. 量要掌握好

抛开喝奶量不计，宝宝的一顿饭中，主食、蔬果、肉蛋的比例最好是1：2：1，可见主食还是很重要的。

那具体该吃多少呢？

1岁以内	1～2岁	2～3岁
20～75 g	50～100 g	75～125 g

科大大教大家一个"小手测量法"：宝宝的主食，也就是碳水化合物的摄取量，一天应该是宝宝的 2 个小拳头那么多。

确定好一天的量后，再平均到每餐就可以了。

3. 品种要杂

老话说，人吃五谷杂粮，难免生病。实际上，吃五谷杂粮的好处可多着呢。

大米、面粉这种精细的粮食不太含有膳食纤维，而膳食纤维摄入不足的话，宝宝很容易便秘。但是粗粮里却含有大米、面粉里含量不足的维生素和矿物质，营养多多。所以适当吃粗粮，可以摄入膳食纤维，减少便秘，还能锻炼咀嚼能力。像燕麦、玉米、黑米、番薯、小米、荞麦等都可以给孩子适当添加。但是添加时要遵循下面这些原则：

①粗细结合：粗粮和细粮的比例，最好保持在 1∶4，做面食的时候也可以在面粉里加入一小部分粗粮粉。

②少量尝试：刚开始添加时，可以少量添加，添加后先观察 3 天。

③粗粮细吃：吃粗粮时可以提前浸泡，煮的时间久一点儿，让宝宝更容易接受，也可以吃一些玉米粉、荞麦面等。

看到这儿不少家长也表示，道理我都懂，一上手就慌乱。不按常理出牌的宝宝就是不爱吃主食怎么办？

科大大育儿绝学这就传授给你，让孩子爱上主食。

★ 增加主食花样，将米饭做成各种可爱的动物形象，提高进食趣味。

★ 适当将饭和菜、肉进行结合，比如饭卷菜、饭卷肉等，让主食更美味。

★ 大人的榜样作用，家长可以吃饭时大口咀嚼，表现出很香的样子来吸引宝宝。

★ 主食的性状要符合宝宝口腔发育特点，从软到硬，由稀到干，循序渐进。

★ 用绘本故事告诉宝宝吃主食的重要性，也可以抓住宝宝急于长大的心理来引导进食。

有宝宝不爱吃主食，就有宝宝太爱吃主食，家长不妨试试下面这些方法。

★ 把菜和肉混合在一起做成丸子，或者混合孩子喜欢的其他食材做成可爱的形状。

★ 用菜汁和面，做成五颜六色的面条。

★ 把蔬菜做成孩子喜欢的造型，或者改变蔬菜原有的形状，碾碎后做成别的样子。

★ 平时灌输孩子蔬菜的营养价值，把蔬菜和孩子喜欢的动画人物联系起来。

吃饭看似是件小事儿，但吃得是否科学，是否愉快，直接关乎宝宝的肠道健康。

腺样体肥大的危害比你想的更严重

孩子的睡觉问题，一直是新手爸妈关心的大事。科大大曾看到这样一个说法：我家孩子最近睡得可香了，呼噜声挺大，跟他爸此起彼伏的。

在此，科大大必须提醒大家，打鼾≠睡得香，打鼾可能说明孩子病了。

据统计，9.9%～29.2%的孩子会出现腺样体肥大，可能导致发育迟缓、听力受损，甚至变丑、智商变低。

既然腺样体肥大危害这么大，那么到底怎么判断？保守治疗还是立即手术？切除后会降低孩子的免疫力吗？科大大就来给大家好好讲一讲腺样体肥大那些事。

一、1张餐巾纸，判断腺样体肥大

在讲腺样体肥大之前，科大大先给大家明确一点，并不是所有的腺样体肥大都是病态的。腺样体肥大包括生理性肥大和病理性肥大两种。

孩子8岁前会有生理性肥大，一般在6岁时达到巅峰，8岁以后开始慢慢萎缩。

爸妈真正需要重视的是很难通过肉眼看出来的病态肥大。不过别怕，接下来科大大就教你2招，及时发现腺样体肥大。

1. 一般来说，口呼吸是腺样体肥大最显著的特征

如果宝宝莫名出现持续性张口呼吸，没有呼吸道感染和任何过敏症状，就可以初步判定为腺样体肥大了。长期的张口呼吸可能会让孩子面部发育变

形，成为腺样体面容。

有家长问，我家宝宝总是张嘴睡觉，会不会是口呼吸呀？不一定。

有的孩子可能由于睡眠习惯、姿势等原因在睡觉时把嘴张开，这种情况，也许换个姿势就好了。

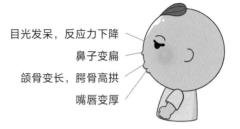

目光发呆，反应力下降
鼻子变扁
颌骨变长，腭骨高拱
嘴唇变厚

腺样体面容特征

如果想要判断孩子是不是真的口呼吸，可以试试下面这些方法：

①1张餐巾纸判断法。

当孩子睡着的时候，家长可以撕一条餐巾纸（或棉絮），分别放到孩子的嘴巴和鼻子前，看看小纸条的飘动情况。

嘴巴前的纸条飘动厉害→口呼吸。

鼻孔前的纸条飘动厉害→鼻腔呼吸。

②雾镜法。

把镜子放在孩子的嘴巴和鼻子前面，看看会不会起雾。

嘴巴前雾气面积大→口呼吸。

鼻子前雾气面积大→鼻腔呼吸。

也可能嘴巴和鼻子前面都有雾气生成，这时至少可以判断存在口呼吸，但不存在严重的鼻腔堵塞。

③闭唇法。

家长可以让孩子闭上嘴唇，持续几分钟。

孩子憋气、挣扎→口呼吸。

睡眠平稳→鼻腔呼吸。

2. 如果孩子有以下5个表现，也可能是得了腺样体肥大

①呼吸困难：打鼾、鼻子堵，经常张口呼吸。

②睡不安稳：睡觉憋醒，出现呼吸暂停等情况。

③容貌改变：出现"腺样体面容"。

④扁桃体炎：腺样体肥大经常和扁桃体肿大同时存在。

⑤其他疾病：经常感冒，伴有反复地发作或慢性分泌性中耳炎、鼻窦炎等。

一旦发现孩子有口呼吸或者以上 5 个表现，立即带他去耳鼻喉科做鼻镜或拍 X 光确诊。

二、错了！腺样体肥大不一定要做手术

孩子患了腺样体肥大后，家长最纠结的就是，要不要做手术啊？

并不是所有的腺样体肥大都需要手术，如果是轻微的腺样体肥大，一般会先选择用药治疗。

1. 用药保守治疗

具体的用药方法，家长可以参考下表。

腺样体肥大的药物治疗		
药物类型	代表药品	备注
鼻用糖皮质激素	糠酸莫米松、氟替卡松	短期局部使用激素类药物，吸收量极小，对全身影响几乎微不足道
白三烯受体拮抗剂	孟鲁司特	使用疗程一般在 6 周～ 6 个月
减充血剂	麻黄素类滴鼻剂	仅建议临时缓解鼻塞用，连续使用不要超过 1 周
生理盐水喷雾或洗鼻	/	适用于鼻腔干燥、鼻痂多、鼻涕多

孩子使用药物后效果明显，可以在家中观察鼻腔呼吸情况，定期去医院复查。

2. 保守治疗无效再手术

当遵医嘱使用药物治疗没有效果时，就要考虑手术切除了。但要注意，肥大程度不是做手术的唯一指征，还要看症状。也就是说，即使腺样体没有那么大，但是孩子症状重，该切也得切。

当孩子出现以下 5 种情况，医生会建议手术切除。

①呼吸不畅、有严重的呼吸睡眠暂停表现。

②肿大的腺样体导致吞咽困难、影响进食。

③已经出现生长发育延缓、腺样体面容。

④反复发作的鼻窦炎、中耳炎，听力显著下降。

⑤张口呼吸、鼻塞等持续 1 年以上，并且药物治疗（使用鼻用糖皮质激素＞6 周，抗生素＞1 个月）效果不好。

家长们大可放心，腺样体切除是个非常成熟的小手术，风险发生率极低。多数情况下，当天做完就能回家。但一提到要在孩子身上"动刀子"，家长还是有很多顾虑。接下来，科大大就为大家一一解答。

三、解析！全麻手术安全吗？

对于全麻手术，很多妈妈们都有一些担心。

1. 全麻对宝宝有影响吗？

现在的麻醉药为短效药物，起效快、失效也快，麻醉师也很容易控制药量。小朋友接受一次全麻，是不会对身体造成损害的。

2. 切除后，宝宝免疫力会降低吗？

总体来说，会有一点点损伤，但是不用太在意。在我们的咽部，除了腺样体还有很多淋巴组织发挥免疫作用，并不会因为切除了腺样体而出现明显的免疫力下降。

3. 术后容易复发吗？

有可能，但概率很低，不到 2%。科大大建议手术和药物联合治疗，尽量降低复发概率。同时要通过健康饮食、锻炼身体来改善体质，更好地抵抗疾病。

4. 扁桃体要不要一起切了？

要不要切扁桃体，需要看具体的情况。

①孩子＞2 岁，扁桃体肥大，有阻塞性睡眠呼吸暂停，建议联合切除。

②反复咽炎、扁桃体炎感染，建议切除。

5. 手术后怎么护理呢？

手术后的护理也很简单，科大大已经整理好了，大家可以仔细阅读。

①术后出现轻微咽痛，可适当给孩子一些冰牛奶、冰激凌缓解疼痛。如果疼痛严重，可以吃点儿止痛药（对乙酰氨基酚或布洛芬）缓解。

②如果咽部手术处有少量渗血，可以轻轻吐出，同时保持口腔清洁，防止感染。一定要远离正在咳嗽、感冒和吸烟的人。

③术后一周内，让宝宝多喝水，吃软食、流食，不要剧烈运动，不要用力咳嗽、吐痰。

头发稀疏、发黄、脱落，都是身体发出的求救信号

本以为只有中年人才会有脱发的困扰，但科大大发现，娃娃也会有脱发的问题。

小小的孩子因何"未老先脱"？头发少、头发黄，孩子的头发里究竟藏着什么秘密？就跟科大大一探究竟吧。

一、头发 5 大问题，暗藏身体信号

很多爸妈一见孩子头发出问题，就立马从钙、铁、锌、硒、维生素上找原因，但科大大要告诉你，头发有问题并不一定是缺营养。

接下来，科大大就把常见的头发问题做个大合集，关于头发的 5 大难题一次说清。

1. 掉头发

宝宝掉头发，一般有 3 种原因。

①胎毛自然脱落。

特点：常见于新生儿时期。

胎毛又称胎发。根据美国儿科学会的意见，几乎所有新生儿都会掉少部分头发或者全部的头发，是正常现象。6 个月内的宝宝出现脱发现象是不需要担心的。

②枕秃。

特点：后脑勺一圈不长头发

婴儿平躺时间长，如果头部长期与枕头摩擦，就会导致后脑勺一圈不长头发。当宝宝学会坐或站立，头部与床接触减少，这种情况就会减轻，长出新头发。

③生理性自然掉发。

掉头发和长头发实际上是个动态的平衡，一般情况下，每天掉50根左右，分散均匀地脱落是没问题的。

但以下几个情况需要就医：

①每天均匀脱落超过100根。

如果宝宝长期掉头发，且每天脱落超过100根，家长需要带宝宝去医院寻找原因。

②斑秃。

特点：有一块圆形或椭圆形脱发区。

部分宝宝在2～5岁时可能出现斑秃。如果宝宝头部出现一小块圆形脱发区，而且脱发区域"寸草不生"，爸妈就要注意是不是患了斑秃。斑秃一般与免疫力、情绪影响有关，需要及时就医，以防造成永久性脱发。

③秃头症。

特点：伴随发育异常。

极少宝宝会患有先天性秃头症，后天秃头症一般与药物、头皮损伤、营养不良有关，脱发的同时可能伴随指甲或牙齿发育异常的现象。

2. 头发少

出生之后，宝宝的头发也处于正在发育的状态，一般2岁之后才会基本长好。所以，在宝宝2岁前，没必要为头发少而烦恼。除此之外，爸妈也要在自己身上找原因，头发受遗传的影响是比较大的，如果爸妈小时候头发也不多，那宝宝头发少自然就不奇怪了。

3. 头发黄

头发的颜色和毛囊内色素有关，是遗传基因决定的，所以如果孩子的头发一直都是软黄的，就没什么问题。而如果孩子原本发色是黑色，变得软黄了，就需要及时就医。

4. 白头发

如果发现宝宝长出了白头发，但除了白发没有其他疾病，爸妈可以不用太过担心。这种情况可能就是常说的"少白头"，与家族遗传有关。

除了长白头发，还有全身皮肤毛发变白、局限性皮肤毛发变白等异常情况，需要及时就医，可能存在其他疾病。

5. 头发竖着长

多数宝宝头发竖着长，都是因为发质较硬，如果头发竖着长，但活泼健康、食欲好，就不用太担心。如果伴随身上有异味、发育缓慢、多汗、食欲不振、皮肤黏膜苍白、异食癖、容易疲乏，就需要就医。

说完了头发的常见问题，科大大还要说下全国各地都有的习俗——剃满月头。

很多爸妈都认为剃了满月头，孩子的头发会长得又黑又多，但实际上头发跟身体状态、遗传基因有关，剃满月头并不会让头发产生变化。而且婴儿皮肤非常薄，很容易受损出血，引起头皮感染。

科大大建议，如果一定要给宝宝剃头发，要用婴儿理发器，同时头发要留出至少 0.5 ～ 1 cm 的长度，保护头皮。

那么问题来了，总说不要担心，那护理孩子的头发就只有"等"这一招吗？

二、"养"出好头发，牢记 2 招

1. 吃出好头发

虽说宝宝头发不一定和缺营养有关，但全面而均衡的营养，确实可以通过血液循环供给毛根，让孩子的头发长得更结实。所以，日常生活中注意不要让孩子挑食。

①要做到饮食均衡，保证优质蛋白的摄入，如牛奶、瘦肉、鱼、虾。

②多吃一些新鲜的蔬菜水果。蔬菜水果里含有丰富的维生素，能够使头发变得浓密有韧性，苹果、油菜、胡萝卜等都是不错的食物。

2. 洗出好头发

除营养外，保持宝宝头皮清洁也是必不可少的。

①选择温和的洗发水。

宝宝头皮的油脂分泌比成人少，所以洗发水要纯净、无刺激，才能使头发更健康。

②一周洗 2 ～ 3 次头发。

频繁洗头会让宝宝的头皮变得敏感，一般一周 2 ～ 3 次即可。

③水温控制在 37 ～ 40 ℃。

宝宝洗头的水温可以根据室外的温度进行调整，一般在 37 ～ 40 ℃为宜。

④避免使用吹风机。

吹风机过大的噪声不仅会使宝宝惧怕洗头，还会影响听力。

天气不是特别冷的话，可以用毛巾擦完后，在有阳光的通风处等待自然风干。除此之外，科大大还整理了一套头发护理方法。

★ 用软毛的婴儿刷给宝宝梳理头发，而不是硬梳子。

★ 洗发时，动作要轻柔，不需要给宝宝按摩头皮。

★ 给宝宝扎小辫不要绑太紧，会伤害宝宝发根。

3 大高发遗传病，从孩子出生就要防

遗传病是指由于遗传物质结构或功能的改变所导致的疾病，它的可怕之处在于发病后即使能缓解症状，发病风险也会伴随一生。

到底哪些疾病会遗传给宝宝？我们如何提前预防？又如何及早发现并进行干预呢？

这一篇，科大大就好好给大家科普一下那些常见的遗传病。

一、常见的遗传病：哮喘

哮喘是一种可能由多种遗传因素和环境因素之间发生复杂相互作用所引起的疾病。其遗传率为 25%～80%，是最容易遗传给孩子的。

父母一方患有哮喘病，遗传给孩子的概率为 50%；双方都患有哮喘，遗传给孩子的概率高达 80%。如果爷爷奶奶辈患有哮喘，还是有可能遗传给孩子的，但是会比直系父母的概率低一些。

还有一点科大大要重点说明，哮喘可能会伴随孩子终身，并且无法根治。那我们如何及时发现孩子患了哮喘呢？

哮喘一般比较常见的外在症状为咳嗽、喘息，并且带有一些特殊的发作模式：

①在无症状的基础上间歇性发作。

②慢性症状期间穿插症状加重期。

以咳嗽为例，哮喘导致的咳嗽常表现为：

①夜间咳嗽，日间偶咳甚至不咳。

②季节性反复咳嗽。

③特定暴露所致咳嗽，如冷空气、运动、大笑、大哭或变应原暴露。

④持续3周以上的咳嗽。

如果孩子还出现了以下症状，不要犹豫，马上去医院。

①严重的呼吸困难并且持续加重，还伴有发热、呼吸急促。

②出现胸壁内凹，甚至在呼气时，出现"呼噜"的声音，并伴有胸痛、嘴唇和手指甲发青。

那么，孩子患了哮喘或者已知父母患有哮喘，怎么帮孩子稳定和预防呢？

科大大建议在婴幼儿时期要坚持母乳喂养，少去人员拥挤地区从而降低在生命早期发生交叉感染的概率。每周使用热水清洗床单，可以防止细菌尘螨滋生。给孩子使用防尘螨的床单和枕头，并且要远离有香烟的环境。给宝宝定期安排体检，加强锻炼，提高抵抗力。

另外，还有一种遗传病和哮喘的遗传概率一样，让我们继续往下看。

二、高发的遗传病：过敏

过敏的遗传概率和哮喘是一样的，也是最常见的遗传病之一。父母一方患有过敏，遗传给孩子的概率为50%；双方都患有过敏，遗传给孩子的概率会更高。

如果孩子已经过敏，或者可能会被遗传过敏，各位家长需要注意以下几个方面：

（1）给宝宝添加新的食物时，注意是否对食物有以下的过敏症状：

①皮肤出现了水肿、荨麻疹以及瘙痒到不停用小手去挠皮肤的皮疹。

②不断地打喷嚏、喘鸣、胃里犯恶心、呕吐、腹泻。

③严重的时候还会出现皮肤苍白、头晕目眩，走路摇摇晃晃，甚至丧失意识。

发现了孩子有某种食物过敏，请马上停止食用，并调整饮食结构，避免再次食用。

孩子有了严重反应时请立即去医院，并详细地告诉医生都食用了哪些食物，方便医生诊断。

（2）对于已经存在过敏相关症状的宝宝而言，季节更替时需要注意尘螨、花粉过敏。这时家长需要做到：

①床单、枕头和被子可以使用防螨套，每周用70 ℃以上的热水清洗寝具外套。

②保持居家环境清洁，减少蟑螂繁殖。家里如果有高度潮湿的环境，注意是否有霉菌的滋生。这时可以使用除湿机和空气过滤器，并定期更换滤网。

科大大特别提醒各位爸妈，如果家里有地毯或毛毯，请丢掉。虽然毛茸茸的很舒服，但是除非定期更换，否则很难做到彻底清洗干净。这样一来，里面很容易滋生更多尘螨，又给尘螨新增了一个"风水宝地"。

③外出时，可以给宝宝戴上防花粉、粉尘的口罩，有效避免过敏。

还有一点要注意，当家中或宝宝周围有宠物的时候，请避免靠近有毛的宠物，例如猫、狗等，因为动物皮屑和排泄物也很容易引起过敏。

那么，除了哮喘和过敏，还有哪些常见的遗传病会找上孩子呢？

三、可控的遗传病：高血压

大人常见病当然离不开高血压，不过各位家长可以松一口气了，因为它的遗传概率要小很多。

父母双方都患有高血压，遗传给宝宝的概率也不到50%，仅有一方患病时，遗传概率更低。但是，遗传概率低不代表不会遗传。所以当孩子出现头疼、眩晕、呼吸急促、常犯瞌睡并且全身无力、视力受损，导致经常摔倒或者眯眼看东西时，就要高度警惕高血压，尤其是父母患有高血压的。

需要提醒各位家长注意的是，儿童时期的高血压也分为原发性和继发性两类。其中，原发性高血压是最常见的儿童高血压。有高血压家族史、超重或肥胖的学龄儿童和青少年发生原发性高血压的可能性更大。但也有一部分新发现的高血压患儿，其病因不属于遗传性的范畴，而是继发于其他疾病，如肾脏疾病和内分泌疾病。所以，当明确存在高血压症状时，需要根据医生的要求完善相关筛查。

如果确诊为原发性，需根据实际情况定期检测血压、帮助宝宝控制体重、饮食方面做到限盐补钾。

什么是限盐补钾呢？

所谓限盐补钾，也就是限制吃高盐的食物，多吃含钾高的食物，像路边的小吃、腌制的咸菜、一些速食食品，还有腊肉，就不要再给孩子吃了。平时多吃一些新鲜的水果蔬菜，还有豆类、薯类、谷物、海带、鲤鱼等，对于得了高血压的孩子来说，在配合医生治疗的同时，对饮食的控制也尤为重要。

各位家长请放心，单纯的高血压是可以通过改变饮食习惯和服用药物二者的合理搭配，获得很好的治疗。

不管有没有高血压家族史，预防工作都要从娃娃抓起。所以如何给宝宝预防高血压呢？科大大已经为大家总结好了。

①合理的营养，不可过量：一定要保持正常体重，加强体育锻炼。

②限制钠盐的摄入量：养成低盐的饮食习惯，少食用腌制品。

③经常食用海带、紫菜等含碘多的食物。

儿童糖尿病激增 4 倍，2 类孩子易中招

说起糖尿病，你会想到什么？一定会觉得，这病常见于挺着"将军肚"的饮酒爱好者或是老年人，很少有人会联想到宝宝吧？

现如今，糖尿病已经不单单困扰着成年人了，就连宝宝也受到它的猛烈袭击。在近 20 年里，儿童糖尿病发病率增加了 4 倍。

实际上，比儿童糖尿病激增更可怕的是，大部分家长都没有帮孩子预防糖尿病的意识，甚至很多人觉得孩子根本不可能得糖尿病。所以为了孩子的健康，科大大就来分析一下，什么样的孩子最容易得糖尿病？哪些症状预示着糖尿病呢？

一、宝宝有这些表现，警惕糖尿病

糖尿病主要分为四种：Ⅰ型糖尿病（胰岛素依赖型糖尿病）、Ⅱ型糖尿病（非胰岛素依赖型糖尿病）、妊娠糖尿病和其他特殊类型糖尿病。

其中宝宝最容易得的是Ⅰ型糖尿病和Ⅱ型糖尿病。95% 以上患病的儿童为Ⅰ型糖尿病，是因为基因缺失而导致胰岛素不足；这种糖尿病需要终身依赖胰岛素，不打胰岛素的话，生命可能只有 1～2 年。而Ⅱ型糖尿病则是因为肥胖、胰岛素抵抗（即胰岛素利用障碍）形成的，成年人患Ⅱ型糖尿病的一般更多。

但如果宝宝过于肥胖，也可能患Ⅱ型糖尿病，这种糖尿病是不能完全治愈的。并且在之后升学或找工作的过程中，也可能遇到阻碍。有些特殊的工

种可能会因为患有严重内分泌疾病而不予录用。

那么宝宝多大时能及时发现糖尿病呢?

糖尿病可能发生在任何时候,甚至是在孩子刚出生的第一年内。宝宝患糖尿病时一般会有 3 种典型表现,科大大总结为"3 多 1 少"。

1.3 多

①尿量增多。

小便次数明显增多,尤其是到了晚上,还会出现尿床的现象。

②喝水多。

经常感到口渴,喝水的量与频率增多。

③吃得多。

食欲明显增加,但仅针对早期患儿,病情加重之后,还会出现厌食、恶心、呕吐等症状。

2.1 少

食欲增加而体重不升反降,建议家长定期给宝宝记录身高和体重,出现异常能及时发现。

3. 另外,还会有一些其他的症状

①孩子的脖子周围或者腋窝处某些皮肤开始变黑。

②呼出的气体有甜味或者水果味。

③皮肤瘙痒、易疲劳、易发脾气、看东西模糊、伤口疼痛且愈合缓慢,严重的还会出现脱水的情况。

还有一种情况是儿童比较常见的发病症状——酮症酸中毒,通常表现为厌食、恶心、呕吐和腹痛。有的小朋友可能出现局部疼痛,类似于阑尾炎或者其他腹内病变,并且首次发病很容易误诊。

除了上面这些症状,糖尿病的发生还有几个高危因素,家长们一定要认真给孩子排查。

二、糖尿病两大高危因素

判断孩子是否会得糖尿病,这两个高危因素必须排查,分别是遗传和生活习惯。

1. 遗传

很遗憾，遗传是不可变的因素，Ⅰ型糖尿病患儿约40%具有阳性家族史。父母患有糖尿病或者直系亲属、兄弟姐妹患有糖尿病，生育的下一代得糖尿病的概率可能会比正常人高。如果发现家中有糖尿病患者，可以定期带宝宝去医院做检查，做到及时发现、及时干预。另外，检查时要记得空腹。

2. 生活习惯

错误的生活习惯是糖尿病的罪魁祸首之一，比如把饮料当水喝，结果确诊了儿童糖尿病。除了不加节制地喝饮料，还有一些饮食习惯，正在增加孩子患糖尿病的风险。

①毫无节制地吃各种含高糖、高热量的食品，例如，快餐、膨化食品、各种碳酸饮料、油炸食品等。

②特别不爱运动。

出现上述两种情况，极其容易引起孩子肥胖，让糖尿病更轻易地"找上门"。如果孩子已经出现了症状，或者中招了2大高危因素，那么科大大建议一定要及时去医院检查。做到早发现、早干预，避免引起可怕的糖尿病并发症。

但是，再怎么亡羊补牢也不如未雨绸缪，怎样才能最大限度地避免患上糖尿病呢？

科大大超有用的预防大法，马上教给大家。

三、远离糖尿病，必须这样做

1. 养成低糖的饮食习惯

这可不是说让孩子一点儿都不碰糖。这样做宝宝长大后会适得其反，一碰甜的东西就会上瘾，所以说控制好量极其重要。

每天糖分的摄入量多少才算合适呢？科大大为大家准备了下面的表。

糖分摄入量标准	
年龄	摄入糖分（每天）
4～6岁	19 g
7～10岁	24 g
11岁以上	30 g

另外，科大大建议一定要避免摄入过多脂肪含量高的食品、高糖食品、淀粉含量较高的食品、超量的水果和零食。主要包括以下常见的食物：

①脂肪含量高的食物：红烧肉、汉堡包、炸鸡、年糕、油条等。

②高糖食物：小蛋糕、巧克力、饼干、糖果、碳酸饮料、果汁等。

③淀粉含量较高的食物：土豆、山药、芋头、粉条等。

家长在日常选择食材的时候，可以给宝宝多选择一些玉米、燕麦、紫米、黑米等粗粮。肉类可以多选择鸡肉、牛肉、羊肉、鸭肉等，以及新鲜的绿色蔬菜和水果。

科大大再告诉大家一个烹饪小技巧，平时给宝宝做饭的时候，少使用炭烤、油炸、干煸的烹饪方式，多用焯、煮、炖、蒸的方式，制作的食物更健康。

2. 合理的运动

不论是家长还是孩子，一定要有计划地进行合理运动。

家长可以每天陪宝宝一起运动，例如，跑步、快走、跳绳、打球、老鹰捉小鸡、骑车、跳舞、做体操、翻滚等，这些中等到剧烈强度的运动，不仅可以强身健体，还能促进亲子交流，何乐而不为。

关于运动的时间，每个年龄阶段是不同的，以下是世界卫生组织的建议标准：

①0～1岁：每天不低于30分钟（爬、撑也算）。

②1～2岁：不少于3小时。

③3～4岁：不少于3小时，至少包括60分钟中等到剧烈程度的运动。

科大大还要提醒各位家长，千万不要让孩子边吃饭边看电视，这样不知不觉就很容易吃多了。

另外，饭后不要让孩子一直坐着或者立马躺下，适当做些家务或者在家里溜达会儿，把小肚子里的食物消化一下。

科大大还要告诉大家：糖尿病虽然可怕，但并不传染；虽然难治，但可以预防。对于已经患病的孩子，我们要多一些关爱，少一些歧视。对于健康的孩子，要多一些预防，少一些忽视。

"重男轻女" 的儿科病

你知道蚕豆病吗？全世界有超 2 亿人患此病，而我国为高发地之一。

每年蚕豆一上市，总会有宝宝因为吃蚕豆住院，甚至进 ICU，被确诊为"蚕豆病"。这也让不少家长惊呼，为什么一个小小的蚕豆，危害竟如此大？蚕豆病到底是什么？都有哪些饮食或用药禁忌？

一、蚕豆病到底是什么？

我们正常人的体内，都有一种 G6PD 酶，它可以保护红细胞不被氧化性物质破坏。而患有蚕豆病的宝宝，体内天生缺乏这种酶，红细胞没有 G6PD 的保护，所以在遇到蚕豆中的氧化性物质后，红细胞极易被"攻击"，出现破裂，引发溶血性贫血。因此，蚕豆病并不是蚕豆造成的，而是一种天生的基因缺陷，蚕豆顶多算个导火索。

蚕豆病发病时，最典型的表现是尿样呈酱油色或浓茶色，同时伴有恶心、头晕、厌食等。除了尿液颜色异常，还可能出现黄疸症状，全身发黄，严重的话还会寒战、腹痛、发热及肾衰竭，甚至危及生命。

多数蚕豆病都是 1 ～ 2 天内出现症状；快一点儿的在 2 小时左右，长一些的可能相隔 9 天。如果是吸入蚕豆花粉，也可能在几分钟之内发病。但不论什么时候，一旦出现症状，要及时带孩子去医院。挂号可挂血液科或儿科，紧急情况直接去急诊。

二、哪些人群最容易引发蚕豆病?

1. 男多于女

蚕豆病也是一种先天性的遗传病,男女发病比率为 7∶1,因为致病基因在 X 染色体上。

2. 南多于北

虽然我国各地均有种植蚕豆,但以长江以南为主,所以发病率也是南方多于北方。

3. 幼儿多于成人

5 岁以下宝宝占大多数。有些哺乳期妈妈吃蚕豆,也可能导致宝宝发病。

在这里,科大大也要辟谣——8 岁以前不能吃蚕豆? 不对! 因为蚕豆病是由于 G6PD 酶的缺乏,跟年龄没关系。

如果宝宝 G6PD 酶正常,3 岁后就能吃蚕豆,太早吃容易发生呛咳。但若是缺乏 G6PD 酶,就需要永久性远离蚕豆类食物。这就需要家长多加注意。

①父母或家族中有蚕豆病病史的,宝宝出生后一定要做新生儿筛查,提前知晓。

②家长在第一次给宝宝吃蚕豆时,要特别注意,观察宝宝有没有尿液颜色变深、乏力等不适症状。

三、蚕豆病不只要防蚕豆,还有这些

蚕豆虽然是最常见的病因,但蚕豆病并不仅仅是由蚕豆引发的。某些食物、药物或急性疾病,尤其是感染,都可能诱发蚕豆病。所以患有蚕豆病的宝宝,要防的还有下面这些:

1. 饮食类

蚕豆、蚕豆类零食、蚕豆粉丝、豆瓣酱、蚕豆酱油、蚕豆花粉等。

2. 药物类

家长在给宝宝用药前,一定要看说明书,看是否有标明"蚕豆病、G6PD、溶血病患者禁用或慎用"等字样。

下面这些药物成分，都容易引起溶血性贫血，应禁用或慎用，其中加粗的是常见的药物成分。

蚕豆病用药禁忌表		
药物分类	禁用	慎用
抗疟药	伯氨喹、氯喹、扑疟喹啉、戊胺喹、阿的平	奎宁、乙胺嘧啶
砜类	噻唑砜、氨苯砜	/
解热镇痛药	乙酰苯肼、乙酰苯胺	**氨基比林**、安替比林、保泰松、**对乙酰氨基酚**、非那西丁、**阿司匹林**
磺胺类	磺胺甲恶唑、磺胺二甲嘧啶、磺胺吡啶	磺胺嘧啶，磺胺甲嘧啶
其他	呋喃妥因、呋喃唑酮、呋喃西林、**黄连素**、硝咪唑、硝酸异山梨酯、二巯基丙醇、亚甲蓝、三氢化砷、**维生素 K₃、维生素 K₄**	氯霉素、链霉素、异烟肼、环丙沙星、氧氟沙星、**左氧氟沙星、诺氟沙星**、布林佐胺、多佐胺、甲氧苄氨嘧啶、普鲁卡因酰胺、塞尼丁、格列本脲、苯海拉明、**扑尔敏**、秋水仙碱、左旋多巴、苯妥英钠、苯海索、丙磺舒、对氨基苯甲酸、**维生素 C、维生素 K₁**
中药	**川莲、珍珠粉、金银花、蜡梅花、牛黄、茵栀黄（含金银花提取物）、保婴丹**	/

禁用：常规剂量可导致溶血。
慎用：大剂量或特殊情况可导致溶血。

在特殊情况下，必须使用上述某种药物时，要跟医生沟通，根据具体情况做决定。每个宝宝体质不同，用药之前最好咨询医生或药师。

3. 日常用品类

樟脑、臭丸、冬青油、跌打酒、牛黄、蓝汞水、紫药水（龙胆紫）、杀虫剂喷雾等。

4. 关于疫苗

患有蚕豆病的宝宝能打疫苗吗？如果宝宝没有发病，身体状态良好，在没有发生溶血现象和其他肝肾功能异常的情况下，是可以接种疫苗的。

在正常情况下，蚕豆病宝宝跟其他人没什么不同，也没什么不适症状。只是一旦确诊，将会伴随一生，并不会减轻或消失。所以，如果宝宝患上蚕豆病，做好预防是关键。

关于自闭症的 3 件事

每年的 4 月 2 日，是"世界自闭症日"。自闭症又称孤独症，看似遥远，其实它可能就发生在你我的身边。我国每 68 名孩子中约有 1 名患有自闭症。自闭症患儿逐年增加，也引起了全社会的重视。

患有自闭症的宝宝，难以与人交流、害怕陌生人，总是活在自己的小世界里，就像和这个世界隔了一层纱帘。自闭症患儿生活很难自理。

科大大不由得想到了那部催泪的电影《海洋天堂》，看过的应该都哭成泪人儿了吧。影片中的父亲在生命最后一刻，仍在为自闭的儿子大福找可以活下去的办法。

这一篇，科大大就来好好说一下，什么是自闭症？如何提前"揪出"自闭症？

一、3 大因素，导致自闭症"瞄准"孩子

自闭症，是一种神经发育性障碍。自闭症的孩子不愿和人交流，沉迷于自己的世界，又被称为"星星的孩子"。他们主要表现为不同程度的言语发育障碍、人际交往障碍、兴趣狭窄和行为方式刻板。因此，他们往往会存在严重的学习障碍，并且生活很难自理。

引起儿童自闭症的原因很复杂。临床发现，脑发育有异常者也多有自闭症的情况。科大大总结了三点比较常见的原因。

1. 遗传因素

患有自闭症的幼童，大脑要比同龄的孩子大 10%，而且随着年龄的增长，大脑的体积会逐渐变小，但前额神经元总数比正常儿童多、脑重量比正常儿童大。

患有自闭症的幼童海马体和杏仁核都存在异常，包括连接更少，海马体更小，导致难以形成新的记忆或将情绪与过去的记忆联系起来。

2. 脑伤

在怀孕期间因窘迫性流产等因素而造成大脑发育不全，或生产过程中早产、难产、新生儿脑伤等因素，都可能增加患自闭症的概率。

3. 免疫问题

免疫功能缺陷的患儿在病毒感染后，会造成神经中枢损伤或发育异常，从而导致自闭症。

关于自闭症，大部分家长肯定有这样一个疑问：自闭症和性格内向太相似了，分不清，该怎么办啊？

二、性格内向 = 自闭症？错

性格内向和自闭症的症状相似点很多，导致很多家长分不清自家孩子到底是怎么了。不要慌，科大大来一一说明。

性格内向与自闭症的区别	
性格内向	**自闭症**
只是和外人不太亲近	不仅和外人不亲近，有时和父母也缺乏亲密感
除了害怕陌生人，或不爱主动请求帮助外，和正常孩子一样	没有正常的情感反应，对父母不依恋，存在社交障碍
语言方面和正常孩子没有区别	语言发育普遍迟缓
除了爱好有些狭窄、脾气倔外，其他和正常孩子没有区别	具有多种重复性行为和奇异的爱好
兴趣爱好更加广泛，不会过分执着，对某些东西的依赖性短暂	可能会对某些奇怪的物体，产生持久到超乎寻常的依恋

当孩子出现了社交障碍、语言交流障碍、兴趣或活动范围狭窄以及重复刻板行为，请及时就医检查。

讲到这里，科大大要提醒各位家长一句，内向不等于是坏事，人的性格各有差异，不要强求孩子外向。

那么，除了要分清性格内向和自闭症，更要了解小宝宝得了自闭症会有什么典型表现。这些典型表现在家就可以自查，6个月以上的宝宝可以通过以下这几个方面进行早期的自行筛查：

① 6个月后不能被逗乐（表现出大声笑），眼睛很少注视人。

② 10个月左右对叫自己名字没有反应，但听力正常。

③ 12个月对于言语指令没有反应，没有咿呀学语，没有动作手势语言，不能进行目光跟随，对于动作模仿不感兴趣。

④ 16个月不说任何词语，对语言反应少，不理睬别人说话。

⑤ 18个月不能用手指指物或用眼睛追随他人手指指向，没有显示参照与给予行为。

⑥ 24个月没有自发的双词短语。

⑦ 任何年龄阶段出现语言功能倒退或社交技能倒退。

家长发现孩子的异常行为，必须立刻就医，并遵循医嘱来帮助孩子。如果还是不确定孩子是否得了自闭症，可以到正规医院，挂儿童精神科或精神心理科就医。

当孩子被确诊为自闭症，也不要害怕，一定要积极配合医生治疗。自闭症的治疗以教育干预为主、药物治疗为辅。

家长在家应鼓励孩子自主完善日常活动，同时督促其进行生活自理、社交等技能训练。患儿可自我学习自闭症知识，积极参加集体活动，同时调整饮食结构。

除了早期筛查，更关键的是如何避免。那么父母该如何帮助孩子呢？

三、避免自闭倾向，牢记5点

各位家长肯定都想让孩子健康快乐地长大，如何避免孩子有自闭倾向，科大大希望各位家长可以做好 5 件事。

1. 培养宝宝广泛的兴趣

在孩子的成长过程中需要注意积极培养孩子的兴趣爱好，并使其多样化。此外，父母也要参与其中，多些支持和鼓励。

2. 创造欢愉的家庭氛围

家庭氛围对一个孩子的健康成长来说至关重要，孩子在幼儿期的生活环境对性格的形成和发展有着重要的作用。如果父母有争吵或者其他不良的事件频繁出现在孩子的生活环境中，极易造成孩子的自闭。

3. 让孩子多结交小朋友

要鼓励孩子多和同龄的孩子一起玩。自主建立友好关系，多交朋友，提高孩子对感情的理解能力，懂得爱人和被爱，也可以提高孩子的应变能力和沟通能力。

4. 树立榜样

父母是孩子的启蒙老师，所以父母的一举一动，孩子都看在眼中。父母应该有良好的生活习惯和自信心，当孩子遇到问题时，父母要及时给予帮助，使其树立自信心，鼓励其自主克服困难。

5. 增加新鲜刺激的生活体验

父母多带孩子去其他地方游玩、开阔眼界。其实在生活中，每一种声音和色彩对儿童都是一种诱惑，他们的感官需要新鲜东西的刺激。

只要早期发现、早期诊断，通过干预和训练，绝大多数患儿可生活自理，甚至正常地工作。

科大大也真诚地呼吁，当接触患有自闭症的小朋友时，请不要戴着有色眼镜。他们不是故意的，只是很小心地面对这个偌大的世界，想表达更多，却不知如何开始……

第三章

健康安全教育与性教育

做好 5 件事，应对冬天宝宝私处感染、红屁屁

用力过猛，怕伤到宝宝；力度太小，又怕洗不干净。到底该怎么给宝宝洗私处才对呢？女宝 3 个月了，该不该掰开阴唇洗？男宝 1 岁了，洗包皮的时候总推不开怎么办啊？

话不多说，科大大给大家手把手教学。

一、男女宝清洁方式大不同

首先，工欲善其事，必先利其器。在进行私处清洁前，家长要先准备好所需物品：一盆 38～40 ℃的温水、柔软毛巾、纸尿裤或小内裤、护臀霜。

私处清洁通常分三个步骤：清水冲洗，毛巾擦拭，晾干。

男女宝在清洗步骤上虽一致，但清洁方式却大有不同，科大大这就分门别类地说道说道。

1. 男宝私处清洁法

第一步：清水冲洗

①包皮垢（包皮与龟头间的乳白色物质）：清水冲洗或涂上橄榄油 1～2 分钟后，用棉签轻轻擦拭。

②上翻包皮清洗：包皮与龟头自然分离后，可轻轻推开包皮，用清水清洗包皮内侧，最后让包皮自然回弹。

轻轻用手往下撸包皮

③蛋蛋：清洁私处皮肤的褶皱处（包括蛋蛋下面，特别是容易沾到粪便的地方）。

第二步：毛巾擦拭

①用纯棉毛巾或海绵球，先擦丁丁周围容易藏污垢的地方，再擦拭肛门及周围（从前往后擦）。

②阴囊表面的褶皱和大腿根部也要稍微展开擦拭。

③擦拭后，涂抹护臀膏，换上纸尿裤。

注意：包皮和龟头没有自然分离前，不要强行翻开包皮清洗内部。

2. 女宝私处清洁法

第一步：清水冲洗

用温水从前往后冲洗外阴即可。

注意，无须冲洗内阴，无须掰开阴唇清洗。

第二步：毛巾擦拭

①用纯棉毛巾或海绵球，先擦拭外阴，后擦拭肛门及周围（从前往后擦）。

②擦拭大腿根部。

③擦拭后，涂抹护臀膏，换上纸尿裤。

无论是女宝还是男宝，清洁时要特别注意，不要来回擦拭私处，不要一块毛巾反复擦，不要从后往前擦。

二、男女宝私处问题大集合

即便教会了家长这些清洁要领，依然有许多难缠的私处问题等着科大大解答。

1. 不让洗外阴，女宝内裤上的白色分泌物怎么办？

外阴部有白色分泌物是正常生理现象，不仅对女宝无害，还能保护阴部免受细菌侵害。

但是，如果宝宝内裤上的分泌物为黄色、绿色或者散发异味，同时外阴红肿、瘙痒，而且持续数周没有好转，建议及时就医。

2. 宝宝总是摸私处，是性早熟吗？

摸生殖器不仅是宝宝探索身体的一个自然过程，还与心理因素有关。不影响健康，无须治疗，跟性早熟没什么关系。

宝宝触摸生殖器的行为从 1 岁开始，3～6 岁是触摸的高发期，6～7 岁触摸生殖器的行为会逐渐消失。

3. 宝宝总是红屁屁怎么回事儿？

宝宝红屁屁，多数是由长时间与尿液和粪便接触，加上纸尿裤不透气造成的。对付红屁屁，要根据泛红程度处理：

①轻中度：无须用药、及时清理大小便、更换纸尿裤、涂抹护臀霜即可。涂护臀霜时要注意，洗净、晾干后再涂；要反复、多次涂抹。

②中重度以上：及时清理大小便、更换纸尿裤、遵医嘱用药（如外用糖皮质激素软膏）、涂抹护臀霜等。激素软膏推荐1%氢化可的松软膏，涂抹后，至少隔10分钟再涂护臀霜。

4. 宝宝阴茎/阴道发红，能涂点红霉素眼膏、芦荟胶吗？

可以适当涂抹红霉素眼膏，但不能涂抹芦荟胶。若除了红肿，还伴有痒、疼、异味、尿频、尿痛、无故发热等症状，很有可能是患上了阴道炎或是尿路感染。建议遵医嘱用药，如果感染严重，需要用适量抗生素治疗，在此期间，给宝宝多喝水也很有必要。

5. 怎么预防宝宝阴道炎或尿路感染呢？

①及时给宝宝换纸尿裤。

②稍大的宝宝，尽量挑选纯棉、柔软内裤，禁止穿开裆裤。

③严格按照前文所述方法清洗私处。

④其他家庭成员的衣服，包括内衣、内裤，要与宝宝的分开洗。

⑤让宝宝养成及时排尿的习惯。

这个病能要命，千万别存侥幸心理

聊起宝宝的私处问题，家长们可是"锣鼓喧天，鞭炮齐鸣"，疑惑一股脑地往科大大身上砸。

"宝宝左大腿根有一肿块，平时运动完了会疼，安静一会儿后自己'消失'，也不疼了，要紧吗？""孩子一哭闹，蛋蛋就鼓起一大块怎么办？"

科大大认为，这是"人气颇高"的腹股沟疝，是疝气的一种，想了解它，咱们先别把疝气念成仙气了。

有的疝气可能"良心发现"，会自愈。还有些"没有心"，非要加重折磨宝宝，比如腹股沟疝，"偏爱"男宝和早产儿。如果不及时治疗，可能导致疝气嵌顿、肠穿孔、腹膜炎等，更严重的可能导致一侧睾丸或卵巢发育不良，影响生殖系统功能，甚至有生命危险。

一、疝气是什么妖魔鬼怪？

医学上将疝气解释为，人体某脏器或组织离开正常解剖位置，通过先天或后天形成的薄弱点、缺损或孔隙，进入另一部位。通俗来说，它是一坨灵魂自由奔放的脏器，喜欢找宝宝身体的薄弱部位，随着宝宝哭闹时不时地顶出来。顺便告诉你，嘿，这儿没发育好。

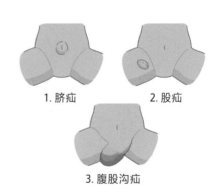

1. 脐疝　　2. 股疝

3. 腹股沟疝

常见的疝气，有脐疝、股疝和腹股沟疝。

一般来说，脐疝可以自愈，股疝多见于女性身上，儿童阶段罕见，它们是疝气这群妖魔鬼怪中的小卒。

腹股沟疝则是大魔王，突出在腿根部即腹股沟部位。

二、怎么判断狡猾的腹股沟疝？

它最典型的表现是，当宝宝腹部压力增大，如哭闹、排便、玩耍时，阴囊上端外侧有一个鼓包；等宝宝平静或躺下来一段时间后，鼓包消失，即疝囊内的肠子回到腹腔内了。

这个时间可长可短，有时宝宝会出现易被激惹、食欲减退等非特异性症状。如果肿块持续的时间较长，或碰触时有疼痛感，可能是发生了嵌顿，这时宝宝更爱哭、更爱闹脾气了。

如果不采取措施，突出部分可能会越来越大，甚至僵硬、肿胀等，可是有时疝气凸起不明显，甚至不可见，该怎么"侦察"呢？

当然是拍照。家长要在腹股沟疝发作时，也就是凸起比较明显时拍照，这样能帮助医生更好地诊断。

三、治疗秘诀：早发现，早手术

民间有两种不靠谱的方法，大家记得避开。

1. 用腹股沟疝气带绑住容易鼓起的位置

治标不治本，脏器依然会挤出来，迫于两边压力，更加大了嵌顿概率。

2. 自行揉推

没有金刚钻就别揽瓷器活儿。如果发生了嵌顿，家长自行揉推很可能加重嵌顿程度。最好的方式是安抚宝宝，冰敷疝气部位，并尽快交给医生处理。腹股沟疝自愈的可能性极低，科大大只能说什么时候发现，就什么时候医治。

在澳洲和美国，如果新生儿有腹股沟疝，通常是尽快手术。国内一般是观察患病宝宝至 6 个月甚至 1 岁，确认无自愈可能后再手术；如果嵌顿发生超过 4 小时，需立即手术。但手术不是在任何情况下都越早做越好，如果在医生刚将嵌顿手动复位后，或者局部有水肿的情况下，就不适合手术治疗。

所以综合比较下，科大大建议家长在发现宝宝有腹股沟疝后，交给医生，根据实际情况决定是否需要手术。

四、术前术后，家长要做什么？

别一听科大大建议交给医生，家长们就撒手了，术前术后还有很多要注意的。

1. 术前

参考美国麻醉术前的指引，术前 8 小时应禁食。配方奶可以喝到术前 6 小时，母乳可以术前 4 小时喂，水可以在术前 2 小时喝。

2. 术后

①伤口护理：手术大多会用可吸收线，当宝宝的身体"溶解"缝线时，伤口可能会红肿。

如果是微创手术，宝宝需要服用 1 ~ 2 天的止痛药；如果是开放手术，则需要服用 3 ~ 4 天的止痛药。

在康复过程中，家长要尽量避免宝宝做出会增加腹部压力的动作，比如哭闹等，以免伤口破裂影响术后康复。

②洗澡：用防水的医用胶水保护伤口，在 1 ~ 2 天内避免弄湿伤口。

③住院时间：6 个月以上宝宝，术后平均观察 2 ~ 3 小时，完全苏醒后可当天回家。6 个月以下的宝宝，应住院观察一晚。

宝宝身上无小事，所以需要家长提高警惕，更加细致。早一小步，造福未来一大步。

宝宝夹腿、蹭被、玩生殖器……

最近，有家长向科大大求助，"我家宝贝竟然开始夹腿，怎么办才好啊？"可以看出，家长们主要分为两个"阵营"：一是认为宝宝夹腿是病，得治；二是根本不知道什么是夹腿，以为宝宝患了脑瘫、癫痫……

看来家长对宝宝夹腿这件事，是有些关心则乱，导致在应对时常常陷入误区。科大大总结了关于宝宝夹腿家长最容易做错的3件事。

一、擦腿综合征是病？是性早熟？

这个是认知错误——知道这种行为叫"擦腿综合征"，就想当然地认为是一种疾病。

但注意，"征"不等于"症"。擦腿综合征，指儿童用手或物体反复摩擦自己的外生殖器区域，通过自我刺激而获得快感的行为，并非疾病，也不是性早熟。正常情况下，可以认为是儿童的一种"假性自慰"，是宝宝对自己身体探索的过程。和吃手、啃脚相似，并没有本质区别，也不会给身体造成额外伤害。

男宝宝还会摸自己的丁丁，也是同理，而且生殖器的神经末梢非常丰富，摸起来比其他部位更舒服。

家长们之所以对夹腿的认识不够，主要是因为羞于和其他父母交流。它不像感冒、发热，可以互相"讨教"处理方法。实际上，不问不知道，一问才发现多数宝宝都有夹腿的行为，这并不是个例。

夹腿行为多发于 3 ～ 6 岁，一般女宝较男宝多见，会随着宝宝长大逐渐消失，有的是 3 个月后、1 年后，也有持续到青春期的。

二、发现宝宝夹腿，粗暴制止？

发现宝宝夹腿，家长大多会因担忧、尴尬而选择粗暴制止，这就是家长常犯的另一个错误。大声呵斥和威胁恐吓容易对孩子的心理造成伤害，非但不能改掉宝宝的习惯，还可能适得其反。

正如上文所说，宝宝夹腿是一种本能行为。理解和肯定孩子的感受，不大惊小怪、过度恐慌，不给孩子施加羞耻感，才是家长应该做的第一步。而家长接下来的处理方法，就要视宝宝夹腿的频率而定了。

1. 偶尔型

这个时候，家长可装作没有看到，将宝宝抱起来走走，或给一些对宝宝有更大吸引力的玩具等，转移其注意力。另外，如果偏爱睡前夹腿，家长可以给宝宝讲故事，直到入睡；睡醒后，也要避免赖在床上。不知不觉间，宝宝的注意力被转移，也没有了夹腿的机会，这件事也就淡忘了。

2. 频繁型

宝宝频繁夹腿，家长先要考虑是否有贴身物品不亲肤或身体不适的因素，其次可能是这 5 种原因：

①尿不湿引起的不适：及时检查、更换。

②裤子太紧：给宝宝穿宽松的衣物。

③外阴局部感染或炎症：观察宝宝是否有其他症状，如小便异常、肚子疼、发热等。

④小屁屁有湿疹或痱子：宝宝会摩擦止痒，家长要经常查看，一旦发现，及时处理。

⑤蛲虫感染：主要和不卫生有关，要给宝宝勤洗手，玩具要定时消毒。

还有一个因素，家长常忽视，就是宝宝的心理。当宝宝缺乏父母关注、被指责、感到孤独不安时，也可能会出现频繁夹腿的行为，用来安慰自己、缓解焦虑。所以，关注宝宝的心理健康，及时进行性教育也是父母的必修课。

三、性教育难以开口，以后再说？

谈性色变，是很多家长的通病。但你知道避而不谈的危害吗？

宝宝好奇自己的身体部位，下手没有轻重。一些宝宝除摸自己的生殖器外，还会进行无意识地"破坏"。

1. 以身作则，避免给宝宝性刺激

家长的性行为不小心被宝宝看到，不但尴尬，也会给宝宝误导，影响性心理的正常发育。建议宝宝5岁左右就逐渐和爸妈分房睡，既有利于培养宝宝的睡眠习惯，又避免"尴尬"。另外，要杜绝影视、刊物等带来的性刺激，宝宝看手机短视频或电视节目时，家长尽量陪同，避免不良内容乱入。

2. 找准时机进行性教育

宝宝3岁以后，尽量让同性家长负责洗澡。性教育的渗入，也可以在洗澡时进行。

①明确性别：让宝宝意识到爸爸妈妈的不同，异性之间不可以互相"看光光"或是触碰隐私部位。

②明确隐私部位：教宝宝认识自己的身体。内衣裤遮挡的部位不能给别人看，更不能让别人触碰。同样，大人的内衣裤遮挡的部位也不能去触碰。

以夹腿、摸丁丁为例，一定要告诉宝宝，这是自己的小秘密，不可以在别人面前做，不能帮别人做，也要拒绝别人摸自己。

③明确有害行为：女宝不能往自己小便的地方塞东西，男宝不能拉扯自己的丁丁等。

及时进行性教育，不仅能让宝宝正确认识自己的身体，也能防止因宝宝不懂事、没防备，而让坏人有了可乘之机。

男宝包茎、包皮长，晚于这个年龄须就医

男宝的包皮什么时候割最好？包皮长的宝宝是不是一定要手术呢？割包皮会不会有其他影响？风险大不大？

私处问题绝对不能轻视，要是处理不好，说不定就会导致终身性的问题，所以为了解开家长们的疑惑，科大大这就一一解答。

一、先认准，包茎或包皮过长？

首先我们得了解清楚，自家宝宝是什么情况。

（1）正常的阴茎包皮不长也不短，包皮口正好和头头齐平。

我的高领毛衣正好

（2）包皮过长则是包皮把头头覆盖住，但是开口比较大，容易翻开，头头也能全部露出。

这个高领毛衣有点长……

（3）包茎则是指头头被包皮覆盖住，而且口很紧，不能翻开包皮把头头露出来。

救……救命……

如果你家宝宝的丁丁属于正常状态，那么应该就不用担心了。但包皮过长和包茎是不是一定要割呢？如果要割，什么时候割呢？

二、割不割？认准3个字

割包皮技术虽然比较成熟，但作为一项手术，还是有自己的手术指征，不是想做就能做的。

1.先说包茎的问题

男孩出生时，阴茎都是包茎的状态，包皮和阴茎头生理性粘连在一起。随着慢慢发育，包皮口变大，包皮变长变松，能自然向上收缩，露出里面的阴茎头。

根据国内的相关统计显示，5～6岁的宝宝仍然近一半有包茎情况，有些发育比较晚的男宝要到10岁左右，包皮和阴茎头才能彻底分开。

这种宝宝生长发育过程中的包茎叫作生理性包茎，属于正常现象。如果你家宝宝有生理性包茎，但没有其他不舒服，可以不必着急做手术，静等包茎自己长开。

我想开了

等到什么时候呢？记住三个字——青春期。建议在青春期之前，就要手术治疗包茎。也就是说，如果你家宝宝马上就要进入青春期，或已经进入青春期了，但包皮依然不能向上外翻，完全露出龟头，就要带孩子去看医生判断是否需要手术。

除此之外，还有一些情况也要及时带孩子去医院：

①排尿非常困难，比如尿道口很小，像针孔一样，尿线很细，排尿的时候包皮容易鼓包。

②泌尿系统反复感染、发热、尿道口红肿、尿痛，宝宝总是去抓挠或者小便时苦恼。

③阴茎头、包皮炎症反复发作。

④曾经被家长强行推开包皮，出现红肿、疼痛经历，怀疑有瘢痕狭窄导致的继发性包茎。

⑤在孩子发育过程中，包皮已经能够完全翻开，露出阴茎头，但后来再次出现包茎。

⑥发现宝宝还有其他泌尿系统畸形。

温馨提醒：挂号要挂到泌尿外科。

2. 再说包皮过长的问题

单纯的包皮过长，不用着急做手术。因为头头是可以翻出来的，不会影响阴茎后期的发育，随着阴茎的长大，包皮会自行向上退缩，露出龟头来。如果到了十一二岁，仍然很长，且翻不过来，可以咨询医生如何处理。

不管是包茎，还是包皮过长，注意清洁非常重要。科大大教大家一个手势，不仅可以有效清洁私处，还能帮助宝宝改善包茎和包皮过长的问题。

男宝私处清洗要点：宝宝 1 岁以后，清洗私处时运用这个手势轻轻地翻开包皮，也可以在宝宝睡着后，轻轻地翻开，翻开多少洗多少，力度要以宝宝舒适为准，千万不要强行翻开。

洗完后，一定要把包皮复原到原来的位置。

针对那些医生建议做包皮手术的孩子，家长要注意哪些事项呢？

三、须知的手术 3 要点

当你家孩子已经确定要手术治疗的时候，那么以下的攻略就非常有用了。

1. 手术方式

目前有传统手工缝合法、包皮环套扎法、包皮切割钉合器 3 种手术方法。而小儿外科应用最多的是包皮环套扎法，家长不用纠结，可以听从医生建议。

2. 麻醉方式

对于比较大的孩子，如果能听话、能配合，可以选择局部麻醉。而不能配合的尚小的宝宝，为了保证手术成功，医生会选择全麻。

很多家长担心全麻会对宝宝造成不良影响，但实际上，国内外关于这方面的研究不多，目前没有证据证明麻醉药品对大脑发育有影响。既然需要手术，那么一定是医生权衡利弊后的方案，家长可以放心接受建议。

3. 术后护理

①很痛的时候，可以给宝宝吃止痛药；多喝水，让宝宝熟悉小便的感觉。

②使用纸尿裤的宝宝，一定要勤更换。

③穿着要宽松透气，注意保持局部干燥。

④术后饮食要清淡，对于生冷、油腻、辛辣等刺激性食物要避免。

女宝宝阴唇粘连，必须处理

无论男宝还是女宝，关于私处的那些事，家长们一定要格外重视。科大大发现家长们对女宝阴唇粘连十分关注。

什么是阴唇粘连？哪种情况需要手术？会不会对宝宝有影响？科大大这一篇就讲女宝小阴唇粘连的那些事，一一扫清家长的疑惑。

一、什么是阴唇粘连？

女宝的私处问题更为"娇羞"，也更不易察觉，这就需要家长格外留意了。

科大大先带大家了解一下女宝正常的外阴结构，以及阴唇粘连的定义。

正常情况下，女宝外阴呈淡粉色，大小阴唇对称，没有粘连迹象。

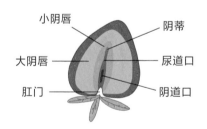

小阴唇粘连是指小阴唇呈现出不同程度的闭合。

按照严重程度，小阴唇粘连可以分为轻度粘连和重度粘连两种情况。

（1）轻度粘连是指小阴唇部分粘连，宝宝的阴道口或尿道口不能完全暴露。

（2）重度粘连是指两侧小阴唇完全粘连在一起，中间形成膜状粘连线，膜中间可能会看见小孔。而这时的阴道口、尿道口已经完全不能暴露，宝宝小便时会出现哭闹或者像排大便一样使劲的情况。

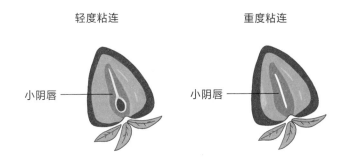

看到这，阴唇正常的女宝家长可以安心了。但有的宝宝出现了上述的小阴唇粘连情况怎么办？必须手术吗？

二、阴唇粘连别急着手术

研究表明，3 个月至 6 岁的女宝中，25% ～ 33% 都存在阴唇粘连情况，都需要手术吗？关于具体解决方案，接着往下看。

1. 轻度粘连：等

其实，大多数的小阴唇粘连都没家长想的那么可怕。很多女宝的小阴唇粘连范围并不大，可以露出阴道口和尿道口，正常排尿。

有这种情况的大多数宝宝在学会走路后，随着行走、跑步的自然扯动，阴唇通常就能自然分离。除此之外，青春期前后，女宝的雌性激素会急剧增多，阴唇粘连也就自然分开了。

2. 重度粘连：火速就医

虽说大部分宝宝的阴唇粘连可以静观其变。但如果宝宝的阴唇已经全部粘连，出现排尿困难及排尿后仍有尿液滴出的情况时，就比较紧急了。家长就必须立刻带宝宝去医院。挂小儿皮肤、小儿妇科、小儿泌尿外科，由医生根据具体情况判定是否需要手术。

搞清楚了阴唇粘连的"自愈力"，接下来科大大就再给各位家长说一说用药问题。

三、如何用药？

事实上，大部分宝宝的阴唇粘连都可以用药解决，没必要非到手术那一步。但前提是务必搞清宝宝的情况，对症下药。

家长每天给宝宝清洗外阴时，可以先轻轻分开大阴唇，暴露出小阴唇及其中间的位置，观察宝宝是否存在小阴唇粘连的情况。如果发现宝宝仅是轻度粘连，且局部有分泌物，便可以使用金霉素软膏或红霉素软膏，轻轻涂抹到宝宝的阴唇系带，每日 2 次，减轻阴唇粘连情况。

如何解决虽重要，但日常防护更重要。想知道如何科学地给宝宝清洗阴唇？跟着科大大继续往下看。

四、女宝阴唇清洁指南

在给阴唇粘连女宝清洗私处时，一定要遵循"从上到下、从前到后、不前后擦拭、不过度摩擦"的原则。

因为女宝的尿道口和肛门离得较近，如果排便后没有及时清洁，或清洁方式欠佳，则很容易发生尿道感染。另外也要"一切从简"。小阴唇周边少用爽身粉和护臀膏，减少刺激及过敏的危险。

话不多说，理论搭配实践才更好。准备好道具，科大大带你从头到尾"走一遍"。

第 1 步：准备好给宝宝清洗私处的盆和柔软毛巾，以及不超过 40 ℃的温开水，注意不要冷热相兑，将开水放凉最好。

第 2 步：用柔软毛巾从上到下、从前往后擦洗，慢慢擦掉小阴唇周围的阴道分泌物，切勿过度摩擦。

第 3 步：用棉签在小阴唇的附近蘸水轻轻擦拭，确保清理干净。

第 4 步：清洗后，在宝宝的大小阴唇之间、小阴唇上下及阴唇系带附近涂抹少许凡士林或消毒后的植物油。

第 5 步：擦干小屁屁，给宝宝穿上纸尿裤或内裤。

那有没有方法在早期避免宝宝的阴唇粘连？当然有。

①出生后 1 周开始，清理外阴胎脂。

②适当涂抹医用凡士林，防止女宝阴唇粘连。

③家长切勿过度清理宝宝的阴道分泌物，适量的分泌物在一定程度上能杀菌，保护阴部的皮肤。

夏天宝宝私处感染率提升，小心 3 大传染源

前几天，一位朋友急匆匆地向科大大求助："我家宝宝得了尿路感染，这不是大人才会患的病吗？可怎么办？"

其实不然，小朋友也极有可能被尿路感染缠上。看数据就知道——3%～5% 的宝宝患过 1 次泌尿系统感染，2 岁以下宝宝的尿路感染发生率尤其高，其中 6～8 月龄为高发期。女宝由于尿道短，发病率约为男宝的 3～4 倍。

如果宝宝"招惹"上了尿路感染，会出现什么症状呢？家长如何尽早发现？科大大教你一招识破。

一、无故发热，警惕尿路感染作妖

尿路感染，烦就烦在症状隐匿。宝宝越小，症状越不典型，特别是 3 个月以内的宝宝，发热可能会是唯一的症状。新生儿还可能有体重不增长、黄疸、呕吐、嗜睡、体温过低等表现。

小宝宝有苦说不出，也无法用言语表达自己哪里不舒服，多数情况下只会哭闹、烦躁、不爱吃东西。这时很多家长会认为宝宝感冒了，错误处理，延误治疗。所以在孩子无故发热时，家长一定要把尿路感染列在怀疑名单中，别每次都让感冒成了头号怀疑对象。

除了部分患尿路感染的宝宝只表现出发热，多数宝宝，尤其大宝宝还会有这些异样：

★ 私处发红。

★ 尿布疹顽固。

★ 尿频、尿急、尿痛、排尿困难。会说话的宝宝排尿时喊"痛"，不会说话的宝宝排尿时会大哭。

★ 尿液混浊，伴有臭味。

★ 尿液带血，呈棕色、红色或粉色，如洗肉水样。

★ 耻骨处痛，有些宝宝会腹痛。

所以家长务必细心观察，孩子的尿液里就藏着疾病的信号。如果宝宝有以上一种或几种情况，又找不到原因，那极有可能就是尿路感染在作祟，赶紧去医院。

二、医生开了抗生素，能用吗？

一般来说，医生如果怀疑宝宝得了尿路感染，会通过化验尿常规来诊断。如果确诊了，医生可能会建议服用抗生素。那这算不算滥用抗生素呢？

细菌、真菌、支原体等都可能引起尿路感染，但多数是由于细菌感染所致，必要时会用到抗生素。如何判断抗生素是否需要上场呢？看情况：

（1）症状较轻：不一定非要用抗生素。如果宝宝只有轻微的尿道发红和尿频表现，没有发热，检查尿常规没有明显异常，一般可以通过大量喝水，增加排尿来冲洗尿道，达到抑制细菌的目的。

（2）症状较重：必须用抗生素。如果宝宝有明显的尿频、尿急、尿痛的表现，同时伴有发热，检查尿常规提示存在细菌感染，或中段尿培养出致病菌，确诊了尿路感染，抗生素就要派上用场。

注意，要按照医生指导的疗程用药，通常在用药1～2天后，宝宝的症状会很快缓解，尿常规化验各项指标也会逐渐恢复正常。但此时仍需按医嘱服药，因惧怕抗生素的副作用而擅自停药的话，很可能会导致宝宝病情反复，造成复发性尿路感染，更严重的可能会出现输尿管扩张、肾脏瘢痕等后遗症。

当然，除了用药，护理也得跟上，科大大教各位几招，以备不时之需：

★ 坚持清洁：用温水清洁宝宝的私处，不需要用其他洗剂。

★ 多喝水：宝宝的尿量增多有利于冲洗尿道，抑制细菌生长繁殖。

★ 及时退热：体温超过 38.5 ℃，要给宝宝服用退热药。如布洛芬或对乙酰氨基酚，具体须遵医嘱。

说到这里，肯定有家长疑惑，孩子好好的怎么就患上了尿路感染呢？

不看不知道，一看吓一跳。日常生活中，这 3 大"事发源头"，妥妥地被多数家长忽视了。

三、极易忽视的 3 大感染"源头"

宝宝患上尿路感染，绝不是无缘无故的。千防万防的家长，这几点很可能没防住：

1. 换纸尿裤不及时

2 岁以内的宝宝是纸尿裤消耗大户，如果排便后不及时换新，尿道口就容易受到细菌的侵袭，从而引起尿路感染，所以家长千万不能犯懒。

2. 穿开裆裤

穿开裆裤会使宝宝的屁股、生殖器官长时间暴露在外，而且小宝宝非坐即爬，脏东西很容易污染尿道口，引起泌尿系统感染。因此，纸尿裤"下岗"后，小内裤就要抓紧"上岗"了。一般建议宝宝在 18 ～ 24 个月脱离纸尿裤，穿上小内裤。内裤注意选择纯棉、柔软的材质。

3. 私处清洁不当

宝宝私处的清洁，有两方面要注意：一是便后擦屁股；二是私处清洗。给宝宝擦屁股时，应从前向后擦，不可反方向，以免粪便污染尿道口，引发感染，尤其是女宝。同时要教会宝宝这个方法，自己擦小屁屁时，也能保证擦干净。

再来说说让很多新手爸妈为难的私处清洗，如果清洗过度或不到位，都会增加宝宝患病的概率。

给宝宝洗屁屁时，不要选择盆浴，应该用流动的清水，清洗时水柱的力度要适中，从前往后清洗。男宝的家长要注意不要强行翻开包皮清洗内部，女宝家长要注意清洗外阴即可，内阴无须清洗。清洗干净后，及时用毛巾擦干，随后涂抹护臀霜，不可用痱子粉，保持小屁屁干爽。

揭露性侵背后的 4 大残酷真相

儿童性侵是每个父母都不忍听闻的沉重话题。哈尔滨 5 岁女孩被 54 岁邻居带走一夜，次日被送回家中时，家长发现其全身是伤，并且下身撕裂严重。由于错过最佳治疗时间，女孩直接被送进重症监护室。

每每看到类似事件，科大大的愤怒和难过之情都涌上心头。本该是最无忧无虑的年龄，他们却要遭受身体和心灵的双重创伤。

虽然这只是个例，但也从侧面提醒家长：一定要防患于未然。防性侵和正确给孩子进行性教育尤为重要。

科大大结合性侵背后的真相，手把手教家长如何给孩子做好性教育，远离身边潜在的危险。

一、性侵 4 大残酷真相

鉴于性侵事件的不断发生，一方面，我们要呼吁严惩凶手；另一方面，我们要反思和警惕，发现其背后的犯罪规律，有针对性地预防。

真相一：大多数性侵加害者，都是熟人

数据显示，儿童生活环境较单一，主要集中在家庭和学校，所以熟人作案更常见。其中，占比最大的施暴人是老师——包括培训班教师，高达 35.85%，剩下占比较高的还有亲戚、朋友、邻居和家庭成员。

真相二：表面和善的人，也可能是性侵犯

坏人都凶神恶煞？不。有的人看起来"人模人样"，实际上有恋童癖；真正的坏人，是披着羊皮的狼。所以更要保护好我们的孩子。

真相三：男孩也可能是性侵受害者

一谈到"性侵"，养女儿的父母总是很操心，男孩的家长就觉得轻松很多，认为"男孩子不会吃亏"。但真的是这样吗？ 2018 年公开报道的儿童性侵案例统计显示，男童遭遇性侵的占比为 4.26%。所以，无论对于男孩还是女孩，都要进行正确的性教育。这也会让男孩懂得尊重女孩，树立正确的情感观和婚恋观。

真相四："新型"网络性侵正在危害孩子

不少家长以为，身体上的伤害才叫性侵，其实不然，利用网络作案，同样属于"性侵行为"：

①向儿童传递色情图片、影像、小说。

②在线对儿童进行性诱惑。

③要求儿童在镜头前脱衣服、露体、做出不雅动作。

④把裸露过程摄录下来，制作色情图片和影像，保留或在网上传播，甚至利用这些威胁、伤害儿童。

面对网络性侵，家长和未成年人都要提高警惕。作为家长，我们也不能再忽视性教育问题。

科大大发现，很多家长觉得性教育难以启齿，其实性教育也是分年龄的，只要方法对了，就会很简单。

二、分年龄性教育，这一神器不能缺

只要家长们掌握了正确性教育方法，懂得借助外力，难以启齿的性教育话题，也会变得很简单。

三大步骤，帮助家长正确开启性教育课。

第一步：调整情绪和拥有正确知识

面对孩子的提问，家长要保持平常心，并且自己也要不断学习，告诉孩子正确的知识。

第二步：主动和孩子谈，制造轻松环境

家长找一个适合的时间主动和孩子谈，或者利用电视情节教导。当孩子主动说起时，不能训斥或给予错误的引导。

第三步：让其他家人参与进来

如果是男宝，最好让爸爸参与进来，这样会比妈妈单独教的效果更好。通过父母的共同努力，让孩子产生正确的家庭价值观。

但直接面对这个话题时，相信不少家长会有点为难，科大大教你个最简单的方法——借助绘本。

① 0～2岁。

在这个时期，孩子需要知道自己身体各个部位的名称。一定要告诉孩子，在外面绝对不能露出哪些部位，比如背心下面的、小裤裤下面的。

家长可以通过绘本，在洗澡的时候告诉宝宝。

② 2～3岁。

处于这个年龄段的孩子，对自己和其他人的身体都非常好奇。家长们可以告诉孩子，男孩和女孩有哪些相同的部位，有哪些不同的部位。除了要让孩子知道，自己有哪些部位是隐私，别人不能碰也不能看，还要告诉孩子尊重其他人的隐私。

正确帮助孩子认识"男女有别"，树立性别概念，学会保护自己的隐私部分，并告诉孩子，有陌生人接近时要勇敢呼救，保护自己。

③ 3～5岁。

这个时期的宝宝，堪比行走的"十万个为什么"，比如，我从哪里来？我和妈妈为什么不一样？家长们要如何解答呢？

同时，这个年龄的孩子也要接触外面的世界了，软萌的小宝宝谁不喜欢？对于家人以外的"抱一抱""亲一亲"，孩子该拒绝吗？

《不要随便摸我》一书，教孩子学会避免受到性侵害，让孩子知道那些偷偷摸摸的、伴随着威逼利诱的触摸，是不正确的行为；还告诉孩子一旦遇到这种事情应该采取的措施。

性教育，不仅可以让孩子正确认识自己的身体，保护好隐私部位，也能在日常生活中培养孩子身体界限感的意识。

另外，性教育这门课，有这样3件事常被家长忽略，科大大着重强调：越早教会孩子越好。

三、越早教会孩子越好的 3 件事

1. 帮宝宝建立身体权意识

在日常生活中，我们就要告诉孩子，背心、内裤盖住的部分是隐私部位，不能给别人看，更不能摸。除了爸爸妈妈，谁也碰不得，就连其他亲人也不能，哪怕是医生叔叔，也要爸爸妈妈在场才行。科大大还要提醒各位家长，孩子 3 ~ 4 岁的时候，就不建议异性家长帮孩子洗澡了。

2. 让宝宝明白，爸爸妈妈永远在身后

科大大发现，在很多起性侵事件中，家长都是在事发很久之后才察觉的，而孩子也面临着持续性伤害。

原因之一是被加害人恐吓。这需要家长在日常生活中就反复告诉孩子：发生任何事情，一定要第一时间告诉父母。

原因之二是孩子不知道发生了什么。这需要家长重视性教育，并具有敏锐的观察力，留意到孩子身体和心理的异样。

3. 教宝宝拒绝陌生人的请求

大家还记得轰动一时的"素媛案"吗？一个天真烂漫的女孩，在下雨天，不忍心看到问路的叔叔被淋湿，帮忙带路。但没想到，迎接她的却是地狱。

我们总在教育孩子要乐于助人，要互帮互助，却忘了告诉孩子要保护好自己。很多时候，危险就藏在孩子身边，下面这几种情况，一定要趁早告诉孩子，让他们懂得保护好自己。

①不能吃陌生人的食物。

②不能单独跟陌生人走，熟人也不行。

③不能为陌生人带路。

最后，我们一定要让孩子知道：大人有事会找大人，不会找小孩子帮忙的。

性侵，对每个孩子来说都是一把"刀"。作为家长，我们要帮助孩子学会保护自己和建立身体界限感，并给予 100% 的信任。

晚于这个年龄还不做性教育，孩子要吃大亏

科大大看过一则新闻——《月经提示牌进小学，性教育就要这样坦荡》，感到既暖心又放心。

暖心的是，学校这一举动充分体现了对女孩的关怀；放心的是，这也说明了大家不再谈"性"色变，开始逐渐引导孩子认识性与性别。不过，虽说现在很多人都认识到了性教育的重要性，但大部分父母面对孩子仍然难以启齿。

一谈到性教育，就会涌现无数难题——从何说起呢？哪些该说，哪些又不该说？宝宝问到性问题如何回答？

科大大带大家逐一击破"性教育8大难题"，看完保证你不再难开口。

一、进行性教育的好时机有哪些？

给孩子进行性教育，牢记5个字：赶早不赶晚。有多早？从孩子出生那一刻起。别笑，科大大真没乱说。

事实上，当孩子出现第一个与性相关的行为，或问出第一个与性相关的问题时，就是你对孩子进行性教育的最佳时机了。

由于每个宝宝的发育情况不同，这个时机因人而异。除宝宝主动提问外，家长们还要抓住洗澡、换衣服、换尿不湿时，持续对宝宝进行性教育，这个时候，宝宝光溜溜的，家长就可以教宝宝认识自己的身体器官和男女的不同。一些性教育的绘本，可以辅助家长给孩子进行性教育。这个时候，不能只让

孩子自己翻着看，家长要给予解释，以免孩子被误导。

二、性教育中应该用科学名词还是俗称？

又是一个令人尴尬的问题，是"小丁丁"这类的俗称更适合性教育，还是"阴茎"这样的科学名词呢？

答案是科学名词。其实，在给孩子进行性教育时，如果用阴茎、阴道这样的词汇，孩子也会觉得很科学，会正视这件事。

我们要告诉孩子，这些是身体部位的名称，就和手、脚一样。只是不同点在于，这些词汇人们不喜欢随意在别人面前说，所以宝宝也不能随便说。

另外，教给孩子科学名词，更利于他们保护自己。一旦受到坏人的侵犯，孩子可以在家长或警察面前准确描述出来，不至于漏掉重要信息。

三、宝宝对性器官好奇怎么办？

宝宝在3岁前有一段时间，会对自己的生殖器尤为好奇。没事揪一揪、扯一扯，细细研究……无论宝宝是在行为上表现出来，还是直接提问，家长都要大大方方地解答疑惑，不要回避，更不能粗暴制止。例如，可以直接和宝宝说，这是阴茎，男孩子都有的，不能用力扯，要好好爱护它。当宝宝的好奇心得到满足，获得了答案，自然就会转移注意力了。

四、宝宝问自己是哪里来的如何回答？

据说这个问题有个统一答案：从垃圾桶里捡来的。开玩笑可以，但真正回答宝宝问题时，一定不能这样说。

对2～3岁的小宝宝，可以直接回答：你是从妈妈的肚子里来的；对4～6岁的大宝宝，就要多说一些了，可以说：在妈妈的下腹处有一个叫子宫的地方，宝宝以前就住在妈妈的子宫里面。

如果宝宝听后明白了，就不再需要多说，如果他们还接着问，就可以顺着问题多说一点儿。

五、宝宝发现家里的避孕套怎么办？

没有最尴尬，只有更尴尬。遇到这个问题，科大大告诉你如何化解尴尬，顺便还给孩子上一课。

如果孩子问起了这是做什么用的，你大可以直接回答："这是安全套，也叫避孕套，它可以避免妈妈怀孕、生小宝宝，还可以防止一些疾病的传播。"宝宝要是继续追问，就可以进一步解释精子和卵子结合的问题，告诉他们安全套就是用来阻止精子和卵子结合的。

六、宝宝看到卫生巾如何解释？

无论是男宝还是女宝，如果撞到妈妈来月经，或是看到卫生巾，并对此表示好奇，妈妈都要大大方方地告诉孩子，女孩子长大后每个月都会有几天是流血的，这就是来月经。并不是生病了，也不用担心，只要准备好卫生巾就可以了。

七、宝宝看到父母亲热怎么办？

大多数父母的第一反应肯定是"什么都不说，赶紧躲过去"，或是告诉孩子"爸爸妈妈在做游戏"。如果真的就这样搪塞过去，对孩子可能是有危害的。

第一，可能给他们留下心理阴影，长大后形成性障碍；第二，引发他们的好奇心，想要通过其他渠道了解；第三，可能会引起孩子的模仿。

因此，遇到这种情况，家长大可以直截了当地告诉孩子，这是爸爸妈妈互相表达爱的一种方式，这个方式会让爸爸妈妈开心。不过只有两个相爱的成年人才会这样做，小朋友是不可以的，对方不愿意也是不可以的。

当然，家长还是要尽量避免让孩子看到夫妻的性行为，时机一到，就要安排宝宝独立睡觉了。

八、男宝喜欢小裙子、洋娃娃该引导吗？

科大大看过一则新闻，说要注重培养男孩的阳刚之气。这也是让不少妈妈焦虑的问题——看到男宝爱玩洋娃娃，甚至喜欢小裙子，不知如何是好。

其实大可不必焦虑，如果男孩在某个阶段开始对女孩的专属物感兴趣，就让他们体验好了。越是阻止，他们越会好奇。

大概在 5 岁以前，孩子会逐渐认识到生理性别，但比较模糊。这时，他们觉得只要换上一套异性的衣服，性别就改变了。不过，一般在 7 岁以后，孩子就会对性别有更深刻的认识，能理解男孩、女孩的本质区别了。所以，家长们也不用过于担心，要给孩子成长的时间。

最后，科大大还要再强调一件事，给孩子进行性教育，主要的目的就是防止孩子受到伤害。

孩子 6 大私处异常，立马送医

对于大多数家庭来说，男宝的私处问题始终是很令人困惑的存在。妈妈们没有经验，爸爸虽然有这个器官，但又十有八九说不清。

于是，妈妈们只能硬着头皮凭感觉诊断，这时自然会出现很多"冤假错案"。科大大作为"过来人"，就把这些让人疑惑的科普问题，一次讲清。

一、孩子的丁丁有点短，怎么办？

有不少父母凭目测就觉得宝宝阴茎发育短小，担心会影响孩子未来的生育能力。

实际上，有些孩子的阴茎并不是真的短小，而是属于隐匿阴茎，"小丁丁"被藏起来了。

隐匿阴茎一般分为"真性、假性"两种情况：

隐匿阴茎类别		
	发生原因	干预治疗方法
假性隐匿阴茎	肥胖导致的局部皮下脂肪比较厚，把阴茎包埋住了	一般控制体重就可以改善、解决
真性隐匿阴茎	阴茎皮肤发育异常，或手术后疤痕束缚影响阴茎外形	须由泌尿科医生检查后判断是否需要手术治疗。在 3 岁前手术，避免孩子可能产生的心理问题

二、孩子偶尔勃起是不是性早熟?

科大大看到不少妈妈询问:"孩子 × 岁,有时候丁丁会勃起,正常吗?"先给各位家长吃颗定心丸:宝宝勃起并不是性早熟。当刺激宝宝敏感区的时候,阴茎海绵体充血,自然就会勃起。当宝宝洗澡、想排尿时都可能会出现勃起。这些都属于正常的生理现象,与性早熟无关。

判断性早熟,记住一个口诀:女8男9。是指女宝在8岁前,男宝在9岁前出现第二性征,并伴有体格加速发育的症状。具体如图:

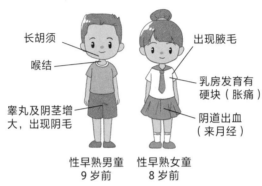

注:男孩 10 ~ 11 周岁,女孩 9 ~ 10 周岁发育为正常。

性早熟症状判断

三、孩子尿尿是歪的,总尿到身上

很多家长跟科大大反映,孩子尿尿是歪的,需不需要干预?实际上,大部分孩子尿尿歪都跟包皮有关,所以家长没必要过于担心。但如果家长发现孩子的尿道口不是长在阴茎头顶,而是在中间、根部,甚至阴囊上开了一个口,那就要警惕一种罕见的严重生殖器畸形——先天性尿道下裂。

患有这种疾病的孩子,由于尿道口位置不对,尿尿时容易尿到裤子上,如果不治疗,会影响阴茎未来的发育。目前最好的治疗手段是手术干预,手术年龄以 6 ~ 18 个月为宜,最好在宝宝 1 ~ 3 岁时完成手术,以免让孩子产生自卑感。

四、宝宝长了 3 个睾丸，怎么办？

为什么有的宝宝好像多长了 1 个睾丸呢？其实，这很可能是腹股沟疝在作怪。关于这个问题，前面的文章中讲到过。

如果疝气发生在腹股沟，就称为"腹股沟疝"。如果恰好顶到了阴囊附近，就会形成有 3 个睾丸的既视感。

患有腹股沟疝的宝宝，在哭闹或排便时，腹股沟部位会有明显的突起，等宝宝恢复平静，腹压降低，突起也会逐渐变小，甚至完全消失。

五、宝宝的睾丸一大一小，怎么办？

家长看到宝宝一侧睾丸肿大，通常会立马慌了神。其实，这很可能是小儿常见的另一种疾病——鞘膜积液。男宝鞘膜积液的症状和腹股沟疝症状很类似，也会导致阴囊肿大。但是鞘膜积液引起的肿大并不是内脏"漏"下去了，而是有液体渗到阴囊里了。

鞘膜积液有一个明显的特征，就是透光性。家长可以用手电筒从肿块下方往上照，如果宝宝确实是鞘膜积液，光线是可以透过肿块的。

如下图，如果光线可以透过"蛋蛋"，就可以初步怀疑是鞘膜积液。

如果宝宝阴囊肿大，最保险的做法还是尽快送医，让医生制定接下来的治疗方案。

六、宝宝的睾丸少了一个？

有些宝宝单侧或双侧睾丸没有降落到阴囊中，从表面看宝宝好像少了一个或是没有睾丸。其实这是一种小儿常见的生殖系统先天性疾病——隐睾症。

大部分宝宝出生后，没有完全落进阴囊的睾丸可在 3～4 个月内完成下降，但是，6 个月后睾丸基本不会再自发下降。对于先天性隐睾的宝宝，如果到 1 岁睾丸还未完全下降，就不太可能会自然下降了，需要手术治疗。建议在宝宝 2 周岁前完成手术。

科大大再次提示，宝宝的私处问题不容忽视，家长发现异常要及时就医，不要耽误。

男孩阴茎多大才正常？

自从有了孩子，生活好像就变成了一场关于孩子的全能竞赛。比个头、比体重、比饭量、比学习……家有男宝的话，还要暗戳戳地比"丁丁"。科大大也非常能理解，毕竟这是关乎孩子一生的事。

去年就有一则新闻称，17 岁男孩的阴茎竟还是 3 岁的状态，因为父母一直没在意，也没有及时治疗，导致终生不能生育。

看到这个家长们可能也着急，那宝宝的阴茎多大才算正常呢？如果太小了可怎么办呀？

这种事情也不好直接公开讨论，去哪里取经呢？可愁坏了家长们。

这个既严肃又私密的事情，科大大今天就认真讲一讲。

一、宝宝的阴茎大小，到底怎么判断？

科大大经常收到家长们的留言，说自家宝宝阴茎太小。这是家长们肉眼观察的结果呢？还是参照标准实际测量过得出的结论？

跟身高一样，医学上对阴茎的发育状况也有标准。从新生儿到成人都有可供参照的阴茎长度。

新生儿到成人，健康男性阴茎平均值			
年龄	阴茎长度（cm）	年龄	阴茎长度（cm）
新生儿	3.18±0.43	10 岁	4.42+0.60
1～12 个月	3.35±0.35	11 岁	4.48+0.67
1 岁	3.45±0.35	12 岁	5.13+1.07
2 岁	3.54±0.34	13 岁	5.54+1.23
3 岁	3.71±0.33	14 岁	6.03+1.40
4 岁	3.82±0.41	15 岁	6.90+1.21
5 岁	3.96±0.36	16 岁	7.12+1.22
6 岁	4.14±0.43	17 岁	7.26+1.16
7 岁	4.21±0.42	18 岁	7.33+1.06
8 岁	4.23±0.48	成人	8.17+0.97
9 岁	4.30±0.49		

家长们看完这个标准，是不是着急想给宝宝测量并对比一下？别急，测量也是讲方法的，不然容易少量那关键的 1～2 厘米。

二、这样测量阴茎大小才准

网上有很多教测量的方法，不知道家长们有没有试过。有些要求得比较全面，比如要有合适的时间、合适的温度等。

其实，只要方法正确，保护好孩子隐私，选择宝宝放松时的状态测量就可以。医学上，很多研究都是以阴茎的牵拉长度作为标准，具体方法如下：

★ 让宝宝直立或平躺，丁丁与身体成 90°，也可以在宝宝睡着时测量。

★ 轻拉丁丁头，自然拉伸到丁丁伸展状态，但不要使劲拽，避免引起宝宝疼痛或不适。

★ 用尺子从丁丁上方的耻骨（即丁丁根部皮肤下硬硬的骨头）处开始，到龟头顶部，测量时不包括包皮长度。

★ 如果包皮过长，需要翻起包皮（大部分宝宝小时候都处于生理性包茎状态，如果无法翻起包皮，家长也无须着急，只要不影响排尿就可以先观察）。

注：不明白的家长可以参考下图。

如果孩子的阴茎长度小于正常值 2.5 个标准差以上，则属于偏短、偏小。那怎么办呢？

三、宝宝阴茎短小，可能是这个原因

一般孩子阴茎短小，主要有两种情况，假性阴茎短小和真性阴茎短小。

1. 假性阴茎短小：大都是隐匿阴茎

①什么是隐匿阴茎？

阴茎被周围的皮肉和异常纤维组织包围起来，外形看起来比较小，龟头不外露，像锥子型。即使在尿尿的时候，阴茎也不会伸出来，所以很多孩子尿尿时会弄湿裤子。

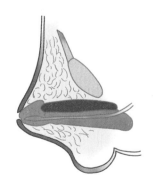

乍一看有点像包皮过长，但实际相反，是因为包皮过短，也不是阴茎真的短小，而是埋藏在皮下。

如果不及时治疗，很容易影响阴茎的发育，导致阴茎短小，严重影响孩子心理健康，也会并发排尿困难、尿路感染等病症。

这样区分隐匿阴茎和包皮过长		
名称	判断	手术治疗方法
隐匿阴茎	包皮过短，导致丁丁不能露出。丁丁完全埋在身体里，用手把皮肤向内挤压，丁丁才会露出来，但稍一松手，就又缩回去了	将包皮口扩大，延长阴茎皮肤
包皮过长	包皮过长，将丁丁包住。包皮覆盖住龟头和尿道口，但上翻可以露出丁丁	切除过长的包皮，使龟头可以露出

②隐匿阴茎怎么办？

如果孩子有上面所说的表现，不要拖延，及时去正规医院的泌尿外科就医。少数宝宝的隐匿阴茎是过于肥胖导致的，只要控制饮食、积极减肥就能好转。大多数隐匿阴茎是先天的，需要通过手术治疗，学龄前做最好。

家长们也不要担心，这个手术的技术已经很成熟了，而且通过手术可以彻底解决这个问题，也不会引发后遗症。

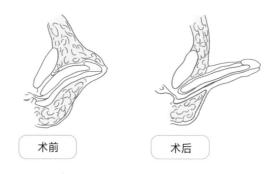

术前　　　　　　术后

2. 真性阴茎短小

真正的小阴茎发生率是比较低的，大概是万分之一点五，一般是因为遗传或者染色体异常导致，虽然概率低，但是家长们也不能大意。平时多多观察孩子的阴茎和睾丸，有以下情况及时带孩子去正规医院检查，可以挂泌尿外科。

①没有睾丸或只有一个睾丸。

睾丸最早是在宝宝腹腔内的，在胎儿 9 个月时，睾丸会降至阴囊。所以，正常情况下宝宝出生时就能看到两个睾丸了。如果没有睾丸或只有一个睾丸，就是隐睾症。对于 6 个月以内的宝宝，可以观察等待，看睾丸是否会自然落下，超过 6 个月还不能看见的话，就要手术治疗了。

②睾丸里有硬块或出现疼痛。

在给孩子洗澡或换衣服时多观察，也要多关注孩子的感受，若下体出现疼痛或者其他异常情况，应及时带孩子去正规医院检查。

③睾丸一大一小。

一般来说，宝宝的右侧睾丸会稍大些，但两侧睾丸的体积差只要控制在 10% 左右即可，也就是说，左侧睾丸通常低于右侧 0.5 ～ 1cm。如果阴茎长度达到了标准，各方面发育也没有问题，家长就不要太纠结于睾丸的大小，毕竟孩子健康成长、开朗自信才是最重要的。

培养儿童自救能力，刻不容缓

前段时间科大大看到一则新闻，简直捏了一把汗——宝宝在玩耍时扯动柜子旁的充电线，导致画框不稳，直接朝着宝宝的头砸下。还好妈妈反应迅速，化解了危险。

其实家家如此，自从有了宝宝，就这也要防，那也要管，生怕一个没看住，将宝宝置于险境。

实际上，家长为宝宝避险不是上上策，更重要的是教会宝宝避险，让宝宝具有安全意识，这样才能在家里、户外、学校等场所保护好自己。科大大就带家长探讨一下如何教不同年龄段的宝宝避险？

一、0～1岁，安全教育牢记2点

0～1岁的宝宝没有危险的概念，他们好奇心重，任何东西都想摸一摸，所以家长要做好引导，告诉他们什么不可以碰。

可以使用下面2种方法，树立宝宝的安全意识。

1. 利用宝宝的模仿能力

此阶段的宝宝模仿能力强，家长要早点给宝宝养成规避危险的意识。家长可以演示一些"危险"动作，比如当着宝宝的面摸一下热水杯，然后表现出特别烫手的样子，表情尽量夸张地说："好烫呀！"这样宝宝就会知道，热水杯烫手，不能碰。

2. 让宝宝记住危险词汇

要让宝宝知道，妈妈说了这些词，这个东西就不能碰了，否则有危险，比如"哎呀""好烫呀""不能摸""好疼呀""要小心""危险"等。宝宝刚开始记不住很正常，父母不要着急，说的次数多了，时间长了，宝宝自然就记住了。

当然，家长不仅要让孩子树立安全意识，还要尽量为孩子提供相对安全的环境。当孩子会爬、会走的时候，活动范围也会增大，家长务必注意家里这些地方：

①宝宝活动的地方不要出现细小的异物，如药片、纽扣等，避免孩子误吞。

②门、抽屉、桌角等容易夹到、磕到宝宝的地方，需要用安全垫固定好。阳台安装护栏。

③家里的电源插座一定要用保护盖挡住，防止宝宝用小指头探索这个地方。

④拿走摇摆不定的家具，避免宝宝扶物站立时，拉倒砸伤。

⑤将热水壶、热水瓶等放置在宝宝的活动范围之外，以免烫伤。

⑥洗澡时，无论出于任何原因，都不要将宝宝独自留在水中。

以上只是众多危险中的一小部分，科大大建议，在宝宝学会爬行前就要把家里的角落都整理一遍，反复推敲每一个细节的安全隐患，及时调整完善，再配备居家的安全产品，为宝宝营造安全的环境。

看到这里，肯定有家长要问了，刚会爬的宝宝还好，可是对于再大一些的孩子，一会儿看不住就要闯祸，科大大能不能支个招？

二、怎么培养 2～6 岁宝宝的安全意识？

幼儿阶段是宝宝提高认知水平的黄金期，也是教孩子学会自我保护的最佳阶段，下面这 3 件事，赶快教给宝宝。

1. 掌握基本的交通规则

日常生活中，爸妈要利用各种机会让孩子了解交通规则及安全标识。比如过马路时讲道路安全知识，开车时遇到红绿灯解释交通规则，也可以通过用玩具演示、读绘本来增强孩子的安全意识。

2. 拒绝陌生人

带孩子在家里做情景演练或者对话演练的游戏，家长假扮坏人，看孩子的反应，在游戏中教孩子如何礼貌拒绝陌生人及其给的食物，并且锻炼孩子背诵爸爸妈妈的电话号码及家庭联系信息。

三、学会向他人求助

父母可以通过图片或者实际场景教孩子认识能帮助到他们的人，比如警察、医生、消防员，以及商场的工作人员等。还要告诉孩子一些紧急求助电话，比如110、120、119等，并告诉孩子这些电话的用途。

以上安全知识，家长们一定要从小就让孩子了解，不要等危险来临才后悔。

随着宝宝的活动范围扩大，危险的地方也随之增加，除了在家里，这些地点爸妈们也要格外注意：

①家长喜欢用的儿童安全绳，电梯的感应装置是无法识别的，当家长和孩子分离时，电梯一旦启动，后果不堪设想，为了避免危险发生，建议家长们尽量不要使用。

②小区、公园里的健身器材，容易夹伤、磕伤孩子，家长们要做好看护，不要将视线从孩子身上移开，因为危险往往只发生在一瞬间。

③在日常生活中，要教孩子不横穿马路，不在停车位或者道路旁玩耍，车辆有视野盲区，如果车辆突然起步，在路旁玩耍是十分危险的。

3岁以下的宝宝一般时刻和家人在一起，但随着年龄增长，要上幼儿园、小学，在群体生活中，又该有哪些安全意识来规避危险呢？

四、初尝集体生活，提前学会这些技能

有时孩子要入园了，家长才发现很多东西还没有教会，开始担心孩子入园后各种不适应，所以一定要在入园前培养宝宝这些技能。

1. 学会基本独立技能

4～6岁的宝宝面临入园，或者上小学，孩子要去一个陌生的环境，这时家长一定要教会孩子独立吃饭、喝水、上厕所等基本生活技能。

老师不能同时照顾很多小朋友，所以掌握这些基本技能，可以帮助宝宝减少一些困扰，也减少妈妈担心。

2. 教孩子保护隐私部位

教孩子拥有性安全意识其实很简单，一句话，"衣服盖住的地方不能给别人看，也不能给别人摸"。培养孩子辨别坏人的能力，有对坏人说"不"的勇气。

3. 提前锻炼孩子表达能力

孩子有过硬的表达能力，才能在幼儿园向老师明确表达需求，在受到欺负时清晰地叙述事情经过，向老师或家长求助。

那么，哪些方法可以提高孩子的语言表达能力？

①多给孩子说话的机会。

当需要什么东西时，家长要引导孩子表达清楚，不要孩子想要，家长就立刻拿给孩子。

②父母多引导，帮孩子组织语言。

比如，看故事书时，帮孩子组织语言、逻辑，并引导表达，让孩子讲述一遍。

4～6岁是宝宝表达能力发展的重要阶段，父母可以在生活中营造表达氛围。比如在餐桌或者放学路上，和孩子聊一聊学校的事情，不仅可以锻炼表达能力，还可以了解孩子在学校的情况。

为了避免孩子在学校遭受欺凌，家长也要学会观察孩子的情绪，同时要告诉孩子："在外面无论遇到什么事情都不要害怕，一定要告诉爸爸妈妈，爸爸妈妈会保护你。"要及时给予孩子爱的支撑。

孩子在成长道路上难免磕磕碰碰，我们要教给孩子避险的本领，而不是让孩子变得依赖和怯懦，所以家长从现在开始就要把握每一个学习阶段，让宝宝健康平安长大。

5 大危险游戏，快停

科大大在网上看到一篇帖子说"生孩子就是拿来玩儿的"，看完倒吸一口凉气，瞬间有了"老母亲"般的担心。家长们或许觉得"玩儿"一下没什么，但意外往往发生在一瞬间，还可能造成不可逆的伤害，类似的新闻比比皆是。

科大大觉得有必要来说一说，怎么跟孩子玩儿才合适，重点讲一讲哪些游戏危险别跟风，哪些游戏越玩越聪明。

一、玩孩子风险大，别跟风

网上玩孩子的视频有很多，多数家长都会模仿，但下面这 5 种，千万别跟风。

1. 让宝宝 360°旋转

这种快速的旋转会让孩子头脑晃荡，不管有没有跟物体发生碰撞，都容易使孩子脑内或脑附近出血。孩子颈部肌肉不发达，幅度过大或用力过猛容易导致颈部或脊椎受损。

2. 远距离喷射喂奶

远距离喷射会让液体压力增加，很容易呛奶，进入气管引起窒息。家长可能玩儿嗨了，但危险分分钟会来临。

3. 把孩子当发射物

这种方式很容易让孩子撞在周围的物体上，或者头朝下扭伤脖颈，严重的话还可能导致瘫痪。前不久那则女研究生玩蹦床致瘫痪的新闻还历历在目，当事人头朝下摔进海洋球池里被诊断为完全性截瘫。

4. 让孩子撞上透明胶

孩子对这个世界的认知还比较有限，防御恐惧的心理能力较弱，突然受惊后的恐惧情绪，可能会在孩子心里保留很久。

5. 挑战高难度动作

像 180° 空中翻转这类动作，孩子很容易在落地时扭伤胳膊或者脖子。还可能会因为力度太大飞出去，受到更严重的伤害。不要有侥幸心理，永远没有人知道，明天和意外哪一个先来。

那在家跟宝宝玩点儿什么呢？科大大告诉你安全又对宝宝有益的居家小游戏。

二、抓住孩子敏感期做游戏，益智又启蒙

家长们可能会发现，孩子在某一段时间对某些方面特别感兴趣。比如喜欢翻箱倒柜、交朋友或玩过家家等。其实，这是孩子的敏感期在"作祟"。

敏感期是指孩子学习某种知识或行为比较容易，心理过程的某一方面发展最为迅速的时期。敏感期是短暂的，是一旦错过就不可能再遇上的阶段性现象。

下面科大大推荐一些适合不同敏感期的游戏，既能帮助孩子益智启蒙，又能给孩子高质量的陪伴。

1. 语言敏感期（0 ～ 6 岁）的游戏：扮鬼脸、耳语传话

研究表明，婴儿在不会说话的时候就能区分所有的语言，并做出不同的反应。所以在穿衣、喝奶、吃辅食等过程中，要多跟孩子说话，不要以为他们听不懂，或者认为这样的交流没有意义。

有了大量的语言输入才能有输出。前期多跟孩子说，后期多引导孩子说，语言发展自然不会差。

推荐游戏：

★ 扮鬼脸（0 ～ 1 岁）：这个阶段孩子还不会说话，可以对着孩子慢慢吐舌头，发出咿咿呀呀的声音，吹口哨或做一些口部动作。

★ 耳语传话（2岁以上）：妈妈小声在孩子耳边说一句话，然后让孩子传给爸爸，再由爸爸传给妈妈，看孩子能不能传对。开始时可以是一个词，逐渐加长为句子，逐渐增加难度。

2. 感官敏感期（0～3岁）的游戏：触摸游戏、快乐传球

感官包括听觉、视觉、味觉、嗅觉、触觉。主要有听觉敏感期（0～2岁）、视觉的敏感期（0～2岁）、口的敏感期（0～1岁，包括用口进行的味觉、触觉过程）。

孩子对世界的认知从感官开始，接触外界信息越多，孩子的认知能力就越强。如果错过，长大后很难再去弥补，有些孩子甚至会出现感统失调的情况。

推荐游戏：

★ 触摸游戏（0～1岁）：洗完澡后，对宝宝轻柔地抚触按摩，或准备不同质地的物品，如丝巾、棉布、海绵、塑料等，让宝宝用手抓，感受不同的质地和触感。

★ 快乐传球（7个月以上）：选择大一点儿的亮色球，家长和孩子面对面坐着，来回互相传球。

3. 肌肉发育敏感期（1～3岁）的游戏：拍手游戏、翻山越岭

其中，1～2岁是大肌肉发育敏感期，1.5～3岁是小肌肉发育敏感期。包括身体运动，如走、跑、跳、钻、爬等；手部运动，有捏、夹、塞、剪、贴、折、捅、按、画等。这个时期可以培养孩子对身体的控制能力，提高动手能力，促进智力的发育。

推荐游戏：

★ 拍手游戏（7～12个月）：孩子会坐以后，家长可以跟孩子面对面坐，拍手让孩子模仿，也可以玩交叉拍手，锻炼孩子的眼手协调能力。

★ 翻山越岭（1岁以上）：根据孩子的年龄，将箱子制造成不同的障碍物，加上抱枕，让孩子穿过障碍物到终点，终点可以准备孩子喜欢的玩具或食物。这个过程锻炼孩子的综合能力，包括观察、思考的能力及对身体的控制力等。

4. 秩序敏感期（1～2.5岁）的游戏：呼叫身体、积木排排坐

一种是内部秩序感，孩子开始意识到身体的不同部位和对应的位置；一种是外部秩序感，与孩子的环境体验有关，比如当看到东西放在"恰当"的位置，会感到高兴，家长们可能会觉得有点儿像强迫症。

这个阶段对孩子来说意义重大，事物的秩序和逻辑可以帮助孩子建立最初的秩序感和逻辑感，提高认知水平。同时在有秩序的环境里，孩子内心的安全感也会提高。

推荐游戏：

★ 呼叫身体（1岁左右）：准备一张有身体不同部位的图或卡片，爸爸下令说身体部位，孩子和妈妈一起指，出错扣一分，正确加一分；孩子熟练之后，速度可以加快。

★ 积木排排坐（2岁以上）：准备一盒积木，看有哪些形状，然后对应在纸板上画出来，比如圆形、三角形、长方形或正方形，再让孩子将积木排在对应形状的纸板上。

5. 细微事物敏感期（1.5～4岁）的游戏：找一找

这个阶段的孩子对一些细小的事物很感兴趣，尤其是2岁左右，特别喜欢抠小洞洞或小缝隙，家长要提供安全的探索环境。这是孩子观察力发展的开始，如果好好引导，可以让孩子拥有敏锐的观察力。

推荐游戏：

★ 找一找（2岁以上）：选择一些孩子感兴趣的小东西，比如一截线头、一颗小石子或一片树叶等，规定一个区域，让孩子先不要看，家长把这些东西藏起来，给孩子一个盒子，找到的放在盒子里。

6. 社会规范敏感期（2～4岁）的游戏：角色扮演

这个时期的孩子逐渐脱离以自我为中心，开始想结交朋友，喜欢参与群体活动，最常见的就是喜欢玩"过家家"游戏。抓住这个关键期正确引导，可以帮助孩子学会遵守社会规则、生活规范，以及日常的礼节。

推荐游戏：

★ 角色扮演（2岁以上）：可以扮演厨师，准备一些橡皮泥和模具，家长

按照平时做饭的流程，让孩子了解做饭的过程。还可以是医生和病人、警察和小偷或者老师和学生等，但要注意角色扮演游戏规则与现实尽量保持一致，不然会在以后的社会认知过程中给孩子造成困扰。

很多家长工作繁忙，很少有时间陪伴孩子。但孩子的发展是不可逆的，所以在有限的时间内，要多多陪伴孩子。请收起手机或其他电子产品，抓住孩子的敏感期做一些亲子游戏，既能加深与孩子的关系，也能帮助孩子发展，事半功倍。

模仿敏感期的宝宝，最怕家长做 4 件事

在带孩子的过程中，家长们会发现一个有趣的现象，这些"小大人"特别爱模仿，模仿妈妈做饭、做家务，要求和妈妈一样涂抹口红，和小朋友结婚，还会模仿动画里的人物，摇身一变成为"美猴王"孙悟空……

这些惟妙惟肖的模仿行为，时常让家长惊喜不已，可在惊喜之余，家长们的心里难免有些疑惑，这是为什么呀？

其实，孩子之所以这样做，是因为他已经进入模仿敏感期。所谓"儿童模仿敏感期"是指在 0～6 岁的成长过程中，宝宝会有意识、有目的地模仿他人的表情、语言、动作和社会性行为等，在 2 岁左右最为明显。

家长一定要重视模仿敏感期，因为孩子必须顺利通过这一阶段才能形成自我。引导好，会提升孩子的学习能力、语言能力和人际交往能力；引导不好，会导致孩子发展滞后，引发不良行为等。

那么针对孩子的模仿敏感期，我们该如何去引导呢？

一、家长这些行为，会危害孩子一生

父母是孩子的第一任老师，家长的言行会潜移默化地影响孩子。

对于 0～6 岁的儿童更是如此，家长的行为、语言、表情等是直接模仿的对象，模仿的背后，也是孩子对父母的认同。

如果家长有一些不好的行为习惯，也会传染给孩子。比如，抽烟、酗酒、没礼貌、飙脏话甚至家暴等，这些场景在生活中并不罕见，最可怕的是，这

些不好的行为竟被孩子一一学去。

因此，当孩子在模仿敏感期的时候，我们一定不要做以下 4 件事。

1. 说话不算数

对孩子说话不算数，比如答应好买玩具，结果后悔不买了；说好去游乐园，临时改了想法……家长这些行为，一方面会让孩子养成轻言许诺、失信于人的习惯，影响未来发展；另一方面会消耗孩子对家长的信任，影响家庭关系。

2. 出口成"脏"

孩子对语言的学习模仿能力超强，家长经常说脏话，会让孩子感觉这就是正常交流，影响以后的人际交往。

3. 不讲礼貌

不讲礼貌对孩子未来的学业、事业都会造成不利影响。如果家长出现不讲礼貌的行为，比如在背后议论别人、随地吐痰、乱扔垃圾等，孩子就可能模仿，而且会自然而然地认可这种行为。

4. 随意发脾气

家长经常对孩子发脾气，孩子也可能会用这样的方式去对待其他人。

另外，科大大要提醒家长们，在管好自己的行为之外，还要严格把关孩子接触到的内容，以防他们模仿其中的危险行为，尤其是动画片。

既然家长不能做这些事，那反过来想，家长可以做哪些引导，帮助孩子顺利度过模仿敏感期呢？

二、利用好模仿敏感期，培养孩子的好习惯

模仿的本质是认同和内化，从婴儿出生以后就开始了。玛利亚·蒙台梭利说，孩子的每一次成长，都是从模仿大人开始的。因此我们可以利用宝宝模仿敏感期的发展，培养孩子养成良好的习惯。

1.0 ～ 2 岁：简单模仿

这个阶段的模仿，也叫即时模仿，宝宝会有意识或者无意识地模仿父母的表情、声音，学习一些简单小动作。例如：摇手说"再见"、学爸爸妈妈打

电话、学小动物叫等。

建议家长：帮助宝宝发展语言能力。

引导方式：放慢自己的说话速度，不断重复。

我们不妨这样做：当给孩子看小动物卡片时，可以慢一点儿跟他说"大——象、猴——子……对，是大——象、猴——子"。宝宝在模仿、重复的过程中，会逐渐把学到的语言内化成自己的，所以家长一定要多些耐心。

2. 3～4岁：行为模仿

这个阶段，孩子的模仿力最强。当语言能力得到发展后，孩子的肢体动作也会越发熟练。

由于这个阶段的模仿，跟宝宝未来的行为习惯有直接关系，所以父母可以从培养孩子行为习惯的角度做引导。例如，宝宝会模仿父母刷牙、喝水、做家务等。

建议家长：帮助宝宝掌握基本生活能力，如吃饭、刷牙、如厕。

引导方式：角色扮演，肯定孩子的行为并给予正面回应。

我们不妨这样做：利用孩子的兴趣，玩"过家家"。比如，家长扮演小猪佩奇的爸妈、宝宝扮演小猪佩奇，大家演一起吃饭的场景。通过这个过程，可以加强正向积极的模仿行为，让宝宝养成良好的生活习惯。同时，当宝宝做积极正向的模仿时，可以肯定孩子的行为并给予称赞——"好样的！""宝贝真是爸妈的得力小助手！"这样宝宝才能更有积极性，认为自己有价值。

3. 4～5岁后：品格模仿

4～5岁之后，孩子更多地会模仿父母生活的方方面面。因此，家长要格外注意品行等方面的表现。例如，父母边吃饭边玩手机，孩子吃饭的时候就要看动画片；父母说话时大喊大叫，宝宝和小朋友玩耍的时候，也会大声嚷嚷。

建议家长：规范行为，帮孩子养成良好的品格。

引导方式：以身作则、言传身教。

我们不妨这样做：和孩子在一起时尽量减少玩手机的时间、随手把垃圾扔进垃圾桶、和长辈见面打招呼等。外国教育家马尔库沙曾经说过，"孩子的目光就像永不休息的雷达一样，一直在注视着你"。当孩子身上出现问题的时候，不要急着责备孩子，先检查一下自己是否出了问题。孩子无心的举动，却让我们看到了自己的不完美。最好的家庭教育，是父母率先走好人生路，做好榜样，身体力行。

分床、分房睡，先杜绝 3 点

对家长而言，陪宝宝睡基本上意味着没有性生活，如果强行亲热，那么"社死现场"就"如约而至"。那么，到底怎么让宝宝自愿分床、分房睡？多大分床、分房睡最好？长时间跟父母睡会不会性早熟？长大后是否会很不独立？这些疑问，科大大帮你逐个解决。

一、分床、分房睡 3 大谣言，纯属制造恐慌

"长时间跟父母睡的小孩，会性早熟吧？""一分床就哭破喉咙，太黏人，以后会不会不独立？""三四岁不分房，五六岁悔断肠，真的如此吗？"

这 3 大谣言，听信你就输了。

1. 分床、分房早晚与孩子性早熟，没有一点儿关系

性早熟主要是由于脑部病变或者误食性激素药品，如果没有以上 2 种问题，那么家长们就只需要注意：不要让孩子接触超出心理年龄的内容，正确科普性知识、进行性教育。

2. 分床、分房睡与孩子的独立性，不一定有直接联系

其实，孩子独立与否，不能简单地依据是否可以分床、分房睡来判断，往往是各种因素综合起来，才能影响孩子的整体认知发展。最重要的是，如果孩子独立性差，单纯依靠分床、分房睡也无法培养孩子的独立性。

3. 分床、分房睡，按年龄一刀切是害孩子

绝大多数家长都喜欢这种非黑即白的答案：1 岁会走路；3 岁要分床；5

岁要会独立上厕所……实际上，单纯按年龄强行分床、分房睡，会对孩子造成极大的伤害：

①性格变得特别胆怯，没有安全感。

②白天疑神疑鬼，很怕黑。

③被逼独自睡觉后，整晚睡不着。

④内心害怕无助，造成巨大心理阴影。

独立，是内心安全感的外化。过早分床、分房睡，反而会让孩子更加没有安全感，所以一般来说，只要能够在 3 ～ 10 岁完成分床、分房即可。

但这不代表孩子就能心安理得地与家长合睡了，因为长期不分床、分房睡，最受影响的不是宝宝，而是夫妻感情，容易导致：

①夫妻睡眠质量长期低下，脾气变大、爱吵架。

②性生活频率骤降，亲密度低。

③习惯性地更照顾孩子，忽略伴侣感受。

在美国的一项社会调查中，夫妻生完孩子后，第 1 年，有 92% 的人表示，夫妻冲突逐渐增加；第 2 年，有 25% 的夫妻关系陷入了困境，其中还不包括分居和离婚的。所以分床、分房这件事，还是得"该出手时就出手"。

二、从分床到分房，牢记 3 点准没错

其实孩子之所以不愿直接分房睡，经常哭闹，往往是因为不习惯独自睡、怕黑、没有安全感。这时家长们没必要强制分房，可以循序渐进地从分床开始。那么该什么时候开始分床呢？平日注意观察孩子，当他们出现以下 3 种情况时，就可以愉快的"动手"了。

1. 观察可分床睡的行为

①天使宝宝：自己直接提出分床睡。

科大大收到留言，称孩子突然要求自己睡了，老母亲反而不适应，心里酸酸的。

像这类宝宝就可以直接分床睡——简直要让人羡慕死了。

②省心宝宝：具备一定自理能力。

这一类孩子晚上睡得安稳，不乱踢被子，大小便会叫大人或自己去，说明孩子已经具备了独立睡觉的能力，完全可以自己"见周公"了。

③性别意识萌芽。

小孩子一般会在5～6岁开始有性别意识，这时会对爸妈之间的互动产生好奇。比如会问"爸爸为什么要趴在妈妈身上呀？""为什么要嘴对嘴啊？"此时，家长一定要警惕，尽快让孩子分床、分房睡，以免对孩子的性心理发展造成影响。

2. 利用孩子的模仿心理分床

分床这件事看起来很难，但实际上合理利用孩子的模仿心理达到目标异常轻松。有位妈妈曾说，"分床睡这件事，我只跟儿子说了一句话——'你的一个好朋友，前一天晚上就自己睡了'"。就这一句话，让曾经十分黏人的儿子乖乖独自睡觉……作为妈妈，反而有一丝的不舍。

孩子说，要向好朋友学习。这正是利用了孩子的模仿心理。其实绝大多数孩子，会因为知道同班同学都自己睡了，只有自己还在和爸爸妈妈一起睡，觉得和大家不一样，从而促使孩子渴望可以拥有自己的小床。孩子从幼儿园回来后，不出意外就会主动张口要自己的"公主床"了。

除了利用孩子的模仿心理，还有4种方式可以学习。

①布置孩子喜欢的床铺。

给孩子布置漂亮温馨的小床，孩子爱不释手抱着床亲了又亲，分床睡水到渠成；还可以放些孩子喜欢的玩具。总之，一切看孩子喜好。

②让宝宝自己拼接床，激发占有欲。

主动激发孩子的占有欲，分床更顺利。5岁宝宝，十分黏人，妈妈让她帮忙安装床后，对自己的床产生了巨大占有欲，一下就被这招制服了。

③准备上下铺。

家长和孩子一起睡到次卧，孩子睡上铺，父母睡下铺。过些日子，家长回主卧睡，给孩子留着门，孩子也能很快适应。安排上下床后，孩子每晚很快就自主入睡了。

④先分被子，再分床，把步骤拆得更细，让宝宝逐渐适应。

当孩子适应分床后，分房相对就轻松一些了。

3. 分房睡，仪式感、归属感是关键

关于分房睡，最重要的是制造仪式感，一定要给分房睡冠上一个"长大"的荣誉头衔。可以在宝宝过生日的时候，让全家人隆重地授予奖杯，给孩子一种荣耀感。然后，让孩子自己挑选心仪的床单、被罩、枕头、书桌等。

当孩子开始主动布置自己的房间，就会有一种归属感，认为这个房间就是为自己"独家定制"的，可以瞬间让孩子爱上卧室，相比强迫锁门来说，这是更佳的分房睡方式。

除此之外，陪孩子在里面玩耍，也会增强孩子和房间的感情。

最后再强调一遍，分床、分房睡，没有最佳年龄，只要在 3～10 岁完成就行。进行以上方法的前提是，孩子已经出现可分床、分房睡的两大行为：

①具备一定的自理能力，比如晚上睡得安稳、不乱踢被子、大小便会叫大人或自己去。

②性别意识萌芽，对爸爸妈妈之间的互动开始好奇，一般宝宝在五六岁就会有这方面的意识。

家长们对分床、分房这件事焦虑，真的大可不必，正如马伊琍所说，孩子迟早都会的事，我们又着急什么呢？

6 招戒掉乳房依恋

当妈之后，你都遭遇过哪些尴尬的瞬间？被宝宝当众摸胸绝对排得上号。本来抱着宝宝开开心心地逛街溜达，小家伙的手"嗖"的一下就伸到衣服里去了。

小家伙是开心了，妈妈可是尴尬了。要是直接呵斥，小家伙一脸委屈、泪水涟涟；默许他的行为吧，这大庭广众的，长此以往也不合适。每当这个时候，妈妈们的脑海中就蹦出来 9 个大字：乳房依恋该怎么纠正！

一、母乳阶段，引导为主

要想纠正孩子随时随地触摸妈妈胸部的习惯，首先要知道孩子为什么如此沉迷于触摸乳房，是怪癖，还是性早熟？都不是。

其实，孩子在母乳阶段依恋妈妈的乳房，是一种很正常的现象。

一方面是因为习惯了。宝宝从出生开始就和乳房亲密接触，它们不仅是宝宝的"粮仓"，更是宝宝情感上的寄托、愉悦感的来源。宝宝对乳房的依恋，就像我们对温暖被窝的贪恋一样，是一种渴望爱和温暖的表现，也是宝宝表达爱和依恋的一种方式。

另一方面是寻求安全感。当宝宝焦虑、不安时，比如到了陌生的环境，就会不自觉地往妈妈的怀里钻或伸手触碰妈妈的前胸，用来缓解焦虑、紧张。

这也就不难解释，为什么那么多宝宝都喜欢摸着妈妈的胸部睡觉。同理，很多宝宝喜欢摸着毛巾、小被子、固定的毛绒玩具，或者妈妈的肚子睡觉，这都是在寻找安全感。

还可能有一个重要原因，就是强行断奶的后遗症。过于强硬的断奶方式，会让孩子更留恋妈妈的乳房，可能出现"报复性"摸胸的行为，所以在 2 岁之前，对于孩子的乳房依恋不用太过焦虑。

家长也不用担心这是性早熟的表现，不要乱"贴标签"。宝宝小时候渴求安全感，摸胸对他来说只是一种抵抗外界变化的安慰剂。但这也不意味着，家长就可以放宽心，一味地纵容孩子触摸乳房。

二、2 岁之后，有计划地戒除恋乳

0～3 岁是培养性别观念和性角色认同的重要阶段，不及时进行"断奶"教育，就不利于培养孩子的性别意识。而且，要是宝宝在公众场合摸碰妈妈胸部，或者在幼儿园触摸女老师或其他女性的胸部，可就尴尬了。

孩子终归要长大，脱离妈妈的怀抱，所以在自然离乳之后，就要科学、自然、有计划地戒除乳房依恋。

三、用这 3 招，让宝宝戒除乳房依恋

1. 转移注意力

好用指数：★ ★ ★ ★ ★

不管是在家里还是户外，当宝宝想摸胸的时候，要想制止宝宝的行为，最重要的是把他的注意力转移到其他地方。

①孩子睡觉的时候要摸胸，家长就可以拥抱宝宝，抚摸宝宝后背，拉住宝宝的手，让宝宝了解到，并不是只有通过触碰乳房才能和妈妈亲密互动。

②如果孩子在地铁等公众场合摸胸，家长第一时间也是要转移他的注意力，吸引宝宝去看地铁里的广告，或者去看路边的小狗狗等，都是可行的。

③妈妈和孩子在家里玩耍时，让孩子参与更愉悦和更有成就感的游戏和活动，把孩子的注意力和精力转移到游戏中的观察、思考和动手上来，可适当地减轻宝宝对乳房的依恋。

2. 给孩子一个新的安抚物

好用指数：★ ★ ★ ★ ★

乳房对于宝宝来说是安全感的来源，所以可以通过更换安抚物，来帮助宝宝告别触摸乳房的习惯，可以是布娃娃、小飞机、小毛巾等。只要确保安全，任何物品都可以。

3. 读绘本

好用指数：★ ★ ★ ★

读绘本在任何时候，对孩子的成长都有很大的教育意义。家长可以带着孩子读《乳房的故事》《小鸡鸡的故事》《不要随便摸我》等绘本，并在纸上画图，以此培养宝宝的隐私意识。平时，可以由爸爸带儿子、妈妈带女儿一起洗澡，让孩子明确性别界限。

除了以上 3 个实用小技巧，在帮宝宝戒除乳房依恋的过程中，家长还有一些注意事项：

1. 循序渐进

不管用什么方法，戒掉摸胸的习惯都不是立竿见影的，要给孩子一些时间，让他慢慢适应，一般需要 3 个月左右的过渡期，所以家长们千万别急，要淡定、耐心，做好打持久战的准备。

2. 全家统一战线

家庭成员要统一战线，不能妈妈不让碰了，就去找奶奶和姥姥。否则，宝宝的行为戒不掉，还会让孩子产生疑惑，不知道怎么做才是对的。

3. 高质量陪伴

堵不如疏，给宝宝更多关怀和安全感，当孩子感受到爱和安全感后，乳房对孩子自然就没那么有吸引力了。

家长们要每天安排一些时间——哪怕只有半小时——给孩子全身心的陪伴，和孩子拍拍球、拼玩具、认真回应孩子说的话，多抱抱、亲亲、抚摸。

宝宝从小就跟妈妈的乳房建立了密切的联系，与其说是戒一种行为，不如说是戒掉一种情感。所以家长们在给宝宝戒除摸胸习惯的时候，要注意孩子的情绪，温柔一点，耐心一点。没有一次就能改掉的习惯，也没有一天就能长成的大树。

秋冬洗澡的两大"坑"

天气凉了，如何给宝宝洗澡，也成了让很多家长头疼的难题：不洗，宝宝出汗会很不舒服；洗吧，又害怕孩子着凉感冒。

秋天泡药浴能帮宝宝强身健体吗？生病的宝宝秋天能洗澡吗？怎么洗是正确的？

这一篇，科大大就跟大家讲讲秋季给宝宝洗澡的那些事。

一、秋季泡药浴，强身健体能治病？

一到秋天换季，很多孩子都会生点儿小病，感冒、咳嗽纷纷找上门。为了给宝宝治病或者增强体质，有些家长就想走捷径——泡药浴。

于是，各种洗浴好搭档，纷纷上阵，一天换一种，一个月都不带重样的。可它们真的有用吗？科大大一一揭秘。

1. 一号种子选手："专业"药浴治百病

爸妈们都听过这样的说法：药浴中的药物可以在泡澡过程中渗入体内，起到治疗效果，再加上各大药浴机构的口号喊得响亮，就等胖娃娃送上门了。

这里科大大要给大家辟个谣。首先，药浴能治病的说法，目前没得到过科学证实；其次，治不好不要紧，还可能导致宝宝过敏或者引起其他疾病。

2. 二号选手：天然草本无添加

还有些家长说："外面的药浴不靠谱，那在家给宝宝用天然草本植物泡澡总可以吧？"科大大必须要说，纯天然不等于无刺激。这些草本植物不仅没有用，反而会加重皮肤负担，对宝宝造成伤害。而且，目前也没有任何科学依据或者临床资料证实，这些草本植物泡澡是可以治病的。

所以，给宝宝洗澡要坚持一个原则：什么也别加，清水洗最好。除了不加"佐料"，还有一些给宝宝洗澡的误区，家长也要警惕。

★ 洗澡时开着浴霸。

★ 套着婴儿式游泳颈圈给宝宝洗澡。

★ 用花洒直接给宝宝洗澡。

★ 一边洗澡一边加热水。

★ 洗澡过程中留下宝宝一个人在浴室。

既然药浴不能治病，那生病的宝宝能不能洗澡？

二、秋天，生病的宝宝能洗澡吗？

1. 宝宝咳嗽时

室温保持在 27 ～ 29 ℃，并且没有直吹风，就可以给宝宝洗澡。洗澡有利于代谢，还有利于增加呼吸道内水分、改善上呼吸道感染症状，有助于缓解咳嗽。

2. 宝宝发热时

宝宝发热时能不能洗澡？分情况：

①体温上升阶段，宝宝会打寒战、手脚冰冷，这时不建议给宝宝洗澡。

②体温下降阶段，宝宝会出汗，排出多余的热量，这时只要宝宝愿意，就可以洗澡。

但家长要明确一点，洗澡是为了舒适和清洁，对退热的作用很小。

3. 宝宝湿疹时

宝宝得了湿疹，很多妈妈不敢给孩子洗澡，怕感染。但科大大要说，湿疹宝宝不仅可以洗澡，而且必须洗。只有把皮肤上脱落的皮屑、裂口周围的细菌、汗渍都清洗掉，才有利于湿疹的康复。

洗的时候，也要注意以下 4 点：

①用清水洗，水温不要太高。

②不要用刺激性沐浴露，PH 值最好偏弱酸性。

③不要用毛巾擦拭皮肤破损严重的部位，可以选择局部烘干或者让其自然晾干。

④擦干全身后，及时给宝宝涂抹润肤霜。

4. 不建议洗澡的 4 种情况

①宝宝饥饿时，洗澡容易低血糖。

②饭后或喝奶后 30 分钟，洗澡会影响消化。

③宝宝生病严重期间，最好别洗。

④皮肤破损严重时，浸水后污染伤口会影响愈合。

有的家长问，科大大，秋季该怎么给宝宝洗澡才能少生病呢？

三、秋季洗澡把握好 4 点，让宝宝少生病

秋季给宝宝洗澡，为了防止病毒乘虚而入，家长要注意以下 4 点。

1. 温度

秋季给宝宝洗澡，室温最好控制在 27 ～ 29 ℃。如果温度过低，可以先用小太阳或浴霸把浴室弄暖和了，关了浴霸再带宝宝去洗澡，或者在白天气温较高时洗澡。

洗澡水不能太烫，38 ～ 40 ℃对正常宝宝来说最舒服，至于湿疹较重的宝宝，水温应该再低 1 ～ 2 ℃。妈妈拿不准的话，可以买一个水温计测量。

2. 洗澡时间、次数

对于皮肤比较敏感、干燥的宝宝，洗澡不要太频繁，隔天一次即可。不要让宝宝长时间泡在水里，控制在 15 分钟内最好。

3. 正确洗澡步骤

正确的洗澡顺序是，先洗头再洗身体。

第一步：家长可以用浴巾包裹住孩子身体先洗头。

第二步：冲洗头发时，用手挡前额或用护耳洗发帽，让带泡沫的水流向两边，不要进入宝宝的眼睛。

第三步：洗完后头上包好毛巾，再洗身体，洗完用浴巾裹着并擦干，这样能有效预防宝宝着凉。

另外，如果是用浴盆洗，妈妈全程要保持一只手放在宝宝身上，因为只要水深达到 1 英寸（2.54 厘米），宝宝就有可能发生危险。

科大大可不是吓唬你，这样的悲剧不在少数——1 岁 9 个月大的孩子在家洗澡溺亡，只因妈妈中途去阳台晾了件衣服。所以，在给宝宝洗澡的过程中千万不要松手，也不要留宝宝一个人在浴室。家长可以在洗澡前把所有东西都准备好，或者爸妈一起给孩子洗澡。

4. 清洗时要注意 4 个部位

①肚脐眼：不用洗太干净。

②耳朵：洗完耳朵后，用棉签沿耳轮至外耳道轻轻拭干。

③私处：具体参考"男宝私处清洗要点"和"女宝阴唇清洁指南"。

④乳痂：乳痂有可能是湿疹，需要保湿处理。

学步期，这4种姿势很危险

育儿就如孩子颤颤巍巍走的那条路，绵长又磕绊。很多家长和科大大说，陪孩子长大真是一件让人矛盾的事，既希望他们拥有丰富多彩的人生，又期盼他们避开这样那样的意外。

在宝宝学步期，不仅要注意宝宝异常的步伐，还要防着磕碰受伤，毕竟一旦干预不及时，都可能影响终生。

那怎样的姿势是错的？家长该如何引导宝宝正确走路？

接下来，科大大就好好说道说道。

一、宝宝的姿势看仔细，谨防错过治疗期

宝宝想学走路时，通常会释放3个信号告知家长，我要开始学走路啦。

①宝宝爬行速度已经很快。

②能够熟练地爬楼梯。

③会扶着东西站立，甚至像螃蟹一样"横着走"。

婴幼儿发育规律显示，宝宝2岁以下有轻微O形腿、2～6岁有轻微X形腿是正常的。

刚出生
狭小的子宫让胎儿腿骨发生轻微弯曲，所以刚出生的宝宝都是O形腿。

2～3岁
当宝宝开始学步，O形腿会逐渐改善，在2～3岁时，大多数宝宝O形腿会消失。

3～6岁
宝宝的双腿会逐渐变成X形。

约7岁
等到7～8岁时，大部分孩子的腿形会变得正常。

正常孩子的腿形变化

但如果超过这个时间，宝宝还存在这几个"路数"，就得警惕了。

①"鸭子"步：走路姿势像鸭子，每往前走一步，躯干就要向对侧摇摆一下。

宝宝走"鸭步"的主要原因是扁平足，可以多练习蹬小轱辘童车，或去游乐场踩滚筒，一般情况是没事的。但如果超过6周岁，宝宝还悠然地迈着"鸭步"，那就要考虑是否存在先天性髋关节脱位、发育不良或是神经系统疾病了，建议及时就诊。

②"括号"步：像经过马术训练似的，双腿像"括号"。

宝宝2岁前有"括号腿"属于正常现象，称为"生理性O形腿"。但如果过了2岁，宝宝双腿并拢时，两侧膝关节之间的距离还大于8厘米，那就很可能是钙和维生素没补够。

一般而言，宝宝出生15天后就要开始补充维生素A、维生素D，用来帮助宝宝更好地吸收母乳或奶粉中的钙。这个过程很重要且须精益求精，一旦出现纰漏，便会给"括号

走路姿势像鸭子，每往前走一步，躯干就要向对侧摇摆一下。

像经过马术训练似的，双腿像"括号"。

腿"留下可乘之机。请神容易，送神难，想要和 O 形腿说再见，就得需要医生对症治疗了。

③"螃蟹"步：宝宝的双脚朝内，像个大夹子。

这样的"螃蟹"步是宝宝刚学走路时，为了平衡头部位置，而不自觉产生的双腿朝内。这种情况下，让宝宝刻意盘腿坐或穿硬帮鞋，都能有所改善。但如果自我矫正一段时间后，效果仍不明显，最好带宝宝到医院进行检查。

双脚朝内，
像个大夹子。

④"X 形"步：双腿呈 X 形，也被称为"大屁股综合征"。

双腿并拢，宝宝两侧踝关节间的距离大于 8 cm，就可能会走出 X 形步伐。这一类型的宝宝一般较为"内敛"，不好动，肌肉缺少负重训练，只要定期锻炼，很快就能纠正。

常见问题的答案，爸妈心里都有数了，但要怎么突破从零到一的关键一步呢？科大大认为，兼具趣味和科学的小游戏是最佳选择。

双腿呈 X 形，
也被不友好地
称为"大屁股
综合征"。

二、走路应该怎么学？ 4 招轻松搞定

一般情况下，从宝宝 4 个月开始，就要为走路做准备了。

娃走路进程表	
月龄	技能
4～7 个月	坐
7～10 个月	爬
8 个月	扶站
8～9 个月	站立掌握平衡 + 巡航
9～12 个月	独站 + 走第一步
12～15 个月	走路

想要让宝宝的走路基本功变扎实，这几个月也很关键。

1.7 个月开始，爬转坐，引导爬行

爬得好，才能走得好。从 7 个月开始，爸妈就该引导宝宝慢慢爬行了。每天训练宝宝爬转坐，集中锻炼腰部和腿部力量。

2.8 个月开始，训练爬行，尝试扶站

时不时和宝宝来场"匍匐 PK 战"，充分调动宝宝的爬行兴趣。宝宝多爬行，对于促进大脑发育和增强腰背部、腿部力量都有积极作用。可以适当地扶站，但不能久站。

3.11 个月开始，锻炼腿部力量

"教蹲供走"是宝宝快速走稳路的重要秘诀。家长可以利用宝宝天生的模仿能力，带头演示萝卜蹲，时间久了，宝宝就会不自觉地学会下蹲。这不仅能锻炼宝宝的腿部肌肉，提高身体的协调能力，还能掌握一门自保技能，放心大胆地往前走。

4.12 个月开始，独立行走

开始先带宝宝在有格线的地板上重复走几次，让宝宝有基本的路线感，再让宝宝光脚沿地板格线，有目的地前进。

当宝宝的注意力全部集中在地板上时，家长可间断性地放手，试着让宝宝独自走几步，也许用不了几天，宝宝就能独立走完整条"路线"。

那为什么非要光脚呢？这是因为宝宝光脚走路时，脚部神经能够直接感觉到地面，刺激神经末梢，帮助宝宝加速触感的发育，让小脚丫更加灵活，走路更稳。

最后科大大再给大家拔个草，不建议给宝宝使用学步车。因为当宝宝跟不上学步车速度时，会出现拖行现象，这很可能会诱发腿部骨骼变形。

9 起儿童车祸，曝光汽车 3 大盲区

作为妈妈，最自责的事莫过于，因自己的一时疏忽让孩子受到伤害。更可怕的是，还要眼睁睁地看着孩子受伤死亡。

一则新闻画面，让无数妈妈揪心：一位妈妈带孩子出门买东西，随手把婴儿车停在了店门口。但她并没有意识到，门口正是个下坡路。婴儿车一路下滑、卡住、侧翻，这时恰巧有个大货车经过，直接碾过婴儿的头部，现场血流满地，惨不忍睹……

孩子出车祸的首要原因的确是家长没有尽到监管、教育责任，因风险意识不足，防护设备不到位，让孩子身处险境而毫无察觉。

下面这 3 个儿童车祸盲区，可能 90% 都在家长的认知以外。

一、汽车盲区有多危险？

死亡事故发生率最高的私家车 3 大盲区。

危险指数：★ ★ ★ ★ ★ $^{100+}$

Top1：事故率最高盲区之侧前方

小孩的个子很矮，司机坐在驾驶位是完全看不到侧前轮方向站立的小孩的。所以很多时候来回碾轧而不自知。家长们没事别把孩子带去停车场遛弯儿，更不要带孩子在正常通行的

机动车道逗留、发呆、玩手机、训话、蹲下给孩子系鞋带、嗑瓜子聊天……

在机动车道逗留时，即便家长努力观察四周，也无济于事，因为司机看不到。所以，小孩子没有风险意识，但大人一定要有。

Top2：正前方盲区

一般大家都认为，正前方是司机的正视野，是最不用担心的区域。但实际上，正前方的盲区也很大，并且司机越矮小，盲区越大。对个子矮的孩子来说，很危险。

Top3：后方盲区

车尾是盲区范围最大的位置，左后方能达到 2.5 m、右后方则能达到整整 4 m。小孩子无论是站着、坐着，还是蹲着，几乎都无法让司机通过后视镜观察到。

通过这些真实场景，科大大总结出一个共性：儿童车祸碾轧事故，绝大多数都是在车辆起步时，孩子正好在停车区内玩耍。

所以预防盲区车祸，用 3 句话总结就是：远离正在启动的车辆；如非必要，坚决不在停车场逗留或玩耍；遛娃时远离地库进出口、公共停车位。

除了这类让人意想不到的盲区车祸，剩下的意外基本都是与家长的"安全意识"不到位有关。

二、这 6 大瞬间令人后怕

①小孩不坐安全座椅，发生意外时很可能在车里被乱砸乱撞。

②拉着孩子骑扭扭车，上机动车道被轧。

③拖拽小孩自行车，拐弯致侧翻，差点儿被后方来的车撞上。

④让小孩骑成人平衡车上路，一不小心就后悔一辈子。

⑤家长过马路低头玩手机，不管小孩。

⑥电瓶车载小孩，不做任何安全防护措施。

每一起交通事故，给家庭带来的伤害都是不可磨灭的。对于在场的监护人来说，更是无比沉重的打击。

那么这些家庭后来都怎么样了呢?

还记得网友说的一个真实故事：放学回家路上，看见一个妇女骑自行车去商店买东西，她把车子撑在商店外，让孩子坐在自行车后绑着的座椅里，自己进商店买东西。脚撑是那种斜脚撑，孩子在车子上扭了扭，就向外摔倒了。这时一辆卡车正好拐弯过来，根本来不及刹车，就把孩子撞死了……旁边的大人都跑过去了，妈妈还在商店里聊天。结果这个妈妈无法原谅自己，从此疯了。

因一时疏忽让孩子遭遇意外车祸这种事，先不说她要如何面对家人，她自己都难过得想死的心都有了。尽管别人一再开解、劝说，当事人心里的结可能永远都打不开了。所以，科大大再次提醒各位家长：

地库停车场	小区楼下公共停车位	其他日常注意
①非必要，不带娃去	①别"鬼探头"，不在地库出入口徘徊、嬉戏	①城市道路骑电瓶车载小孩，须做好安全防护，戴头盔等
②停车场内不逗留、不聊天、不系鞋带、不训斥、不玩手机、不发呆	②在小区内玩，不在划线停车位打闹、系鞋带、躲猫猫、钻车底	②宝宝乘汽车，一定要坐安全座椅
		③扭扭车、平衡车、自行车，不拖行上马路，在小区内玩即可
		④带娃过马路，别低头玩手机

第四章

科学保健常识

2 听 3 观察，别把肺炎当感冒

在冬、春两季，肺炎一直是家长高度关注的问题，每当这时，很多家长就开始紧张。科大大就给大家讲一节"肺炎"课。

一、肺炎和感冒，务必分清

你可能很容易把肺炎和感冒搞混了，因为它们的症状非常相似。所以家长们一定要搞清楚，什么情况下要怀疑是肺炎，而不是感冒。科大大教给大家一个好用口诀：2 听 3 观察。

1. 听呼吸

肺炎最典型的表现就是呼吸困难、呼吸急促。如果宝宝只是普通感冒，一般不会有此症状。根据世界卫生组织（WHO）儿童急性呼吸道感染防治规划，儿童呼吸急促的标准如下表所示：

呼吸急促标准	
2 个月以下	呼吸 ≥ 60 次 / 分钟
2 ~ 12 个月	呼吸 ≥ 50 次 / 分钟
1 ~ 5 岁	呼吸 ≥ 40 次 / 分钟
5 岁以上	呼吸 ≥ 30 次 / 分钟

怎么数呢？孩子安静、不发热时，妈妈负责掀开衣服数胸部起伏次数，一起一伏算一次；爸爸则在旁边看时间，最好完整地记录 1 分钟的呼吸次数

来评估。

2. 听啰音

选择比较安静的环境，比如宝宝入睡后，将耳朵贴近宝宝前胸或后背，如果听到肺部区域有类似水烧开的"咕嘟咕嘟"的声音，可能是气道内有痰，也可能是出现了"湿啰音"，建议及时就医。

一般而言，典型的肺部细湿啰音多出现于发病 3 天后，或伴有喘鸣音。

除了 2 听，还有 3 观察。

1. 高热不退，吃退热药无效

高热超过 38.5 ℃，且持续两三天不退，即使吃退热药或持续物理降温，效果也差，或者体温暂时下降一会儿又反弹。普通感冒虽说也会发热，但程度一般较轻，服用退热药一般见效较快，精神、食欲也普遍不大受影响。

2. 精神不振，嗜睡烦躁

年龄小的宝宝会精神不振或者烦躁，嗜睡却又睡不安稳，比患普通感冒时更加烦躁、爱哭闹。年龄大一些的孩子抵抗力会强一些，早期在体温下降时可能精神尚佳，但如果病情持续不见好转，也会萎靡不振。

3. 食欲下降，拒食拒奶

孩子感冒时的食欲和健康时的状态差别不会很大。而患肺炎的宝宝，特别是小婴儿，一方面食欲可能显著下降；另一方面则会在喂奶时出现吐奶、呛奶的状况，有些孩子甚至直接拒食、拒奶。对于小婴儿来说，这可能是最先被父母观察到的疑似肺炎症状。

家长应逐一检查是否有以上情况，怀疑孩子肺炎时，不要拖延，马不停蹄地去医院。

二、用药千万条，安全第一条

肺炎这种类型的疾病，家长们自己根本搞不定，所以用药方面，这几点千万注意。

1. 不要自行用药

应遵医嘱，根据患儿年龄、发病季节、病原体及临床表现、辅助检查，实施针对性药物治疗。

用药小手册	
细菌性肺炎	目前使用最广泛的是 β- 内酰胺类抗菌药物（如头孢类、青霉素类、碳青霉烯类等）
支原体肺炎	可口服或静脉注射大环内酯类抗菌药物治疗
病毒性肺炎	除了考虑流感病毒感染须积极抗病毒治疗，其他病毒感染无特效药物，须积极对症治疗

并非所有肺炎都要用到抗菌药。每一种抗菌药，对应特定种类的细菌才有效果。

2. 症状没有好转就停药

如果服药一两次，孩子退热，或者症状减轻，有些妈妈就开始担心"是药三分毒"，刚见好就不吃了。

这样是错误的。不同的药有不同的疗程，这一点就医时一定要问清楚，该吃几个疗程就要吃满，自行停药，或者用一用又停一停，会让宝宝体内的病原体产生耐药性，有可能导致病情迁延反复，甚至让肺炎发展为慢性肺炎。

3. 随意换药，坑孩子

有些患儿的治疗不会立竿见影，在医生的指导下，至少用药 3 天，才能评估治疗效果。原则上，只要病情没恶化，就应该坚持服药，根据医嘱定期评估病情，千万不要随便听信"别人家孩子的病例和用药办法"，不要自行换其他药物。

4. 误认为打针输液比吃药"力度大"

输液是一种侵袭性的操作，口服药只要选对、用对，对于大多数人是能够达到效果的。只有重症肺炎或因呕吐等因素导致难以口服药物的宝宝，才考虑打针或输液。

积极预防喘息性支气管炎

据统计，我国至少有 7.4 亿二手烟受害者，其中 1.8 亿为儿童。烟雾中的有害物质可导致支气管黏膜充血、水肿，从而引发各种呼吸道疾病。喘息性支气管炎就是这些呼吸道疾病中的一种。

接下来，除了要全面解析这种伤害孩子的病，科大大还要提醒吸烟的家长——戒烟必须排上日程。

一、喘息性支气管炎不等于哮喘

孩子一生病，就喘气不畅，家长怎一个"急"字了得？一看医生，又满头问号地收获了一个新词——喘息性支气管炎。

喘息性支气管炎指的是有喘息表现的婴幼儿急性支气管炎。主要特征就是喘息、呼气不畅。除发热、咳嗽、咳痰这些支气管炎的症状外，伴有喘憋现象。

诱发喘息性支气管炎的主要原因有：

①病毒诱发：呼吸道合胞病毒、流感病毒、腺病毒、鼻病毒、肺炎支原体等。

②部分宝宝在病毒感染后，继发了细菌感染：造成反复感染，次数频繁，其中，吸二手烟与反复感染有极大关系，另外还有居住环境干燥、空气污染严重等。

③过敏体质因素：患有过敏性鼻炎、湿疹等。

喘息性支气管炎多发于 2 岁以下婴幼儿，这是由于婴幼儿的气管和支气管都较狭窄，黏膜一旦受感染或受刺激而肿胀充血，黏稠的分泌物不易咳出，就会产生喘鸣音。

有家长困惑了——又咳又喘，不就是哮喘吗？那还不至于。

哮喘是喘息性支气管炎的升级版。如果喘息性支气管炎反复发作，且伴有过敏体质或相关家族病史，就容易增加哮喘的发生风险。

哮喘的典型特征：

①喘息发作的频率多于每月 1 次。

②夜间、凌晨反复咳嗽，运动后咳嗽加剧。

③咳嗽持续 4 周以上。

④个人或一、二级亲属有过敏性疾病病史，或过敏原检测阳性。

二、益生菌？输液？治疗首选这招

确诊喘息性支气管炎后，要加强呼吸道管理，确保室内空气新鲜，保持适宜的温度与湿度。

首选的药物治疗方式是糖皮质激素 + 支气管扩张剂雾化给药。当然，是否雾化、雾化多久，要根据宝宝的实际情况而定。一般在宝宝出现频繁咳嗽、喘息、痰多不易咳出等情况后，建议考虑雾化治疗。

支气管扩张剂雾化治疗疗程一般要 3 ~ 7 天，根据喘息情况逐渐减停。糖皮质激素雾化治疗疗程一般持续 1 ~ 2 周，或是根据宝宝的发作情况，适当延长。

1. 需要补充益生菌吗？

目前，益生菌在预防及治疗哮喘的效果上还存在争议。一般来说，如果患有喘息性支气管炎的宝宝合并细菌感染，且在使用一些抗生素的时候会产生胃肠道刺激症状，可以考虑用益生菌改善肠道菌群。但是不同菌株和菌群数量存在非常大的个体差异，单一类型的益生菌也未必对所有个体有效，也不是所有菌株都有预防和治疗作用。所以，不建议自行使用，一定要遵医嘱。

2. 一确诊就输液，有必要吗？

孩子中重度喘息发作时，需要及时进行输液或补液治疗。

中重度喘息的一般诊断标准：宝宝呼吸频率高于 60 次 / 分，精神状态差、烦躁易怒，口唇青紫，呼吸困难加重，血氧饱和度低于 92%；小婴儿喂养量下降一半以上或出现呼吸暂停，或伴有脱水征象。

三、反反复复？预防护理千万别错

照顾喘息性支气管炎宝宝，妈妈们的疑问千千万，所以科大大特意准备了一个问答环节。

1. 宝宝得了喘息性支气管炎，护理上要注意点什么？

①经常帮宝宝调换睡姿，便于排出呼吸道分泌物。

②宝宝发热时，水分蒸发较快，要多给宝宝喝水，及时补充水分。

③做好隔离，避免去人多拥挤的公共场所。有些导致支气管炎的病毒具有传染性，所以宝宝患病后，要适当隔离，避免交叉感染。

2. 孩子一感冒，喘息性支气管炎就复发，怎么办？

喘息性支气管炎经过规范治疗，大多可以治愈。经常复发，大多与再次感染有关，所以一定要避免反复感染。

①积极治疗原发病，提高抵抗力。部分慢性疾病会降低孩子的抵抗力，从而导致反复感染，一定要早期重视原发病的治疗。

②预防感冒。勤洗手，按时接种流感疫苗。

③保护好鼻黏膜。有过敏性鼻炎、鼻窦炎的小朋友，除积极治疗外，日常的鼻冲洗千万不能停。

3. 日常生活中还能怎么预防呢？

除了避免反复感染，前面提到，二手烟是儿童患呼吸道疾病的原因之一。

科大大建议：如果饭桌上有人吸烟，孩子不宜久留，吃好就撤；勤开窗透气，多到户外活动；有人吸烟时，适当提醒有小朋友在，或者带宝宝去户外玩耍。还有，新车、新房里的甲醛也会损害宝宝的呼吸道，家长要格外注意，尽量避开。

随着年龄的增长，多数儿童感冒时出现喘息的情况会逐渐消失，但有一小部分会发展成长期哮喘。所以，家长一定要积极预防、配合治疗、做好护理。

1 根棉签，解决奶瓶龋

科大大在网上看到一个话题：如果只能说一个建议，你想给年轻人什么忠告？那科大大一定会说：好好爱护牙齿，尤其是宝宝。

科大大不止一次看到，新闻里的宝宝小小年纪却一口烂牙：3 岁男宝整口牙蛀了 16 颗；一位 2 岁半的宝宝乳牙全蛀光了……这些宝宝蛀牙的背后都有同一个罪魁祸首——奶瓶龋，它最擅长在家长注意不到的小习惯里悄悄入侵，然后祸害宝宝。它到底多可怕？怎么才能有效预防？

科大大就来好好说一说奶瓶龋，教大家用最省钱省力的方式解决它，让宝宝养成终身受益的好习惯。

一、奶瓶龋到底多可怕

宝宝长时间吮吸奶瓶，甚至睡觉都不离口，这会导致口腔内腐蚀牙齿的细菌大量繁殖。久而久之，牙齿脱钙、牙冠剥离，形成黑色的残根或牙渣，这就是奶瓶龋，最容易发生在 2 ～ 4 岁的宝宝身上。

看到这儿，不妨赶紧扒开你家宝宝的小嘴，对照下图看看里面的牙齿是否已经出现了奶瓶龋。

正常的牙齿　　　早期奶瓶龋　　　中期奶瓶龋　　　后期奶瓶龋

奶瓶龋发展图

有的家长表示，反正乳牙要换掉的，不用管它。错。

对于龋齿，最好的措施是早发现、早治疗，放任不管会影响后续恒牙的牙釉质，让长出来的恒牙表面缺损或出现白斑。如果乳牙因为龋坏严重而过早拔掉，还会导致后续恒牙因萌出位置不足而错位萌出，导致牙齿不齐。

牙齿 1.0 版本　　　　　牙齿 2.0 版本

除了影响后续恒牙的发育，奶瓶龋还有很多可怕的危害：

★ 牙齿疼痛，导致宝宝不敢咀嚼，咀嚼功能下降，长此以往容易营养不良，影响生长发育。

★ 宝宝长期用一侧咀嚼，会导致颌骨和咀嚼肌不对称发育，从而导致面部发育不对称，影响脸部外观。

★ 如果发展为根尖周炎时，还会诱发风湿性关节炎、肾炎、心内膜炎等全身性疾病。

★ 影响乳牙美观和说话发音，可能给宝宝造成心理影响。

★ 影响恒牙的萌出。

除了这些，还有一个更大的危害，那就是费钱。给宝宝治一次牙，一个月的工资基本上就没有了……所以，科大大要再给大家画一个重点，对付奶瓶龋最好的办法就是预防。

二、一根棉签，有效预防奶瓶龋

奶瓶龋主要是由于喝完奶没有及时清洗导致的，所以预防龋齿，清洁最重要。

具体怎么操作？每次喂完奶以后，用一根棉签蘸温水帮孩子擦拭口腔，从里到外全部擦拭干净，不要遗漏。

多大开始呢？最好从2个月就开始，一直到孩子能自己用牙刷清洁牙齿，这个方法都有用。

什么频率呢？不是每天定时定点清理，而是每次喝完奶都要擦。不管是母乳喂养，还是配方奶喂养，一天喝多少次奶，就擦多少次。等宝宝大一点儿，除了刷牙，还要养成吃完东西及时漱口的好习惯。

顿顿都擦虽然有点儿麻烦，但擦的过程用不了2分钟，而且非常有用。

1根棉签，2分钟的时间，再加上坚持、细致，换来的就是宝宝健康的牙齿。棉签清洁是基础，还有几个牙齿护理的关键措施：

★ 长出第一颗牙齿后就要开始刷牙，最好饭后和睡前进行，每天至少2次。1～2颗牙用指套牙刷；8～11颗牙用尖形刷毛的硅质固齿牙刷；16颗牙到乳牙出齐，用儿童专用牙刷。

★ 及时戒夜奶。宝宝6个月后，能连续睡6～8小时就可以考虑戒掉夜奶。

★ 定期看牙医建档。第一颗牙齿长出后，就要去看牙医建档，之后每半年检查一次。

★ 定期涂氟。从3岁起，每半年到牙科做全口牙齿涂氟，一直到14岁。

★ 窝沟封闭。防龋有效率在90%以上，一定要听取牙科医生建议，做窝沟封闭。

之前有家长说，孩子出第一颗牙就去看牙医建档的话，这太麻烦了，几乎不可能实现。但同样地，科大大也看到另外一些家长说，因为重视孩子的牙齿，从小到大没有一颗牙齿是坏的，也不用花几千甚至上万去治疗牙齿。

充分清洁，及时建档，定期做检查，这些虽然麻烦，却是最有效、性价比最高的防蛀手段。宝宝少遭罪，家长少花钱，才是我们真正要追求的。

务必记住"最佳穿衣、盖被法则"

都说"四月的天，娃娃的脸，说变就变"，导致我们常常春季乱穿衣，但是宝宝穿衣、盖被这点儿事，还真是马虎不得。

想让宝宝在乍暖还寒的时候，不着凉、不生病？科大大准备了宝宝春季穿盖指南。

一、春天这么穿，孩子少生病

春季早晚温差大、风多，加上突如其来的倒春寒，宝宝很难仅凭自身的调节来适应环境变化。尤其在宝宝自身的抵抗力较低时，在冷空气的刺激下，容易导致气道高敏反应，引起咳嗽、胸闷，甚至引发哮喘、慢性支气管炎等疾病。

所以科大大建议，气温低于 15 ℃时别急着脱衣。那究竟怎么穿？

1. 一定要看天气预报

前一天晚上、第二天早上，都要多关注天气预报。一般来说，昼夜温差大于 8 ℃，就要备一件衣服及时增减。

2. 最实用的"洋葱穿衣法"

还有不知道"洋葱穿衣法"的家长吗？科大大都给孩子搭配好了。

宝宝春季如何穿衣？	
5 ~ 10 ℃	内衣 + 毛衣 + 薄棉衣
10 ~ 15 ℃	内衣 + 毛衫 + 风衣 / 斗篷
20 ℃左右	长袖 T 恤 + 马甲
25 ℃左右	长袖 T 恤 + 薄衬衫

宝宝春季如何穿裤？	
15 ℃以下	15 ℃以上
加绒款长裤	普通单层长裤

3. 判断冷暖，摸后颈

宝宝心脏比较小，泵出的血液能抵达四肢末端的也较少，因此手脚偏凉是正常的。

那怎么判断宝宝穿得合适与否？摸宝宝后颈处被衣服遮盖的部位，如果温热，说明正合适；如果偏凉，就要给孩子添衣服了。

注意，如果后颈已经出汗，别急着在有风处给孩子脱衣服。而应该这么做：

①先回到室内无风处。

②给宝宝擦干汗液。

③适当减少一两件衣物。

二、三暖一凉，捂对位置是关键

老人们常说"春捂秋冻"。但不意味着要从头包到脚，"春捂"要捂对位置，宝宝的小肚子、小脚丫、背部是重点保暖的部位。

1. 肚暖

宝宝的腹部肌肉不发达，肠胃功能不成熟，所以肠胃对温度比较敏感。受到寒冷的刺激时，容易引起腹胀、腹痛、腹泻，也会影响宝宝的食欲。

推荐神器：肚兜。24小时都可以穿戴，既能护住肚子，又不会捂热其他部位。

2. 背暖

科大大前面说了，判断宝宝暖不暖，摸后颈处衣服覆盖的地方，所以后背保暖了，宝宝更舒适。

推荐神器：马甲。根据温度可以选择纯棉、加绒、薄棉、羽绒等不同材质，既轻便保暖，又不影响胳膊活动。

3. 脚暖

宝宝的肌肤娇嫩，手脚的皮肤神经对外界冷暖最为敏感。如果家里没有地暖，或没有充足暖气＋地毯这样良好的环境，还是建议做好双脚的保暖工作，让宝宝保持良好的血液循环。

推荐神器：棉袜。袜子不是越厚越好，纯棉质地、薄厚适宜、透气性好是挑袜子的三大标准。

4. 头凉

头部是全身最不怕冷的地方，也是主要的散热部位，捂得过于严实容易头晕、烦躁，所以适当保持头凉，能让宝宝更神清气爽。如果温度低、风大，可以酌情给宝宝戴上帽子，但不要过厚。

三、春季睡觉穿盖指南

比给宝宝穿衣服更头疼的，应该就是给宝宝盖被了。踢被子、不爱盖被子、被子捂出汗……总之，担心宝宝没有盖好被子，是妈妈们睡眠的头号阻碍。

1. 夜里睡觉怎么穿？

选择轻薄、宽松、透气的内衣裤或睡衣。担心宝宝肚子着凉，也可以加上一个小肚兜，或者选择薄款的连体衣。

那睡觉要给宝宝穿袜子吗？看情况，如果睡了很久，脚丫还是冰凉，可以穿上宽松舒服的袜子。

2. 夜里睡觉怎么盖？

两个重点：一是别太厚重；二是盖时别超过脖颈。太厚的被子，宝宝更容易踢被，一热一冷，温差大是导致着凉的主要原因。另外，厚重的被子也会压迫胸部、影响呼吸，甚至有蒙住口鼻引起窒息的风险。

①睡觉老实的宝宝。

给宝宝盖单独的小被子，尽量按室温选择厚度适宜的棉花被、蚕丝被、羊毛被。为了避免宝宝踢被，睡前别让宝宝太兴奋，别吃高蛋白食物。

②爱踢被、不爱盖被的宝宝。

防踢被神器——睡袋可以安排上。

怎么挑选？记住几个关键词：宽松、柔软、亲肤。尽量选择无袖睡袋，方便宝宝胳膊自由活动。

睡袋保暖系数参考：

★ 0.5 tog（夏款：24～27℃），适合夏季开空调时用。

★ 1.0 tog（春秋款：21～23℃），适合春、秋季节及冬季不太冷的时候用。

★ 2.5 tog（春秋款：16～20℃），这是使用频率最高的，大部分地区的春、秋季均能使用。

★ 3.5 tog（冬款：12～15℃），一般用不到，除非家里非常冷，或者外出时使用。

宝宝动不动就出汗，这 4 种情况要警惕

宝宝爱出汗是体质差？错！其实宝宝出汗是常见的生理现象，一般情况下和体质的好坏并无关系。经科大大了解，家长对宝宝出汗的误解可不止这一个，所以关于宝宝出汗的常见问题，科大大特意送上正解。

一、宝宝总出汗，是体虚吗？

家长对宝宝爱出汗的第一个误解是把它和体虚画等号，事实上，宝宝处于生长发育期，新陈代谢旺盛，多汗是正常的。同样的环境下，宝宝会比大人出汗多，因为宝宝的神经系统未发育完全，控制出汗的能力比不上成人，且宝宝的身体面积比成人小太多，却拥有和成人差不多数量的汗腺，一旦出汗，就尤为明显。

二、爱出汗的宝宝是缺钙？要补吗？

爱出汗的宝宝除了被怀疑体虚，还常常被认为是缺钙、缺锌……科大大一定要为孩子们正名——只要生长发育正常、精力充沛、没有其他症状，生理性的多汗无须额外补充营养元素，适量补充水分即可。

6 个月内的宝宝一般不需要额外补充水分，母乳或配方奶中的水分就足够了，增加水量反而会影响宝宝的吃奶量，还会加重肾脏负担。

三、为什么夜间出汗更严重？

宝宝夜间出汗多，建议家长先问自己 4 个问题。

1. 穿盖厚吗？

具体可参考上文"夜里睡觉怎么盖？"

2. 房间温度高吗？

一般来说，房间的温度应调节到大人穿轻薄衣服感到舒适的水平。宝宝深度睡眠时几乎一动不动，即便感到热，也不会像大人一样翻个身或者换个姿势睡，这样一来，其他部位无法散热，头部出汗就尤为明显。

3. 宝宝睡前是否吃了高蛋白食物？

高蛋白食物在体内消化时会产生大量的热量，这些热量需要通过宝宝的毛孔以汗液的形式排放出来。

4. 白天活动量过大吗？

如果白天活动量太大，体内的热量一直挥发不出去，就只能在夜里慢慢释放，这也会导致宝宝夜间易出汗。同理，睡前太兴奋也会导致睡着后出汗较多。所以在临睡前的一段时间要尽量让宝宝平静下来，可以调暗灯光，营造宁静的氛围。

四、宝宝出汗后，如何护理不生病？

宝宝出汗后，家长最担心的就是吹了风易感冒，以及出现痱子，所以出汗后及时护理是很有必要的。

随时准备好干净的吸汗小毛巾，出汗后给宝宝及时擦干，尤其是小屁屁，以防痱子找上宝宝。

宝宝汗腺较集中的几个部位也要格外注意，即头部、颈部、背部、腋窝。

①被汗浸湿的衣物要及时更换。

②宝宝夜间出汗多的话，枕头和被褥也要勤换勤洗，枕芯挂在阳光下通风晾晒，避免滋生细菌，诱发过敏。

五、出汗多也可能是病了？

一般情况下，对于宝宝出汗，家长做好日常护理即可，但不排除有一些疾病也会有多汗的现象，这时就需要提高警惕了。

导致宝宝多汗的疾病	
活动性佝偻病	除多汗外，伴有易受惊吓、睡不安稳、夜间哭闹及枕秃、前囟门大且闭合晚、颅骨软化、方颅等骨骼改变现象，1 岁以下宝宝多发
活动性结核病	夜间多盗汗，并伴有午后低热、面孔潮红、咳嗽、食欲减退与消瘦等表现
甲状腺功能亢进	除多汗外，还有肤色潮红、情绪烦躁、食量大但体重不见增、心率快、心慌、甲状腺肿大、眼球突出等现象
低血糖	除多汗外，还有反应低下、脸色苍白、精神萎靡、嗜睡、哭声异常、颤抖、惊厥等现象

如果在安静状态下宝宝仍然多汗，家长就要观察宝宝是否存在以上这些现象。一旦发现，要及时带宝宝就医。

六、宝宝不爱出汗是坏事吗？

搞清楚了宝宝多汗，再来说说不爱出汗的宝宝。

其实，宝宝出汗的多少和体重、饮食、运动量、环境温度及精神状态都有关系，并没有标准的出汗量可以作衡量。只要宝宝没有出汗少到身体或精神状态出现问题，家长完全可以放宽心。

另外，真正的病理性少汗极为少见，即便有，也会同时出现比少汗更严重的现象，不需要通过少汗才能发现。

当然，家长心中还会有这样一个疑惑：出汗能排毒，宝宝出汗少，毒排得不就少了？其实，汗里99%的成分都是水，其他成分只占不到1%，所以对于出汗排毒的说法别信。

二手烟、三手烟对宝宝的危害

有这么一种东西，它几乎存在于每个家庭当中，甚至出门也无法摆脱。它疯狂吞噬宝宝的健康，导致各种呼吸道疾病和其他炎症，比如哮喘、支气管炎、中耳炎等。它让宝宝反复过敏、咳嗽，甚至会影响孩子的智力，导致婴儿猝死……这就是可怕的二手烟。

所以科大大一定要让你们了解并重视：二手烟到底是怎么吞噬宝宝健康的？比二手烟更可怕的三手烟又是什么？怎么做才能避免遭受二手烟或三手烟的荼毒？

一、3 大数据告诉你二手烟有多可怕

每个人都知道，二手烟对身体不好，但你知道具体有多可怕吗？科大大给大家带来一组数据关键词。

1. 20 万

每年约有 20 万个孩子，因为吸入香烟烟雾而间接死亡。

2. 3 分钟

某节目曾做过实验，将小白鼠放入模拟二手烟的烟雾环境，仅仅 3 分钟，小白鼠就死亡了……

3. 第一

广州呼吸疾病研究所发布的《儿童呼吸健康科普白皮书》指出，14 岁以下的孩子，发病频率最高的就是呼吸系统疾病。而导致呼吸系统疾病的室内

环境因素中，位居第一的就是二手烟。除此之外，二手烟还直接对孩子的身体造成极其可怕的负面影响。

①增加患多种呼吸道疾病的风险。

长期暴露在二手烟环境中或长期吸入三手烟的孩子患感冒、肺炎、支气管炎和哮喘的风险均高于没有被动吸烟的孩子，且程度要更严重，很有可能因为相关疾病需要急诊就医。

②增加患急性中耳炎的风险。

烟草中的有害物质刺激中耳黏膜，烟雾长期刺激咽鼓管，会造成孩子中耳积液和中耳炎。

③增加婴儿猝死风险。

科学研究表明，如果爸爸抽烟，孩子发生婴儿猝死综合征的概率明显高于其他婴儿；如果妈妈吸烟，孩子发生婴儿猝死综合征的概率更高。

④增加患癌症风险。

2014 年美国卫生部报告提出，接受二手烟，或者孕期母亲吸烟，已被评估为儿童患癌的危险因素。

⑤增加患心血管相关疾病的风险。

研究表明，父母吸烟是学龄前儿童患高血压的危险因素。冠心病风险概率会增加大约 27%。

如果你家孩子频繁生病，咳嗽总好不了，可能就是二手烟正在悄悄伤害他。

看到这儿，不少家长会说，我不当孩子面抽烟不就行了吗？爸爸抽完烟后会吃一颗口香糖来清新口气，然后再抱宝宝，这样也会让孩子吸到二手烟吗？二手烟或许是吸不到了，但你知道三手烟吗？

接下来科大大就要请出大魔头——三手烟。

二、隐藏大魔头：三手烟

还有三手烟？是的，三手烟最可怕的地方在于，你看不见它。

三手烟是指吸烟后残留在衣服、墙壁、地毯、家具，甚至头发和皮肤表面的固体残留物。

除了不易被发现，三手烟的可怕之处还在于残留时间非常长，甚至几个月都不会消失。

科大大曾看过一则新闻——武汉的3岁男孩，咳嗽连续几个月都不好，经过医生排查，"凶手"竟然是三手烟。正是因为孩子的爷爷和爸爸抽完烟以后去抱孩子，才导致他久咳不愈。

看到这儿，不少家长要问了，到底如何做才能减少二手烟和三手烟对孩子的伤害呢？实际上，最根本、最有效的方法就是让孩子的亲近家属戒烟。而对于那些戒烟非常困难的人来说，可以通过以下措施，尽量减少对孩子的伤害。

★ 选择到外面去吸烟，回家后把衣服换掉，认真洗手、漱口后再接触宝宝。

★ 家里不准备香烟和烟灰缸等。

★ 坚决拒绝抽烟后的亲朋好友近距离接触孩子，更不要拥抱和亲吻孩子。

还有家长表示，拒绝吸烟的长辈接触孩子太难了，那么如果确实无法拒绝，就尽量不要让长辈当着孩子的面抽烟。

香烟的烟雾毒性相对有限，只要避免长期、反复接触，偶尔接触一次三手烟造成的伤害不会太大，家长不用太焦虑。尽管如此，科大大仍然想说，减少伤害，不如没有伤害。最有效和保险的措施还是家长戒烟。

张口呼吸危害再大，大不过无知

相信很多新手爸妈，都有过在宝宝熟睡时，忍不住伸手去试探呼吸的操作，虽说这个动作有点令人迷惑，但试了才知道——宝宝怎么用嘴巴呼吸啊？不是应该用鼻子呼吸吗？

千万别小瞧口呼吸这件事儿，孩子长期用口呼吸，可能还有患病的风险。

一、口呼吸 3 大危害

我们所谓的口呼吸，简单点说，就是宝宝因为鼻腔持续或者间断地堵塞，导致经鼻呼吸困难，需要通过口腔进行呼吸。而长期用口呼吸，对孩子影响最大的有 3 点。

1. 毁颜值

先举 3 个例子：

①下图的小男孩，10 岁时的颜值完全就是小鲜肉级别。但由于长期张口呼吸，7 年后，他变成了这样。

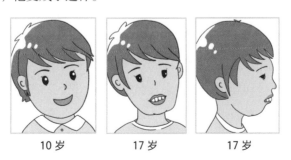

| 10 岁 | 17 岁 | 17 岁 |

②下图左边的小女孩，图中左、右分别是她6岁和9岁时候的样子。由于她长期用口呼吸，导致面部变长、变窄，下颌后缩，最终影响牙齿发育。

③上图右边的男孩，因口呼吸引起打鼾，整个人看起来面目呆滞、无精打采。

除此之外，孩子长期用口呼吸，还会影响健康。

2. 智力减退

长期口呼吸，会导致睡眠质量下降，白天犯困，易烦躁，反应迟钝，注意力及记忆力下降，严重的话甚至会因为长期的慢性缺氧影响智力发育。

3. 牙周病、蛀牙、口臭

长期口呼吸，容易口干舌燥，加快唾液蒸发，而唾液本身对宝宝口腔又有抗菌和抑菌的作用。如果加快了唾液蒸发，唾液对口腔的清洁力、保护效力就会减弱，进而引发牙齿的健康问题。

既然口呼吸的危害那么多，家长一定要重视起来，早发现，早预防，避免给宝宝造成终生的影响。可问题是，口呼吸怎么判断？每晚都张着嘴睡觉，是不是就是口呼吸啊？

二、张嘴睡不等于口呼吸，判断看3招

科大大曾看过一则新闻——9岁女孩因张嘴睡，每晚睡觉都被亲妈用胶布封嘴，更令人匪夷所思的是，留言区不少妈妈竟跟着效仿。

在判断口呼吸问题上，很多家长都走进一个误区，张嘴睡就是口呼吸，必须纠正。但事实上，张嘴睡并不一定就是口呼吸。有些宝宝看似是张着嘴巴睡，其实是在用鼻腔呼吸。这种情况一般会随着睡眠习惯的变化逐渐消失，并不会对宝宝造成什么影响，家长大可不必焦虑。

那到底怎么判断宝宝睡觉是不是用口呼吸呢？科大大给你支招儿。

★ 雾镜测试法：取一面小镜子放在宝宝嘴巴前方，看镜子上有没有雾气。

★ 纸条测试法：把卫生纸撕成细长条，等孩子熟睡后，分别放在他的鼻孔、嘴巴附近，看纸条是否有起伏。

★ 闭唇测试法：轻轻合上宝宝的嘴巴，持续 1～2 分钟，看宝宝有没有因为呼吸不畅而挣扎。

如果这 3 个测试得到的结果均是"有"，且已经观察到宝宝长期张嘴睡觉，可初步判断宝宝睡觉是在用口呼吸，这时就要考虑带他去看医生了。

此外，如果孩子张口呼吸的症状看起来不重，但打呼噜的症状比较明显，并伴随惊醒，最好也去专科医院进行睡眠呼吸监测，防患于未然。

如果宝宝白天也长期张嘴呼吸，要尽早就医。

一提看医生，有些妈妈就慌了——"什么？孩子仅仅是睡觉用嘴呼吸而已，怎么就要去看医生了呢？"因为事实根本没你想的那么简单。

三、要想解决口呼吸，先治好 3 大疾病

接下来，科大大要说的这 3 种疾病，家长一定要及时带宝宝去医院做检查。治好了它们，能解决 80% 的口呼吸问题。

1. 鼻炎、鼻窦炎

宝宝之所以用口呼吸，绝大多数是鼻腔长期堵塞造成的。建议带宝宝到正规医院的耳鼻喉科检查，诊断是否有过敏性鼻炎、慢性鼻炎或鼻窦炎等，如果确诊有鼻炎问题，就要遵医嘱用药。

2. 腺样体肥大或扁桃体肥大

扁桃体、腺样体肥大也是引起宝宝张口呼吸的主要原因之一。对于轻度的腺样体肥大，我们可遵医嘱采用药物治疗。

腺样体肥大的药物治疗		
药物类型	**代表药品**	**备注**
鼻用糖皮质激素	糠酸莫米松、氟替卡松	短期局部使用激素类药物，吸入量极小，全身影响几乎微不足道
白三烯受体拮抗剂	孟鲁司特	使用疗程一般在 6 周～6 个月
减充血剂	麻黄素滴鼻剂	仅建议临时使用缓解鼻塞，连续使用不要超过 1 周，勿长期使用
生理盐水喷雾或洗鼻	/	适用于鼻腔干燥，鼻痂多、鼻涕多的患儿

但如果宝宝的腺样体肥大、扁桃体肥大已经属于重度，就要询问医生是否考虑切除了。

3. 过度肥胖

脂肪可不是只会囤积在肚子上，宝宝的气管、舌头周围都会堆积脂肪，从而导致气管狭窄，程度严重时会导致口呼吸。日常生活中，建议家长给宝宝合理饮食，少吃甜食和油腻的食物，观察宝宝的体重生长曲线是否符合相应年龄段标准。

解决了上面的问题，大多数宝宝就能自行恢复鼻呼吸模式了，但是对于张口呼吸时间较长，已经养成习惯的宝宝，不仅需要医生进行干预，也需要家长在日常生活中引导。

在日常生活中如何纠正宝宝的口呼吸？

①闭口呼吸训练：让宝宝白天有意识地闭嘴呼吸，家长监督的同时，也要尽力让宝宝配合。尤其是在运动的时候，可以有意让孩子训练用鼻子呼吸。

②唇肌功能训练：对于小点儿的宝宝来说，抿嘴训练、吹肥皂泡、吹纸青蛙等游戏，都是训练唇肌功能的好方法；对于大点儿的宝宝，可以通过学吹口琴或管乐器训练。

学会了上面这些方法，纠正宝宝口呼吸问题便不再是难事儿了。

囟门是命门，3大坑，踩了会出事

要说这世界上最容易改变人的职业是什么，非父母莫属。不管多么粗心的"马大哈"，生了宝宝都会变得心细如发。在众多家长关心的"细节"中，囟门可以说是最特殊的存在了。

都说"囟门 = 命门"，所以提起它，家长们有很多疑问："囟门太小怎么回事，会影响智力吗？""闭合太晚是缺钙吗？""我根本摸不到孩子的囟门啊"……

科大大就来给大家好好说一说囟门那些事儿。

一、囟门4大唬人谣言

囟门是什么呢？宝宝脑袋上有几块颅骨，拼接在一起时会形成细细的间隙，叫作颅缝，而颅缝交汇处就形成了囟门。囟门在宝宝脑袋前后各有一处，分别叫前囟和后囟。

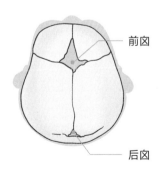

关于囟门，育儿圈中一直流传着很多不靠谱的传言……

1. 宝宝的囟门摸不得，会变小哑巴

没有任何研究表明，摸囟门会影响宝宝的语言能力发育。囟门虽然摸着比较脆弱，但它下面还有一层很厚的硬膜保护宝宝的大脑，所以轻轻地抚摸不会让孩子受到伤害，但要避免使劲按压、搔抓、刮划。

2. 囟门闭合晚是缺钙了

并不是。科大大先科普下囟门闭合的时间：

前囟：从宝宝 5 个月开始关闭，一般在 2 岁前完全闭合，大部分在 1 岁至 1 岁半完成。

后囟：一般在出生后的 2～3 个月就会闭合，最晚不超过 4 个月。

关于囟门闭合时间，个体差异性非常大，稍早、稍晚都不用太担心。家长之所以会有这个担忧，是因为有传言称，囟门闭合过晚，可能是由于缺乏维生素 D，最终可能导致佝偻病。但佝偻病的症状还包括颅骨软，摸着像烫过的乒乓球、方颅、出汗增多、手足抽搐、串珠肋、O 形腿等，这些症状远比囟门闭合晚要明显。只要按常规补充维生素 D_3，一般很少有孩子患上佝偻病。谨慎起见，家长还能做点什么呢？

监测头围，头围是比囟门更重要的数据。家长可以参考下面头围标准图，只要宝宝的头围处于正常范围内（上下 2 条红线之间），也没其他症状，吃喝拉撒的状态和精神都还不错，就是正常的，哪怕囟门闭合得晚一点儿也不用担心。当然，如果头围不在正常范围内，一定要尽早去医院做检查。

科大大知道肯定还有很多家长不放心，如果实在放心不下，那么出现以下 4 种情况可以带孩子看医生。

①早于 6 个月就囟门闭合，或闭合早而且头围过于小。

②晚于 2 岁还没有闭合。

③囟门异常大，头围也异常大，或头围短期内迅速增大。

④出现特殊面容，比如前额突出等。

只要是你拿不准的情况，都可以去看医生，千万不能马虎。

头围与年龄曲线（女童）

0 ～ 5 岁（百分位）

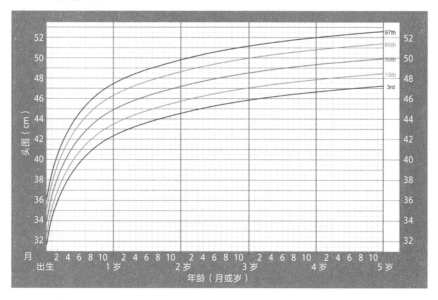

头围与年龄曲线（男童）

0 ～ 5 岁（百分位）

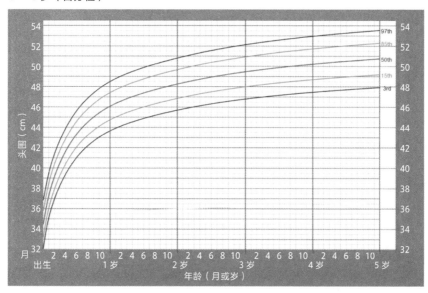

3. 囟门太小，智力有问题

有的宝宝出生时囟门特别小，家长不禁担忧，实际上囟门小和宝宝的生长特性有关，不一定是智力低下。

我们需要像前面说的那样监测宝宝头围，如果囟门小，但头围正常就不用担心。但是，如果头围也偏离正常范围，就要引起重视，及早检查。

4. 囟门凹陷或凸起是有大病了

这句话说得并不准确，妈妈们不要自己吓自己。囟门凹陷是宝宝脱水最典型的症状之一，常出现在宝宝腹泻或呕吐时。营养不良也会导致囟门凹陷，但现在生活条件好了，这种情况并不多见。孩子如果身高、体重都正常，就不用担心。

囟门凸起，一般出现在宝宝哭闹的时候，平静后会恢复。囟门的状态，有时候还透露出疾病信号。如果宝宝生病后，除了囟门凸起，还伴随着发热、呕吐、精神不好、嗜睡、烦躁，甚至抽搐等，一定要及时带宝宝去医院。

看到这儿，相信大部分家长已经消除了焦虑心态，对宝宝的囟门有了比较清晰的了解。接下来，科大大要讲一讲囟门的护理。

二、囟门护理 3 大坑

囟门虽小，但对宝宝来说却很重要，所以在护理时，下面 3 个坑千万别踩。

1. 用帽子捂着最保险

错。囟门并不怕吹风，只要温度适宜，无论在室内还是室外，都可以不戴帽子。但要注意的是，夏天戴着遮阳帽，避免晒伤；冬天出门戴帽子，有保暖作用。

2. 天热剃个光头吧

住手。宝宝的头皮薄，而且脆弱，理发很容易伤害头皮和毛囊组织。可以剃得稍微短点，但是不建议用爸爸的剃须刀刮得光溜溜的，更不用为了让头发浓密而反复剃光头。无论剃什么发型，宝宝脑袋上最好还是留一些头发。

3.乳痂有点儿脏，必须得一次洗干净

又错了。不要过度清洁宝宝的头皮，用温水轻轻地洗干净就行了，偶尔用清洁产品，也要选刺激性小的婴儿专用产品。至于乳痂，可以试试以下的方法来清理：

①先用蒸熟的麻油或食用油，浸润乳痂部位 2 ~ 3 小时，等污垢变软后，再用无菌棉球，或手指肚按照头发生长的方向轻轻擦掉。

②如果乳痂太多，不要强求一次除净，多洗几次就好。

特别多的话，需要去皮肤科看诊，医生会给予指导意见。

最后科大大还要提醒大家，小宝宝比较脆弱，一定要避免尖锐物体刺伤囟门，或者桌角等硬物磕伤囟门。也不要剧烈摇晃宝宝，因为剧烈摇晃会引起颅脑损伤。养孩子嘛，要的就是胆大心细。

宝宝放的 5 种屁

宝宝有个神奇的功能——治疗洁癖。

曾经听到一声屁响，恨不得戴上防毒面具弹出二里地的小仙女，当妈后，研究宝宝的屎尿屁却是日常。科大大也重口味一回，带妈妈们研究一下宝宝的"屁事"。

一、宝宝爱放屁是件好事

消化道里鱼龙混杂，有水有渣也有气体，宝宝放屁会让肠道更通畅。想想我们大人每次放完屁，是不是也觉得浑身舒爽？

宝宝经常放屁、放连环屁，大多是以下原因造成的：

★ 宝宝哭闹或吃奶时，吞入过多空气。

★ 胃肠道发育不成熟，当消化不良时，肠道易胀气。

★ 母乳或配方奶粉中含有的乳糖，在肠道里细菌的分解下产生大量气体。

★ 宝宝吃了容易产气的食物，或者妈妈吃了产气食物通过哺乳喂给宝宝，如碳酸饮料、豆类、大蒜、洋葱等。

爸妈们不用过于担心，只要宝宝释放出来就好了。而且宝宝的屁就像一串摩斯电码，"噗……噗噗……噗噗噗……"中暗藏着很多求助信号，能够帮助爸妈了解宝宝的健康状况和需求。

下面，即将进入"气味奇幻之旅"，科大大带你听懂、闻出宝宝藏在屁里想对你说的话。

高能预警，如果你正在吃东西，请放下手中的食物……如果你执意要吃，引起肠胃不适，科大大可不负责。

二、藏在"生化武器"里的 5 大求助信号

信号 1：放空屁

这是宝宝在说："妈妈，我饿了。"

"响屁不臭"是有道理的，如果宝宝断断续续放响亮的屁，肚子咕噜咕噜叫，但是没有味道，说明宝宝饿了。

信号 2：放臭屁

这个最有味道的"信号"，含有两层意思，爸妈们结合宝宝情况对号入座。

①这是宝宝在说："妈妈，我要拉粑粑了。"

宝宝快要大号时，肠道蠕动速度加快，会将肠道内的气体排出，放出臭屁，便便排出后就会停止。

②这是宝宝在说："哎呀，好像有点消化不良。"

宝宝的胃肠道消化不良时，体内食物积存过久，经过大量肠道细菌分解，也会频繁放屁，且臭味浓烈。如果乳糖、淀粉等糖类消化不全，宝宝的屁会更偏酸味；而蛋白质摄入过多时，屁更偏向臭鸡蛋味。常见的原因是，家长见宝宝一哭就喂，进食量超过消化能力。有时宝宝哭闹是因为胃肠不适，或是需要哄哄抱抱安抚，并不是饿，这时候要减少宝宝进食量，适当安抚。

信号 3：边哭闹边放屁

这是宝宝在说："妈妈，我肠胀气或肠绞痛啦。"

小宝宝肠胀气或肠绞痛的时候，不仅频频放屁，还会表现为：

①烦躁不安、不间断地哭闹挣扎。

②身体扭动，小脸憋得通红，好像比较费劲，很不舒服的样子。

科大大有一个排气操分享给妈妈们，建议最好在喂奶半小时后进行，以免宝宝吐奶。

让宝宝仰躺，抓着宝宝双腿辅助做蹬自行车运动。

排气操

这个简单的排气操能帮助宝宝肠道蠕动，排除多余气体，也是有趣的亲子互动，宝宝会比较喜欢。

另外，平时生活中也要注意，对于吃母乳的宝宝，妈妈要少摄入产气食物，哺乳姿势要正确，宝宝嘴巴要含住乳头及大部分乳晕；而对于瓶喂宝宝，要选择合适的奶嘴，喂奶过程中要注意调整角度让奶水充满奶嘴，减少宝宝吸入空气的情况，不要大力粗鲁地摇晃奶瓶。

有时候，宝宝突然放屁后哭了，也可能是因为——不好意思，被自己吓到了。还真有被自己的屁吓哭的宝宝，这让人既心疼又好笑。

信号 4：放屁带出粑粑

这种"带货"的屁，也包含两种意思。

①括约肌不成熟。

母乳喂养的小宝宝，排便控制力较弱，大便往往次数多而稀薄，很容易在放屁的时候带出少量的稀便。别大惊小怪，只要没有明显的腹泻表现，生长发育正常，就不会有问题。

②"妈妈，我生病了。"

如果宝宝不仅放屁"带货"，还出现了发热、腹泻、精神差等其他不适症状，就需要考虑宝宝是不是生病了。有可能是肠道细菌、病毒感染，肠道菌群失调，乳糖不耐受等原因。

信号 5：长时间不放屁

宝宝是想说："妈妈，我肠梗阻啦。"

放屁代表肠道是通畅的。如果宝宝长时间不放屁也不便便，还有呕吐、哭闹、精神差等表现，可能是肠道梗阻的先兆，需要及时就医。

那么，宝宝的"屁味研究所"到这里就该打烊了，最后分享一个大家都好奇的小知识——憋着不放的屁去哪儿了？

忍住不放的屁，并不会在人体内蓄积起来，它会通过大肠的毛细血管进入血液中，通过血液循环，进入肺里，最终随着呼吸，通过口、鼻排出体外。尽管如此，科大大也不提倡憋屁，如果长时间憋着不放，会出现腹痛、腹胀等不适状况，也会加重代谢负担。所以，有屁就放，不仅有益于健康，还能让心情畅快。

2 招治吸鼻涕、鼻塞

父亲用嘴给女儿吸鼻涕治疗的新闻虽然很感人，却存在危险。因为成人的口腔中可能存在会传染给孩子的疱疹病毒，一旦传染了，严重时可能会导致婴儿死亡。宝宝鼻涕多，可以用吸鼻器吸出来、用棉签粘出来或者用生理盐水洗鼻子，但千万不要用嘴吸。

你们知道吗？流鼻涕也不完全是坏事，而且不同颜色的鼻涕，代表了宝宝不同的身体状况，小小的鼻涕有大大的学问。我们就一起来破译不同颜色鼻涕的密码吧。

一、听懂暗语，才能读懂鼻涕

正常鼻涕是无色透明的，主要成分是水、蛋白质、碳水化合物，以及脱落的细胞。它们作为身体的一道保护屏障，正常情况下不会流出鼻腔，而是在鼻腔内努力"搬砖"，吸附空气中的花粉、灰尘、微生物等，防止它们刺激或感染呼吸道。但如果有一天受到"敌人"的侵害，就会流出鼻腔，并且会用不同颜色暗示我们敌军属性。

1. 清鼻涕

清鼻涕就是稀薄、无色、透明的鼻涕，源源不断地从鼻腔流出来。流清鼻涕的主要原因一般有以下两种。

①感冒早期。

无论是病毒性感冒，还是细菌性感冒，早期都会流出清水样的鼻涕。这是因为感冒后，身体想要尽快把鼻腔里的病原体冲走，鼻黏膜充血肿胀，分泌出更多的鼻涕。

那病毒性感冒和细菌性感冒有什么不同呢？

病毒性感冒：清鼻涕会在数天内变得浓稠、身体也会出现发热迹象，但退热后精神状态会很好。

细菌性感冒：清鼻涕同样会变得浓稠、体温忽高忽低，但宝宝退热后是蔫蔫儿的状态。

②过敏性鼻炎。

有过敏性鼻炎的宝宝，如果遇到花粉、柳絮、尘螨、致敏食物等，就会流涕不止、不断咳嗽，鼻涕依然是清水样。这是因为鼻涕收到身体不舒服的消息后，想将附着在身上的过敏原带走，缓解身体不适。

我们看到宝宝流清鼻涕的时候，不要第一时间想着给宝宝止住鼻涕，而是应该让鼻涕流出来，达到冲洗鼻腔、排出病原体或过敏原的效果。

2. 黄绿鼻涕

出现黄绿鼻涕，往往是病毒感染或细菌感染。白细胞大量聚集在感染的部位，这些白细胞和病原体战斗后，会和病原体残片一起附着到鼻涕中，这时就会出现黄色或绿色的鼻涕。

一般来说，流黄绿鼻涕的症状会持续10天左右，如果没有发热、头疼等不适症状，说明身体正在进行防御。这时注意观察，如果宝宝精神状态良好，注意饮食和休息就好。但如果流黄绿鼻涕伴有发热不退、恶心、头疼等症状，也可能是细菌感染，这时鼻涕量可能比较大，擦不干净，宝宝还会表现出不适或头疼。

3. 白鼻涕

感冒2～3天后，往往会流出浓稠的白鼻涕，并且是泡沫的形态，是在提示：鼻黏膜处的炎症加重。

病毒和细菌导致炎症，使鼻黏膜肿胀、充血，出现鼻塞、黏液流动减慢，鼻涕会变得黏稠厚重。

4. 红鼻涕

如果发现擤出的鼻涕是粉色或红色，往往是鼻腔内有血，大多与干燥、外伤、炎症等导致鼻黏膜破损有关。

少量血不要紧，可如果鼻涕中含有大量血，要及时就诊。如果在没有外伤的情况下，反复鼻腔出血，那么需要注意存在局部慢性炎症的可能。因为局部的慢性炎症可能导致鼻黏膜充血、脆弱，增加出血风险。如果还伴有其他部位的出血，则需注意凝血功能异常或血液系统疾病。

我们可以在家里放一个加湿器，增加房间湿度；也要注意观察宝宝是否有挖鼻孔的习惯，如果有要及时纠正。

5. 棕鼻涕或黑鼻涕

鼻涕变成棕色或黑色，往往有以下 3 种原因：

①吸入较多粉尘，如煤灰，雾霾较重时也有影响。

②长期被迫吸二手烟。

③如没有明显外因，却出现黑色鼻涕，可能存在严重的真菌感染，应立即去医院检查。

如果发现宝宝流出来这种鼻涕，可以试着清理鼻腔，比如，用海盐水喷鼻或洗鼻。

鼻涕颜色只能帮助妈妈们初步判断病情，孩子有不适症状还是要及时看医生。

鼻涕多、鼻塞都很容易让宝宝呼吸不顺畅，变得不舒服，我们应该做点什么呢？

二、2 招赶走鼻涕怪

1. 学会正确擤鼻涕

错误的擤鼻涕方式也是有危险的——鼻涕倒流，有可能导致鼻窦炎；鼻涕进入耳朵后，其中病原体可能会导致中耳炎；擤鼻涕用力过猛，可能导致鼓膜破损。

很多家长帮宝宝擤鼻涕都是用手指捏住鼻子的两侧，再让宝宝用力把鼻涕挤出来。其实，这种擤鼻涕的方法是错误的。

正确做法应该是，让宝宝身体自然前倾，用纸巾压住一侧鼻孔，教宝宝用力擤出另一侧鼻涕，然后再用同样的方法擤另一侧。

除鼻涕外，鼻塞也是让家长头疼的难题，讲完擤鼻涕，科大大说说鼻塞应该怎么办。

2. 正确护理鼻塞

鼻痂过多、鼻炎往往会导致鼻塞、呼吸困难。出现鼻塞的情况，我们可以这样做：

★ 用毛巾热敷或让鼻子吸入热水蒸气，让鼻子通畅。

★ 发现鼻涕分泌物干结，可以用湿棉签轻轻卷出分泌物。

★ 保持合适的室内温度和湿度，必要时可以在房间放加湿器。

除了上述护理办法，面对鼻塞、流鼻涕，科大大还有一个不打针、不吃药的好办法——生理盐水或海盐水洗鼻法。

洗鼻法没有年龄限制，即使是小宝宝也可以用。但不同年龄段洗鼻的方法不同。

★ 小婴儿：可以用盐水滴鼻剂、海盐水喷雾、鼻吸球或注射器式吸鼻器。

★ 3岁以上宝宝：可以选择歪头洗鼻，使用吸鼻器等鼻腔灌溉的装置。

冲洗鼻子可以稀释鼻涕，湿润鼻腔，清洗鼻黏膜表面的细菌、病毒及一些有害物质，恢复鼻黏膜自我清洁功能，缓解宝宝鼻塞、流涕症状。

最后，如果宝宝流鼻涕严重，还出现持续性的鼻塞、呼吸困难等其他不适症状，一定要及时去医院检查。

湿疹反反复复，究竟是怎么回事？药也擦了，身体乳也抹了，为什么就是不见好？每天都喊痒、痒、痒，遭罪的是孩子，受累的是妈。要想彻底铲除湿疹，你一定要先学会，怎么区分湿疹和热疹。

湿疹是成片的，且肉眼可见的干燥；长在身体四肢、耳朵、两颊，往往对称分布，伴有渗出、脱屑。

热疹是颗粒状分散的，看起来像粉刺，其实就是痱子，多发于胸、背部等毛囊丰富的地方。

知道了湿疹和热疹的区别后，就能对症护理。

针对痱子，家长肯定都有自己的招，科大大就针对这个恼人的湿疹，好好说道说道，它究竟是怎么产生的？如何才能有效且彻底地清除呢？

一、湿疹的元凶

孩子反复出现湿疹，家长孩子都遭罪。想要避免湿疹反复发作，得先知道导致湿疹的根源在哪儿。

①如果春、夏季出现湿疹，往往与天气炎热、汗液刺激皮肤有关系。

②秋、冬季出现湿疹往往与皮肤干燥有关系。

③尿液、粪便、口水也会刺激皮肤引起湿疹。

如果排除以上3点，孩子还在反复出现湿疹，也可能是：

①过早给孩子食用配方奶粉，如孩子出生后1～2周。

孩子的母乳系统还没有建立起来，肠道菌群也没有建立好，再加上消化系统不完善，异体蛋白直接刺激，就会导致过敏，而且牛奶和母乳有些蛋白质是相同的。

如果宝宝对牛奶过敏，接下来也会导致母乳过敏，就算孩子停止配方奶粉，全母乳喂养，还是可能会过敏。所以科大大在这里提倡，有条件的妈妈一定要母乳喂养。

②遗传。

如果家族中有患哮喘、过敏性鼻炎、湿疹等过敏性疾病的亲属，宝宝也容易反复长湿疹。

③吸烟。

如果妈妈在孕期经常吸烟或者是吸二手烟，孩子过敏的风险会更高。

④用药不当。

在孕产期使用过抗生素、解热镇痛药、消毒剂，也会导致生下的孩子易过敏。

找到了引发孩子湿疹的源头后，就可以考虑切除过敏原了。

二、铲除湿疹辅助法：阻断过敏原

孩子过敏的部位不外乎呼吸道、消化道和皮肤，所以吃的、吸入的、蚊虫叮咬、注射药物，都可能是孩子过敏的原因。

对于小宝宝，比检查过敏原更有效的方式，是当孩子出现反复湿疹后，把食物简单化。

1. 食物过敏

过敏三大诱因之首是食物，90%的易致敏食物为牛奶、鸡蛋、花生、坚果、大豆、小麦。家长们可以在医生的指导下暂停给宝宝食用这些易致敏食物。

可以先在食物中加鸡蛋，三天后，无过敏表现再加另一种，一样一样地尝试，就可以找出孩子对哪一种食物过敏。越小的婴儿此方法越适用。

2. 呼吸道过敏

毛屑、灰尘、花粉、霉菌都是常见的过敏原。除了尘螨，其他因素都可以人为排除，避免孩子因过敏引起湿疹。

3. 注射过敏

注射药物，或夏季被蚊虫叮咬都会引起湿疹，所以夏季可以给孩子穿浅色衣物，少带孩子去草木多的地方玩耍。

三、铲除湿疹：激素膏＋抗过敏药

对于湿疹这件事，能预防就预防，防不住的就要积极用药，帮助孩子恢复。

如果孩子已经在反复发作湿疹了，除排除过敏原之外，口服抗过敏药如氯雷他定、西替利嗪等也是有必要的。

宝宝湿疹本身就是反复发作的疾病，经常伴有微生物感染病灶存在。因此，单一激素成分的外用制剂，是治疗湿疹的主要用药。

家长不要谈激素色变，外用激素可以让湿疹变好，孩子不痒了才是重点。记住：抛开剂量谈毒性，都是耍流氓。

但在使用激素类药物的时候，我们要注意：

★ 不严重就选用激素强度弱的药膏，除非要控制中重度湿疹的急性发作。

★ 激素类药膏一般每日 1 ～ 2 次，用 5 ～ 7 日为宜，不得连续使用超过 2 周。

★ 如果同时使用两种以上的药膏，两种药膏涂抹的时间要间隔半小时以上，且涂抹部分不能超过身体皮肤的三分之一。

常用外用糖皮质激素效能分级表（7 级）		
级数	效能	常用激素
Ⅰ级	超强效	0.05% 二丙酸倍他米松增强剂软膏、0.05% 氯倍他索软膏和乳膏、0.05% 丙酸卤倍他索乳膏
Ⅱ级	高强效	0.05% 二丙酸倍他米松乳膏、0.05% 卤米松软膏、0.05% 氟轻松乳膏、0.1% 哈西奈德软膏
Ⅲ级	强效	0.05% 丙酸氟替卡松乳膏、0.1% 戊酸倍他米松软膏
Ⅳ级	中强效	0.1% 糠酸莫米松乳膏、0.025% 氟轻松软膏、0.1% 曲安奈德乳膏
Ⅴ级	弱强效	0.1% 丁酸氢化可的松软膏、0.025% 氟轻松乳膏
Ⅵ级	弱效	0.05% 地奈德乳膏、0.03% 氟米松特戊酸酯乳膏、0.05% 二丙酸阿氯米松乳膏和软膏
Ⅶ级	最弱效	1% 氢化可的松乳膏、0.1% 地塞米松乳膏

根据孩子湿疹的严重程度，有不同的治疗方法：

★ 如果湿疹伴随渗液感染，口服抗生素，康复新液用纱布湿敷 10 分钟，然后薄涂糠酸莫米松乳膏，再配合厚涂润肤乳。

★ 干性湿疹严重的话薄涂糠酸莫米松乳膏，配合厚涂润肤乳。

★ 不严重的可以多涂几次润肤乳，勤抹、厚涂，做好保湿工作。

除了湿疹的治疗和护理，还有一个家长很关注的问题：湿疹宝宝能不能洗澡？

答案当然是可以洗澡，但温度不能过高，不能用沐浴露，时间尽量控制在 10 分钟内。洗完后给孩子做好保湿工作，保湿乳一定要抹遍全身，而不仅仅是有皮疹的地方。病情有好转或症状暂时消退以后不要松懈，坚持同样的保湿力度，不能半途而废。

宝妈群疯传的提高免疫力秘诀

张文宏医生说："最有效的药物是人的免疫力。"冬天各类传染疾病高发，宝宝动不动感冒、发热，甚至肺炎、支气管炎……家长难免担心孩子是不是免疫力低。

一、你家宝宝的免疫力究竟低不低？

宝宝经常生病不等于免疫力低。6 岁以下的孩子每年感冒 6 ～ 8 次；刚入园、换季时宝宝感冒 1 ～ 2 次，都是正常情况，但如果有以下情况，家长需要提高警惕。

★ 生病频率过高，且生长发育曲线偏离。

★ 每次生病后，都不能自行好转，需要输液或住院治疗。

★ 每次细菌感染后，需要使用 2 个月以上的抗生素，效果还不一定好。

★ 每次生病都是严重感染，如 1 年内出现 6 次以上的耳部或呼吸道感染；1 年内出现 2 次以上严重鼻窦感染或肺炎；有过 2 次以上脓毒血症或脑膜炎。

如果孩子免疫力低，可以通过吃药提高吗？市场上提高免疫力的药物可以给宝宝吃吗？

二、3 大提高免疫力药物，是否靠谱?

1.兰菌净、泛福舒

兰菌净、泛福舒声称通过小剂量摄入来刺激体内产生抗体，但事实上，它们属于细菌溶解物。即使有作用也是产生对抗细菌的抗体，对病毒无效。

其次，由于该药属于口服给药，经过肠胃就被分解成氨基酸等消化吸收干净，并不会产生抗体。

2.匹多莫德

2018 年国家食品药品监督管理局发布规定，3 岁以下儿童禁用匹多莫德。目前并没有任何权威研究证明，它能提高宝宝的免疫力。它只用于慢性或反复发作的呼吸道感染和尿路感染，并且降为辅助治疗用药。如果孩子偶尔感冒、咳嗽、扁桃体发炎，或者孩子小于 3 岁，医生开这样的药，可以果断拒绝。

3.脾氨肽（冻干粉、口服液）

它的主要成分是从新鲜、健康的猪脾脏或牛脾脏中提取出的多肽或核苷酸混合物，但具体是哪种多肽成分并没有充分说明。

成分不明，具体功效自然无从说起。科大大查遍了各国药监局官网，依旧没有查到任何可靠信息，并且说明书中的不良反应、儿童用药、用药禁忌尚不明确，用药风险难以评估。如果只是为了给宝宝提高免疫力，科大大建议不要吃。

带大家避开了"免疫神药"的雷区，接下来，科大大就要放大招了，教你真正能提高免疫力的方法。

三、做好这 5 点，比吃药都管用

1.按时接种疫苗

及时接种疫苗，是预防传染病最安全有效的方法，没有之一。尤其是像手足口病、疱疹性咽峡炎等传染性强的疾病，及时接种可以做到有效的预防。

目前，国内效果最佳的疫苗接种方案如下：

年龄	推荐种类
出生 24 小时内	乙肝疫苗 + 卡介苗
2 月龄	乙肝疫苗 + 五联疫苗 *+ 轮状病毒疫苗 *+ 流脑疫苗 *
3 月龄	五联疫苗 *+ 肺炎疫苗 *
4 月龄	五联疫苗 * 肺炎疫苗 *+ 轮状病毒疫苗 *+ 流脑疫苗 *
6 月龄	轮状病毒疫苗 *+ EV71 疫苗 *（预防重症手足口病）+ 流感疫苗 *+ 流脑疫苗 *
7 月龄	乙肝疫苗 + EV71 疫苗 *（预防重症手足口病）+ 流感疫苗 *
8 月龄	麻（腮）风疫苗 + 乙脑疫苗
12 月龄	水痘疫苗 *+ 肺炎疫苗 *
18 月龄	五联疫苗 *+ 甲肝疫苗 + 麻腮风疫苗
2 岁	乙脑疫苗
4 岁	麻腮风疫苗 + 水痘疫苗 *
6 岁	百白破疫苗 + 麻腮风疫苗
9 岁	流脑疫苗 *+ 宫颈癌疫苗 *

该方案将自费疫苗（* 为重点接种）和免费疫苗整合在一起，包括 16 种疫苗，共计 35 剂次，可以预防 19 种传染性疾病。另外：

①我国儿童预防接种除了国家有统一规划，各省、市、自治区会根据情况适当调整，接种程序需要根据当地疾控建议实施。

②有些疫苗有免费和自费两种，都是安全有效的，家长可以根据自身情况选择。

③是否同时接种或间隔时间也需要根据当地疾控建议。

2. 母乳喂养

世界卫生组织建议，纯母乳喂养是 6 个月以内婴儿的最佳喂养方式。母乳的营养成分也远远大于配方奶。

此外，母乳中还含有可以帮助完善免疫系统的一些物质，如抗体、免疫因子、酶及白细胞等，尤其是初乳，当中含有丰富的可以提高免疫力的物质。

3.营养摄入丰富、均衡

中国营养学会指出，全面、均衡的营养是维持正常免疫功能的重要条件，营养不良可能会引起免疫器官发育不全，免疫功能下降。想要提高免疫力，就要培养宝宝良好的饮食习惯，不挑食、不偏食。

6个月以上宝宝开始摄入辅食后，应根据宝宝的情况适时、安全地引入各类辅食，尽快增加辅食种类，提供丰富、均衡的膳食结构。

具体该怎么吃呢？

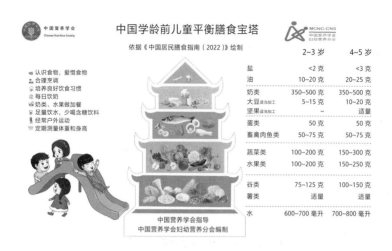

中国学龄前儿童平衡膳食宝塔

中国营养学会 Chinese Nutrition Society

依据《中国居民膳食指南（2022）》绘制

MCNC-CNS 中国营养学会 妇幼营养分会

	2~3 岁	4~5 岁
盐	<2 克	<3 克
油	10~20 克	20~25 克
奶类	350~500 克	350~500 克
大豆 适当加工	5~15 克	10~20 克
坚果 适当加工	~	适量
蛋类	50 克	50 克
畜禽肉鱼类	50~75 克	50~75 克
蔬菜类	100~200 克	150~300 克
水果类	100~200 克	150~250 克
谷类	75~125 克	100~150 克
薯类	适量	适量
水	600~700 毫升	700~800 毫升

认识食物，爱惜食物
合理烹调
培养良好饮食习惯
每日饮奶
奶类、水果做加餐
足量饮水，少喝含糖饮料
经常户外运动
定期测量体重和身高

中国营养学会指导
中国营养学会妇幼营养分会编制

［来源：中国营养学会妇幼营养分会］

4. 适当运动，规律作息

适当的运动能锻炼宝宝的心肺功能，强身健体，增加热量消耗；从而调整组成身体的蛋白质、脂肪比例，更好地建设免疫系统，提升免疫力。

不同年龄阶段的推荐运动时长和强度		
年龄	运动时长	推荐运动
0～1 岁	0～3 个月，每次运动时长 1～10 分钟	抚触操、俯卧抬头练习
	3～4 个月，每天至少 20 分钟	翻身、趴
	4 个月以上，30 分钟至 1 小时	翻滚、抱脚吃脚、趴爬
1～2 岁	每天累计运动 180 分钟以上	走路、奔跑、爬楼梯、球类运动、蹦跳
3～4 岁	每天累计运动 180 分钟以上，中高强度运动 60 分钟以上	跑步、跳绳、踢球、攀爬、骑自行车

除了坚持运动，良好的睡眠也是提高免疫力的"良药"。研究表明，睡眠不好或者睡眠不充足的人在接触病毒时，例如普通感冒病毒，会更容易生病。

同样地，生病的时候如果睡眠不足，也会延长其康复时间。

睡眠期间免疫系统会释放细胞因子，从而抵抗感染和疾病，而睡眠不足就会导致抗体和细胞因子分泌减少，从而增加感染机会。

不同年龄段睡眠的要求不同，可以参考下图。

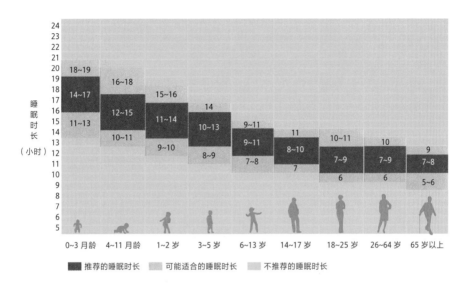

5. 不过分消毒，适当接触病原体

虽然讲究卫生能够避免接触病菌，减少生病概率。但如果做得太过头，也会剥夺孩子自身免疫力的提升机会。很多宝宝正是因为接触的微生物和病原体太少，反而导致自身免疫力低下。我们在日常生活中要给宝宝创造一个卫生的环境，而不是一个无菌的环境。

此外，勤洗手、多喝白开水，不滥用抗生素、避免吸入二手烟等都是提高宝宝免疫力的法宝。良好的家庭氛围、愉快的情绪，也能让宝宝的免疫力保持最佳状态。

被蚊子亲吻后，4招止痒消肿

千万别小看蚊子这类小虫子，被叮一口，严重的话可能会导致皮肤溃烂、感染、发热等。那么，科大大就来跟大家说说关于驱蚊那些事儿。

一、驱蚊神器看仔细，千万别交智商税

选购驱蚊用品时必须擦亮眼睛，一些产品被商家披上诱人的外衣，但其实没什么用。

以下这几类网传驱蚊神器，请注意避坑。

1. 懒人必备：光诱灭蚊器

千万别被光诱灭蚊器欺骗了，厂家称其纯物理灭蚊，安全无毒。无毒或许是真的，但能不能灭蚊真的很难保证。相比人体散发的"魅力"，紫外线灯根本诱惑不了蚊子，还费电。

2. 网红产品：驱蚊手环、驱蚊贴

辐射范围比较小，只能保护贴纸附近几十厘米的皮肤，驱蚊持续时间较短。如果孩子长时间在户外活动，驱蚊贴和驱蚊手环的防蚊效果更不用多说了，所以不推荐。

3. 中老年驱蚊最爱：花露水、风油精、清凉油

它们大多含有较高浓度的酒精及醇醚成分，尤其是3岁以下的宝宝，慎用风油精。

因为风油精中含有樟脑，对于新生儿来说，樟脑会随气味透过娇嫩的皮

肤和黏膜进入血液，从而使红细胞破裂溶解成胆红素，胆红素的含量过高，很容易引起宝宝黄疸。除此以外，还容易引发抽搐、惊厥等神经系统症状。

4. 老古董灭蚊法：蚊香

蚊香燃烧产生的烟雾会引起呼吸道不适，而且有明火，容易发生意外，非常不建议使用。

5. 传统味道熏蚊法：洋葱、生姜、大蒜、薄荷、艾草等

洋葱、生姜、大蒜、薄荷、艾草等散发的刺激性气味，驱蚊效果十分有限，只能起到心理安慰作用。

6. 友情献身法

找个更吸引蚊子的人，"开仓放血"，分散蚊子的注意力，有没有效果只能是"随缘"。那到底怎么选才能安全有效呢？

二、安全、有效驱蚊

不同年龄的孩子，选驱蚊产品的标准也大不相同。科大大给大家整理了适合各年龄段的驱蚊指南。

年龄	种类	其他
2个月以下	首选物理驱蚊。纱窗、纱门、蚊帐，以及扇子，都是不错的选择	毕竟是老祖宗的智慧，效果出众，还很省钱
2个月以上	①驱蚊胺（30%以下浓度）②驱蚊酯（20%以下浓度）	注意避开眼、鼻、口，尽量不要涂抹手，小心误食
6个月以上	①派卡瑞丁（不超过20%浓度）②在保证通风的环境下，使用正规的含有"菊酯"的电蚊香	派卡瑞丁，也叫埃卡瑞丁，温和、刺激性小，并且不会损伤衣物 菊酯是一种低毒的杀虫剂，可以杀灭蚊虫 建议在密闭空间内，先使用菊酯类产品，通风后再让宝宝进入
3岁以上	含柠檬桉叶油的驱蚊产品	柠檬桉叶油是从植物中提取的天然驱蚊成分，所以驱蚊能力不是特别强

驱蚊液起作用的时间毕竟有限，最硬核的驱蚊方法就是，在家物理驱蚊，出门穿防蚊裤和防晒衣，让蚊子无从下嘴。但是，蚊子真的很狡猾，防不胜防，被咬后奇痒无比，抓挠过猛还容易留疤。这该怎么办呢？别急，宝典马上奉上。

三、被咬后的"自救"法宝

被咬起包，最尴尬的莫过于奇痒无比挠挠挠，挠破留疤哭哭哭。如何快速止痒、消肿、不留疤，科大大来拯救你。

1. 民间止痒消肿法

①全国通用"按十字法"。

不管怎样先按个十字，也许只是心理作用，不过只要能止痒也未尝不可。但是不要用力去抠抓，这样容易导致皮肤破损，更容易引发细菌感染、皮肤发炎、红肿。

②肥皂水等碱性物质清洗被叮咬部位。

这个办法既安全又方便，因为皮肤对呈酸性的蚊虫唾液敏感，所以用碱性的肥皂水中和被叮咬部位的酸性，可以迅速止痒。

③冷敷。

无论是冷水冲，还是冰块敷，都可以避免红肿扩散，有利于缓解痒、痛的不适症状。

如果上述方法没有丝毫效果，那么你还可以用如下的方法。

2. 进阶止痒消肿妙招

①涂抹抗过敏药。

适合持续红肿瘙痒的情况，可以局部涂抹含 0.5% ～ 2.5% 氢化可的松或抗组胺成分的软膏，以减轻皮肤炎症并止痒。

②如果瘙痒难忍，或者出现直径达数厘米的肿胀和硬结，科大大建议去医院挂皮肤科，听从医嘱，再决定用药。

那么，如何避免蚊子叮咬后留疤呢？科大大为大家做好了小贴士。

★ 红肿消退后，皮肤会留下一个黑印，有时搔抓比较剧烈，还可能导致皮肤增生肥厚，甚至出现增生性瘢痕。不小心抓破的话，一般可以自然结痂，不要抠痂，让其自然脱落。

★ 如果叮咬的局部出现红肿热痛，甚至抠破的地方有分泌物，可能是细菌感染，必要时需要外用抗生素软膏。

★ 如果仍然没有效果，最好及时带宝宝就医。

"什么病都能治"的三伏贴，3 大风险

每年三伏，不少三甲医院的三伏贴都被一扫而光，大家又转战去微商店、网红店购买，场面相当火爆。据传闻，诸如慢性支气管炎、支气管哮喘、反复感冒、反复咳喘、过敏性鼻炎、腰腿疼痛等慢性疾病，三伏贴都能治好，大家好像找到了救命稻草似的。"三伏贴"真有这么神吗？

一、成分复杂，不确定性高

三伏贴的基本处方是白芥子、生姜、延胡索、甘遂、细辛等，直接接触皮肤的话，有较强的刺激性。其中白芥子是刺激性最强的一味药，也是导致大部分人灼伤、起水疱的首要原因。并且，三伏贴会根据不同病种、人群进行调配变换成分，这也就意味着，三伏贴到底是否适用于患者，完全取决于医生专业与否。

一旦碰到不专业的医生，或者是一个方子给所有人通用的药店，很有可能给孩子造成不容小觑的伤害，有时甚至连三甲医院的三伏贴，都会出差错。

还有很多宝宝会对三伏贴中的药物、胶布成分产生过敏反应，皮肤红肿、瘙痒，全身出现斑疹、风团等都是常事。

二、三伏贴市场，良莠不齐

由于医院的三伏贴不好抢购，不少人索性在药店、母婴店、微商店或者其他网店购买。科大大之前说过，三伏贴需要根据不同体质、病种进行调配

后，才能出售。然而网上卖的三伏贴，才不管什么体质、人群、病种，永远是一方通用。

一方治多病不靠谱，不仅可能达不到疗效，还可能引发健康问题。这就导致盲目使用三伏贴后，受伤的人越来越多。自然而然地，大家就把怨气撒在三伏贴身上。其实，根据国家中医药管理局发布的规定可知：

1. 非医疗机构不得开展"三伏贴"服务

也就是说，市面上的药店、母婴店、微商店和网红店根本就没有开展"三伏贴"服务的资格，只有各大医院等医疗机构，才有资格售卖、贴敷三伏贴。

且大多数店铺的三伏贴都是一方通用的，虽然现在大部分医院也是一方通用，但专业的医生还是会根据孩子的情况，来判断是否适合贴敷三伏贴。如果你的孩子不适合医院统一调配的配方，就绝对不会给你开，而不是像药店、网红店那样，只管卖，不管是否安全。

2. 购买三伏贴，坚决两不要

①坚决不要在药店、母婴店、微商店和其他网店等非医疗机构购买。

②对于医院发放的"一方通用三伏贴"，如果没有专业医生鉴别诊断和医护人员贴敷，也不要使用。

三、关于穴位

大家都知道，三伏贴属于中医疗法。而提到中医，必有穴位一说。不同疾病，贴敷的穴位是否不同？答案是肯定的。

三伏贴治疗不同的疾病时，会选择不同的穴位进行贴敷。

★ 咳嗽：贴大椎穴、肺俞穴、膏肓穴。

★ 畏寒肢冷：贴大椎穴、肾俞穴、关元穴、神阙穴。

★ 鼻炎：贴大椎穴、肾俞穴、膏肓穴。

★ 脾胃病：贴胃俞穴、脾俞穴、中脘穴。

如此多的穴位，如果没有专业医生上手，我们又有几个能贴对的呢？根据《国家中医药管理局关于加强对冬病夏治穴位贴敷技术应用管理的通知》，对患者实施"三伏贴"操作的人员，应为中医类别执业医师或接受过穴位贴敷技术专业培训的卫生技术人员。

如果你是自行贴敷，连穴位都不能保证贴准，更别提治病了。在如此多变量的情况下，三伏贴很难靠谱，这也是为什么三伏贴总出现问题。但是，其中也不乏有些人，真的被三伏贴治好了。比如，连续咳嗽2年，贴了三伏贴就不咳；吃西药治疗鼻炎、咽炎多年无果，贴了1年三伏贴好了。

支气管炎、哮喘有被三伏贴治好的病例。目前，有关部门并没有说三伏贴不能用，只是加强了管理规范，所以如果你考虑清楚了，非要给孩子一试，那么科大大建议：

1. 这7类小孩，绝对不能贴

①3岁以下的宝宝。

②过敏体质，瘢痕体质的宝宝。

③贴敷部位的皮肤有创伤、溃疡、感染者。

④对敷贴药或敷料过敏者。

⑤咳吐浓痰、黄痰，咯血，出血或易出现口腔溃疡者。

⑥处于各种发热性疾病、感染性疾病发热期的宝宝。

⑦医生认为不宜使用的宝宝。

2. 给小孩贴，必须密切观察贴敷情况

由于小孩子的皮肤娇嫩，屏障功能弱，面对刺激性强的三伏贴，必须每30分钟揭开查看一次皮肤状态。严密观察孩子的耐受程度，当皮肤刺痛严重、红肿、发疱时要马上去除。

关于三伏贴，其实中西医各持有不同看法，总是公说公有理，婆说婆有理。但科大大觉得，与其说"能"或"不能"，不如说，任何事情都要辩证地看待。

我们本质上都是为了孩子好，如果一定要用，请以不要让孩子受伤为前提。最后要说一句，三伏贴不是什么神药，不然世界上所有的慢性疾病都不存在了。

睡觉时到底怎么盖不着凉？

天气降温后，妈妈常顶着黑眼圈诉苦，"一晚上给孩子盖 800 遍被子"，捂又捂不得，盖又不知道怎样最合适。宝宝睡觉到底怎么穿、怎么盖不易着凉感冒？

这一篇，科大大就来讲讲关于宝宝睡觉穿衣盖被的问题。

一、夜间盖被要注意，有风险

一个视频中，妈妈早上出门买菜的时候，监控中的小宝宝被薄被子蒙头长达 2 分多钟，其间一直在不停地伸手、蹬脚、使劲地仰头挣扎。

很多人看到后，都倒吸一口冷气。如果非要给孩子盖被子，科大大建议：

1. 坚决不给宝宝盖厚被子

具体可参考上文"夜里睡觉怎么盖？"

2. 盖被子的时候，一定要露出手

如果盖住手，孩子稍微扑腾就容易把被子掀到脸上。虽然被子薄，但还是容易发生意外。

另外，有一个非常让人头疼的问题：不盖手，放在外面冻得冰凉，怎么办？总不能让孩子冻着吧？科大大告诉你一个黄金穿盖法。

二、换季时怎么穿盖最好？

夜间穿盖黄金搭配法：睡衣 + 睡袋。它有两大优点：

①减少窒息风险。

睡袋不像盖被子，无法被随意翻动，更别提被小孩掀到头顶，因此窒息的风险大大降低。

②夜晚妈妈也能有个完整觉。

宝宝无法掀被子，妈妈们也不用克制睡意半夜起来照看孩子。

不少人都在讲，18～22℃该穿什么，室温10～18℃要加层被子，还要如何如何。但试问又有几个家长，会真正测量家里的温度？谁不是感觉冷了才给孩子添衣？

因此科大大的这个独家方法更灵活，可适用于99%的场景，但要坚持以下2个原则：

原则一：会选

睡袋怎么选呢？不同季节还真的不能用同一个。

①看等级。

睡袋Tog等级	室内温度	适用场景
0.5	夏：24～27℃	夏天开空调的时候
1.0	春秋：21～23℃	春秋不太冷的时候，白天用
2.5	春秋：16～20℃	绝大多数地区初春、深秋，均能使用
3.5	冬：12～15℃	一般用不到，除非家里非常冷，或外出时用

除了保暖这一必要条件，不同年龄段宝宝适用的款式也不一样。

②看款式。

宝宝年龄	款式
0～2月龄	选择襁褓式睡袋，缓解新生儿惊跳反射，通过包裹身体，给宝宝像在妈妈子宫般的安全感
3～12月龄	选择一体式睡袋（信封式睡袋），随着宝宝运动能力的增强，从翻身到爬行，下肢力量逐渐增强，一体式睡袋能给宝宝腿部更多的活动空间
6月龄～8岁	选择分腿式睡袋，从宝宝开始站立行走后，运动能力逐步增强。分腿式睡袋对于好动的宝宝来说，想跑、想跳、想运动，都可以自由自在

睡袋内，宝宝穿纯棉长袖就可以，挑选的时候注意看标签成分表。

那么问题来了，穿睡袋和内衣后，还要不要盖被子？到底该怎么判断，孩子到底是盖薄了还是盖厚了？

原则二：会摸

后颈温热＋手微凉，是宝宝舒服的表现。大人睡觉的时候，可以摸摸自己的手掌温度，一定是微凉的。如果你的手热乎乎的，那身上肯定已经热得冒汗了。宝宝也一样，并且相较于成人来说，宝宝体温更高，更不耐热。所以夜间摸后颈＋手，是判断宝宝冷热的最好方法。

千万别觉得"裹粽子"是爱的表现，宝宝脸蛋泛红时，可能早就捂过头了。所以，判断孩子需不需要加衣服或多盖层被子，可以先用这个方法测。

80% 的人都用错了创可贴

前段时间有媒体报道称，家人错误包扎致 3 岁女孩手指坏死，最终被截肢，看到这样的新闻真的很痛心。

不管是大人受伤还是小孩子受伤，伤口都最好包扎起来。正确的包扎应该是上药后用纱布覆盖住伤口，然后用胶布或绷带固定。但不能缠绕过紧，长时间血流不畅，会引起坏死。

创可贴就是起到了包扎的作用，不仅能止血、保护伤口、避免污染，还能吸收渗液、减轻疼痛。

平时我们常见的小擦伤都会用到创可贴，但很多人一直在错误使用。科大大就教大家如何正确使用创可贴。

一、创可贴不是万能的，正确使用记住这 5 点

日常只要受伤，就会用到创可贴，其出镜率堪比当红明星。但要知道，它不是万能的。

创可贴中，我们最常用的是苯扎氯铵贴，所含药物为阳离子表面活性剂，有一定的杀菌功效。

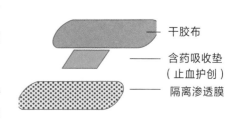

干胶布

含药吸收垫
（止血护创）

隔离渗透膜

而它的大小也决定了上不了大"台面"，只有小伤口才是它的舞台。可能很多人都没认真看过创可贴的说明书，这密密麻麻的小字着实看着费眼。所

以科大大特意给大家总结为以下几点，简单且清晰易懂。

1. 创可贴只可用于小伤口

那家长怎么判断是不是小伤口呢？

★ 伤口整齐干净，形似一条缝。

★ 出血少，血慢慢渗出。

★ 伤口浅，看起来只是划伤了最外层的皮肤。

对于手指处的伤口，普通条状创可贴贴上很容易脱落，这是因为手指不是一个平面，这时就需要异形创可贴了。

没有异形创可贴，也可以自己动手剪裁，步骤如下：

①先撕开包装，将创可贴两翼沿中轴线剪开，但不碰到含药吸收垫，出现 4 个翅膀就可以了。

②如果是非关节处，药面对着伤口，上面两个翅膀往下

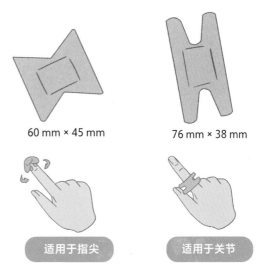

60 mm × 45 mm   76 mm × 38 mm

适用于指尖   适用于关节

贴，下面两个翅膀平行贴，这样就不容易掉了。

③如果是关节处，一样是药面对着伤口，上面两个翅膀往上贴，下面两个翅膀往下贴，避开关节处，这样就活动自如了。

这样的贴法可以贴得牢固，不影响关节活动，还能够避免因环形粘贴过紧影响远端手指或脚趾的血液循环。

2. 伤口消毒后再贴

如果有条件，贴之前用生理盐水或流动水冲洗伤口，再用碘伏棉签消毒，然后再贴创可贴。

如果发现贴上创可贴后，伤口有发热、肿胀、搏动性跳痛、疼痛加重或分泌物渗出等症状，需要赶紧就医。创可贴中央的药垫是直接和伤口接触的部

位，要保持清洁，家长注意在粘贴的时候不要用手碰到药垫造成污染。

3. 创可贴要及时更换

创可贴贴上后，如果血渍渗出，污染了创可贴，要重新更换。创可贴一般每12小时更换一次，更换时观察伤口的愈合情况，看是否红肿和有无分泌物。

如果创可贴在洗手、洗澡、玩水时弄湿，也需要更换新的。如果宝宝总是喊伤口处疼，家长要打开看看伤口是否红肿、化脓。也有人说，用防水创可贴就不怕沾水了，其实，防水创可贴并不是一劳永逸的，虽然比一般的创可贴防水，但也不能绝对隔离水分，所以还是要尽量避免伤口与水的接触。尤其是膝盖、肘部等活动关节处，创可贴并不能严密贴合，防水效果自然也是大打折扣。所以，不管用什么类型的创可贴，在沾水后都要及时更换。而且防水创可贴比普通创可贴透气性更差，在使用时更需要每12小时更换一次。

4. 创可贴不可缠太紧

创可贴有一定的弹性，家长只需稍微抻一下，贴上即可，不要缠太紧，如果缠太紧容易导致手指血流不畅。贴好后，家长可以按压一下远端的甲床，如果松开手后，甲床颜色在两秒内恢复成原先的粉红色，就说明松紧程度比较恰当。

5. 使用别超过 3 天

宝宝皮肤娇嫩，一般创可贴连续使用不要超过 3 天，否则局部皮肤不透气，反而不利于伤口愈合，还可能引起厌氧菌感染。

创可贴主要的作用是在小伤口受伤初期止血和保护伤口避免被触碰和污染。当伤口不再出血，并且已经结痂形成保护层后，就不再需要创可贴的保护了，使用时间不是越长越好。

说完了创可贴的使用问题，那么不可使用创可贴的情况想必大家也想了解吧？

二、这 8 种伤口不可贴

①小而深的伤口：如果贴了创可贴，不利于伤口内的分泌物和脓液排出，易引发或加重感染。

②伤口内有异物：应到医院取出异物，清创后再进行包扎处理。

③已经发生感染化脓的伤口：如果用了创可贴，不利于分泌物引流，会导致感染加重。

④被铁钉扎伤：尤其当铁钉上有铁锈时，一定要清洗消毒后保持伤口暴露，并尽快注射破伤风免疫球蛋白。

⑤猫狗抓咬的伤口：应先清洗消毒，再到医院注射狂犬病疫苗和狂犬病免疫球蛋白。

⑥有些人贴了创可贴后出现皮肤瘙痒、发红、起水疱，那必须选择其他止血方式。

⑦烫伤导致的皮肤破溃、流液都不能使用创可贴，否则分泌物会诱发感染。

⑧各种皮肤疖肿：贴了创可贴后会不利于脓液的吸收和引流，所以千万不要贴。

第五章

科学的养育，用对方法

太瘦、长得慢，最怕踩的 2 大坑

宝宝的高矮胖瘦永远是爸妈们最关心的问题。那么，宝宝体重不增，甚至下降，到底是怎么回事？是病了，还是吃得不对？

科大大就来说说"瘦宝宝"的那些事儿。

一、宝宝偏瘦，这 2 点家长可能想错了

之前科大大说过，宝宝胖乎乎未必是好事。肥胖可能导致宝宝性早熟，或患上高血压、糖尿病等疾病。然而，宝宝太瘦同样不让人省心，不仅影响正常的生长发育，还有患病风险。

虽然爸妈们为此操碎了心，但科大大发现对于宝宝偏瘦这件事，家长们普遍陷入了两大误区。

1. 吃得多就不会瘦

想必有这种想法的爸妈不在少数。科大大必须说一句，吃得多≠不会瘦。因为宝宝吃得多并不代表营养够。举个例子，一把米能熬出一大锅粥，而孩子就算吃满满一碗，也吃不进去多少营养。所以这种情况下，宝宝不长肉的罪魁祸首其实是吃得单一、没营养。例如1岁后的宝宝应该吃干饭，而粥的能量密度比较低，不建议经常吃。

总之，宝宝的饭量再大，营养摄入量不够，也只是填饱肚子不长肉。

2. 宝宝有基础疾病，偏瘦是正常的

针对患有慢性疾病的宝宝，爸妈们一定要纠正这样的误区：我家孩子先

天不足，比其他孩子瘦弱是正常的。实际上，越是体质差的宝宝越应该注意体重的增减情况。

有基础疾病不完全代表会偏瘦。这些宝宝更容易胃口不佳、营养吸收差，而这才是不长肉的原因，爸妈们千万别忽略。

要及时关注宝宝摄入营养的状况，因为营养吸收的好坏会直接影响疾病的结果。而判断体重是否在正常范围内，要对照身体质量指数（BMI），一般来说2岁以上的宝宝更适用。

不同性别、不同年龄的宝宝，BMI 都不同。计算方法很简单：BMI= 体重（kg）/ 身高 ^{2}（m）。赶紧对照下图算一算，宝宝的体重是否达标了。

另外，爸妈们最关心的一定是宝宝为什么不长肉？有哪些方法能增加体重？

0 ～ 5 岁男生 BMI 生长曲线图

[计算公式：身体质量指数（BMI）= 体重（kg）/ 身高 ^{2}（m）]

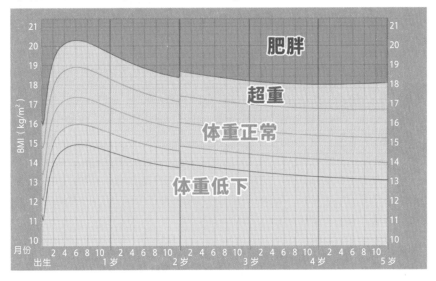

0 ～ 5 岁女生 BMI 生长曲线图

[计算公式: 身体质量指数 (BMI) = 体重 (kg) / 身高 ^{2} (m)]

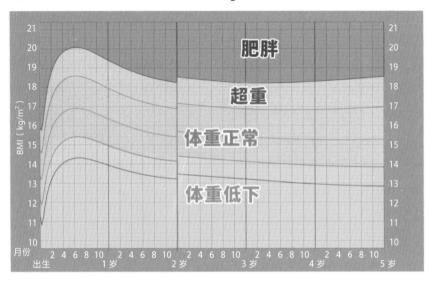

二、宝宝偏瘦非小事

一般来说,宝宝偏瘦有3大类原因,快看看你家宝宝属于哪种? 对因纠正。

1. 无须担心

遗传对宝宝的高矮胖瘦是有一定影响的。如果家里人比较瘦,宝宝也会偏瘦一些。

2. 及时纠正

胖瘦这件事,和饮食绝对是密不可分的。如果宝宝有以下饮食习惯,就会导致偏瘦,要及时纠正。

①饮食不规律。

宝宝喝奶、吃饭都要有规律,因为饮食是否规律同样影响着他们的体重。这也是为什么很多人到别人家里吃住一段时间后,会发现身材也跟着发生变化。

虽然很多年轻的父母已经习惯了不规律的生活方式,但有了宝宝之后还是需要建立规律和健康的饮食方式，帮宝宝从小养成规律饮食的习惯。

②挑食。

挑食严重的宝宝，很容易营养摄入不均衡。只吃肉不吃蔬菜，或偏爱蔬菜不爱吃肉，都不可取。想要改善这种情况，需要给宝宝提供更多可以选择的食物，并且尽早让宝宝和家人共餐。

③未及时添加辅食。

满 6 个月的宝宝就可以添加辅食了。这个时候，单纯的母乳喂养已经不能满足宝宝的身体发育需求，而且还会影响到健康，所以一定要把母乳、辅食做好合理的配比。奶粉喂养的宝宝也是同理，6 个月后要和辅食打好配合。

④吃饭靠喂。

科大大再三强调过喂饭的危害，其中宝宝吃了不长肉就是危害之一。

宝宝的肠胃消化功能比较薄弱，如果能自主吃饭尽量自己吃，家长喂会控制不好量，多了少了对宝宝都是一种伤害。

基于以上这些原因，科大大总结了 4 个瘦宝宝"增重"的招数：

★ 适当调整饮食结构，均衡营养。

★ 食物多样化，改善挑食问题。

★ 戒除不良饮食习惯，如喂饭。

★ 观察宝宝排便情况，及时应对。

宝宝偏瘦如果是以上这些原因，爸妈们还可以自行调整，但如果是疾病因素，那就要赶紧就医。

3. 需要就医

一般来说，宝宝的消化系统、脾胃亮起了红灯，会直接影响到胃口、营养的吸收，从而导致体重不增或下降。所以，如果宝宝过瘦，排除了遗传和喂养的因素，就要及时去医院进行检查，找出过瘦的原因。

总之，给宝宝合理安排饮食，保证营养均衡，留意宝宝身体健康情况，准会养出一个不胖不瘦、身材匀称的小可爱。

90% 的妈妈都会遇到的喂养难题

对于新手爸妈来说，面临着一个难题，那就是需要知道一些喂养知识。如果宝宝吃不好，那不长个、出牙晚、营养不良……可能就会找上门。

所以接下来，科大大就跟大家好好聊聊关于喂养的那些事儿。

一、6 大喂养误区，坑孩子又坑妈

如果用一句话来形容当父母后的心情，那一定是想把最好的都给宝宝，但并不是所有新手爸妈都懂得正确喂养。一不小心，可能就会"好心办坏事"，尤其是这 6 大喂养误区，很多爸妈都不慎进入。

1. 给 6 个月以内的孩子喂水

美国儿科学会建议，6 个月以内的宝宝，不需要任何除母乳或配方奶以外的液体，包括水、果汁等。盲目给宝宝喂水、喂奶粉，不仅影响母乳摄入量，进而降低母乳对宝宝肠道的保护，还可能导致水中毒。

2. 喂奶时间间隔时长时短

很多新手妈妈没有经验，觉得奶水少的时候，就想延长给宝宝喂奶的时间间隔，把奶水攒起来，殊不知攒奶水只会让乳汁越来越少。喂奶时间不规律，会让奶液在宝宝肚子里的消化没有规律，容易造成胀气。

3. 在宝宝大哭时喂奶

宝宝扯着嗓子哭的时候，是没办法好好吞咽的，这个时候喂奶容易让宝宝呛奶。家长要学会捕捉孩子饿了的信号，及时喂奶。避免宝宝因为大哭咽

下过多空气，加重吐奶和肠胀气的症状。

4. 必须母乳喂养

说到新生儿喂养，首选肯定是母乳。但当妈妈的状态不适合亲喂时，也不用强求，奶粉喂养也是一种选择，不需要对孩子产生愧疚感。

5. 浓汤催乳

老一辈的人都觉得产后喝浓汤催乳，同时有助于妈妈产后恢复。但事实恰恰相反，浓汤中脂肪含量高，喝这种浓汤催乳不仅不易消化，还容易造成妈妈乳汁淤积、乳房胀痛，甚至还会引发炎症。对于刚生完宝宝的妈妈来说，营养合理搭配更重要，可以多补充一些清淡又营养的汤水。

6. 找通乳师通乳

千万别随便找通乳师通乳，一顿乱按后，不但不能增加奶量，还可能把乳腺泡弄破，甚至引起乳腺炎。其实最好的开奶方法是让宝宝频繁吮吸乳头。如果妈妈自己解决不了开奶的问题，应该在生产后一周内向医生求助。

讲到这里可能有妈妈会问了，我也不想踏入这么多误区，但要如何喂养，才能减少宝宝不舒服的情况，把宝宝养得健健康康呢？

二、学会 4 招，宝宝胀气、呛奶全不见

前面科大大也说了，宝宝之所以有胀气、呛奶等问题，很多时候都是喂养不当造成的。那该如何正确喂养呢？主要有以下 4 个方面：

1. 捕捉孩子饿了的信号，按需喂养

解决问题：消化不良、便秘。

根据《中华儿科杂志》给出的建议，0～3 个月的婴儿要按需喂养。简单来说就是，孩子想吃的时候喂奶，不吃的时候可以不喂。

一般来说，新生儿时期推荐哺乳次数为 2 小时哺乳 1 次，24 小时哺乳 8～10 次。等到了 4～6 个月的时候，喂奶时间基本固定下来，大约 4 小时一次，每天 5 次左右。

但是科大大要提醒一句，时间并不是绝对标准，妈妈要学会捕捉宝宝饿了的信号，及时喂奶。千万不要等到宝宝哇哇大哭再喂奶，那就饿过头了。

①宝宝张开嘴，到处寻找乳房。

②宝宝发出吸吮动作，比如咂嘴巴、伸舌头。

③吃手，快速转动眼睛。

④烦躁，哭闹。

2. 掌握正确的喂奶姿势

解决问题：呛奶。

想要宝宝吃得好，就要掌握正确的喂奶姿势。接下来科大大给大家介绍几种实用喂奶姿势。

①摇篮式：适合顺产的妈妈。 	②侧卧式：适合剖腹产的妈妈。 
③半躺式：适合分娩后的前几天。 	④交叉式：适合早产儿或含接、吸吮乳头有困难的宝宝。 

3. 不要在乳房特别胀时哺乳

解决问题：呛奶、胀气。

妈妈乳房特别胀的时候，分泌的奶量多，流速快，这时宝宝吃奶会连着空气一起吞进肚子里，不仅会被呛到，还容易形成胀气。如果妈妈的乳房特别胀，可以稍微挤出去一些乳汁，哺乳时轻按住乳晕，让奶水的流速慢下来。

4. 多拍嗝

解决问题：胀气。

在换边哺乳时、喂奶后、接觉时，爸妈可以给宝宝拍嗝，预防胀气。

俗话说，吃得好才能长得好。那除了母乳和配方奶，还有哪些营养要给宝宝补充呢？接下来科大大就好好给大家讲一讲。

三、牢记 1 张表，宝宝的营养少不了

为了宝宝的健康发育，哪个月龄该怎么吃、吃什么、补什么都有讲究。科大大整理了一张表，详细列了 3 岁前应该给宝宝补充的营养清单。

营养补充时间表	
15 天	开始补充鱼肝油 / 维生素 D
4 个月	添加强化铁的米粉，在医生指导下补充铁剂
6 个月	添加辅食，从辅食中补充锌和维生素 C
6 ～ 7 个月	开始吃肉
0 ～ 3 岁	注意补充钙和 DHA，奶量摄入充足则无须另外补钙

基础营养：6 个月内尽量母乳喂养，最好到 3 岁前。

除上面这些喂养知识外，妈妈奶水不足、上班、出差，或因其他原因，不能纯母乳喂养怎么办？别急，科大大教你混合喂养。

四、两种混合喂养方法

1. 补授法——先母乳后奶粉，更适合 6 个月以内的宝宝

每次喂奶时，等宝宝吃完母乳后，再根据母乳的量和宝宝的食欲加奶粉。刚开始少加一些，如果吃完不到 1 小时又饿了，或者睡不到 1 小时就醒，那可能就是没吃饱，下次多加一点，一点点增多。

下表中不同月龄的宝宝一天的奶量，爸妈们可以作为参考。

宝宝喝奶指南		
月龄	喝奶次数	一天奶量
1 个月	10 ~ 12 次（按需）	400 ~ 600 mL
2 个月	9 ~ 11 次（按需）	600 ~ 800 mL
3 个月	8 ~ 10 次	700 ~ 900 mL
4 个月	7 ~ 9 次	800 ~ 1000 mL
5 个月	6 ~ 8 次	800 ~ 1000 mL
6 个月	4 ~ 6 次	700 ~ 800 mL
7 个月	4 ~ 5 次	700 ~ 800 mL
8 ~ 10 个月	4 次	600 ~ 800 mL
11 个月	3 ~ 4 次	600 ~ 800 mL
12 个月	3 次	600 ~ 800 mL
13 ~ 18 个月	2 ~ 3 次	500 mL
19 ~ 36 个月	2 次	500 mL

科大大提示，每天尽量让宝宝吮吸母乳 6 次以上，刺激催乳素分泌。这样坚持一段时间，奶水会变多，还可以实现纯母乳喂养。

2. 代授法——母乳和奶粉交替，更适合 6 个月以上的宝宝

母乳和奶粉交替喂养，这一次完全喂母乳，下一次完全喂奶粉。上班的妈妈跟宝宝分开太久的话，也可以用这种方法，提前将母乳挤出来放到冰箱里即可。

科大大提示，如果妈妈不想彻底断母乳，挤奶时一定要把母乳排空，避免乳汁分泌越来越少。晚上回家后，也可以让宝宝吮吸乳头喝奶，刺激母乳分泌。

混合喂养说起来简单，但实操起来，家长们会遇到各种问题。怎么办？

五、混合喂养，宝宝只吃一种奶怎么办？

毕竟母乳和奶粉不是完全一样的，所以在混合喂养中，最常见的就是宝

宝只喝母乳或者只喝奶粉。

1. 只喝奶粉不喝母乳

有很多剖腹产的宝宝，刚生下来的几天喝不了母乳，会用奶粉代替。等到要喝母乳时，半天吸不出来，就放弃喝母乳了。怎么办？

①妈妈每次喂母乳前，先手动把奶挤出来一点儿，这样宝宝更容易吮吸。

②直接将母乳挤在奶瓶中，让宝宝拿着奶瓶喝。

但如果想坚持喂母乳，让宝宝每次吃奶时先吮吸乳头，坚持就会胜利。

2. 只喝母乳不喝奶粉

有些宝宝习惯了母乳的味道或妈妈抱着喂奶的感觉，就不喜欢喝奶粉。也有的宝宝因为奶嘴、冲泡奶粉的温度或喂奶姿势等拒绝用奶瓶喝奶。怎么办？

①尝试不同的奶嘴或奶瓶，也可以在每次喝奶前，用温水泡泡奶嘴，再涂抹一些母乳，引导宝宝喝奶。

②宝宝饿的时候先喂奶粉，不喝的话可以等一会儿再喂，不要宝宝一哭立马喂母乳。

③如果尝试了各种方法就是不用奶瓶喝奶，可以尝试用杯子或者勺子喂奶粉。

④不要强迫宝宝，如果喝完母乳不喝奶粉，也可能是奶水够了，观察宝宝是不是已经吃饱了。

除此之外，混合喂养还有哪些常见问题呢？

六、关于混合喂养的快问快答

问题1：母乳实在太少，是不是可以放弃混合喂养，只喝奶粉？

还是要坚持母乳优先，尤其对 6 个月以内的宝宝来说，母乳是不可替代的。而且母乳是越吸越多的，在奶水少的情况下，喂养时尽可能用补授法，让宝宝先喝母乳，多吮吸乳头，刺激乳液分泌。

问题 2：混合喂养怎么添加辅食？

不论是纯母乳喂养还是混合喂养，抑或是配方奶粉喂养，一般都建议 6 个月以后添加辅食。如果宝宝发育比较迅速，比如，体重增长良好，竖头稳，对食物有兴趣，可以在 4 ～ 6 个月时尝试，但一定不能早于 4 个月。

从添加米粉开始，对于过敏的宝宝，建议和医生讨论一下。引导宝宝规律进食，不用太强制宝宝的喝奶量和喝奶时间。

问题 3：混合喂养怎么看大便是不是正常？

混合喂养的宝宝一般每天大便 3 ～ 4 次，量多，刚开始也可能会 5 ～ 6 次，但只要宝宝精神状态好，吃奶正常，就不用太担心。

如果宝宝拉绿色便便，次数增多，便便中有奶瓣和泡沫，甚至有黏液，可能是胃肠功能紊乱了，建议咨询医生。

分享到这里，想起之前看到有妈妈因为奶水不足而自责，也看到有人指责混合喂养。科大大想说，混合喂养的宝宝一样可以健康长大。虽然现在提倡母乳喂养，但这不光要考虑宝宝，妈妈的感受一样很重要。所以不论哪一种喂养方式，我们都应给予尊重和理解。

富养孩子有错吗？

以前人们常说"穷养儿子富养女"，而现在这个时代，从大人到孩子，面对的诱惑越来越多，各种问题的出现越发低龄化……这个说法还合适吗？孩子到底应该穷养还是富养？

以我的生活所见和所学的养育知识，现在就可以告诉你，"穷养儿子富养女"就是个骗局。

当前社会，男女平等，倡导女性独立、男性自强，所以在孩子的教育上，我们不该生硬地分男女。我认为，该穷则穷，该富则富，才是教养之道。

一、穷养，穷在哪里？

穷养，不仅是对男孩子，女孩子也要经历。如果生活中只有甜，养出来的孩子会怎样？

《变形记》中的刘思琦，16 岁还需要母亲喂饭、帮穿衣服，逛街从来不看价格，看上就拿。母亲在采访中表示担心，如果有一天负担不起她的需求了，该怎么办？

过度富养，只会让孩子无度挥霍。不论男孩还是女孩，适度穷养才是正确的选择。那么，孩子要如何穷养才合适？

1. 生活上穷孩子

太多的物质享受是在毁孩子，如果有一天孩子得不到自己想要的，可能会选择走极端路线，不择手段地得到。所以在一开始，家长就应该减少孩子的物质享受，避免孩子之间的互相攀比。比如，去商场购物可以满足一个要求，但不能满足每一个要求。教会孩子勤俭节约，比给予孩子新衣服、新玩具更重要。

2. 体验挫折

《裸婚时代》里的童佳倩，从小锦衣玉食，遇到家境较差的刘易阳，毅然决然要奔赴爱情。然而，没经历过挫折和困苦的"小公主"，哪知道一家五口挤在小房子里的苦，更不能理解婆婆"一分钱掰成两半用"的节俭。绝对的富养让她以为"有情饮水饱"，却不考虑现实生存问题。一旦遇上挫折，她的婚姻和生活就面临分崩离析的局面。所以千万不要把孩子养成没有抵抗能力的"温室里的花朵"。适当的挫折可以锻炼孩子的抗打击能力，更能让孩子拥有面对真实生活的勇气。

作为父母，要放手让孩子经历挫折，并鼓励孩子克服困难、战胜挫折，这才是教育真正的意义。

3. 独立

从儿童时期起，穿衣、洗漱、系鞋带……每一次孩子独立完成事情都值得被鼓励，我们要教会孩子独立承担力所能及的事。

4. 受委屈

做错了事，适当的批评和惩罚是必要的，哪怕受点儿委屈，也是孩子成长的一个过程。让孩子领略不同情感，能够减少逆反心理、增强心理承受力。

二、富养，富在哪里？

老话常说，"再苦不能苦孩子"。现在的家庭会在力所能及的情况下给孩子提供相对较好的生活条件，这也是中国人特有的情结。

力所能及是应该的，但盲目的富养理念，让家长在外打拼一个月才得到的几千元工资，成了孩子盲目攀比的资本。谁有了最新款的游戏机，我也要买；谁又有了最新款的鞋子，我也要穿。时间久了，只会让孩子变得毫无节制，抱怨你给得不够多。

家长们往往认为，我苦过了，不能让孩子再受苦。其实，你是在给孩子制造更多的痛苦。真正的富养不是只有金钱和物质，对孩子来说，被爱、被尊重、被理解、被支持、被信任更重要。精神底层就会被植入两个信念：我是好的，我是强的。

一个孩子发自内心认可自身的价值，以及自身的力量，这才是富养的正确打开方式——精神上的富有。

被精神富养的孩子在社交关系中会乐于付出，他们不会把"付出"和"被爱"绑在一起。他们坚信自己值得被爱，也拥有爱别人的能力。

想要养出一个精神富足的孩子，我们家长应该这样做：

1. 鼓励

电视剧《小舍得》中，父母常常用"我们家穷，以后就靠你了""不准和朋友争抢""你要懂事"这些话，给米桃施加压力。父母的否定和打击，可能是孩子一生挥之不去的阴影。米桃开始逃避、自卑，最终因得了抑郁症辍学。

相信没有一个家长，希望自己的孩子像米桃这样痛苦地生活。所以肯定和认可，是每个孩子都应该得到的正向鼓励。多说一句鼓励的话、多做出一个鼓励的行为，往往就会创造出教育的奇迹。

当然，这就要求家长要常说常做——"爸爸妈妈很爱你""爸爸妈妈相信你""在爸爸妈妈心目中，你是最棒的"……

对孩子不说不做——"你怎么总是做错事""和××比，你真是差远了""这样的表现，真不指望你有什么出息了"……

2. 疼爱不溺爱

我想先问问各位家长，疼爱的方式，你选对了吗？先来测试下自己的"爱之度"吧。

孩子和别人闹矛盾，你一般怎么应对？

A. 不和他玩儿了，都惹我的小宝伤心了。

B. 这多大点事儿啊，你在这哭哭啼啼的。

C. 他前两天不是还和你分享玩具吗，不如你们尝试和解吧。

选 A 的家长，孩子只会以自我为中心，认为自己不会犯错，错的都是别人。

选 B 的家长，会让孩子变得自卑胆小，不敢尝试，怕犯错误。

选 C 的家长，很棒，这样孩子才能树立一个正确的三观。

疼爱不是溺爱，不是一味地认为"我家孩子全世界最好"。父母也要摆正心态，教孩子为人处世的道理。

3. 对孩子负责

富养孩子，需要父母给予充足的爱，负责不是说你对孩子的饮食起居照顾得多么好，就叫负责了。负责，是你对孩子能力的培养负责，对孩子的身心健康负责，对孩子的未来负责……

我们想要孩子变成什么样的人，首先就要以身作则，从细微处入手，从生活中的小事做起。比如，公交车上让座，乘电梯时留门……

父母是孩子的镜子，我们的一举一动、一言一行都会给孩子带来影响。如果对孩子的错误放任不管，日积月累，待长大后成为"白眼狼"，父母悔之晚矣。

4. 教孩子负责

孩子从小就要知道，做任何事情都要承担责任。从维护家庭卫生的小事，到对自己做的事情负责的大事，让孩子未来能够担起家庭和社会的双重责任。

养育孩子不是一件简单的事，孩子在成长，作为家长也要不断学习，学习如何做合格的父母，如何更好地养育儿女。

6招提高孩子专注力

很多家长在带孩子的时候发现，宝宝做事总是三分钟热度。究竟该如何让宝宝更专注呢？科大大给你支点儿招。

一、你是否还在做这些行为？

1. 不分场合地打扰孩子

停。这种经常打断孩子的做法，是在扼杀宝宝的专注力。除非你被宝宝邀请，否则千万别去打扰他。一味地帮助，不仅会破坏专注力，还会让宝宝产生一种依赖心理。

2. 让宝宝沉迷动画片或接触电子产品

美国儿科学会建议，一岁半以下的宝宝不能接触任何电子产品；2～5岁的宝宝每天对着屏幕的时间不超过1小时。建议家长一天分3次给宝宝看动画片，一次观看时间不超过20分钟。

3. 经常与他人对比，呵斥宝宝

"你怎么这么磨蹭""看看别人家的孩子是怎么做到专心的"很多爸妈似乎总爱拿宝宝的日常行为跟别人对比，怕自己的孩子输在起跑

线上，学习要比，性格要比，就连行为习惯也要比。这种暗示，自然而然地给宝宝的潜意识埋下了焦虑的隐患。

二、做好这些事，培养专注力

0～3岁是宝宝大脑发育的黄金期，其次是3～6岁，也是培养专注力的好时机。

1. 找到孩子的兴趣点

你是不是在做自己感兴趣的事情时最专注？孩子也是一样的。

2. 安静、整洁、有条理的环境

杂乱的家庭环境，玩玩具、看绘本时吵闹的电视噪声……都是孩子分心的源头。如果家长能和孩子一起创造有条理的环境就更棒了。例如，让孩子自己收玩具、学会归类等。

3. 和谐的家庭氛围和安定的生活环境

一家人和和气气、不急不躁，是给孩子专心做事提供的最好环境。此外，孩子对环境变化极为敏感，当频繁发生搬家、换学校等环境变化时，务必密切关注孩子的情感需求。

4. 帮助孩子理解活动的目标

当有活动目标时，帮助孩子理解活动的目标是训练专注力的重要方法。孩子对目标的意义理解越深，完成任务的意愿越强，保持注意力的时间也越长。

注意，不要给孩子准备超出年龄范围的玩具和活动。有完成任务的希望，孩子才愿意专注去做，这是培养专注力的基础。当孩子遇到困难求助或开始烦躁时，家长可以适时加入，安抚情绪，再从旁给予启发，一起完成任务。

5. 言传身教

孩子的稳定性不如成人，但家长要以身作则，陪孩子一起读书。根据孩子的专注时长，把任务量进行合理分割。

举个例子，妈妈每天晚上都会陪3岁的豆豆一起读10分钟的绘本，然后再准备睡觉。这样一来，对孩子的要求既在合理的范围内，也能提升孩子的专注力。

6.帮助孩子建立时间观念，自主分配时间

比起"必须学习一小时"，不如让孩子"学完某一章"，至于具体时间，就靠孩子自己去把握了。毕竟，多出来的时间，孩子可以做些喜欢的事情。

三、亲子游戏有助于培养专注力

与此同时，爸妈们不妨结合一些有趣的游戏，既能培养宝宝的专注力，又能激发想象力，还能增进亲子关系。

1.串珠游戏

准备一条粗线，以及数个颜色和形状各异的串珠，让宝宝把串珠串在线上。这个游戏不仅可以提升专注力与手眼协调能力，还可以训练逻辑思维。

注意：不要让宝宝把小串珠放进嘴里，串珠的大小要和宝宝年龄成反比。

2.闭眼倾听和表达

家长和宝宝一起待在舒适的空间，闭上眼睛或戴上眼罩。家长制造声音，宝宝用耳朵听周围发出的声音，并把听到的声音说出来。

3.词语思维

家长准备一些词语卡片，提前定好规则。比如，听到家长念到蔬菜，宝宝举左手；听到家长念到动物，宝宝举右手。

4.萝卜蹲

这个游戏至少需要3个人一起完成，人多更好。以三人为例，每人报上一个萝卜的颜色。比如，爸爸当红萝卜，妈妈当白萝卜，孩子当紫萝卜。爸爸边蹲边说："红萝卜蹲，红萝卜蹲，红萝卜蹲完白萝卜蹲。"紧接着妈妈说："白萝卜蹲，白萝卜蹲，白萝卜蹲完紫萝卜蹲。"依此反复，越快越好，中间不要有间歇。

还可以做下面这些游戏，培养孩子的专注力。

适合小孩子的游戏

★ 戴帽子

这是一个配对游戏，爸爸妈妈可以把家里各种空塑料瓶的瓶身和瓶盖分别放成两堆，让孩子来配对，给瓶子"戴上合适的帽子"。

★ 传话

让孩子传话。比如，妈妈让孩子对爸爸说："妈妈说，水果在冰箱里，请吃吧。"爸爸让孩子对妈妈说："爸爸说，知道了，谢谢！"

传话的内容可以从简单到复杂。这对孩子的注意力和语言能力都是很好的锻炼。

适合大孩子的游戏

★ 舒尔特方格

在一张方形卡片上画相同大小的 25 个方格，格子内任意位置上填写数字 1 ～ 25 的共 25 个数字。

训练时，让孩子用最快的速度从 1 数到 25，边读边指出数字位置，家长在旁边计时。耗时越短，注意力越好。

★ 多米诺骨牌

大约七成"难以集中注意力"的孩子通过这个游戏，耐心有了进步。

这个小游戏其实是考验孩子能将单一的动作持续多久，对集中注意力是个很好的锻炼。

宝宝天生活泼、好动，恨不得把身边所有的东西都摸一摸、看一看，甚至尝一尝。我们更该趁着陪伴宝宝的时间，抓住这一成长特点，利用宝宝对新事物的好奇心培养宝宝的专注力、创造力。

6 个错误的哄睡方法

科大大搜集了不少家长发来的"控诉"。关于哄孩子睡觉，家家有本难念的经。但我发现哄睡难不只是宝宝的原因，部分家长的错误方法，更加大了哄睡难度。

科大大一并列举出这些误区，家长们请自行"对号入座"。

一、宝宝不睡没关系，困了就睡了

做爸妈的都知道，睡眠是影响宝宝生长发育的重要因素之一。生长激素在深睡眠时分泌最旺盛。21:00 ～ 1:00 是生长激素分泌最多的时间段。为了把握生长激素的分泌黄金期，建议孩子 20:30 前上床准备入睡。

二、午睡，逼一逼总会睡的

幼儿园老师常"告状"，孩子不午睡，一到睡觉时间比谁都精神……为此，家长也是操碎了心。

实际上，每个孩子所需的睡眠时间存在个体差异。随着年龄的增长，有的孩子夜间睡眠就已经足够，确实不需要白天补充。

如果孩子被强行要求午睡，还可能会养成咬指甲、摸私处等不良行为。科大大建议，是否需要午睡，要根据宝宝的精神状态决定。

有的宝宝中午不睡，到了下午四五点开始困乏、没精神或烦躁不安，说明他们还是需要午睡的。反之，宝宝即便不午睡，也全天精力充沛，那大可不必强迫。另外，午睡时间过长或是过短，都会造成宝宝晚上睡不着，哄睡难度随之翻倍。

中国 0 ～ 5 岁儿童睡眠时间推荐	
年（月）龄	推荐睡眠时间（小时 / 天）
0 ～ 3 月	13 ～ 18
4 ～ 11 月	12 ～ 16
1 ～ 2 岁	11 ～ 14
3 ～ 5 岁	10 ～ 13

三、宝宝一睡觉，全家"静音"

宝宝睡觉，全家集体调低音量甚至开启"静音"模式，真的没必要。宝宝在妈妈子宫里时，也不是 100% 安静的环境。宝宝一旦出现睡眠信号，或是入睡时，不需要切断所有声源，只要不突然出现声响就可以了。

四、奶、抱、摇大法，用上戒不掉

不抱不睡、不奶不睡……很多身经百战的妈妈，会选择奶、抱、摇的哄睡法作为必杀技。然而，上了奶、抱、摇的"贼船"，从此一去不复返。

1. 习惯奶睡，宝宝吃两口奶就能睡着？

这样做，妈妈也省事，看似两全其美，然而宝宝嘴里残留的乳汁不能及时清理，很容易滋生细菌，损害牙齿，为蛀牙埋下隐患。同时，也会导致宝宝频繁夜醒，影响生长发育。习惯奶睡的宝宝，是把妈妈的乳头当成安抚物。

妈妈可以尝试替换安抚物。比如可以选妈妈的睡衣，妈妈的味道会让宝宝更安心。但不能选不透气、有窒息风险、有装饰物的，尤其是 1 岁以下的宝宝，以免造成误食或猝死。

2. 抱着睡，立竿见影？

抱睡、摇睡不仅让妈妈身心俱疲，对宝宝的脊椎发育也不利。宝宝喜欢抱睡，是因为温暖、有包裹感的臂弯，让宝宝有以前在妈妈子宫里的感觉。因此，创建一个和臂弯差不多的环境，同样可以给宝宝熟悉感。

可以尝试裹襁褓，用被子或枕头做成"小窝"；尝试搂抱式，妈妈和宝宝躺在床上，妈妈揽住宝宝肩背部，宝宝身体贴住妈妈。

3. 摇着睡，亲测有效？

有危险才是。宝宝的大脑和颈部肌肉发育还不成熟，摇晃的幅度和节奏掌握不好，很容易对宝宝的大脑和脖颈造成伤害。

五、避免抱睡 = 哭了不能抱

为了让宝宝睡整觉应运而生的"哭声免疫法"，近年来已经被屡屡痛斥。因为它忽略了宝宝的心理需求，让宝宝在最需要陪伴和安全感的时候，承担了孤独和恐惧。

"戒除抱睡"和"及时回应宝宝"并不冲突。正确的睡眠引导，绝不能建立在孩子心理受煎熬的基础上。但宝宝有时睡不安稳，确实可以不用急着去抱，因为这样反而会惊醒还处在睡眠状态的宝宝。

宝宝睡不着，可以尝试这样安抚和回应：

★ 轻压式：宝宝睡眠中偶尔惊醒，爸爸妈妈可轻压宝宝身体的一部分。

★ 抚摸式：每个宝宝喜欢被抚摸的部位不同，需要爸爸妈妈去探索。

六、孩子睡眠变差，不找原因

睡眠质量一向很好的宝宝突然变"睡渣"，很有可能是身体不舒服的信号。

1. 出牙期

宝宝会因为牙床痒、不适，影响睡眠或哭闹。可以用干净的纱布，轻轻按摩牙龈，缓解出牙产生的不适感。

2. 肠绞痛

小月龄宝宝晚上突然惊醒大哭的主要原因。一般到宝宝 4 ～ 6 个月大时会消失。

3. 鼻塞、腹泻、咳嗽等

这个时候需要及早对症治疗，缓解宝宝的不适，不能强行哄睡。

其实，孩子到了两三岁以后，多数都不再需要哄睡。这短短的两三年，对于爸爸妈妈来说，虽然会抱怨、疲惫，但又何尝不是一种幸福。亲密无间的陪伴时光，往往是日后最珍贵的回忆。

自主入睡的孩子更聪明，3招戒断哄睡

哄孩子睡觉有多难？

之前网上有个新闻，外卖小哥按门铃吵醒了孩子，被家长骂了一通。原因是他家孩子太难哄睡了，点外卖时再三叮嘱别按门铃，结果还是按了。

这位家长的做法确实不妥当，但他的心情，估计有孩子的爸妈都能懂。每次为了哄孩子睡觉，使出十八般武艺不说，有时还要全家配合，轮番上阵。折腾1个多小时终于睡着了，有点儿声就醒。久而久之，大人累不说，孩子也睡不好。

研究表明，自主入睡的孩子睡眠质量更好，智商更高。科大大就从方法到实操步骤来讲一讲怎么培养孩子自主入睡。

一、作息不规律，自主入睡难

或许你为了宝宝睡觉的问题，已经看了不少文章，方法也学了很多，却丝毫不奏效。这很可能是没打好基础——宝宝的作息不规律。

如果作息是乱的，睡眠就会受到影响，这跟成人的生物钟被打乱后休息不好，是一样的道理。那如何养成规律作息呢？下面这3点一定要做到。

1.吃—玩—睡，顺序要遵守

确保孩子在吃奶的时间段不要睡着，吃奶时间就充分吃奶，吃足量的奶。防止孩子边吃边睡，有这些小技巧：

★ 宝宝快睡着的时候，挠挠他的手心、脚心、脖子后面。

★ 换一边喂奶，换边的时候可以拍拍嗝。

★ 可以把换尿不湿放在喂奶之后，让宝宝清醒活动后再入睡。

吃饱之后玩一会儿，哪怕5分钟也行，一定要把吃和睡分开。

2. 及时发现宝宝的睡眠信号

宝宝困的时候常常表现为打哈欠、往人怀里钻、眼神游离等。每个宝宝情况各有不同，家长们平时也要多多观察，及时抓住睡眠信号哄睡。如果宝宝困过头，就容易烦躁、哭闹、入睡困难，睡着后也会容易醒。

3. 白天小睡必须重视

宝宝白天小睡的质量，会直接影响夜晚的睡眠。

6个月前，白天保证有两次长度在1～2小时的小长觉；6个月后，白天至少保证有一次长度在1.5～2.5小时的小长觉。

下面是宝宝的白天小睡知识：

★ 睡够2个小时，要及时叫醒。

如果睡太久，单次睡觉时长超过3个小时，宝宝就很容易出现日夜颠倒的情况，晚上迟迟不睡或夜间频繁醒。

★ 午觉睡20～30分钟。

要尽可能让宝宝午睡，午觉是一天中最重要的一觉，修复能力最强。

作息规律了，你就会发现宝宝的睡眠问题少了一半，这时候再培养自主入睡，事半功倍。

二、奶睡、抱睡要戒掉

不论是奶睡还是抱睡，最重要的是安抚宝宝，让宝宝平静下来，而不是一直等到睡着。

1. 戒奶睡

尤其是母乳喂养的宝宝，养成了不喂不睡的习惯，这样就打乱了前面所说的吃—玩—睡的顺序。时间长了，宝宝作息不规律，吃不好也睡不好，还可能产生严重的乳头依赖或频繁夜醒，家长也休息不好。

怎么戒？先用吃奶适当安抚，等平静下来后及时抽出，再换其他方式哄睡，一次两次不行，多次尝试，慢慢就改过来了。

用抱睡的方式，先戒掉奶睡，如果宝宝哭闹不止，可以先借用安抚奶嘴，但要尽量控制使用，能不用就不用。

2. 戒抱睡

多数家长哄宝宝睡觉时，开始"魔鬼的步伐"＋"无数次的深蹲"，孩子是哄睡着了，可也太"费"人了。可能你会说："没办法，我家孩子就不在床上睡，就是要抱着。"

可宝宝刚出生时在床上睡得好好的，后来怎么不行了呢？

其实，如果宝宝不哭不闹，完全可以放到床上哄睡。抱、摇、晃、抖，这些都是家长的习惯，久而久之，孩子也会形成这样的习惯，要抱着才能睡着。

怎么戒？减小抱着孩子同时做其他动作的幅度，从满屋子溜达变成小范围踱步。等宝宝适应之后，也不要踱步了，就静静抱着，加上轻拍、"嗯嗯""噢噢"的声音。宝宝情绪平稳、迷糊的时候放到床上，别等睡着再放。

那如果抱着安静了，放到床上就醒怎么办？

三、落地醒、查岗

1. 落地醒

宝宝看着已经迷糊了，可是一沾床就像屁股上被扎了一针，瞬间醒来。这时候有 2 种情况：

①哼哼唧唧小哭。

继续用轻拍、低声唱歌等方式哄睡，刚开始哼唧的时间可能会长，但一定要耐心。

②大哭且哭闹不止。

用"抱起放下"的方法，即抱起安抚、放下睡觉。放下的同时轻拍或用安抚物辅助；如果还是大哭，再次抱起放下，别嫌麻烦，坚持就是胜利。

2. 查岗

宝宝看着睡着了，没一会儿又睁开眼睛，身边要是没人就开始哭。

可以试试从躺着陪宝宝睡觉，到坐着陪宝宝睡觉，等宝宝适应了，再慢慢地挪远一些，直至离开。也可以从轻拍等肢体接触，转变成隔空喊话的语言安抚——"妈妈一直在哦，宝宝放心睡吧！"

等到宝宝睡着后，家长可以撤离，自主入睡过程就完成了。总结一下就是这样：

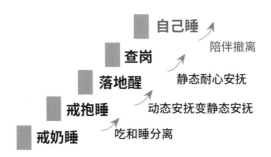

不管宝宝现在是在哪一步，都可以按照上述的方法，逐步引导，坚持下去就能让宝宝学会自主入睡。

除此之外，科大大再分享 2 个睡眠小技巧：

★ 建立睡眠仪式。

该睡觉的时候就把宝宝放在床上，可以让他自己玩一会儿。

★ 营造睡眠环境。

调暗灯光，让整个气氛安静下来。

睡眠习惯养成不是一朝一夕的，需要一个过程，家长们也别太着急。在培养宝宝自主入睡期间，家人做法要一致，耐心坚持，"睡渣"就能变成"睡神"。

3 招让孩子不挑食

最近，科大大收到很多妈妈的吐槽，好不容易熬过了断奶、过敏、哄睡，又来了新的副本——挑食。

妈妈们担心，孩子不爱吃肉、青菜或者水果，时间长了营养怎么跟得上？个子怎么长得高？学习怎么能学好？

这一篇，科大大就来讲一下"挑食偏食"这件事。

一、孩子挑食偏食，竟是命中注定？

其实，大多数孩子的挑食问题，家长都不必太过焦虑，谁还没几种不吃的食物呢？

1. 挑食竟然是天生的

研究表明，妈妈在孕期的饮食习惯，会影响宝宝日后的饮食习惯，这种对食物的偏好可能藏在基因里。

2. 眼前的黑不是黑，孩子说的苦是真的苦

比起经历过火锅、川菜、臭鳜鱼"洗礼"的我们，宝宝的味觉要敏感得多。很多宝宝不爱吃绿叶菜，是觉得苦、涩，所以比起自认为"不苦啊"，好好想想怎么改善烹饪方式才是正经事。但严重的挑食，比如完全不吃肉、不吃蔬菜，只吃几种特定的食物，可能预示着一种疾病——选择性饮食障碍。

美国杜克大学饮食失调中心研究显示，选择性饮食障碍患者，普遍在早年患过和饮食有关的疾病，如食物中毒、逼迫进食等。这导致他们对不熟悉

的食物产生恐惧，只愿意接受早期吃过的、安全的食物。

英国18岁少女雷德曼，只吃一个特定品牌的鸡汤味方便面。她5岁时爱上了这种方便面，而8岁时一次食物中毒，让她对蔬菜和水果彻底产生了恐惧；63岁的美国大爷克劳斯，热爱花生酱、脆饼、奶酪三明治、巧克力牛奶，其他的食物令其作呕。

想要治好这种疾病，要从心理入手，了解患病的过程，必要时进行相应的心理治疗。选择性饮食障碍多从儿童时期开始，对于刚刚有偏食苗头的孩子，要培养孩子正确的饮食习惯，避免发展成真正的疾病。

二、孩子挑食，90%是家长造成的

其实，孩子90%的挑食情况，都是家长"培养"出来的。比如，过早给孩子的辅食添加调味料；再比如，过分在意孩子喜好，一旦孩子不喜欢哪种食物，就彻底说再见。

要知道，孩子天生对新的食物有恐惧感，一般来说，探索新食物需要12次左右才能接受。下面这些让孩子挑食的行为里，有没有你的影子？

1. 烹调技术不佳

有时候，孩子挑食不是他想挑食，而是准备的食物实在不能吸引他的胃口。

2. 干涉孩子选择食物

一般从2岁开始，孩子会想要自主选择食物、自己吃饭。但不少家长看孩子吃得慢、不吃哪种食物，就会着急干涉，强制性让孩子吃。结果要么就是宝宝放弃独立进食让家长喂，要么就直接讨厌吃这种食物。记住，没有哪种食物是不可取代的，千万别在一种食物上较劲。

3. 奖励孩子进食

很多家长为了让孩子多吃几口不爱吃的菜，会采用"奖励机制"：

①把胡萝卜吃完，你就可以吃一块巧克力。

②把碗里的饭吃完，你就可以玩玩具。

③如果好好吃饭，奖励你多看半小时动画片。

这样一来，孩子在吃饭时会提出越来越多的条件试探你的底线，稍不合胃口就拒绝进食，很容易造成挑食。

吃饭应该是一件愉快的事情，是"我要吃"，而不是"要我吃"，是"享受"，而不是"任务"。

三、养出好胃口的孩子

其实，在宝宝吃饭的问题上，科大大很少专门去讲，因为吃饭是人类的本能。家长要做的就是提供愉快的进食氛围，提供丰盛美味的食物，并尊重孩子的选择。

1. 让食物更加诱人

宝宝味觉敏感，对于"有味道"的菜尤其排斥，所以很重要的一点，就是多尝试一些烹饪方法和食物搭配。

年龄稍大些的宝宝，可以让他们一起参与食物的制作，哪怕是加一勺盐、放一点儿水，也会让他们感受到能掌控自己的饮食，增加他们对食物的兴趣。

2. 巧用伪装，"暗度陈仓"

很多妈妈都发愁，孩子不爱吃菜或者不爱吃肉，可怎么办？其实这个时候，家长可以多花点儿心思把食物做出花样，当好食物的"伪装者"，学会"浑水摸鱼"。比如，把孩子不爱吃的东西弄碎，混在爱吃的食物里，小动物形状的饭团、加了蔬菜汁的饺子……孩子不知不觉地吃下去，时间久了，可能就没那么排斥了。

3. 限时吃饭治挑食

科学研究表明，孩子吃饭拖拖拉拉、三心二意，很容易养成挑食的习惯。科大大教你们一招——限时吃饭，用在他们身上再合适不过了。注意，千万别给孩子偷塞零食。坚持几顿，家长也要以身作则。

宝宝光脚好处多，穿袜有讲究

科大大收到过不少关于给宝宝穿袜子的问题，一给宝宝穿袜子，就一哭二闹死活不穿，前一秒刚穿上，后一秒就脱下来玩得不亦乐乎；但要是狠下心来不穿吧，又担心宝宝生病。到底该不该给宝宝穿袜子呢？不穿会生病吗？

穿袜子可是门学问，科大大就来掰开揉碎地给大家讲讲。

一、光脚 VS 穿袜，哪个更适合宝宝？

宝宝不爱穿袜子简直太正常了。相比成年人，宝宝的新陈代谢更旺盛，再加上活泼好动，出汗多，就会本能地排斥穿袜子。

家长大可不必过于责怪和担心。一般来讲，在温度适宜的情况下，不穿袜子不会影响宝宝健康。适当的光脚活动，对宝宝还有好处呢。

①增强身体素质和协调性。

②提高耐寒能力，预防感冒、腹泻。

③刺激听觉、视觉、触觉神经，发展精细动作。

④促进足弓形成，宝宝走路更稳。

但宝宝光脚时一定要及时清理地面，收好容易硌脚的东西，避免地上不安全的东西伤到宝宝脚丫；同时要经常用清水擦地，保持地面清洁，还要记得给宝宝每天洗脚。

二、给宝宝穿袜有讲究，昼夜到底何时穿？

说到这儿，有些家长就会问了，都说寒从脚起，夏天也就算了，要是冬天呢，宝宝不穿袜子真的可行吗？

光脚对宝宝虽有一定的好处，但也要分情况、分场合。宝宝白天或夜里在家睡觉时，到底怎么穿袜才合适？

下面是宝宝白天在家的穿袜指南：

1. 看温度

如果室温基本控制在 22 ～ 25 ℃，宝宝没有不适感，可以不穿袜子；但如果室温低于 22 ℃，甚至更低，家长可以给宝宝穿上袜子保暖。

2. 看冷热

由于宝宝的小手小脚血液循环差一些，家长最好不要以手脚温度判断宝宝的冷热，关键要摸宝宝后颈的温度。如果宝宝后颈（被衣服覆盖的部位）温热或过热，可以不穿；但如果宝宝后颈比较凉，可给宝宝穿上袜子。

3. 看年龄

大一点儿的宝宝已经有感知冷暖的能力了。要是宝宝坚持不穿袜子，就算室内温度低一点儿，最好也遵循他的意愿；但对于新生儿、早产儿和体质弱的小宝宝来说，他们的体温调节功能还没发育完全，身体末端血液循环差，自身的产热不足，无法给自己提供充足的热量，家长要做好宝宝脚丫的保暖工作。

对于夜里熟睡的宝宝来说，穿袜子的决定权就掌握在家长手中，特别要注意观察两点：

1. 摸脚丫

宝宝要是夜里睡觉时脚丫很暖和，可以不穿袜子；但要是睡了很久，脚丫还是冰凉的，就容易影响睡眠质量，建议穿上袜子。

2. 看睡袋

对于习惯盖被子，或是穿分腿睡袋的宝宝，脚丫随时都可能裸露在外，这时可以穿上袜子；但对于习惯穿连体睡袋的宝宝，睡袋已经包裹住小脚丫，就不必再特意套袜子了。

当然，以上这些建议并不能作为硬指标。要不要穿袜子，主要是看孩子日常习惯和舒适程度，因人而异。

不论宝宝是习惯光脚还是穿袜，家长都应遵循他们的意见，尤其对于大一点儿的宝宝来说，他们已经有了感知冷暖的能力。当他感觉到冷时，或许不用你说，就主动穿上袜子了。其实最怕的是家长或老人固执己见，"强孩子所难"。而最坏的结果，就是家里看护意见不统一，没必要穿的时候坚持穿，有必要穿的时候反而脱掉。孩子哪一种方式都没能真正适应，反倒更容易感冒了。

三、给宝宝选袜子

宝宝不爱穿袜子，除了不习惯、感觉热，还有一个原因就是袜子穿起来不舒服。在给宝宝选袜子方面，90% 的家长或许都踩过坑。到底怎样才能给宝宝选到舒适安全的袜子？科大大准备了避坑攻略。

1. 材质

不要选含腈纶材质的，首选纯棉或棉含量高的，既吸汗透气，又不易滋生细菌。

2. 袜口

不要过紧过长，宝宝穿上后能塞进大人的 1 ～ 2 根手指即可。

3. 线头

不要有太多线头，穿之前要及时剪掉。

4. 款式

别太花哨，别给女宝穿连裤袜，穿脱困难会影响宝宝活动，还可能会因为裤袜过紧不透气引起女宝阴道炎、外阴炎。

5. 厚度

不必为了追求保暖而买太厚的袜子，薄厚适中即可，穿太厚的袜子宝宝会觉得热，也会因为臃肿影响走路。

超龄还流口水，排查 5 大疾病

软萌的小宝宝，总是让人越看越喜欢，偶尔口水"飞流直下"，都透着呆萌。当然，科大大说的流口水并非被美食馋出来的，而是小宝宝"专属"的正常现象。一般三四个月到 2 岁的宝宝，都会口水"泛滥"。

首先，科大大要提醒一点，孩子嘴上黏糊糊、湿答答的口水，其实有大作用。

润滑食物
帮助吞咽

清洁口腔

保护口腔环境

口水

我的作用大着呢？

宝宝的口腔小而浅，吞咽功能不健全，在嬉笑、玩闹时就容易流口水。科大大整理了 1 ～ 24 个月宝宝的"口水发展史"，只要宝宝流的口水符合发展规律，爸妈们就不用太过担心。

1～24 个月宝宝流口水规律	
月龄	流口水情况
1～3 个月	唾液腺还不发达，口水分泌量不多。2～3 个月宝宝趴着或抱坐的时候，容易流口水
4～8 个月	长牙、吃辅食都会刺激唾液分泌，口腔浅、吞咽功能较弱，容易"口水滔天"。吃手或专注把玩物件时，也可能流口水
9～12 个月	口水逐渐减少，但爬行或翻滚时仍可能流口水，长新牙也会使口水增多
13～15 个月	如果孩子口水增多，但没有长新牙的迹象，可能与学走路时紧张半张着嘴有关
16～23 个月	走路稳当，张嘴情况减少，咀嚼和吞咽功能增强，流口水情况也少了
24 个月	到了这个年龄，流口水情况已经很少或几乎没有了

不过，宝宝的口水里，的确藏着健康密码。除了生理性地流口水，很多疾病的信号也会通过口水反映出来。各位家长的担心是很有必要的。

如果孩子 2 岁后还是口水不断，甚至短期内口水激增，伴随异常表现，就要提高警惕了，有可能是以下 5 种疾病。

一、咀嚼和吞咽功能较差

有些宝宝之所以长大后还在流口水，很可能是家长的"锅"。

①宝宝辅食吃得太精细，或是添加过晚，导致咀嚼和吞咽功能差；

②长期叼着奶嘴，舌头得不到充分锻炼。

这些都可能会导致宝宝口水不止，是较为常见的原因，所以给宝宝戒奶嘴和添加辅食，家长都要妥善安排。

①示范吞咽动作：告诉宝宝口水要咽下去，增强吞咽意识。

②增加固体食物：添加辅食遵循由细到粗的原则，锻炼咀嚼和吞咽能力。

③及早戒掉奶嘴：建议从 1～2 岁开始练习用杯子和小碗，最迟 4 岁戒掉奶嘴。

二、口腔内疾病

口腔溃疡、扁桃体炎、咽喉或口腔病毒感染、咽喉链球菌感染等都会导致宝宝暂时性口水增多。

1. 口腔溃疡或口腔炎

如果宝宝近一段时间内，口水增多或是突然开始流口水，并且伴有哭闹、吃得少、进食痛苦等症状，那么很可能是得了口腔溃疡或口腔炎。家长要及时观察宝宝口腔内的状况，对症治疗，恢复后口水自然也"止住"了。

支招儿：吃一些软烂的流食。注意多喂水，避免脱水。如果溃疡面积较大、精神状态不好、尿量也少，就需要及时送医。

2. 疱疹性咽峡炎或新型手足口病

如果宝宝嘴巴里出现透明小水疱，可能是疱疹性咽峡炎或新型手足口病。因为宝宝嘴巴里有疱疹，会刺激唾液分泌增多，加上吞咽时疼痛，不愿咽下，所以口水会比平常多。

支招儿：这两种病是自愈型，因此家长能做的也只是对症处理，给宝宝吃一些清凉、软糯的食物。

3. 急性会厌炎

急性会厌炎又被叫作急性声门上喉炎，是一种能危及生命的严重感染。大人、宝宝都可能患这种病，冬、春季节多见。如果宝宝出现发热、口水突然增多且说话不清楚，还会端坐着，脖子向前伸，微抬着头，就要考虑是不是急性会厌炎了。

支招儿：这种病极为"凶险"，很可能导致宝宝窒息，发现后一定要及时送医。

三、呼吸道疾病

患有呼吸道疾病时，如鼻炎、腺样体肥大、扁桃体肿大等，宝宝习惯张口呼吸，口腔受外面干燥气体的刺激，就会多分泌唾液，不由自主地流口水。如果发现宝宝还伴有睡觉打呼、鼻塞等现象，就要考虑是不是呼吸道出了问题。

支招儿：建议带宝宝及时就医检查。

呼吸道疾病除了会造成身体上的痛苦，还会导致"鼻病面容"。那宝宝趴着睡觉时流口水，也和这些疾病有关吗？其实，谁趴着睡，口水都会流一枕头，所以不要让宝宝趴着睡。

四、舌系带过短

宝宝流口水多，还可能与舌系带过短有关。舌系带过短，其实说的就是舌头中间那根筋太短或太紧，影响了舌头正常活动。当然，不只流口水这一种表现，一般还会影响宝宝的吸吮、咀嚼功能，并伴随发音不清楚。发现宝宝口水增多后，家长可以通过观察判断是否为舌系带过短的原因。

引导宝宝舌头向外伸，如果舌尖呈"W"形，或又厚又方；舌头不能舔到上牙的牙龈，不能在嘴巴里灵活移动，就要考虑这个问题了。

支招儿：建议在医生指导下进行治疗。

五、脑性瘫痪（简称脑瘫）或先天性痴呆

患了脑瘫的宝宝，一般嘴巴是半张开的。主要是由于脑损伤或脑发育不全，导致吞咽功能异常、舌头灵活性不足、脸部肌张力低下等。

如果宝宝除流口水外，还伴有语言发育迟缓、智力低下、不会走路、神态异常等现象，建议及时带宝宝去医院检查，排除脑瘫或先天性痴呆等病因。

不过也不要被吓到，一般患有脑瘫的宝宝，家长留心观察，能及早发现。流口水只是其中的一种现象，可以更直观地察觉到。

如果科大大以上说的所有情况，宝宝都没有，但还是会有口水流出。只要宝宝生长发育正常，身高、体重、认知功能等和年龄相符，也无须担心，多注意观察即可。

另外，科大大还发现，很多人在逗宝宝玩的时候，会不自觉地捏宝宝的脸。这个动作千万要少做。因为宝宝的脸部皮肤薄，口腔内腮腺组织发育不完善，易受伤害。碰触后容易刺激唾液的分泌，会让口水越流越多。

不过家长也不用过于紧张，腮腺位于耳郭前方，并不在宝宝肉肉的脸颊上，一般不会被碰触到。但即使如此，科大大还是建议家长换个亲昵的方式，毕竟捏脸会痛，也会被宝宝"嫌弃"。

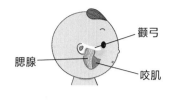

六、口水疹的预防、护理方法

说过了以上5种情况，最后再说一说让家长头疼的口水疹。如果宝宝经常流口水，那患上口水疹的概率很高。为了宝宝的健康，口水疹的预防和护理十分重要，除了要减少刺激，还要记得隔离保湿。

1. 预防

①保持脸部、颈部干燥，口水流得较多时，每天至少用清水洗两遍。

②口水不要乱抹，乱抹容易加重皮肤刺激，要用柔软的手帕或纸巾轻轻擦拭口水。

③适当涂抹护肤霜，可以给宝宝抹一些不易过敏、不含药物的油性护肤霜。

④给宝宝用吸水透气的围嘴，经常更换，保持整洁和干燥。

⑤出牙期口水增多，可用软硬适度的口咬胶；6个月以上的宝宝可以吃点磨牙饼干，刺激乳牙萌出，减少流口水。

如果皮肤已经出疹子，最好及时就医。

2. 护理

①用来隔离口水和肌肤的油状物，易被宝宝舔进嘴里，要选择安全可食用、不易过敏、不含药物的，比如橄榄油、医用石蜡油等。擦药最好在宝宝睡觉时，避免药物入口。

②对于已经出现口水疹的宝宝，爸妈要用干净的湿毛巾蘸口水流经的部位，不要擦，避免对宝宝损伤的皮肤造成二次伤害。

除此之外，科大大还要提示，张嘴呼吸和趴着睡也会影响呼吸，使宝宝流口水。如果宝宝有这两个不良习惯一定要及时纠正。宝宝的有些问题看似小事，但也马虎不得。

7招非暴力戒除"吃手瘾"

小宝宝们有一个专属的动作——吃手。吃手需要纠正吗？吃手怎么戒掉？睡前爱吃手怎么办……科大大就来一次性解决家长的这些疑虑。

一、1岁前吃手，别多管

宝宝1岁前吃手，其实是好事。婴儿天生就具有吸吮反射，把乳头放进小宝宝的嘴巴里，他会自发地吸吮、吃奶水，所以吃手是本能。

宝宝吃手也是在学习，可以通过吃手锻炼手眼协调、发展手部精细运动。并且宝宝也需要安全感，在吃手的过程中，安全感就能自给自足了。

了解了宝宝吃手的好处，那就让他尽情吃？别急，家长得做好宝宝吃手的"后勤工作"。

★ 注意宝宝的手部卫生，勤洗手。

★ 为宝宝提供安全卫生的物品和玩具。玩具要确认无铅无毒，按时清洗消毒。

★ 经常检查玩具，避免有易脱落的小零件。

★ 保持嘴巴周围清洁，宝宝吃手时口水会增多，谨防口水疹。

二、2岁后还吃手？

一般宝宝1岁后，对手的兴趣逐渐减弱，会自发地减少吃手的次数或不再吃手。但如果宝宝2岁后，还是戒不掉"吃手瘾"，甚至睡前吃手停不下来，危害很可能就随之而来。变丑，影响到口腔、牙齿和面部骨骼的发育，门牙外凸、牙齿变形、手指红肿、脱皮、长倒刺等。另外，小手摸到的细菌吃进了肚子，还会增加腹泻风险。

三、7 大套路助宝宝戒"手瘾"

戒"手瘾"这件事，不能来硬的，"强行禁止 = 强化 + 诱惑"，以下这 7 种方法，总有一种适合自家孩子。

1. 寻找原因，"对症"安抚

宝宝长期吃手，多和情绪有关，焦虑、紧张、缺乏安全感、孤独等，这个时候家长千万不要因为太过紧张而导致宝宝产生心理压力。可以拉着宝宝的手耐心询问，"宝贝，我看你好像有一些紧张，是遇到什么困难了吗"？像朋友一样，帮宝宝分析困扰，缓解焦虑，才能从根源上戒掉吃手。

2. 另找安抚物

在宝宝戒掉吃手的过渡期，可以用一些安全的物品代替，例如，牙胶、安抚奶嘴等。正确使用安抚奶嘴，是不会对宝宝产生伤害的，而且安抚奶嘴比吃手要好戒掉。另外，牙胶的选择尽量让宝宝自己来。宝宝在货架上第一次注意到并拿在手里的，就没错了。

用安抚物代替吃手的方法，同样适用于喜欢睡前吃手的宝宝。可以尝试让宝宝拉着妈妈的手或是拿上喜欢的小玩具入睡。

3. 不要在人多的场所纠正宝宝

宝宝在人多的地方容易紧张，往往更会以"吃手"的方式自我安抚，因此建议在家里逐步限制吃手的动作。

4. 有效陪伴宝宝

家长在陪宝宝时，可以一起做些小游戏，例如拍手唱歌等。给宝宝选择一些需要手指按动或拨动的玩具。宝宝的注意力被转移，就不会紧盯着小手不放了。

针对睡前吃手的宝宝，可以尝试在睡前做一套有仪式感的动作，包括洗澡、换衣服、调暗灯光、讲哄睡故事、轻拍安抚宝宝等，这样可以培养宝宝新的入睡习惯，逐渐忘掉吃手这件事。

5. 给宝宝讲吃手的危害

宝宝小，听不懂大道理，讲清结果更直接。可以告诉宝宝，吃手会生病，需要去医院，也不能出去玩了。

6. 通过读绘本引导

读相关绘本给宝宝听，加强引导。

7. 采取鼓励的方式

和宝宝先说清楚。例如，吃手次数减少，给一种奖励；几天不吃手，给另一种奖励。

另外有一类方法科大大是不建议的，就是给宝宝的手指涂苦味剂或是戴手套等，这样不仅有可能导致宝宝出现口腔溃疡等情况，还有可能造成心理伤害。

戒"手瘾"，宝宝需要的是爸妈的正确引导和高质量陪伴，而不是孤军奋战。用对方法，宝宝一定会和吃手说再见。

吹空调，严防 6 大坑

夏天，很多家长反映，宝宝吹空调后，出现发热、鼻塞、流鼻涕、打喷嚏、腹泻等症状。

其实，这并非"空调病"，在传统医学上根本不存在"空调病"的概念。宝宝出现这些不适症状，多是由于使用空调不当导致的。因此，家长们一定要掌握空调的正确使用方式，规避这些常见的使用误区。

一、吹空调 6 大坑

1. 大量出汗后立刻开空调

炎炎夏日，空调是用来"救命"的，但要是回到家就迫不及待地打开空调，宝宝头上还流着汗，后果可想而知。

骤冷、骤热极易引起宝宝感冒、中暑，或出现类似"空调病"的不适现象。

正确做法：

★ 当宝宝出了一身汗回到家，要休息 10 分钟后，再开空调。先用干毛巾把汗擦干净，换上干爽的衣服。

★ 准备带宝宝出门前，要提前 10 分钟关闭空调。最好等室温逐渐接近室外的温度时再出门，能减少温差带来的不适。

2. 空调频繁开关

大家都知道，空调不能 24 小时开着，但频繁开关，冷热交替会增加宝宝患感冒的风险，同样不可取。

正确做法：

★ 在早晚气温较低时关掉空调，趁着天气相对凉爽，可以带宝宝出去走走，呼吸新鲜空气。

★ 晚上睡觉前一般定时 2～3 个小时，如果实在怕热，不妨调到"睡眠"状态。另外，空调时开时关最耗电，这里教大家一个省电窍门：在开机时将空调设置为高风挡，温度适宜后，再改为中、低风挡，以减少能耗。

3. 空调温度过高或过低

空调温度有两极分化的现象，有的家长担心孩子着凉，开到 29 ℃；也有家长看孩子太热，调到 22 ℃。

正确做法：

★ 一般情况下，建议室内温度最好保持在 24～26 ℃。

温度过高，空调根本没有发挥出作用，反而会增加宝宝的不适感。当然，温度过低也不是好事。冷空气对呼吸道能够产生类似于过敏源的效果，可能会诱发过敏性鼻炎和支气管哮喘。通常爸爸感到舒适的温度，比较适合宝宝。

4. 空调风直吹宝宝

很多宝宝为了尽快给自己"降温"，会站在空调下面对着吹。万万不可！

正确做法：

★ 出风口避免直吹到宝宝，风速最好调到最低挡。如果空调的位置正对着宝宝的床，最好把床移到别处，即便不能，也要安装一个挡风板。

5. 空调房不通风，紧闭门窗

"空调开，门窗闭"，这条规矩在各处通用。然而，空调房内长时间空气不流通，易滋生致病微生物，病菌等也易聚集在室内，会增加呼吸道疾病传播的风险。

正确做法：

★ 就算在三伏天，空调开着的状态下，也要每隔 2～3 个小时给室内通风一次，每次通风 10～15 分钟。

★ 外出回家后，要在开窗状态下打开空调，等待 5～10 分钟，确保空调中的污浊物排出室外，再关窗，减少室内有害气体残留。

6. 长时间不清洗空调

作为一个冬天制热，夏天制冷的"神器"，空调也有自己的脾气。如果只用不清洁，空调内部积存的灰尘和细菌在房间里散发，对宝宝来说就是"灾难"。尤其是过敏体质、有哮喘等呼吸道疾病的宝宝，在这种环境中极易加重病情。

正确做法：

★ 基础版（每个月一次）：简单的滤网和外机清洁，自己就能处理。将空调外壳打开，摸到里面的滤网，拿下来用水或空调清洗剂冲干净。再将外壳和风扇擦干净，装回去即可。

★ 升级版（每年一次）：建议直接找专业人员上门清洁，这个钱还是不要省了。

其实规避了这些使用空调的误区，不仅能"防病"，还能治病，究竟怎么回事？

二、夏天这些病，空调能缓解

1. 发热

给发热的宝宝吹空调，家里老人这关怎么过？

讲道理。对于发热的宝宝来说，房间凉爽一点儿才能更舒服，利于散热，也就是物理降温。但宝宝发热是有过程的，有的在体温上升阶段伴有畏寒、打寒战，这时开空调就是"雪上加霜"；但如果宝宝感到热了，就可以将空调温度调到 26 ℃左右，用最小风速。总之，应对发热，以让宝宝舒服为主。

反之，如果不仅不给宝宝吹空调，还盖紧被子捂汗，就可能导致高热、大汗、脱水，很可能导致病情加重，严重了还会出现昏迷、休克。

2. 长痱子

宝宝会长痱子，是由于空气闷热、潮湿，出汗后没有快速蒸发而捂出来的。如果皮肤能一直保持凉爽、干燥，痱子也就没有了可乘之机，所以空调的作用就能发挥出来了。

就算宝宝出了痱子，大部分情况下，只要让宝宝处于凉爽通风的环境中，保持皮肤清洁干爽，3 天左右即可逐渐恢复。

所以千万别再找理由不给宝宝开空调，要根据具体情况来判断。

视力关键期，做对 6 件事

我国青少年近视率高达 53.6%，居世界第一位。孩子近视也成了家长们最担心的问题之一。

科大大看到央视的报道，因为居家上网课，防蓝光眼镜大卖，需求量暴增。防蓝光眼镜、防蓝光屏幕，真的能护眼吗？究竟怎么预防宝宝近视？怎样延缓度数增长？科大大就来讲讲这个问题。

一、关于近视的三大残酷真相

1. 近视会遗传

近视是有遗传倾向的，尤其是高度近视。不过，这并不是绝对的，而是指患病风险会增加。

①父母一方近视或高度近视，孩子近视的可能性会增加。

②如果父母双方都是近视，孩子近视的概率会非常高。

③父母都是高度近视，孩子高度近视的比例特别高。

2. 近视治不好

孩子近视，家长都希望可以治愈。但目前，并没有任何经科学证明的能治愈近视的有效方法。戴眼镜、屈光矫正手术（仅适用于成年人），也只是控制、矫正，并不能根治近视。近视和孩子的身高一样，是不可逆的。如果迷信"××训练"等不确切的治疗方式，反而容易耽误有效的近视控制，加深近视。

3.假性近视是个伪命题

你有没有听过这样的说法：孩子近视，有一个假性近视的阶段，这个时候度数低，可以通过非手术的治疗方法恢复视力。如果在这个阶段没有及时干预，会发展为真性近视。

听起来既合理，又能满足人们"治愈近视"的美好想象。但事实上，"假性近视"这一说法并不严谨，也不存在于我国任何权威的疾病编码中。

所谓的假性近视，严谨的表述应该为调节性近视，是一种眼睛疲劳的状态，在近视眼、远视眼和正常视力中都能存在，适度休息就能缓解。医学上定义的近视就是近视，没有真假之分。

二、3 大防近视谣言

1.防蓝光眼镜、防蓝光屏幕……要买吗？

不要。生活中，蓝光无处不在，太阳光、平板、手机、LED 灯……给人造成的健康风险主要是扰乱生物钟、影响睡眠。

美国眼科学会明确指出，没有科学证据表明手机、电脑等设备发出的蓝光强度，会对眼睛造成伤害，而且阳光中的蓝光对儿童的发育还有积极作用。

如果家长买到质量不过关的防蓝光产品，或者因为孩子戴了防蓝光眼镜，而放松了对他看电子屏幕时间的控制，反而得不偿失。

2.眼保健操能预防近视？

课间的眼保健操，是我们学生时代的重要回忆，但越来越多的证据表明，按摩穴位的眼保健操，并没有预防近视的效果。如果孩子的手不干净，甚至有感染结膜炎等眼部疾病的风险。

眼保健操按压的穴位，与睫状肌、眼球血液供应的联系并不明显。如果是为了缓解眼部疲乏，降低眼压，直接向外远眺 5 分钟，效果更好。

3.害怕戴眼镜，越戴度数越深？

这算是关于近视流传最广的说法了，强撑着不给孩子戴眼镜，只会让孩子的近视加重。

科大大建议，100° 左右的近视，可以在看黑板、写作业时配戴眼镜，户外活动时不戴；200° 以上的近视，无论近看或远看，都应该经常戴。

因为当孩子在儿童期存在高度近视、远视或散光时，如果不能得到及时、正确的矫正，容易形成屈光不正性弱视。想要延缓近视度数增长，最正确、最省钱的方法，就是戴合适的眼镜，养成良好的用眼习惯。

三、预防近视，牢记"202020"口诀

0 ~ 3 岁，是预防宝宝近视的关键期。近年来，低龄宝宝高度近视的新闻屡见不鲜，预防近视这件事，一定要从娃娃抓起。

1. 每天 2 小时以上的户外活动

大量研究证明，每天 2 小时、每周 10 小时以上的户外活动，能有效降低近视的发病率。加强户外运动，不等于让宝宝直视阳光，长时间直视阳光会导致严重的黄斑灼伤，严重危害视力。

2. 合理用眼的"202020"口诀

尤其是居家学习的孩子，家长不能随时陪在身边，教会孩子如何护眼显得尤为重要。

★ 优先选择屏幕大、分辨率高的电子产品。

★ 保持正确坐姿，书本、电子产品要与眼睛保持 30 ~ 35 cm 的距离。

★ 牢记"202020"口诀，近距离用眼 20 分钟，远眺 20 英尺（6 米）以外不少于 20 秒。

3. 注意用眼光线

孩子看书或屏幕时，要选择光线柔和且没有光线直射的环境。晚上读书，采用"双重照明"，如天花板灯 + 距读物 50 cm 处放置台灯。

4. 充足睡眠

学龄前和学龄期孩子，建议每天保持 10 小时以上的充足睡眠。

5. 少吃甜食，均衡饮食

有研究认为，孩子吃太多甜食会促发和加重近视。因为甜食中的糖分在人体内代谢时需要消耗大量维生素 B_1，而维生素 B_1 对视神经有养护作用。所以少吃甜食，多吃瓜果、蔬菜、肉蛋奶，饮食均衡才是硬道理。

6. 定时检查视力

★ 宝宝刚出生和 6 个月时，都需要做详细的眼部检查。

★ 从 3 岁开始，可以建立屈光档案，记录裸眼视力、日常生活视力和最好矫正视力。

生活中，也要关注宝宝的状态，当宝宝经常眯眼、歪头看东西，看事物要离得很近，频繁揉眼、眨眼时，就要警惕近视的可能了。

都说眼睛是心灵的窗户，宝宝的这扇"窗"，家长要好好保护。

轻松教孩子告别纸尿裤

三伏天一到，育儿界又开始为宝宝"要不要穿纸尿裤"展开一场"世纪大战"，"穿纸尿裤容易闷出红屁屁，坚决不能穿""纸尿裤透气性好，还方便，为什么不穿""怕纸尿裤闷，剪个洞不就行了"……

纸尿裤会不会导致宝宝红屁股？什么时候该帮宝宝脱掉纸尿裤？怎么引导宝宝学会自主如厕？科大大就把纸尿裤的事一次说清。

一、纸尿裤的 4 大谣言

关于纸尿裤穿脱问题，之所以有这么多争议，都是因为家长轻信了这 4 大谣言，科大大来逐个击破。

谣言 1：夏天穿纸尿裤太闷了，还是尿布好

有的老人认为纸尿裤太闷了，尤其是一入伏，容易捂出痱子。但实际上，纸尿裤不但能帮宝宝把尿吸走，还能把汗吸走，让宝宝的小屁屁保持干爽，极大地降低长痱子的概率。说纸尿裤会让宝宝长痱子，可真是冤枉它了。

谣言 2：穿纸尿裤会导致"O 形腿"

很多人觉得，宝宝穿着纸尿裤会导致双腿无法并拢，出现"O 形腿"。其实，宝宝在 2 岁以前多少都会有一点"O 形腿"，这跟胎儿在母体内长时间蜷缩的体位有关，2 岁以后会自行矫正过来，可不能怪到纸尿裤身上。

谣言 3：纸尿裤会导致红屁股

宝宝红屁股可不是因为穿纸尿裤，而是因为宝宝自己的大小便对小屁屁的刺激。这些没有被及时清理的排泄物被细菌分解，产生的各种毒素会刺激宝宝皮肤，最后导致红屁股。所以勤检查、勤更换纸尿裤，才是防止红屁股的关键。

如果宝宝已经出现了红屁股，除了勤换纸尿裤，还要及时清洁、晾干小屁股，然后涂上护臀膏或医院配置的鞣酸软膏即可。

科大大提醒家长们一句：千万不要使用含酒精、香料及刺激性物质的湿纸巾或洗浴用品给宝宝清洁。

谣言 4：纸尿裤太闷，会影响男宝生殖器的发育

其实不然，纸尿裤透气干爽，不会造成阴囊附近高温闷热，所以根本无须担心这个问题。

纸尿裤绝对是一项伟大的发明，既方便家长清洁，又把宝宝从湿热的尿布中"解救"出来，简直是太完美了。所以谣言不可信，错误使用纸尿裤才会产生问题。

那该怎么正确使用纸尿裤呢？科大大给大家进行了整理。

①按照纸尿裤包装示意图操作，一般不会出现侧漏或后漏的情况。

②遵循"宁大勿小，宁松勿紧"的原则，根据宝宝体型变化及时更换型号。

③纸尿裤更换次数。

★ 新生儿：每次喂奶前和喂奶后、大便后、睡觉前、醒来时、外出前都需要更换。

★ 婴幼儿：白天每3个小时换一次，晚上换1～2次；再大一点儿的宝宝，可以4～6个小时换一次。

★ 可以用手摸尿不湿，发现鼓包了，或者发现尿不湿的自带尿量显示条变颜色了，就可以进行更换。

纸尿裤虽然很好用，但是宝宝到了合适年龄，还是要脱掉。那什么时候

应该脱掉纸尿裤？怎么引导宝宝呢？

二、3 大引导顺序，轻松脱掉纸尿裤

一般来说，宝宝 1 岁半至 2 岁，是训练自主如厕的好时机，但因为每个宝宝的发育情况不一样，年龄并不是脱掉纸尿裤的硬性指标。家长还要学会看这 8 个信号：

★ 纸尿裤能保持至少 2 个小时干燥，或午睡后纸尿裤还是干的。

★ 纸尿裤脏了有不舒服的表现，想要换新的。

★ 对坐便器产生兴趣。

★ 大便时间逐渐变得规律。

★ 主动要求穿内裤。

★ 可以遵守简单指令。

★ 会用表情、姿势或语言来表达自己正在大小便。

★ 能够自己或在大人的帮助下脱（穿）裤子。

当宝宝年龄到了，也出现了大部分信号，家长就可以按照 3 大顺序引导宝宝脱掉纸尿裤。

1. 由大到小

先引导宝宝大便，再引导小便，因为引导小便要比大便难得多。

①大便。

当宝宝出现突然脸红、扭动身子、蹲下、眉头轻皱等大便信号时，询问一下宝宝"是不是要拉便便呀？我们去厕所吧"，然后带他去小马桶上坐一会儿，体会大便的感觉。

家长还可以建立排便时间表，每天定时带宝宝到马桶上去坐坐，帮助宝宝建立起固定的排便时间。

②小便。

宝宝学会大便之后，就可以引导小便了，家长要注意孩子的小便反应，比如夹紧腿、抓挠裆部等，及时提醒他去马桶上小便。

白天在家，给宝宝穿上拉拉裤或轻便小内裤，让宝宝感受"尿了"的不

适感。可以告诉他"下次再想嘘嘘，告诉妈妈，妈妈带你去小马桶嘘嘘"。

一般来说，2岁以后的宝宝，1周左右的时间可以完成引导小便。科大大要提醒家长们，宝宝学会小便后再出现尿床也是正常的。有时孩子玩得开心就会忘记要嘘嘘这件事，家长可以适当提醒孩子去上厕所。

在宝宝学会小便后的一个月，家长可以多准备几条内裤，以备不时之需。

2. 由白到黑

科大大建议先在白天进行引导，晚上依然要穿纸尿裤。等宝宝学会了在白天自主如厕，再进行夜间小便引导。夜间引导最好的方法，是鼓励孩子入睡前或睡醒后马上使用小马桶。

有家长问，晚上要把孩子叫醒上厕所吗？最好不要，这样大人和孩子的睡眠都会受到影响。

家长可以在睡前控制孩子的饮水量，逐步推后宝宝夜间起来上厕所的时间，养成夜间不上厕所的习惯。一般7～10天，就可以做到整夜不上厕所。

当然了，家长也要做好半夜起来换床单的准备，偶尔尿床是正常的，不要责怪宝宝。

3. 由里到外

引导宝宝如厕也要遵循由里到外的顺序。比如，先在家里引导，等宝宝在家里学会自主如厕后，再带宝宝去公共卫生间。

出门在外，家长要教会孩子识别公共厕所标志，并鼓励他在需要时使用公共厕所，早点适应陌生厕所。尤其是在上幼儿园前，一定要教会宝宝自主如厕。陌生的环境会加剧宝宝的紧张感，在家学会了也可能出现忘记的情况，家长要多些耐心。

除此之外，科大大提醒一句，如果5岁以上的宝宝，还会发生无意识排尿，且每周超过2次，持续时间超过3个月，那就有可能是遗尿症，这时家长可以带孩子去医院治疗。

最后，科大大想说，没有尿过床的童年是不完整的。随着宝宝的成长，这些该学会的技能，都能学会。家长不用操之过急，给宝宝多一些耐心和鼓励。

说话晚、说不清，4大坑别踩

相信在每位家长心目中，自家孩子都是最可爱、最厉害的。但当看到同龄孩子小嘴吧啦吧啦说个不停，自家孩子却"金口难开"，还停留在"咿咿呀呀"阶段时，难免会有些着急。

那么，孩子说话晚是智力问题吗？什么情况下要怀疑宝宝语言发育迟缓？爸妈该如何正确引导宝宝说话呢？就让科大大好好跟大家聊一聊"语言发育"的话题。

一、3大疾病导致孩子说话晚

孩子说话晚，爸妈首先要考虑的就是疾病因素。有3种疾病最易造成孩子语言发育迟缓，出现以下症状要火速带孩子就医。

1. 智力迟缓

①很晚才出现微笑，满百天后才有笑的表情，且表情呆滞，到6个月时仍不能表现出自然的笑容。

②咀嚼晚，喂养困难，食用固体食物时会出现呕吐或吞咽困难。

③不关注周围的人和事，不喜欢与人交往，缺乏情感依恋。注意力只集中于一种事物，表现得很迟钝，对外界的事物不感兴趣。

④不注意别人说话，对声音缺乏反应。周岁时没有咿呀学语的迹象。

⑤运动发育比正常宝宝落后3个月。

2. 听力障碍

① 0～3 个月：对巨大声响无反应。

② 3～6 个月：对出现的声音不会寻找声源。

③ 9～12 个月：不会跟随大人的指示做动作。

④ 12～15 个月：不会叫"爸爸""妈妈"。

⑤ 15～18 个月：无法理解家长的话。

3. 自闭症

自闭症儿童不是不会说话，而是不想说，典型表现为沉浸在自己的世界里，只对玩具的某个零件感兴趣，与人交流时没有眼神接触。

讲到这里，科大大要给爸妈们吃一颗定心丸，其实疾病导致孩子开口晚是非常少见的，家长不要太过焦虑。如果确认孩子没有以上问题，只是单纯的"开口晚"，那可能就是你日常的引导方式错了。

大家可别小看家长引导这件事，《环球时报》就曾报道过一则新闻——因母亲性格内向，每天说话不超过 100 句，导致 3 岁儿子语言能力仅有 1 岁儿童水平。

在正确引导之前，爸妈可以先根据自家孩子情况对照一下儿童语言发展特点，看看孩子处于哪个阶段。

① 3 个月：嘴里会嘟囔一些东西，会把头转到有声音的方向。

② 6 个月：会咿咿呀呀，通过发出声音吸引家长注意。

③ 9 个月：会发出更多的声音，听到熟悉的人名或物品名称会转头看。

④ 12 个月：会叫"爸爸妈妈"，对简单指令做出回应。

⑤ 15 个月：会模仿新词汇，能够理解大约 50 个词。

⑥ 18 个月：有时会突然说出大量词汇，进入语言爆发期。

⑦ 24 个月：理解语句之间的关系，能清晰表达想法。

⑧ 36 个月：能理解复杂的长句，掌握句子的构成规则。

如果宝宝在某一月龄段没有达到对应指标，先别急。研究证实，大部分"开口晚"的宝宝，语言能力在 3～4 岁都会达到正常水平，词汇的发展也会增长到正常范围。

推迟的时间小于 6 个月，问题不大，但要是超过这个时限，就要注意了。

那在接近这个时限之前，爸妈该怎么办呢？

二、4 大坑别踩

0～3 岁是宝宝语言发育的黄金期，但很多家长却常常走进这 4 大误区，导致宝宝语言能力得不到很好的锻炼，从而"开口晚"。

1. 心有灵犀型

宝宝小手一伸，玩具麻溜递上；宝宝眼神一瞥，水果送到口中。当孩子觉得说话这事不是"刚需"，自然不愿开口说。

正确做法：

★ 适当"装傻"，引导宝宝自己说出需求。

★ 善用"你是想……吗"。

有时候爸妈明知道宝宝伸手是想要小火车，也不要立刻给予"周到服务"，而是要学会明知故问——"你想要什么呀？"等孩子自己说出"想玩"后，再故意问"你是想玩小熊吗？"直到孩子说出"想玩火车"四个字。

2. 吹毛求疵型

有些爸妈一听到宝宝有不正确发音，马上"火冒三丈"，动不动就打断纠正，或强迫宝宝不断重复，让宝宝觉得"压力山大"，自然也就不愿意开口说话了。

正确做法：

★ 先认可宝宝讲话的进步，清晰讲出正确发音，鼓励宝宝下次还能说得更好。

★ 善用"你说得很好，下次还会更好"。

3. 语言混淆型

虽然有研究发现，多语言环境有助于宝宝的语言发育，但爸妈需要避免一句话夹杂多种语言。比如"宝宝 good""这个蝴蝶很 beautiful"。还有一种情况是，对同一种东西，采用不同的称呼。比如，爸妈在前一天指着小猫叫"喵喵"，第二天又指着小猫叫"咪咪"。家长这样做真的很容易让宝宝"头大"呀。

正确做法：

★ 刚开始学说话的宝宝还不能理解一些词汇的含义。爸妈在说话时，语速要慢、声音要清晰，描述同一事物时使用固定词汇，同时用简短的句子，把一句话尽可能地进行拆分。

★善用"你先……再……最后……"

比如，你想说："帮妈妈拿一个苹果。"你可以先说"宝宝，你先去客厅找到桌子"，再说"桌子上有个绿色的盘子"，最后说"把盘子里的苹果给妈妈拿过来"。这样做能帮助孩子更好地理解大人的意思。

此外，科大大理解很多爸妈想让孩子从小掌握两种语言的心思。但"蹦豆"式的外语，并不能让孩子掌握两种语言，反而会让孩子感到困惑，影响本身母语的学习。而外语熟练到可以日常对话的爸妈，可以让孩子进到多语言环境中，但孩子可能会花更多的时间学习，开口可能会稍晚，爸妈要给予充足的耐心。

4. 备受冷落型

有些家长忙得天昏地暗，没时间和宝宝交流，或者认为宝宝不会说话就没必要对他说话，导致宝宝语言锻炼的机会很少，说话当然会比较晚。

正确做法：

★尽可能地多和宝宝交流。

★善用"我在听"，不要说"等一等""一会儿再说"，这会让宝宝有挫败感。

注意：

①2～3岁的孩子偶尔会出现口吃的情况，基本会自然过渡过去。但如果维持2～3个月甚至影响正常交流，爸妈就要尽快带孩子就医。

②辅食太细，口腔肌肉得不到锻炼也会影响宝宝的语言发育，爸妈要注意科学添加辅食。

③舌系带短并不会导致孩子语言发育迟缓，只是有可能会让孩子发音不准，爸妈要根据医生建议做安排。

科大大一直坚信，这世界上除了胖这件事能"无师自通"，其他的事儿都得学习，宝宝说话这件事也是一样的。只要爸妈多多和宝宝交流，善用方法，每一个宝宝就都能成为妙语连珠的"金句娃"。

宝宝多大可以用枕头？

俗话说得好，春困秋乏夏打盹。人每天至少有 1/3 的时间在床上度过，所以，我们一天中最亲密的接触对象大概就是枕头了。

科大大也不得不说，枕头真是一个伟大的发明。大家是不是在想，枕头用着这么舒服，咱不能亏待孩子，必须立刻给宝宝安排上。

停！宝宝还无"福"消受。接下来，科大大就说说关于给宝宝用枕头的误区，顺便再谈谈如何给宝宝选择合适的枕头。

一、3 个用枕误区，用错 = 伤害

枕头一直是育儿界争论不休的话题。一方认为，宝宝用枕头才能睡得香；另一方认为，枕头就是个摆设，宝宝睡觉就像在床上练功，压根用不上。

不管你们之前怎么说，从现在开始，这 3 个用枕"大坑"，你务必知道。

1. 过早用枕

1 岁前，给宝宝买枕头 = 花钱不讨好。

婴儿
未形成颈曲

呈 C 型

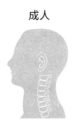

成人

颈椎的生理性前凸

当宝宝还不能独坐时，脖子的弯曲还没形成。所以不论是平躺还是侧卧，脑袋和身体都处于同一水平线。如果太早用枕头，反而会压迫气道，造成呼吸不畅、打呼噜，甚至脊椎变形。

2. 枕头过高或过低

枕头的高度不是由年龄来决定的，而是由颈椎的弯曲程度决定。

过高

过低

下巴往下，说明枕头过高——短期内可能会出现气管不畅、呼吸费力；长期使用甚至出现驼背、斜颈。

下巴朝天，说明枕头过低——起不到支撑颈椎的作用，使颈部肌肉持续处于紧张状态，导致颈部酸痛。

3. 用成人枕头

枕头过大，更容易导致宝宝被捂住口鼻，造成窒息。另外，成人枕头的高度、长度和宽度都不符合宝宝的身体曲线。

看到宝宝的用枕误区这么多，是不是突然有些慌了，不知该如何给宝宝选枕头了？

二、1个口诀，为孩子选对枕头

首先，我们要明白，枕头，枕的不是头，是脖子。好的枕头，是让脖子在睡觉时得到真正放松。

宝宝的小枕头，必须遵循"高（高度）、状（形状）、软（软硬）、芯（枕芯）"这一口诀。

1. 枕头高度在变化

从出生到成年，我们的颈椎弧度在不停地变化，所以枕头的高度也要随着孩子的成长不停更换才行。

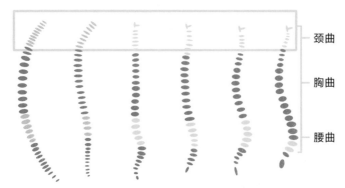

颈曲

胸曲

腰曲

2 个月胎儿 6 个月胎儿 新生儿　4 岁儿童　13 岁儿童　成人

脊柱生理性弯曲变化图

下面是不同年龄段的宝宝用枕高度变化值，可供家长们参考。

① 6 个月～ 1 岁：可垫 1 ～ 3 cm 的毛巾，如果宝宝不用也能睡得舒服，就不用。

② 1 ～ 3 岁：可用 3 ～ 6 cm 的枕头。

③ 3 ～ 7 岁：可用 6 ～ 9 cm 的枕头。

判断枕头高度是否合适，最简单的方法就是，看下巴是否保持水平。不仅如此，枕头的长宽同样决定了宝宝睡觉的舒适度：枕头长度≈肩宽 1.5 倍，枕头宽度≈宝宝头长。

这样既可以防止宝宝侧个身就从枕头上掉下去，还可以防止宽度不够，后脑勺从枕头上掉下去。

2. 枕头形状有讲究

好的枕头一定是贴合颈部，完美地填补脖子后面那块"空缺"，让宝宝睡得舒服。科大大也为大家选了两类比较适合宝宝颈部曲线的枕头。

形状	图片	优缺点
B 形枕		不需要注意头的位置，高的部分能直接枕到脖子下方，不会让脖子悬空

形状	图片	优缺点
马鞍枕		中间区域适合仰卧，两边适合侧卧，但不适合喜欢蜷曲睡和斜着睡的宝宝

3.枕头软硬要合适

枕头过软，容易增加宝宝窒息的风险；枕头过硬，容易使宝宝还没有发育好的头部骨骼变形，造成偏头。软硬适中的枕头，才能有力支撑宝宝的小颈椎，让宝宝睡得更香。

4.枕头内芯有讲究

枕芯的材质，会影响枕头的舒适度。

科大大比较推荐以下这两种枕芯：

①乳胶枕：舒适性高，回弹性好，不容易变形，能更稳地托住宝宝的头部和颈部，但价格稍贵。

②记忆棉枕：能更好地与头部轮廓贴合，硬度会随着季节温度变化。但不适合流汗多的宝宝。

以下这两类枕头，科大大不推荐给宝宝用：

①荞麦枕、小米枕、茶叶枕等农作物枕头，它们比普通枕头更容易滋生细菌，不适合宝宝使用。

②羽绒枕等太过柔软的枕头，更容易引起窒息的风险，成为"隐形杀手"。

说了这么多，想必妈妈们更想了解"枕中之皇"——定型枕。为了孩子有一个漂亮头型，应该有不少家长已斥"巨资"购入定型枕。

三、定型枕，值不值得买？

真不是科大大泼你们冷水，市面上的定型枕，对于预防和纠正宝宝偏头，不仅起不到什么作用，还可能增加窒息和猝死的风险。

其实，宝宝小的时候，很容易把头睡偏，但大部分长大就好了。家长千万别缴"智商税"。

如果想要宝宝有个好头型，家长可以尝试这些方法：

①让宝宝多趴着，别总躺着。

②喂奶多换边，玩耍多引导转头。

③睡觉时多尝试不同方向。

说到枕头，不得不提宝宝的睡姿。睡姿千万种，若不睡枕头上，会对宝宝脊椎造成影响吗？

其实，如果宝宝不用枕头睡得挺香，没有出现呼噜声、呼吸不畅，不喜欢把小被角或胳膊放在头下，那就随宝宝喜好吧。

有句话科大大必须说：它是枕头，不是"神器"，别给它太高期望，适合的才是最重要的。

想要宝宝睡得舒服，别进误区最重要。想要宝宝不摔下床，大人看护第一位。想要宝宝头型好看，勤换睡姿是王道。

别乱动肚脐

科大大之前看到一则新闻，看得是又震惊又心疼。因为 1 岁半的宝宝肚子疼，妈妈带着孩子去诊所就医，医生看过后在宝宝的肚脐眼上贴了一个药包。结果几个小时后，家人发现孩子贴药包的肚脐周围开始出现红肿和溃烂，最终被其他医院诊断为烧伤。

在这里，科大大必须提醒家长一句：肚脐贴治病是个伪命题，只是因为信的人多了，就变成了"真理"。科大大就来辟个谣，更重要的是告诉爸妈们如何护理好宝宝的肚脐眼。

一、肚脐贴治百病？

想必很多爸妈都有这样的经历，小时候感冒腹泻，家里人就会掏出肚脐贴给贴上，还会安抚说：乖哦，贴了马上就能好。

可真是这样吗？如果肚脐能完全吸收药物成分，那我们似乎就不需要打针吃药了，可以直接把药涂在肚脐上。

事实上，肚脐贴上的药物是很难被肚脐的表皮结构所吸收的，而且有些肚脐贴中又有一些致敏成分的存在。因此肚脐贴可能治不好病，但会让宝宝过敏。

有的家长会说，我的宝宝就是贴了肚脐贴好的。科大大很负责地告诉你，肚脐贴能够治病存在偶然性。一方面，肚脐贴产生了心理安慰作用；另一方面，某些疾病本来就具有自限性，如轮状病毒腹泻，时间长了也会好。

除此之外，还有两个谣言爸妈们不要相信。

1. 宝宝着凉准是晚上睡觉没盖好肚脐

实际上，肚脐是封闭的，既不能进水，也不能进空气，不会存在"受凉"的情况。

2. 抠肚脐会把肠子拉出来

小时候家里长辈老说：肚脐连着肠子，一抠都会带出来；肚脐千万不能抠，不然会"漏气"。但实际上，胎儿出生之后，脐带就会被结扎剪断、退化。因此，抠肚脐是不会把肠子抠出来的。

当然了，抠肚脐虽然不会有"漏气"的风险，但我们还是不能去抠它，因为抠肚脐确实容易给宝宝的身体带来危害。

1. 会痛

肚脐是腹壁最薄的地方，容易被抠破从而产生外伤。

科大大之前就看过这样的新闻：1岁多的宝宝每天抠爸爸的肚脐玩，2个月后，爸爸的肚脐疼痛难忍，检查后才发现因细菌感染导致腹壁脓肿。抠肚脐对成人来说尚且有风险，何况宝宝呢？

2. 刺激到消化系统

虽然脐带的功能已经退化，但内脏还存在神经反射。用力抠肚脐容易对内脏产生刺激，让宝宝腹泻。

另外，还有一些妈妈问科大大：我家宝宝肚脐鼓鼓的，是病了吗？老一辈的人说让我用布袋子绑个硬币上去……

科大大在这里说一句，肚脐确实会生病，但千万别听偏方乱治疗。那肚脐会得哪些病？如何应对？

二、这4种肚脐疾病，别耽搁、快就医

1. 脐疝

脐疝是指肚脐部位出现柔软的隆起或突出，又被称作肚脐外鼓。婴儿时期，宝宝两侧腹肌没有完全合拢，中线留有缺损。在宝宝哭闹或者大便用力时，就很容易把腹腔内容物由脐部逐渐向外顶出，因此形成了脐疝，一般不需要特殊治疗。

宝宝病了不知如何处理就该第一时间去医院，自行"治疗"实在不是解决问题的好办法。宝宝得了脐疝无须惊慌，科大大接下来就教你两招。

★ 1 岁以内，大多脐疝可以收缩自愈。

★ 1 ～ 2 岁，爸妈们可以观察等待，看脐疝有无缩小或扩大的趋势，如果扩大要及时就医。

★ 如果宝宝满 2 周岁，脐疝的直径超过 1.5 厘米，就应该尽快安排手术治疗了。

2. 脐炎

部分宝宝的肚脐会在脐带脱落过程中或脱落后产生脐炎。

轻症表现：伤口不愈合，有时肚脐一圈（脐轮）红肿，凹陷部分（脐凹）可以看到少量黏液或脓性分泌物。

应对措施：可以在家用 3% 过氧化氢溶液和 75% 乙醇清洗脐带根部，在局部涂抹抗菌药膏，必要的时候也可以遵医嘱口服抗菌药物。

严重表现：红、肿、热、痛等蜂窝组织炎的症状。

应对措施：不要耽搁，带宝宝及时就医。

3. 脐茸

脐茸（脐息肉），是指脐带残留物没有及时消退脱落形成的肿块。

症状：肚脐处增生出樱红色、表面光滑湿润的息肉样物。

应对措施：一旦发现及时送宝宝就医。

4. 脐尿管囊肿

脐尿管是脐带与膀胱相通的一个管道。如果宝宝的脐尿管没有闭合好，上皮的分泌物或脱落细胞碎屑就会掉落到管道，形成囊肿。

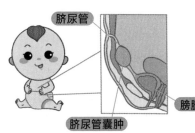

症状：一般表现为肚脐流水、发臭，但是没有痛、痒感，在宝宝下腹部正中线处按压能摸到深部有肿块物。

应对措施：及时就医，之后可能会需要采取手术治疗。

肚脐这么容易生病，那我们要如何正确清洁呢？

一般情况下，肚脐是不需要清洁的，实在想清洁，请记住这两步：

★ 第一步：用一根棉签，蘸取少量酒精轻轻擦拭肚脐内部，轻柔地旋转棉签来清除污垢。

★ 第二步：用干净的棉签或毛巾彻底擦干肚脐。

说到这里，有一些新手爸妈可能会问了，新生宝宝的脐带又该如何护理呢？让科大大一次性跟你说清。

三、新生儿脐带，先判断后护理

新生儿出生后，一般两周后脐带会自行脱落。如果脐带不脱落，只要没有以下感染迹象，就不用担心。

新生儿脐带两大感染迹象		
	轻度	**重度**
脐带有分泌物	愈合中的脐带残端可能会渗出清亮或淡黄色的黏稠液体，属于正常现象	如果肚脐的渗出液为深黄色带血的脓液或有恶臭味，说明脐部可能感染，要带宝宝去医院
脐带发红	如果是轻微发红，不用担心	如果肚脐和周围皮肤变得很红，且用手摸起来感觉皮肤发热，很可能是肚脐感染，要及时带宝宝去医院

等待脐带脱落期间，脐带裸露在外很容易感染。科大大就教你两招，分阶段对宝宝的脐带进行护理。

新生儿脐带护理两大阶段	
第一阶段：脐带未脱落之前	保持局部清洁干燥
	爸妈要经常检查外面有无新鲜渗血，如果渗血，要重新结扎止血；如果有少量陈旧性渗出或没有渗血，只需每天用 75% 的酒精棉签轻拭脐带根部，即可等待其自然脱落
第二阶段：脐带脱落之后	用酒精每天轻柔擦拭小肚脐，保持肚脐的干爽
	不要让纸尿裤或衣服摩擦脐带残端

不想孩子心理脆弱，7 岁前这样做

孩子的性格和父母、家庭有脱不开的关系。科大大主要给大家讲两个问题——为什么要培养孩子的求助能力？面对孩子的求助，爸妈正确的做法是什么？

一、懂得求助的孩子，内心更强大

求助能力是指主动向别人寻求帮助的能力，有以下这些作用：

1. 可以帮孩子建立更健康的社交关系

独立很重要，但是如果只强调独立，对于孩子的求助需求迟迟不给予回应，反而不利于孩子的身心健康。

实际上，哭是一个孩子正常的情绪表达，也是一个孩子最原始的求助信号。妈妈拒绝孩子哭，也就拒绝了孩子的求助。

美国心理学家托马斯·戈登博士认为，孩子的语言若不被接纳，会将孩子从我们身边推开，让孩子不再愿意和父母交流。

求助能力，也是社交关系中的重要一环。如果幼年时期在求助这件事上屡屡受挫，会让孩子在长大后很难学会处理人与人之间的关系。

2. 可以增强亲子信任，建立更紧密的亲子关系

孩子在说"帮帮我"的时候，有些大人会直接回答"自己的事情自己做"，这并不利于孩子的成长。

0～7 岁是孩子性格养成且会受父母影响最大的时期。如果父母没有对孩

子的需求提供更多反馈，孩子走入社会很可能有以下表现：

★ 被人欺凌不说。

★ 陷入网贷不说。

★ 遭遇痛苦不说。

★ 心情抑郁需要开解时不说。

★ 无法适应外部社会环境。

很多让人痛心的新闻反映出这个问题。但有些孩子，并不能正确表达自己的求助需求。那这个时候，我们要如何识别孩子求助的信号呢？

二、识别求助信号，这两点很重要

为了帮助爸妈精准识别孩子的求助信号，科大大按不同孩子的情况分了两类，快对号入座吧。

1. 没有求助意识的孩子

求助表现：不找爸妈，全靠自己。

很有可能做出超出自己能力范围的事，带来危险。例如，想吃藏在橱柜里的饼干，就自己摞两个凳子，摇摇晃晃爬上去。

2. 有求助意识的孩子

求助表现：

①哭闹，不能正确表达自己的需要，靠哭闹引起注意。

②顶嘴，源自无助和困惑，当孩子觉得不满却无力反抗时，会用顶嘴的方式回击。

③习惯性求助，"妈妈帮我""爸爸帮我"。

那么面对孩子的求助，家长的正确做法是什么呢？

三、面对求助，聪明的父母这样做

家长的断然拒绝会让孩子经历失败，以至于形成比较低的自我评价，遇事容易放弃。科大大建议，根据孩子的不同情况，采取不同的行动。

第 1 种情况：没有求助意识，一直失败却不求助

1. 主动提供帮助

如果看到孩子做一件事尝试好几遍还不成功，家长要适时给予帮助，可上前询问"需要帮忙吗？"如果孩子需要，则注意把握帮助的尺度，做好以下 3 步：

①和孩子一起思考没能完成的原因。

②引导孩子思考克服难题的方法。

③提出解决办法并示范，然后鼓励孩子自己尝试。

如果孩子不需要帮助，就耐心等待孩子完成。

2. 营造互助氛围，增强求助意识

家长要经常说"谁可以帮我……"这样的话。如果孩子来帮忙，马上表示感谢。

第 2 种情况：用哭闹方式求助

不要在孩子哭闹的时候就帮孩子把事情做了，我们要做的是让孩子学会用正确的方法向旁人寻求帮助。在平时生活中，我们要做好以下两步：

1. 给孩子正确的示范

例如，妈妈跟爸爸说："孩子爸爸，请问你能帮我拿个痒痒挠吗？"在得到帮助之后，妈妈要郑重地对爸爸说："谢谢孩子爸爸。"

2. 跟孩子用求助的方式说话

例如，"宝贝，你能帮我拿个毛巾吗？谢谢你！""你能帮我撑一下口袋吗？谢谢你！""你能帮我扫扫地吗？谢谢你！"

第 3 种情况：用顶嘴求助

孩子一顶嘴，父母就发怒，其实是在压抑孩子的思想。想要解决问题，不如说这 3 句话：

①给孩子冷静的空间：我知道你很生气，我们待一会儿再说。

②强调别说伤人的话：可以说出意见，但不能说是坏爸爸、坏妈妈……

③探索孩子内心的需求：你有什么想法，说说看？我会认真听。

第 4 种情况：习惯性求助大人

如果是孩子能自己去做一件事，父母就要学会"袖手旁观"，但这可不是让你直接拒绝孩子的救助，而是采取更妥当的处理方式。

①先帮助孩子。

②假装自己做不到，鼓励孩子再试试。

例如，"妈妈都没有做好的事，你做到了，真厉害"。

爸妈们需要认清一点：求助≠弱小。我们要让孩子明白，有困难的时候是可以第一时间找爸爸妈妈的。尤其是孩子受委屈后，家长的做法很重要。不要轻易对孩子说"自己的事情自己做"，而应帮助孩子懂得"自己能做的事情自己做，不能做的事要请爸妈帮助"。

警惕社交恐惧症?

在我们的认知中，天真可爱的孩子怎么可能跟焦虑症挂钩？但事实上，根据美国流行病学家进行的全国性研究发现，有近 1/3 的青少年受到焦虑症的影响。

国内虽然没有确切的统计数据，但这个问题同样不容小觑。家长们在受孩子胆小、社交能力弱困扰的时候，一定要先搞清楚，孩子是单纯的社交能力弱，还是患上了社交恐惧症。

科大大就跟大家说说社交恐惧症和社交能力的那点事儿。

一、3 个表现教你判别"社交恐惧症"

社交恐惧症以过分害怕外界人和事物为主要表现，即使是正常的社交环境，也会让孩子感觉到焦虑。

①幼儿表现为哭闹、烦躁。

②学龄前儿童表现为惶恐不安、哭泣、不愿离开父母，还伴随着食欲不振、呕吐、睡眠障碍等。

③学龄儿童则表现为上课思想不集中、学习成绩下降、不愿与同学及老师交往。或由于焦虑、烦躁情绪与同学发生冲突，继而拒绝上学、离家出走等。严重者甚至会出现胸闷、心悸、呼吸急促、出汗、恶心、呕吐等情况。

因为社交恐惧症与性格内向相比，有脸红、心跳加速等相似的表现，导致很多孩子被认为是"胆小、内向"，而致病情未受到重视，错过最佳治疗时机，影响孩子的一生。

所以，如果孩子出现了以上这些社交恐惧症的表现，家长一定要重点关注，并积极寻找专业的医生进行心理干预，严重者可在医生的专业、规范指导下进行药物治疗。

说完社交恐惧症，孩子单纯的社交能力弱也不能忽视。接下来，科大大就跟大家说说该如何用正确的方法，帮助孩子提高社交能力。

二、4 招提高孩子社交能力

1. 0～6 岁分龄训练法

在孩子不同的发展阶段，其社交特点都是不一样的，所以家长要根据孩子的发展特点，进行引导和培养。

0～2 岁	社交冷漠期	家长多互动，让孩子感受到社交的快乐
2～3 岁	社交准备期	介绍其他小朋友认识，开始进入同龄人社交
3～6 岁	社交、语言发展期	鼓励孩子在社交中大胆表达自己的看法

2. 找到适合孩子的圈子，"扎堆玩"

让孩子有"扎堆玩"的机会，才能真正意义上开始社交活动。例如，与孩子年龄相仿的家庭定期互访、出游、聚会；参与社区、幼儿园的各种活动等。

科大大曾经见到，有家长通过带孩子去跳广场舞，从而改善了孩子胆小、害怕社交的问题。所以，只有多跟不同的人群一起玩耍，才能帮助孩子找到志趣相投的朋友和适合的社交圈子。

3. 不要替孩子发言

家长的作用是示范、引导，而不是完全地代替。我们可以多给孩子提供和周围人互动的机会。比如，去儿童商场时，让孩子自己选择参与社交的方式，可以是站在旁边看其他小朋友玩耍，也可以是去赠送一个玩具就离开。重要的是要让孩子通过自己的方式开始社交活动。

在外就餐时，可以试着让孩子跟服务员说自己想吃什么。同时，在这个过程中，教会孩子一些基础的社交礼仪，如学会说"你好""请""谢谢"等。

4. 不要强迫孩子社交

当孩子在外面的表现腼腆、小心时，家长千万不要急于去改变他，要求他"大方"。强迫孩子做一些你认为锻炼社交能力的事情，会让孩子有很大的压力。结果很可能会适得其反，让他更加害怕社交，不敢明确地表达自己的想法。而且孩子可能只是在不熟悉的社交环境下，显得胆小。一旦来到孩子喜欢、擅长的领域，就会变得放松又健谈。

家长一定要善于发现孩子适合的社交领域，并顺应孩子的节奏。孩子的社交培养不是一朝一夕的事，家长们一定要耐心，循序渐进。即使孩子在社交上的表现出了一些小问题，也不要过分焦虑，积极寻找解决方法最重要。

接下来，科大大就根据大家提问比较多的具体问题，进行解答。

三、关于社交的两大常见问题

1. 性格懦弱，被欺负了也不反抗

家长首先要控制自己的情绪，不要急着去批评孩子，不要说他懦弱。要引导孩子讲出事情的经过，在这个过程中，让孩子学会表达自己的情绪。不要让孩子过度容忍，要告诉他，不能主动去伤害别人，但也不允许别人伤害自己。家长可以正面引导，给出一些建议，然后放手，让孩子自己去解决。

2. 跟谁都能聊，太自来熟

性格内向的孩子，让家长不知道该怎么办。性格外向、和谁都能说得来的孩子也让家长操碎了心。

自来熟类型的孩子防备心理都是非常低的，他们很容易和陌生人打成一片。这样虽然有利于他们的社交能力，却很容易使他们陷入危险当中。所以家长一定要提高孩子的防备意识，告诉他不要轻易相信陌生人。并在各种场景下，模拟陌生人搭讪，手把手教孩子应该怎么做。最重要的是，一定要让孩子知道，遇到危险是随时可以向警察求助的。

孩子的社交能力不是天生就有的，想要孩子跟别的小朋友相处得更融洽，社交培养一定不能少，而且越早培养越好。

这 6 种声音可能致聋

科大大看到一则新闻，觉得很惋惜。8 岁的女孩突发性耳聋，家长并没意识到，以致拖延了就诊时间。虽然后来接受了治疗，但医生表示，很难恢复到原来的听力。

2022 年，世界卫生组织发布了首份《世界听力报告》，数据显示，目前全球有 4.66 亿人患有听力损失，其中包括 4.32 亿成人和 3400 万儿童。

那听力受损的后果有多严重呢？很可能导致语言表达能力急剧下降，甚至诱发抑郁症。世界卫生组织还重点强调，在儿童中，60% 的听力损失是可以预防的，但需要家长们细心呵护。

一、这些习惯正在偷偷损伤孩子的听力

1. 这些声音很危险

在生活中孩子总会被无意中暴露在噪声环境下，比如下面这些声音，已经超出了宝宝听力的承受范围：

①家长看电视或刷手机声音过大。

看电视的声音尽量不要超过最大音量的 60%，手机视频的声音接近正常说话大小就可以。

②大声吼孩子。

有时候家长因生气、着急，会大声斥责孩子，这种突然放大的声音会损伤孩子听力。

③广场舞或商场活动的音响声过大。

尽量避免带孩子去过于嘈杂的环境或待太久，要让孩子远离声源。

④有声玩具。

比如玩具电话、玩具电动车、摇摇车等，有些玩具电话噪声高达 120 分贝，购买需谨慎。

⑤房屋装修或工地装修的声音。

如果遇到类似的情况，可以给孩子戴上适合的耳罩或耳塞。一个 12 岁的女孩就曾因经常听到家附近工地的声音，引起突发性耳聋。

⑥其他短暂而强烈的声音。

比如救护车声音、鞭炮声等，也会对宝宝听力造成损伤。

2. 这些行为会间接损伤孩子听力

生活中还有一些习惯会引发中耳炎损伤孩子听力，甚至有些还会造成永久性听力障碍，比如下面这些：

①让宝宝侧躺或平躺着喝奶。

②给孩子掏耳朵。

③用力擤鼻涕。

④二手烟。

除了避免伤害孩子听力的行为发生，家长们还要学会在家给孩子自测听力。这样的话，有问题也可以及时发现。怎么测？科大大教给你方法。

二、教你在家自测孩子听力

①1～3个月：在宝宝后面拍拍手，看是否有反应，正常情况下，一般会眨眨眼或者身体抖动。

②4～6个月：叫宝宝的名字，观察宝宝是否寻找声音，是否将头转向你。

③6个月～1岁6个月：站在宝宝身后 0.5～1 米，年龄越小站得越近，摇小铃铛或拨浪鼓，或用勺子敲击玻璃，观察宝宝的反应。正常情况下，当宝宝听到声音后，会立刻回头寻找发声物体。

④2～3岁：跟孩子面对面站立，距离相隔 1.5～2 米，用语言交流，不

能用手势，并且遮挡住嘴巴，让孩子只听声音辨别。

科大大提示：如果经过反复测试，显示孩子听力不足，要及时去专业耳鼻喉科做检查。听力出现问题一定要遵医嘱进行治疗。

三、家长关心的 5 个听力小问题

问题 1：孩子多大可以戴耳机？

9 岁及以上孩子可以使用入耳式耳机，4 岁以上可以使用头戴式耳机，但声音不能超过最大音量的 60%，每次使用不超过 60 分钟。

问题 2：白噪声机哄睡影响听力吗？

最好将白噪声机放置在距宝宝 2 米以外的位置，并调低音量。并且不建议过于频繁、长时间给孩子听。因为长时间听会掩盖正常的听觉输入，影响宝宝语言能力的发展。

问题 3：孩子多大可以去电影院呢？

建议家长不要带 6 岁以下孩子去电影院。电影院放电影的声音一般都超过 90 分贝，时长都在 60 分钟以上，不利于孩子的视听发育。

问题 4：孩子总是不说话就是有听力障碍吗？

不一定。要先弄清楚孩子是不会说还是不愿说。有听力障碍的孩子，会因为听不到或听不清楚，无法模仿发声。但如果孩子会说却不爱说，家长要耐心引导孩子主动表达，可以从表达需求开始，如"我要喝水"。

问题 5：小月龄的宝宝可以坐飞机吗？

医学上说宝宝出生 15 天以后，身体健康就可以乘坐飞机了。不过从安全的角度来说，最好是满月以上。但是要注意飞机升起或降落过程中不要让孩子睡觉；孩子感冒鼻塞时也尽量避免乘坐飞机，因为这两种情况都会加大耳膜的压力，容易损伤鼓膜。

孩子个子不见长？别盲目"进补"

据说有一种神奇的技术可以预知孩子的身高？想想就激动。没错，它就是骨龄。

关于骨龄，不少家长也是疑惑重重，少安毋躁，科大大一一为大家解答关于骨龄的这些疑问。

一、为什么要测骨龄？

测骨龄有用吗？当然，主要有 2 个用处。

1. 判断儿童生长潜力

骨龄确实和儿童身高的关系非常密切，它可以较为准确地反映孩子骨骼的年龄，是评估儿童身高发育情况的核心指标。

2. 生长发育异常，以及疾病的监测

测骨龄的最佳年龄是 3 ～ 15 岁。

3 岁至青春期前，身高一般一年增长 5 ～ 7 cm。对于身高增长一年少于 5 cm 或身高明显矮于同龄儿童的，建议到医院进行骨龄及其他相关检测，做到早发现、早治疗。

3 岁以下的儿童，科大大不建议进行骨龄检测，因为这个阶段的孩子，骨化中心发育很少，即使检测了骨龄，意义也不大。除非是怀疑有重大疾病时，才需要进行检测。

①骨龄检测怎么做?

一般测骨龄的时候,只需要拍个腕骨片就可以了。

②拍骨龄片子有辐射,会影响孩子的健康吗?

不用太担心。拍骨龄片辐射属于微量辐射,而且手部属于肢体末端,避开了脑部、甲状腺、性腺等关键部位,所以辐射对人体的伤害可忽略不计。

二、这 3 种情况,必须给孩子测骨龄

1. 肥胖的孩子

孩子在短期内比同龄人高一点儿,壮实一点儿,家长会沾沾自喜,觉得这是自己的"功劳"。但肥胖会使孩子内分泌失调,并加速骨骺线闭合,从而影响最终成年身高。

2. 性早熟

如何判断孩子性早熟呢?

男孩 9 岁之前,女孩 8 岁之前,出现第二性征发育,就很有可能是性早熟。比如,女孩出现乳房的发育,男孩出现睾丸、阴茎的发育。

早发育的孩子,骨骼发育也会随之提前。这时,应及时检测骨龄,如果孩子骨骺线过早闭合,就不能再长高了。

3. 发育异常

当孩子出现这些情况时,很可能是发育异常。

①短期内身高增长的速率明显减慢或明显加快。

②出生时身长、体重不足,儿童期持续矮小的孩子。

③身高一直明显低于同龄人的孩子等。

家长可以带孩子去三甲医院挂内科、骨科,定期检查,时刻关注宝宝的生长发育情况。

三、做好这些,预防骨龄异常

1. 造成骨龄提前、落后的原因是什么?

对于儿童来说,骨龄提前主要是因为肥胖。骨龄落后主要是因为营养不

良或长期使用药物治疗造成的。

骨龄异常要怎么看？

正常发育	-1 岁≤骨龄－年龄≤1 岁
发育提前	骨龄＞1 岁，但不超过 2 岁
发育落后	骨龄＜1 岁，但不超过 2 岁
发育异常提前	骨龄＞2 岁以上
发育异常落后	骨龄＜2 岁以上

2. 如何预防骨龄异常？

在日常饮食生活中注意：少吃油炸食品、甜食，少喝"大补汤"。

孩子要少看网络上那些少儿不宜的内容，长期受到不良内容的刺激也会出现骨龄异常。

如果已经是骨龄异常的孩子，科大大建议听从医生建议，对症下药。比如，使用生长激素治疗矮小症，或采用抑制药物延缓骨骼发育等。切记，不要盲目使用各种增高药。

3. 骨密度和骨龄的区别是什么？

骨龄：是用年龄表示的骨骼发育成熟程度，也是生理上的成熟程度。一般都是未成年儿童测量骨龄。

骨密度：测量骨密度是检查骨头的密度，也是医生检查骨骼强度的一种方法，对于中老年人有预示缺钙风险、预警骨折风险的作用。发育异常的儿童或进行身高管理的儿童，进行骨密度测定有助于判断治疗效果和监测治疗副作用。

试问家长对孩子的身高有多焦虑？

之前有则新闻：妈妈为让女儿长高，每天逼女儿跳绳 3000 个。结果，还没等长个，孩子却先受伤了。妈妈的初衷肯定是好的，但科大大细看了下新闻，孩子 13 岁，158 cm，身高算正常范围。

多数家长只要看到自家孩子比同龄孩子矮，就开始暗自焦虑，担心孩子以后长不高。你是不是也有这样的担忧呢？那你知道孩子正常的身高标准是多少吗？想让孩子长高，可以怎么做？长得慢又是什么原因呢？

科大大就来聊聊关于身高的那些事儿，看完你再决定要不要焦虑。

一、看看孩子的身高正常吗？

多数家长觉得孩子个子不高，其实都是主观臆断。要想知道宝宝的身高是否达标，先看看这份儿童身高发育参考表。

男孩身高参考表（cm）			
年龄	矮	正常范围	高
1 岁	矮小＜ 71.2	73.8 ～ 79.3	82.1 ＜高
2 岁	矮小＜ 81.6	85.1 ～ 92.1	95.8 ＜高
3 岁	矮小＜ 89.3	93 ～ 100.7	104.6 ＜高
4 岁	矮小＜ 96.3	100.2 ～ 108.2	112.3 ＜高

男孩身高参考表（cm）			
年龄	矮	正常范围	高
5 岁	矮小＜ 102.8	107 ～ 115.7	120.1 ＜高
6 岁	矮小＜ 108.6	113.1 ～ 122.4	127.2 ＜高
7 岁	矮小＜ 114	119 ～ 129.1	134.3 ＜高

女孩身高参考表（cm）			
年龄	矮	正常范围	高
1 岁	矮小＜ 69.7	72.3 ～ 77.7	80.5 ＜高
2 岁	矮小＜ 80.5	83.8 ～ 90.7	94.3 ＜高
3 岁	矮小＜ 88.2	91.8 ～ 99.4	103.4 ＜高
4 岁	矮小＜ 95.4	99.2 ～ 107	111.1 ＜高
5 岁	矮小＜ 101.8	106 ～ 114.5	118.9 ＜高
6 岁	矮小＜ 107.6	112 ～ 121.2	126 ＜高
7 岁	矮小＜ 112.7	117.6 ～ 127.6	132.7 ＜高

如果宝宝身高在正常范围内，就顺其自然等着长个子吧。暂时落后也别灰心，科大大帮你好好分析孩子的未来"长势"。

孩子身高增长的两个高峰期一定要把握住，一是婴幼儿时期，二是青春期。家长平时要多关心孩子的生长速度，因为这是有规律可循的。

身高增长高峰期	
0～3 岁	青春期
0～1 岁：25 ～ 26 cm/ 年 1～2 岁：10 cm/ 年 3 岁～青春期：5 ～ 7 cm/ 年	青春期开始后 1 ～ 2 年 男孩：25 ～ 28 cm 女孩：约 25 cm
	青春期开始的标志 男孩：11 ～ 13 岁，睾丸增大 女孩：9 ～ 11 岁，乳房发育

如果孩子的生长速度没达到以上数字，或孩子 2 岁后，每年的身高增长＜5 cm，要及时就医，看是否存在生长激素缺乏、慢性疾病等。

检查项目：X 线检查（测骨龄）、血检和基因检测，有时会进行生长激素药物激发试验（了解生长激素水平、分泌功能）和甲状腺功能。

如果孩子身高在正常范围内，就别折腾孩子了，顺其自然就好。尊重孩子的生长规律，不揠苗助长，才是孩子真正需要的。身高固然重要，但宝宝的健康和快乐更重要。

就算想让孩子长个，也得弄清楚，究竟是什么决定着身高？

二、孩子的身高"7 分靠遗传，3 分靠打拼"

北京大学儿童青少年卫生研究所在《中华预防医学杂志》发表的研究显示，父母对下一代的身高遗传度分别为 0.89 和 0.87。

现代医学也研究了大量样本数据，总结出一个预测孩子身高的算法（单位：cm），家长们可以算一算。

女孩成年后的身高 =（父亲身高 + 母亲身高 -13）/2

男孩成年后的身高 =（父亲身高 + 母亲身高 +13）/2

★ 算出来的数值加减 7 cm，是孩子成年后的身高范围。

★ 仅供参考，不具备决定性。

尽管如此，后天那 30% 的努力也是至关重要的。如果好好地进行环境干预，孩子会有 8 ～ 15 cm 的成长空间，所以即使父母双方都矮，孩子也有长高的可能。

因为身高除了受遗传影响，还跟以下这 4 件事有关：

1. 营养

不是吃得越多越好，而是要吃对。食物中的营养，是最安全的，也最容易吸收。长得快的孩子新陈代谢也旺盛，对营养素的需求更高，尤其是蛋白质、矿物质、微量元素、维生素等生长发育必备的营养素。一定要改正孩子挑食、厌食的毛病，牛奶及奶制品、水果蔬菜、鱼禽蛋肉都要吃，营养搭配，长高才不难。注意，千万别乱给孩子吃各种保健品、补品。

不知道给孩子吃什么的家长，可以看这张表：

1～5 岁宝宝每天吃什么			
	1～2 岁	2～3 岁	4～5 岁
牛奶及奶制品	400～600 mL	350～500 mL	350～500 mL
鱼、禽肉	50～75 g	50～75 g	50～75 g
鸡蛋	0.5～1 个	1 个	1 个
谷薯类	50～100 g	75～125 g	100～150 g
蔬菜	50～150 g	100～200 g	150～300 g
水果	50～150 g	100～200 g	150～250 g

如果孩子不爱喝牛奶，1 岁后每天喝奶量达不到 500 mL，可以多吃钙含量丰富的奶酪、绿叶菜，如西蓝花、大白菜等，还要记得补充足量的维生素 D。当然，1 岁后每天大量喝奶也不可取，影响了其他营养摄入，也会影响生长发育。

2. 运动

研究表明，适当运动也可以刺激生长激素分泌，经常运动的孩子比不运动的平均高 2～3 cm。多让宝宝动一动，骨骼才能更好地生长，总待在家里不动可不行。1～3 岁的宝宝，每天至少要保证 1 小时的户外活动时间，等 3 岁后就要保证每天至少 2 小时。

下面的运动，可以给宝宝安排起来了。

★ 1 岁以内：爬行、抬头、翻身等。

★ 2～3 岁：爬行、快走、拍球等。

★ 3～6 岁：跑步、游泳、跳舞都可以安排了。

但运动要注意适量，不要弄巧成拙。

3. 睡眠

家长们要清楚一点，生长激素是全天 24 小时都在分泌的。在孩子入睡 1 个小时后，并且处于深度睡眠的状态下，生长激素分泌是最旺盛的，是清醒时的 3 倍左右。所以想让孩子长高，就要保证孩子夜晚的睡眠时间和质量。

不同年龄层的孩子，睡眠时长都不一样，大家可以参考美国国家睡眠基金会的睡眠时长标准，来帮助孩子调整睡眠时间。

年龄	推荐	不推荐
1～2 岁	11～14 小时	不足 9 小时；超过 16 小时
3～5 岁	10～13 小时	不足 8 小时；超过 14 小时
6～13 岁	9～11 小时	不足 7 小时；超过 12 小时

4. 心情

研究表明，孩子精神压力大、情绪低落时，饮食、睡眠质量都会受到影响，不利于生长激素的稳定分泌，也会影响长个。所以，家长不仅要让孩子养成良好的睡眠习惯，保证孩子全面均衡的营养饮食，为孩子创造一个温馨、舒适、和谐的家庭环境也是很重要的。

多数孩子的抑郁、压力来自图中这些原因：

三、孩子不长个，还可能是它惹的祸

有些宝宝吃饭胃口很好，就是个子不见长，可能是下面这些原因：

1. 维生素 D 缺乏

缺乏维生素 D，不仅不长个，还会引起佝偻病、胸窄、腿弯、背驼等骨骼畸形。

2. 性早熟

性早熟往往会造成骨骺线的提前闭合，使孩子的生长期缩短，造成孩子最终长不高。

3. 慢性疾病

一般急性病影响体重，孩子可能会变瘦或不长肉；但慢性病则会影响长个，比如缺铁性贫血。

4. 内分泌疾病

内分泌激素不足，可能导致骨龄延迟，从而影响身高，比如呆小病、垂体性侏儒症等。

科大大提示，如果孩子长得慢，找不出原因，一定要及时去医院检查，远离那些增高针或增高药。

万万没想到，"吼孩子"竟然影响长高

真的有不吼不叫的家长吗？吼叫好像被刻在了 DNA 里，从老一辈那里遗传了下来，日常触发家长"吼叫"的原因，实在是太多太多了，让家长分分钟自动开启"狮吼功"模式，完全不受控制。

家长们可以看看这些原因，哪些是让你失控的导火索。

自己的原因	孩子的原因
烦躁	孩子打闹
没耐心	不理会我
疲劳	和我争执
被催促	抱怨
焦虑	发脾气
饥饿	磨蹭
悲伤	缠着我
生理期	不听话

科大大太能理解各位爸爸妈妈了。但长期吼叫对孩子的伤害，远比你想象的更严重。

那怎么才能及时熄灭被点燃的怒火？吼了孩子后怎么补救，才能将伤害降到最低呢？科大大就来给大家支支招儿。

一、吼叫的"杀伤力"，不止这5点

1. 智商下降

哈佛大学医学院的精神病学副教授马丁和他的团队，曾经做过一项长达10年的实验研究。研究结果显示，当孩子长期遭受父母的言语打击和怒吼之后，智商会降低。

2. 长不高

父母总是呵斥孩子，孩子承受过多压力的话，会影响睡眠及生长激素分泌，进而孩子身体发育和身高可能会受到影响。

3. 以暴制暴

长期遭受语言暴力的孩子，在遇见问题后，第一时间想到的也是用吼叫、暴力等手段解决问题，孩子会变得暴戾蛮横。

4. 切断感情

吼叫出来的语言像一把刀，很容易摧毁亲子之间的信赖和尊重，长大后的孩子只想逃离家庭。

5. 自卑、敏感

孩子变得优柔寡断、懦弱、缺乏安全感，想法消极且不自信。更重要的是，孩子也会被潜移默化地影响，长大之后，也会吼叫自己的孩子。

吼叫不仅伤害孩子，还会造成家长的"内伤"。但孩子有时候真的太皮，除了吼叫，还能怎么做呢？

二、学会这3步，不吼不叫搞定娃

第一步：平静情绪，拒绝语言暴力

比如，孩子不吃饭，在你说了很多遍后还是不听话，怎么办？生气的时候告诉自己，这些都不是危险的紧急情况，不要吼。先让自己平静情绪，接下来再去管教或者与孩子沟通。

第二步：了解需求，满足孩子

比如，孩子在公共场合哭闹，怎么办？在你吼之前，不妨先想想孩子到底想要什么。哭闹不听话的背后，或许藏着对食物、睡眠的需要，以及想要被关注的情感需求。当然，需要满足的这种需求，要是正向的，而不是孩子要什么都满足。

给孩子一个拥抱，安慰孩子，理解孩子的情绪，但要坚持你的立场。

第三步：表达理解，学会道歉

比如，给孩子吃了一颗糖后拒绝给第二颗，孩子表现愤怒怎么办？当孩子生气、伤心或者愤怒时，告诉孩子你能理解他的处境和感受，帮助孩子冷静下来，然后再去引导孩子怎么做。

有家长可能会问，那如果实在没忍住，吼了孩子怎么办？

①立即道歉，为自己的情绪失控说声对不起。

②正面解释，告诉孩子为什么自己会发火。

③自我反思，解决问题的方式有很多种，不要总是用最差的方式做无效处理。

科大大想说，情绪本身没有错，孩子的情绪没有错，父母的情绪也没有错。但孩子不应该是家长情绪的宣泄口。

在与孩子的沟通中，做到不吼叫，是父母的必修课。

家长 1 个举动，孩子可能停止发育

想要宝宝长得高，去医院打生长激素靠谱吗？家里父母都矮，打生长激素有机会长高吗？打生长激素，真的有用吗？

每到成长黄金期，生长激素就成了一个备受关注的议题。生长激素可以促进软骨的形成和骨骼发育，可以说，只要它能发挥好其作用，孩子长高准没跑。很多家长都迷信生长激素，以为打了就能长高。但是想打生长激素，家长们真得好好考虑考虑。为什么？科大大就跟大家说说生长激素的那点事儿。

一、生长激素安全吗？

提起激素，那可是家长们唯恐避之不及的东西，生怕孩子吃了含有激素的食物，引发肥胖、早熟等一系列不良后果。但生长激素，却是"众星捧月"般的存在。

它是一种促进孩子生长的关键激素，不仅可以帮助骨骼、肌肉和各系统器官生长发育，还能刺激骨关节软骨和骨骺软骨生长。所以不少家长就想通过生长激素，让孩子迎来长个儿的"第二春"。

可是，额外注射生长激素安全吗？

这种可注射的生长激素，虽然是由生物技术合成，但它跟人体自然分泌的生长激素结构是一模一样的。所以在治疗矮小症、帮助改善孩子的身高方面有比较好的效果，而且作为国家药监局批准认可的处方药，早在 1958 年，生长激素就开始被逐渐应用了。这么多年来，通过大量文献、资料的证明，生长激素的使用总体来说还是安全、可靠且有效的。

总体来说，生长激素本身没有什么安全隐患。但就目前为止，在使用生长激素时出现的不良反应并不少见。所以家长一定要在医生的严格指导下，根据孩子的自身情况及相关检查数据进行使用，并随时反馈孩子的情况。

不要去没有资质的医院，更不能擅自给孩子注射。生长激素不是长个儿神药。

二、生长激素只适用一种情况

生长激素不适用于所有偏矮的孩子，只有患上矮小症，即垂体性侏儒症的孩子才能打。如果是营养不良或疾病导致的身体矮小，治疗原发病更重要，是否需要打生长激素，要听医生的建议。

如果家长不能确认孩子矮小是什么原因，可以参照生长激素缺乏症的表现。

①孩子是匀称型的身体矮小，身高落后于同年龄、同性别正常儿童生长曲线的第三百分位数，或低于平均数减两个标准差。

②生长缓慢，每年身高增长 < 5 cm。

③孩子的骨龄落后于实际年龄 2 岁以上。

④进行血液中生长激素刺激试验，两种药物刺激下，生长激素峰值均低（ < 10 μg/L）。

⑤虽然发育迟缓，但孩子的智力正常。

⑥排除其他影响生长发育迟缓的疾病。

如果孩子出现了以上情况，建议家长立即带孩子到三甲医院就诊。一方面，医生会根据孩子的身高生长曲线、骨龄、生长激素水平等因素，来判断孩子是否患上了垂体性侏儒症，可以避免家长的误判；另一方面，如果孩子真的确诊，也可以在医生的指导下尽早治疗。

毕竟孩子骨龄小，生长空间大，用药效果会更好；体重轻，治疗费用也会相对较少。如果孩子没有出现生长激素缺乏症的症状，就不可以进行注射。

生长激素要慎用，因为它是用来治病的药，对其他原因造成的矮小，不但无效，还可能让孩子的身体产生不应该出现的异常。比如，可能会促进已有肿瘤或潜在肿瘤的生长；使用不当还会导致高血压、低血糖等；滥用生长激素很可能产生内分泌紊乱、股骨头滑脱、脊柱侧弯等风险。

孩子的身高受遗传、后期发育等多种因素的影响，家长千万不要执着于打生长激素。孩子长个儿是件大事，家长着急也很正常，但是长高真的没有捷径，大家千万不能在慌乱中听信网络谣言，乱吃乱用。更不能剑走偏锋，给孩子吃增高药。在药督局公布的保健食品功能中，并没有"长高"这一项，所以，别再缴"智商税"了。各种增高药、补品，如小公鸡、三七、海参等，尤其是标榜能长高的口服液，大多添加了激素，会让孩子提早发育，加速骨骺线的闭合。

在孩子长高这件事上，如果先天条件拼不过，就好好重视后天的30%。与其在吃药上浪费时间，不如改善孩子自身生长激素的发育情况。吃得对＋睡得香＋多运动＋心情好＝天然的"长高药"。利用好这一点，突破遗传长身高，也不是不可能。

第六章

科学处理
意外伤害

宝宝呛奶后，4 个动作能救命

在带孩子的过程中，最让你崩溃的是什么？孩子哭个不停？闹个没完？人累到不行？……我想这些都不是。最能击垮父母的，往往是那些突如其来的生病和意外。

有个刚出生 7 天的宝宝呛奶了，家长慌了神，送到医院时，孩子已经没了呼吸和心跳。幸运的是，宝宝最后被抢救回来了。但也有宝宝，因为呛奶最终没有醒过来。

这类不幸的事常有发生。心痛、惋惜之余，科大大一定要给各位家长提个醒，宝宝呛奶时先别慌，抓住急救的"黄金 4 分钟"。在宝宝呛奶后的 4 分钟里，家长如果能正确急救，孩子就能转危为安。

但如果耽搁了时间，或做了一个错误动作，就可能让脆弱的宝宝受到伤害。

一、宝宝呛奶后，最怕这个动作

如果宝宝喝奶时，出现不停挣扎、频繁咳嗽、脸色嘴唇青紫或呼吸困难，就要警惕呛奶了。

这个时候要注意：宝宝呛奶时，千万不要竖抱。

喂奶后可以竖抱拍嗝，但呛奶时再竖抱，只会让奶液往下走，进入宝宝的气管或肺里，会发生窒息危及生命。

意外往往就是这样不经意发生的，我们都恨不得把宝宝捧在手心里，但可能就因为缺乏这些应急知识，让宝宝受到伤害。

那呛奶后第一时间该怎么做？科大大在这里教给大家。

1. 轻微呛奶时

表现：不连贯咳嗽，宝宝脸色基本正常。

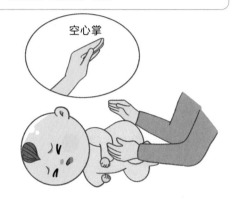

让宝宝侧卧，将头偏向一侧，家长用空心掌，由下往上拍宝宝背部，促使奶液排出，以免流入咽喉或气管。

空心掌

2. 呛奶严重

表现：宝宝脸色发紫，呼吸困难等。

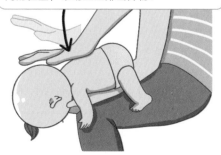

立即抱起宝宝，趴在家长前手臂或腿上，宝宝上身前倾，头低足高，连续拍打肩胛骨中间的位置，帮助宝宝排出异物。

3. 清理口腔

等宝宝吐出奶后，用纱布或纸巾缠绕手指，将宝宝口鼻腔内的奶汁清理干净，保持呼吸通畅，防止误吸。

4. 弹脚心刺激宝宝大哭

用力弹宝宝脚心，刺激宝宝大哭，有利于将气管内的奶排出，缓解呼吸压力。

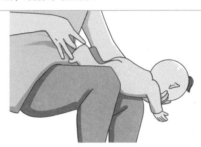

如果宝宝哭声洪亮，面色红润，说明呼吸通畅，暂无大碍。但依然要提高警惕，观察宝宝状态。因为在呛奶时，奶液很有可能"不走寻常路"，进入宝宝呼吸道或肺部，那麻烦可就大了。

二、严重呛奶并行者——吸入性肺炎

吸入性肺炎对于小宝宝来说极其危险，通常会出现以下症状。

1. 发热

这也是最常见的症状，一般体温会在 38 ℃ 以上，持续 2～3 天。用退热药后，体温会下降，但不久后会再次上升。

2. 咳嗽

宝宝进食后，会出现咳嗽或呼吸快的表现，甚至还会吐泡泡，吐奶突然加重。如果咳嗽严重，呼吸困难，还会出现口唇发紫。

3. 精神状态不佳

宝宝变得烦躁不安或嗜睡，吃奶和精神状态都不好。

如果发现宝宝有上述情况，及时去医院检查，判断是否是吸入性肺炎。

平时宝宝被呛得红了脸、多哭几声，家长也是心疼得不得了，更别说是如此危险的吸入性肺炎了。为了不出现这样的意外，在给宝宝喂奶的时候，就要用对方法。

三、这样喂奶，才能避免呛奶

喂奶这件事，看起来好像人人都会，但不一定人人都做得对。科大大就来教给家长们，能有效降低呛奶概率的喂奶姿势，请认真学。

1.喂奶时，宝宝上身要倾斜

在给宝宝喂奶时，不管妈妈坐着还是站着，都建议让宝宝的身体有倾斜度，不要平躺。

用奶瓶喂奶时，奶瓶嘴低于奶瓶底，防止吸入空气。

2. 喂奶时机要正确

不要在宝宝大哭或大笑时喂奶，也不要等宝宝已经很饿了才喂，吃得太急就容易呛咳。

3. 控制喂奶的速度和量

如果妈妈的奶水多，可用手指夹住乳房或乳头；用奶瓶喝的话，选择适合宝宝的奶嘴开口，避免奶量太冲。

4. 喂完奶后要拍嗝

宝宝喝奶后拍拍嗝，可以排出胃内多余气体，减少吐奶或溢奶的发生。正确拍嗝姿势：空心掌拍嗝，从下往上拍，肋骨以下不拍。

养大一个孩子不容易，我们虽不能未卜先知，但可以多学习如何应对。见招拆招，才不至于在意外来临时手足无措。

海姆立克急救法，家长必学

我们经常在网上看到异物卡喉后获救的新闻，每次看到，科大大都倍感惊险和暖心。越多的人学会急救，就会有越少的家庭陷入这种无助和绝望之中。

据统计，我国每年因食物、异物所造成的气道梗阻窒息死亡的孩子近3000名，多发于5岁以下孩童，其中3岁以下占60%～70%。

坚果、花生，家家有，守护宝宝健康的科大大必须提个醒。

一、海姆立克，不是万能急救法

对于气道狭窄的孩子们来说，吃东西被噎住，常见又极具风险。一旦异物将气道完全堵住，就会导致气道梗阻，进而窒息。急救的有效时间非常短，只有4～6分钟，是真正的"生死时速"。

一旦呼吸停止，4～6分钟可能引起脑损伤；6～10分钟极可能引起脑损伤；10分钟以上，就一定会造成不可逆的脑损伤。

随着近年来的不断普及，相信很多家长对海姆立克急救法已经有所了解。但科大大必须提醒，海姆立克法，并不是孩子呛噎的万能急救法。是否施行，首先要判断有没有异物呛入气管。

1. 异物呛入气管，据其大小，所在位置，各有不同表现

①喉部异物，常立即出现剧烈呛咳和喑哑。如果堵塞声门，则出现面色发绀，甚至发生窒息。

②异物吸入气管，主要表现为呛咳、憋气、作呕。

③异物大者，会出现严重的呼吸困难或窒息。

④异物小而轻者，以阵咳为主，呼气时异物随气流上升撞击声门，可听到类似拉风箱的拍击声。

当确定有异物吸入时，也得看宝宝的状态。

2. 当宝宝还处于哭叫、咳嗽的阶段时，先不要采用急救法

鼓励宝宝咳嗽，此时仍有可能将异物咳出。因为咳嗽是人体的一种保护性反射动作，是把异物从呼吸道清除出去的最好办法。

注意，不要拍孩子后背、不要让孩子倒立，不要给孩子喝水进食，不要把手伸进孩子嘴里试图将异物取出来……这些行为都会把异物推进更深的呼吸道里，导致呼吸道完全阻塞。

如果孩子表现出不能咳嗽、不能说话、脸发红发紫、表情痛苦、挣扎，大一点儿的宝宝可能还会捂住喉咙。这个时候一定要争分夺秒，一个人拨打120，另一人立即采用海姆立克急救法。

4. 海姆立克急救法操作步骤与注意事项

由于孩子身体成熟度的不同，我们同样以 1 岁为分界，分别教大家不同的海姆立克急救法。

① 1 岁以下的宝宝。

第一步，让孩子呈俯卧位（趴着），一只手托住下颌和颈部，使躯体向下固定住。

第二步，用另一只手掌根部快速有力地拍击孩子的上背部，拍 5 次；没见效的话，重复再拍 5 次。

第三步，若还未将异物拍出，可把孩子翻过来，以中指或食指，放在孩子胸骨中下段快速冲击。重复此动作至异物排出。

② 1 岁以上孩子。

第一步，从背后抱住孩子坐下，或让孩子站立，救护者跪在孩子背后。双手环绕在孩子腰部，同时让孩子弯腰，头部前倾。

第二步，一手握拳，拇指掌关节凸出处，顶住孩子腹部正中线肚脐上方 2 cm 处。

第三步，用另一只手抓牢握拳的手，向上向内快速拉压冲击孩子腹部。反复快速拉压冲击，直到异物排出。

如果觉得不好理解，科大大教大家一个口诀："剪刀""石头""布"。

★ 剪刀定点：肚脐上 2 指的地方。

★ 石头握拳：拳头放在刚刚 2 指的位置。

★ 布：另一只手包住拳头，快速向上向内冲击腹部，反复进行直到咳出异物。

③注意事项。

急救时的力度非常关键。尤其是婴儿，做第一下可以轻一点儿，然后逐步加大力度，让孩子有一个接受的过程，在可接受的力量范围内，尽量大力。

做完急救后，即使孩子已将异物排出，也应立即带孩子就医，检查是否存在其他损伤。

二、异物排不出？这种方法也务必掌握

如果无法顺利把异物排出来，或者家长发现已晚，宝宝已经昏迷倒地，这时候就更加危险了。此时，必须马上停止做海姆立克，改做心肺复苏。这是为了在120赶到前，被动给昏迷者氧气，保持心脏跳动。

异物卡喉时做心肺复苏，还要注意：

①把宝宝放平（坚硬的地或背垫木板，有些床太软不适合），按每分钟100～120下的速度做胸外按压（胸骨中下部，一只手压在另一只手背上）。

②胸外按压30次后，看嘴巴里有没有异物，有的话马上小心清除；如果没有，就做2次人工呼吸。

③反复进行以上过程，直到异物排出，恢复正常呼吸，或120急救人员赶到，交给他们处理。

如果情况紧急，医生可能会想办法切开气道取出异物。科大大还想提醒大家，抱孩子去医院或者抢救途中，尽量保持孩子靠右躺。因为气管分左右支气管，一般堵塞的都是右侧气管。靠右躺能避免右侧异物移动到左侧，引起两边肺都不能进行呼吸。

三、预防，永远都是第一位

其实，对于儿童急救，科大大的心情很复杂，希望每个家庭都要学，也希望每个家庭都用不上。因为即使治疗及时，治疗过程中的孩子依然饱受痛苦。预防，永远是第一位的。

宝宝之所以容易发生异物吸入，主要是因为牙齿发育不全，不能充分嚼碎坚果类食物；喉的保护性反射也不健全，进食这类食物时，嬉笑、哭闹、

跌倒都容易将食物吸入气道，这也是气管、支气管异物堵塞最常见的原因。

因此，预防呛噎，一定要谨记6大要点。

①不要给4岁以下的宝宝喂食坚果、花生、玉米粒、圆球巧克力、小胡萝卜、苹果、爆米花等大块食物。最好把食物切成小块给宝宝食用，4岁以上的宝宝也要密切注意。

②果冻、口香糖、棉花糖、花生酱、蛋黄等绵软食物，看似安全，其实也是导致呛噎的"常见凶手"。

③把食物塞进嘴巴是宝宝的本能，尤其是正在经历口欲期（0～18个月）的宝宝，什么都喜欢往嘴里塞。临床常见的异物有图钉、大头针、发卡、小球、塑料笔帽等，家长务必收好这些对宝宝来说危险的物品，存放在宝宝接触不到或打不开的地方。

④给孩子吃烤肠、糖葫芦等食物时，要密切关注，最好取出签子，不要边走边吃，防止摔跤。

⑤不要在宝宝哭闹的时候喂饭，不要在宝宝吃饭的时候逗他、和他讲话。

⑥引导宝宝养成充分咀嚼再吞咽的习惯。

科大大曾无数次看到儿科急诊里、手术室内争分夺秒地营救；手术室外，父母家人互相抱怨，吵得天翻地覆。

科大大希望，在那个紧急特殊的时刻，不要追究责任，也不要过于自责，齐心协力地去解决问题，信任医生。让宝宝出手术室的时候，看到团结友爱、等待着他的家人。

宝宝坠床后，第一时间做什么？

科大大曾听过一位新手妈妈讲的一段"惊心动魄"的经历："孩子'咚'的一声就从床上掉下来了，我魂儿都快吓没了。赶紧送到医院检查，还好没大碍，不然我得愧疚一辈子。真想不明白，一眨眼的工夫，怎么就滚下床了。"

宝宝坠床的情况很常见，几乎每个人小时候都有从床上掉下来的经历。但是，科大大认为有必要在这里跟家长们强调一下，千万千万不要小看孩子摔下床这件事，每年都有宝宝摔下床差点儿没命的事件发生。

宝宝坠床后第一时间该怎么做？哪些错误万万犯不得？科大大赶紧来给大家支招儿，面对猝不及防的坠床，如何应对最正确。

一、坠床后，这个动作能要命

宝宝坠床后，相信很多家长第一反应是把孩子抱起来，看看伤到哪儿了。科大大却要说：停！千万不能抱。

这是因为，坠床后很多损伤都是极为隐匿的，我们很难从外表判断出孩子伤在哪儿。如果在坠床过程中伤到了头部或颈椎，贸然移动宝宝的身体可能会带来二次伤害。不抱起来，家长怎么做呢？

如果周围没有危险的尖锐物，家长需要用至少 10 秒的时间，观察下面这3 件事。

①落地后宝宝有没有哭。

如果坠床后宝宝"哇"的一下放声大哭，说明宝宝意识清醒，先不要太过紧张。

②观察宝宝的落地姿势。

看清楚宝宝是头、肩膀、臀部，还是手腕先着地，这对于检查宝宝伤情以及之后就医描述病情很重要。

如果宝宝是四肢着地，要先等他稍微平静些，再拿个小玩具在他眼前晃一晃。鼓励孩子自主运动，观察手部、肢体有无活动受限的情况。同时用手摸一摸四肢和躯干，如果发现碰到哪个地方时宝宝哭得特别厉害，千万不要大意，有可能是发生了骨折。

以下 2 种情况最好及时就医：

·怀疑宝宝骨折时。

·宝宝从高于 90 cm 的地方摔到地板上，且头部着地。

这时千万不要随便挪动宝宝的身体，及时拨打"120"，等待专业人员的救助。

③观察宝宝有无局部损伤。

如果宝宝没有以上问题，那么要进一步检查局部皮肤有无出血、红肿、瘀青等。如果有，建议这样处理：

·看清出血部位，按压止血。

·72 小时内，对受伤部位进行冷敷，每次 15 分钟，目的是减少皮下出血。

·72 小时后，再进行热敷，帮助积液吸收。

在起包、红肿部位抹香油、按揉等方法都是不妥当的，会加重出血和组织液渗出。检查后如果没有大碍，家长可以把孩子抱起来进行安抚。

怎么抱呢？在宝宝脖子伸直的前提下，一只手抬起头部，另一只手抬起屁股，轻柔地将宝宝抱起。科大大提醒，虽然坠床整个过程时间很短，但宝宝很容易因受到惊吓而产生情绪激动、睡眠障碍等问题。所以在坠床后的几天里，家长最好对宝宝进行陪睡，多多安抚与陪伴。

二、敲重点！这 5 种情况快去医院

有惊无险当然是最好的，但是我们绝对不能放松警惕，如果出现以下情况，一定要带孩子去医院，不要自己处理。

1. 意识不清

宝宝落地后不哭不闹，对家长的呼唤没有反应，或逐渐陷入反应迟钝、昏睡不醒、肢体松软无力等状态。

2. 头部受损

头部有出血、红肿、前囟门膨出、头骨向内凹陷等症状。

3. 眼部变化

用小玩具引导宝宝活动眼球，出现眼神呆滞或发现两个瞳孔大小不一，要尽快送医。大一点儿的孩子会抱怨看不清，或看东西重影。

4. 体表变化

耳鼻出血，流出淡黄色或无色透明液体。

5. 情绪变化

长时间大哭大闹，情绪不安。

三、紧急 48 小时，警惕颅内出血

如果宝宝以上问题都没有，我们仍然不能放松警惕。因为真正可怕的是颅脑损伤，比如颅内出血和脑震荡等，都是发生在外伤后 48 小时内。如果坠床后不进行后续观察，很容易耽误最佳送医时间。

这则新闻就是活生生的例子：宝宝从家里的床上掉下来，因伤后神志清楚，家长没有重视。7 个小时后，孩子嗜睡又呕吐，家长才赶紧送去医院。急诊 CT 检查提示脑部硬膜外出血，医生紧急做了颅内血肿清除术。

因此，宝宝坠床后即便外表观察没有大碍，家长也要在 48 小时内注意观察孩子的状态，出现以下情况，要及时就医。

①精神变差，反应变差，甚至意识模糊。

②无法控制地哭。

③嗜睡。

④口齿不清或行动受限。

⑤频繁呕吐，不愿意吃东西和喝奶。

⑥耳鼻处有流血或流透明液体的情况。

看到这里，可能会有家长说，我们也不想让他摔下来，可宝宝天生好动，想让他在床上老老实实躺着，是不可能的。

那么，生活中怎样能防止宝宝坠床呢？

1. 婴儿床的选择

栏杆间距不超过 6 cm，床围栏的高度至少超过宝宝身高一半。

2. 设置缓冲物

比如在婴儿床四周的地面上铺满柔软的厚毛毯或泡沫地垫。

3. 床上不要放杂物

避免杂物掉落后，宝宝翻下床捡拾杂物，或踩在杂物上因重心偏高翻过围栏。

4. 避免多人看护

多人看护，注意力容易分散，反而会引起看护不当的情况。

5. 别把床紧靠墙壁放在窗户下

避免孩子攀爬。

最后，科大大还要再强调一句，春夏是宝宝坠床的高发期。家长现在开始就要积极做预防。另外，坠床后，家长千万不要互相指责，宝宝是父母的心尖尖，谁也不愿意看到这样的事发生。

孩子爱玩水，一定要防住的 8 处

炎炎夏日，宝宝们最爱干的事儿是什么？当然是玩水啊。但是你知道吗？据数据显示，溺水是孩子的"头号杀手"。

每年都有孩子溺水事件发生，不少家长可能会说，"那我们不去河边、不去公共游泳池，肯定就安全了"。这就想得太简单了。实际上对于宝宝们来说，尤其是小宝宝，有很多溺水都是发生在家里，甚至有些地方还是想都想不到的。

接下来，科大大就讲讲家里最容易忽视的这 8 个地方。

一、家中隐藏 8 大"高危"地带

科大大要告诉大家一个可怕的真相，水深 5 cm，只要 2 分钟，宝宝就可能溺亡。这也就意味着，除了河边、游泳馆等容易溺水的地方，家里或者常玩耍的地方，也暗藏杀机。

马桶能"吃人"？家里的马桶都有水，如果是正在学步的宝宝栽进去，很可能无法起身，导致溺亡。所以使用完马桶，顺手把盖子放下来可以减少风险，这里特别提醒爸爸们。

还有一个地方很危险——蓄水桶，一定要蓄水的话，那就盖好盖子，能放多远就放多远，不要让孩子很轻易地就能靠近。

那么，除了以上这 2 个危险地带，科大大还帮大家总结了另外 6 个，请警惕。

蓄水的洗手池　　浴缸／浴盆

养鱼设备　　家用充气游泳池

户外喷泉　　小区泳池

为了降低意外发生，科大大为大家编了一首打油诗：

家中马桶需放盖，无盖盆桶不蓄水。

万分无奈要蓄水，远远放置摸不到。

存水仪器加栏杆，屋外喷泉要远离。

爸妈带娃莫粗心，安全玩水笑嘻嘻。

如果真的出现意外，家长需要怎么做？下面这些溺水表现和急救手法必须牢记，关键时刻真能救命。

二、学会这些抢救手法

你以为孩子溺水会大声呼救、拼命挣扎、使劲扑腾？错。溺水往往是无声的，并且儿童溺水通常会比大人表现得还要安静和隐蔽，所以才会有那么多人错过了最佳抢救时间。

下面这张无声溺水的迹象表，建议认真阅读。

5 种无声溺水迹象	
	①眼神：呆滞，无法专注或闭上眼睛
	②嘴：可能会没入水中再浮出水面，所以根本没有时间呼救
	③手臂：可能前伸，但无法划水向救援者移动
	④身体形态：在水中多呈直立状，前倾，像爬楼梯，可能挣扎 20 ～ 60 秒之后下沉
	⑤声音：孩子戏水时会发出很多愉快的声音，一旦突然安静下来就要引起警惕了

夏天带孩子去游泳的爸妈越来越多，科大大严肃提醒，必须时刻注意孩子的情况，尤其是不要看手机，不要分散注意力。

一旦发现孩子溺水，爸妈要及时拨打 120，并判断溺水情况。

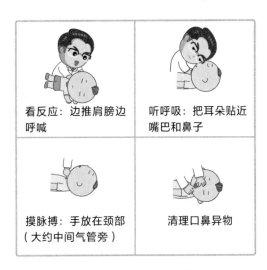

溺水情况基本判断

一旦发生意外，我们应尽早确定是否需要心肺复苏。

1. 首先判断有没有呼吸和脉搏

①呼吸：看孩子有没有胸廓起伏。

②脉搏：手摸颈部中间往旁边 1～2 cm 颈动脉位置，小宝宝可以摸腋窝或腹股沟。

2. 判断结果和处理分以下 4 种情况

①清醒，有呼吸有脉搏：打急救电话，观察，保暖，等医务人员到场检查。

②昏迷，有呼吸有脉搏：打急救电话，清理呼吸道，保暖，密切观察，随时准备启动心肺复苏，等医务人员到场。

③昏迷，没有呼吸，有脉搏：清理呼吸道，给予人工呼吸，进行呼救，找人打急救电话，密切观察，随时准备启动心肺复苏，等医务人员到场。

④昏迷，没有呼吸或者叹息样呼吸，没有脉搏，或者十秒钟内也判断不出来有没有脉搏：那就判断为需要心肺复苏。打急救电话，叫帮手，同时开始心肺复苏。

当出现后两种情况，需要进行快速抢救，抓住黄金 4 分钟。

◆没有呼吸但有脉搏时，马上进行人工呼吸。

①清理呼吸道，双手使头部向后仰起，保持呼吸呈一条直线。

②用手捏住孩子的鼻子，深吸一口气，整个嘴巴包住他的嘴巴，如果是小宝宝可以口鼻一起包住。

③慢慢吹气，不要漏气，直到看到胸部鼓起，每 3～5 秒一次。

人工呼吸要做到宝宝恢复自主呼吸，或者 120 赶到现场。同时要监测脉搏，一旦没有脉搏或者脉搏低于 60 次 / 分，就要立即进行心肺复苏。

◆既没有呼吸也没有脉搏时，马上进行心脏复苏。

先给予两次能看到胸廓起伏的人工呼吸，没有反应的话，开始常规的心肺复苏。

由于孩子身体成熟度的不同，我们以 1 岁为分界，分别教大家不同的按压急救手法。

①未满 1 岁的宝宝。

让宝宝平躺在地板或硬质材质平面上，采用双指法或环抱法，用力快速按压宝宝胸部（两乳头连线中间正下方一点的位置 30 次）。

按压急救：双指法

· 按压频率 ≥ 100 ～ 120 次 / 分钟，按压深度大概 4 cm。每次按压后要确保宝宝胸廓充分回弹，再进行下一次按压。

· 30 次按压完成后，施救者立即进行 2 次人工呼吸。如果有帮手，可以换成按压 15 次，呼吸 2 次。中间每 2 分钟要更换一下按压的人，不然时间长了会疲劳，按压效果得不到保证。

· 持续 2 分钟后，评估孩子有没有呼吸、心跳，没有的话继续进行心肺复苏，每隔 2 分钟评估一次，直到救护人员到来。

②超过 1 岁的宝宝。

这个年龄段的宝宝可使用单掌法（8 岁及以下）或双手掌重叠法（8 岁以上，同成人）。

单掌法（1 岁以上）

· 施救者按压宝宝胸部（两乳头连线中间正下方一点位置），按压深度大概 5 厘米，按压频率 ≥ 100 ～ 120 次 / 分钟。

· 按压 30 次后，进行 2 次人工呼吸。如果多了帮手，按压呼吸比例改为 15：2。每 2 分钟更换按压的人员，保证按压效果。

双手掌重叠法
（8 岁以上，同成人）

· 每 2 分钟进行一次呼吸、心跳的评估。

以上急救措施要做到宝宝面色好转，恢复自主呼吸，或 120 急救人员到场才能停止。

孩子烫伤后，牢记 5 字急救真言

科大大曾看到一则新闻，十分痛心。宝宝被热水烫伤后，家长用"祖传"偏方给予治疗，导致孩子伤口感染，不幸身亡。因此，科大大想到有些家长可能还存在烫伤方面的知识漏洞，这一篇就给大家补补课。

一、烫伤怎么办？先分辨

根据烫伤程度可以分为三种情况：Ⅰ度、浅 / 深Ⅱ度和Ⅲ度。

1. Ⅰ度烫伤

这种程度的烫伤和晒伤差不多，无须过多担忧。主要表现为皮肤红、有灼痛感，无水疱，不会留疤。

2. Ⅱ度烫伤

Ⅱ度烫伤分深、浅两个度。

浅Ⅱ度烫伤会损伤表皮，伤及真皮浅层，皮肤红、肿、痛，出现水疱，短期有色素沉着，几乎不会留下疤痕。

深Ⅱ度就比较严重，伤及真皮乳头层以下，疼痛感相较于浅Ⅱ度也明显加重，局部肿胀间或有较小水疱，会留下疤痕。

3. Ⅲ度烫伤

如果孩子被烫伤后出现肌肉表面发硬或发黑，失去弹性，那很可能是伤及皮肤全层或皮下脂肪的Ⅲ度烫伤，痛感反而下降，多形成瘢痕。这个时候，就不要再想什么其他办法了，赶紧带孩子去医院。送医过程中要注意保护好创面，预防感染。

那在孩子烫伤后，怎么把握黄金时间紧急救治呢？

二、烫伤不要慌，5 步轻松搞定

科大大必须强调，烫伤后可别给孩子抹牙膏、酱油或是芦荟胶了。

轻微烫伤无须担忧，一般是可以自愈的；严重些的烫伤，随便涂抹则会加重病情，得不偿失。

那到底该怎么做？牢记 5 字急救诀：冲、脱、泡、盖、送。

1. 冲

这里科大大重点强调两个点：速度和时长。

孩子烫伤后，用温水和冷水冲洗是最佳选择。

注意，用流动的冷水冲洗 15 ～ 30 分钟，越早越好。同时，水温不低于 8 摄氏度，不要把冰水或冰直接放在伤口上，否则会加剧疼痛，加深烧伤，也要注意不要把伤口泡坏了。

2. 脱

烫伤后，给孩子脱衣服时，千万别"一股脑"地一顿操作。一定要展现出"温柔爸妈"的特质，小心脱掉孩子的衣物，必要时用剪刀剪开。但如果衣服和伤口紧紧粘在一起，也别强求脱掉，把周边剪掉，之后交由医生处理。

3. 泡

如果孩子受伤面积较大，不方便淋洗，那赶紧接一盆冷水或在浴缸里放凉水让孩子浸泡 30 分钟，减轻疼痛。在这个环节爸妈要辛苦些，勤换水，保证水一直是凉的。

当孩子的烫伤部位不方便浸泡时，也可以用干净的毛巾覆盖伤处。再往毛巾上浇水或借助冰块冷敷，缓解疼痛感，注意不能直接用冰敷。

4. 盖

冲洗工作完成后，选用无菌或洁净的纱布覆盖在孩子的烫伤部位，阻断细菌，也避免转运过程中二次擦伤。

注意，如果家里没有纱布，可以暂时用干净的软布替代。但千万不能随便拿个脏毛巾用，否则不仅会让孩子的伤口和毛巾粘连，还会让细菌"乘虚而入"。

如果是Ⅰ度和浅Ⅱ度烧伤，经过一波"急救处理"后，孩子的情况趋于稳定，那后续就可以涂抹烧伤湿润膏来帮助孩子恢复伤口。

5. 送

如果孩子烫伤严重，或家长也分辨不了烫伤程度的话，务必及时去医院，让医生判断和处理。

送医院的时候要注意，不是所有的医院都能处理烫伤，特别是严重烫伤。一定要打听好哪家医院能处理儿童烫伤，再直接过去，挂儿童烧伤科就诊。不要在多家医院辗转，耽误时间，延误病情。

如果出现水疱怎么办？其实也不难处理，接下来科大大要讲重点了。

三、水疱难处理？试试这样做

很多家长认为水疱是个"坏家伙"，一定要把它搞破，其实不然。它能在孩子被烫伤的第一时间隔离受伤皮肤和皮下组织，避免孩子的伤口发生感染。

如果水疱比较小，那不必着急，要相信孩子身体的自愈能力。但如果水疱较大，就得想想办法了，毕竟时间长了一不小心碰破了，炎症就该"找上门"了。

那如何做才能安全地让水疱消失呢？

这就需要家长准备点工具了：碘伏、棉签、细针管。

消毒后，用细针管从水疱底部缓缓刺入，将组织液慢慢吸出，再次消毒、"封口"就可以了。

一般在未来1～2周，孩子不接触脏东西、不撕扯痂皮，伤口附近便会长出新肉，原先的外皮也就自动脱落了。

不过因为烫伤的存在，被排空的水疱，可能再次被组织液填满。这时候也要注意是不是烫伤程度比较严重，需要请医生诊断和处理了。

2 种常识性止鼻血方法都错了

如果孩子流鼻血了，你会怎么办？是不是让孩子仰起头，或用纸巾塞鼻子？停！这都是错的，一不小心还会危及生命。

一个 3 岁的孩子流鼻血，仰起头止血，结果血液流到嗓子眼，形成的凝块堵住了气管，送到医院时脸已经发青，没有抢救过来。本以为流鼻血是件小事，谁也没有想到孩子却因此丧命。那流鼻血后到底该怎么做？孩子流鼻血又是什么原因导致的？

一、孩子流鼻血，千万别这样做

1. 仰头止血

后果：肺炎、严重窒息

这样鼻血容易流进咽部、食管和胃，引起不适、恶心。有些人恶心反胃时，嘴里还会吐出血。嘴里的血最好吐出来，不要咽下，减少胃部刺激。

出血量大时，还容易呛入气管和肺里，造成吸入性肺炎，甚至引起窒息，严重窒息还会危及生命。

2. 鼻孔塞卫生纸

后果：摩擦损伤、感染

用纸团连堵带拧的，容易因摩擦损伤到鼻腔黏膜，破坏一些脆弱的毛细血管，加重出血。而且塞住鼻孔，原本向外流的鼻血可能会倒流进口腔、食管，甚至气管等。

如果是质量不合格的卫生纸，还容易引起感染。而且用纸堵鼻孔，塞的深度和压迫程度不够，并不会起到明显止血的作用。

3. 那如何正确止鼻血呢?

①让孩子身体前倾，张开嘴巴，用嘴呼吸。

②用手捏住鼻翼两侧，挤压 10 分钟左右，用稍稍有点疼痛感的力度。

③在鼻梁上放一个小冰袋，促进血管收缩，减少出血。

二、这两种流鼻血的情况，及时就医

1. 出血量大，难以自行停止，或伴有其他症状

流鼻血超过 15 分钟，还是止不住地流，或口鼻有大量血涌出时，就不要在家里耽搁了，赶快送去医院。

2. 流鼻血次数过多

如果经常性流鼻血，就算孩子没有表现出什么不适症状，也要及时去检查。因为反复出血，容易导致贫血或脑供血不足。长期如此，还会影响孩子生长发育。

三、孩子为什么这么爱流鼻血?

宝宝的鼻黏膜很薄，在鼻子中下部位有很多敏感脆弱的小血管，稍微一刺激，就容易破裂出血。

一般孩子流鼻血都是这 5 个原因导致的。

1. 外伤或异物进鼻腔

孩子比较好动，跑跳着玩儿的时候，碰一下就容易磕出血。或者孩子把玩具小零件、樱桃核、花生等小东西塞进鼻子，也会引起流鼻血。

一般鼻子里有异物，孩子会频繁打喷嚏或流鼻涕，还会不停地揉鼻子，甚至流鼻血。

那如果发现孩子鼻腔进入异物，应该怎么办呢?

①异物比较靠外，能看见时

让孩子捏住另一侧鼻孔，然后使劲向外喷气，通过气压排出来。如果不

行，可以用干净的镊子，轻轻夹出来。

②异物比较深或看不见时

要及时去医院的耳鼻喉科，让专业医生处理，专业的鼻窥镜可以深入看诊异物的位置，方便取出。

2. 天气干燥

多数孩子秋冬季节流鼻血，一般都是这个原因。秋冬季节，天气干，孩子鼻腔里也比较干，里面的毛细血管更容易破裂。那该怎么办呢？

①感觉鼻子干的时候，用干净的毛巾或者棉签蘸水，轻轻擦拭。

②增加室内空气湿度，多用清水拖地。

③使用加湿器，用之前一定要清洗，然后按照说明书正确使用。

3. 饮食不当

长期挑食，或者饮食不合理，缺少维生素 C 或维生素 K、贫血等，容易导致凝血功能变差，引起流鼻血。有些孩子荔枝吃多了，也容易流鼻血。

方法总比问题多	
平时多吃一些蛋白质、维生素及铁含量丰富的食物，多补充水分，少吃煎、炸、肥腻的食物	
蛋白质高	牛奶、羊奶、鸡蛋、猪肉、鸡肉及豆制品等
维生素高	维生素 C：西红柿、南瓜、芹菜、胡萝卜、红薯、苹果、柚子、猕猴桃等 维生素 K：菠菜、甘蓝等
铁含量高	贝类、猪肝、鲑鱼、沙丁鱼、南瓜子、西蓝花、豆腐等

4. 鼻部疾病

孩子患有鼻炎、鼻窦炎，尤其是过敏性鼻炎，也是一个重要原因。鼻子痒、难受，反复擦鼻涕、揉鼻子，都容易导致流鼻血。那具体该怎么办呢？

①积极治疗鼻炎等鼻部疾病。

②正确清理鼻涕，少抠鼻子或用力擤鼻涕。

③鼻炎期间，每晚用生理盐水洗鼻，减少不适感。

5. 血液系统疾病

血小板减少、血友病或者长期服用抗凝药物，都容易出现流鼻血的情况，需要及时去医院检查治疗。

流鼻血到医院挂什么科室的号呢？

★ 普通内科：初次就诊，查病因。

★ 耳鼻喉科：鼻腔进入异物、外伤等。

★ 呼吸内科：孩子有鼻炎或鼻窦炎等鼻部疾病。

★ 血液肿瘤内科：怀疑血液系统疾病，需进行血液检查。

流鼻血一般没有什么大问题，但止血方法不对，就很容易出事。其实，多年来，"仰头止血是错误做法"一直在被强调，但悲剧还是时有发生。

当孩子被欺负，家长该怎么做？

孩子被打了，你会怎么办？忍一时，越想越气。但千万不能代孩子打回去，那要不要教孩子自己打回去？怎么才能避免孩子被欺负？科大大就带大家好好补补这堂课。

一、孩子被打，家长要不要干预？

四个字：看清形势。

1.3 岁内的孩子

3 岁内的宝宝被同龄人推打，大多只是对方打招呼、玩闹的方式不恰当，并不是存心欺负。如果宝宝没哭没闹，家长不必阻止，确保宝宝安全就好。

2.3 岁以上的孩子

对于 3 岁以上的孩子，打闹可能是他们增进友谊的方式。如果事态不严重，孩子也不觉得自己被欺负，家长不必过分干预。但若是对方出现恶意攻击的行为，孩子觉得自己受了委屈，家长就不能放任不管了。

二、言语干预，这 3 句话只会更伤孩子

回想一下，孩子被打，气急攻心的你有没有说过这 3 句话？

1. 初级伤害：你怎么那么"庆"，打回去啊

当孩子被打却没有还手时，千万不要给他贴标签——你怎么这么庆啊？打回去下次才不会被欺负啊！

这样的口吻，很容易让孩子感到自己无能。再者，"打回去"听起来解气，但科大大并不鼓励。试想一下，孩子如果打不过呢？如果不想打呢？如果本身就是孩子的错呢？

没了解事情缘由，就轻易让孩子暴力应对，长此以往，孩子很可能变为下一个施暴者。

2. 中级伤害：没关系、让让他、算了吧

这种说法看似豁达、宽容，孩子却很难理解。忍到什么时候就不能忍了？忍不住了怎么办？一味地让孩子压抑这份情绪，会让孩子变得软弱、胆小，更容易被他人欺负。

3. 终极伤害：为什么不打别人只打你？

典型的"受害者有错论"。家长没问清事情缘由，就将过错归咎于孩子身上。且不说对孩子身心造成的伤害有多大，如果孩子再遇到类似的事，肯定不愿再告诉你，甚至不会再信任你。他只会将自己的心封闭起来，默默承受这份委屈。

三、孩子不会反抗？正确引导很关键

既然言语干预容易伤到孩子，那孩子被打了，家长该怎么在行动上干预呢？

有研究表明，80% 的孩子在被打后，并没有选择反抗，而是哭泣、退让，任由被打……之所以出现这样的结果，大多是因为孩子根本不知道该如何处理。而且，父母越强硬地让孩子反击，孩子越可能会因为害怕而抗拒。因此，家长当下的引导很关键。

★ 对小宝宝来说，可先将两个孩子分开，试着转移注意力并给予安慰。

★ 对大点的孩子，在认可孩子情绪并安慰的同时，可以适时示范，教孩子如何应对。

1. 孩子被恶意攻击怎么办？

被欺负是沉默者的宿命，只有发声才是改变命运的开始。

遇到对方恶意打孩子的情况，家长一定要示范并教孩子用语言震慑住对方，眼神坚定并大声地说：不可以打我，你这样是不对的。

语言告知后，对方如果仍不停手，可以让孩子适度还手，推开对方的肩膀或者前胸。要让孩子用行动证明，自己并不是好欺负的。

碰到对方比孩子强大，打不过的情况，教孩子记住一句话——跑为上策。同时让他寻求外界的帮助保护自己：爸爸、妈妈、老师、警察……都可以。

相比面子，让孩子保护自己不受伤害才是最重要的。

2. 孩子本身也有过错怎么办？

孩子之间起冲突并不是件坏事，这恰恰是他们学习与他人相处的宝贵机会。家长要明确的是，打人一定是不对的，同时给孩子正确的引导。

为避免抢玩具的情况发生，在合理消费的前提下，家长可以多给孩子准备些玩具，并教孩子友好地与他人沟通。

四、如何避免孩子被欺负？

除了当下的应对，教孩子成为不被欺负的人，同样重要。

1. 绘本引导

给宝宝读抵抗霸凌的绘本，如《不要随便欺负我》，教孩子学会应对与小朋友之间的矛盾。

2. 增强孩子的身体素质

平时经常带孩子进行体育锻炼，非常有必要。

3. 避免与爱打人的孩子接触

从小就要让孩子树立是非观念，哪些是对的，哪些是不对的。对于善良、懂事的孩子，尽量让他少接触暴力小孩，与和自己友好相处的小伙伴玩。

4. 建立孩子的安全感

最重要的是，当孩子被欺负后，家长一定要无条件地站在孩子这边，并不厌其烦地对他说，"如果有人欺负你，一定要告诉爸爸妈妈""无论发生什么，爸爸妈妈都是你最坚实的后盾""爸爸妈妈永远和你是一起的"。

我们要告诉孩子的是，不能像坏人一样去伤害别人，也绝对不允许别人伤害自己。

第七章

科学养娃的
避坑指南

绞尽脑汁选奶粉，这些成分是关键

对于家长来说，怎样选择奶粉是一个比较头疼的问题。如何给宝宝选择合适的配方奶粉，并不是"大家都吃什么，我就吃什么""只选贵的"，因为每个宝宝体质不同、喜好不同，只有选择最适合的、营养成分齐全的奶粉，才能给宝宝的身体带来最全面的呵护。

具体该怎么选呢？科大大告诉大家，这里学问大着呢。

一、根据奶粉类型

1. 在有条件的情况下，母乳喂养应持续

这样可以给予母亲乳房有效刺激，不仅有利于母乳产生，还有利于婴儿对母乳喂养的接受。孩子不会因为奶瓶喂养后出现对母乳喂养的抵制。

2. 根据蛋白质结构分类

完整蛋白的普通配方	适用于母乳不足的普通婴幼儿
部分水解配方	适用于有过敏风险的婴幼儿，预防过敏
深度水解配方	适用于治疗婴幼儿牛奶蛋白过敏引起的常见病症
氨基酸配方	适用于诊断和治疗牛奶蛋白过敏的婴幼儿

3. 根据配方分类

普通配方奶粉	长链脂肪配方	适用于普通婴幼儿
	全乳糖配方	
特殊配方奶粉	中 / 长链、部分乳糖配方	适用于肠道功能不良，比如慢性腹泻、肠道发育异常、肠道大手术后、早产儿等情况
	无乳糖配方	适用于急性腹泻，特别是轮状病毒性胃肠炎，以及先天性乳糖不耐受者

二、根据不同品牌

1. 看品牌

规模较大、产品质量和服务质量较好的知名企业，配方设计更为科学、合理，产品质量也有所保障。

2. 看成分

婴幼儿配方奶粉都在追求接近母乳，喂养效果接近母乳的奶粉必然是家长们的优先选择。但是还要看营养成分表中标明的营养成分是否齐全、天然。

是不是添加的营养成分含量越高就越好？是不是越是高科技合成的就越好？科大大就来跟大家盘点一下那些奶粉中常见的成分到底该如何挑选。

①天然乳脂

天然乳脂是存在于牛乳中重要且珍稀的营养元素，是一种结构脂，能帮助钙和脂肪的吸收，促进宝宝发育。而珍贵的乳磷脂和 OPO 类似结构脂则正是源于天然乳脂中。

OPO 类似结构脂中的"P"指的是棕榈酸，两端"O"则是油酸，OPO 表示棕榈酸结合在甘油三酯的中间位置，是一种结构脂。

在母乳中，有 70% ～ 75% 的棕榈酸是这种 OPO 结构。很多研究都证实，这种特定的 OPO 结构，对婴幼儿健康和生长发育有着全方位的积极作用，比如促进脂肪和钙吸收、减轻便秘、增强骨骼强度、促进肠道健康等。

需要注意的是，目前市面上含有 OPO 结构脂的奶粉分 2 种：

★人工合成的 OPO 结构脂：以棕榈油为原料，经过酶法脂交换技术进行结构重组合成。

★天然 OPO 类似结构脂：研究发现，牛奶的乳脂也含有 OPO 类似结构脂，从而尝试直接从鲜牛奶中获取。从牛奶中获取天然来源的 OPO，告别人工合成 OPO 阶段，进入天然来源的乳脂白金时代。

天然 OPO 类似结构脂无须化学键位转化，键位接近母乳中含有的 OPO 键位，更适应宝宝的肠道，能帮助脂质和钙质的消化吸收，与母乳喂养的天然状态更为相似，这是人工合成的 OPO 结构脂所不能比拟的。

②乳磷脂

天然乳磷脂被称为源乳中的"脑黄金"，天然的亲近源乳比例的乳磷脂，更能促进 DHA、AA 等关键营养素的吸收，宝宝吸收好，身体才会更好。

需要注意，天然乳磷脂源于全脂牛奶和稀奶油中，所以只有配料表中含有全脂牛奶或稀奶油，才说明奶粉中含有天然乳磷脂。

③乳铁蛋白

乳铁蛋白又叫乳运铁蛋白，是新生命初次获得免疫力保护的营养物质之一，初乳中最多，但随着哺乳时间的增长，会逐渐减少。

乳铁蛋白对新出生的宝宝的营养需求和生长发育极其重要，可以增加机体的抵抗力；参与铁的代谢，促进肠道中益生菌的生长，调节铁的传送；还能起到抗菌、抗病毒、调节免疫功能、抗氧化的作用。

当然，家长们在关注选择的奶粉中是否有添加乳铁蛋白的同时，还需要看看乳铁蛋白的添加量。添加量过少是起不到作用的。

乳铁蛋白含量对比	
成熟母乳（≥ 28 天的母乳）	牛乳
0.44 ～ 4.4 g/L	0.02 ～ 0.2 g/L

因为母乳中的乳铁蛋白含量远远高于牛乳中的含量，所以需要添加多少乳铁蛋白才是有效的呢？

我们建议，为非母乳喂养的婴儿选择配方奶粉时，可考虑选择乳铁蛋白含量最接近母乳中乳铁蛋白含量范围的产品。

　　另外，挑选奶粉的营养成分，不仅要看量，还要看质，保留乳铁蛋白的活性也是十分重要的。乳铁蛋白的活性是它发挥免疫保护作用的基础，加热会降低乳铁蛋白的功能，所以要看是否有特殊的工艺能保留它的活性。比如，市面上比较先进的冷喷工艺，能够更好地保留乳铁蛋白的活性，帮助降低感染风险，喂养效果更接近源乳。

不是所有的奶酪都有营养

问：牛奶、酸奶、奶酪，从营养值来看，哪个更高？

答：奶酪。

奶酪含有丰富的钙和蛋白质，特别有利于孩子的健康成长。但是，市面上奶酪种类繁多，不是所有奶酪都这么"优秀"。

有些奶酪其实是"假"的，不少家长因为不会挑选而"踩坑"。给孩子吃了这种"假"奶酪，不仅没营养，还会有健康隐患。所以，科大大就来教大家如何挑选、辨别奶酪。

一、别踩"假"奶酪的坑

奶酪的营养价值真的很丰富，但可气的是，有一种奶酪是假的，绝对不能给孩子吃。

这种假奶酪，一测便知。如果你手头正好有奶酪，可以随科大大做个小实验，测一测奶酪的真假。

1. "真假"奶酪

用火焰燃烧真假奶酪，看如下反应：

假奶酪：不容易融化，并发出"滋滋滋"的声音，表面逐渐发黑，并伴随刺鼻的味道，整片奶酪开始往下缩，但依旧没有融化。

真奶酪：迅速融化缩小，并伴有拉丝现象，表面不会发黑，也没有刺鼻的气味。

所以，在选购奶酪的时候，科大大提醒各位家长，一定要去正规超市，选购大品牌。还有一些商家把奶酪的价格定得非常低，这也是个"大坑"，千万别买。

2. 天然奶酪与再制奶酪

除了避免买到假奶酪，市面上的天然奶酪和再制奶酪该如何挑选，也大有讲究。科大大更加推荐给孩子选择天然奶酪。因为天然奶酪更有营养，风味更好，而且是纯牛奶制成的，1 kg 天然奶酪等于 10 kg 牛奶，营养价值也是很高的。

为什么不推荐再制奶酪？当然是因为它的营养价值并不高，还会包含很多添加剂，比如糖、色素、香精等。

科大大教大家如何通过配料表就可以轻松地区分出天然奶酪和再制奶酪。

天然奶酪的配料成分一般都比较简单，配料表里第一位是牛奶，后面通常是发酵菌或者凝乳霉菌、盐等成分。

再制奶酪的配料表一般都很长，配料表的成分排在第一位的往往是水或者奶油，奶酪或者干酪占比并不多，后面还有糖、奶粉、增稠剂、色素、香精等成分。所以在购买奶酪的时候，务必看准配料表，成分越简单干净的越好。

会挑选、会辨别奶酪之后，接下来就该讲讲怎么吃了。

二、吃奶酪的 3 大注意事项

1. 多大的宝宝可以吃奶酪？

宝宝在添加辅食后，吃过原味酸奶不过敏，那 9 个月就可以添加少量奶酪了。

但需要注意的是：1 岁以下婴儿每周食用不要超过 4 次，每次摄入不要超过 5 g；1 岁以上幼儿每日摄入不要超过 10 g。

前面我们说到过，不建议孩子食用过多含盐食品，而奶酪里钠的含量不可小觑。所以，家长在选购的时候必须注意奶酪的钙钠比。科大大建议大家购买钙钠比大于 3 的产品，并且不要给孩子吃太多。

天然奶酪中的大孔奶酪，钙钠比通常可以达到 3 以上，其他的天然奶酪的钙钠比一般在 1 左右。

再制奶酪可就不同了。叫什么名字的都有，差距也是天壤之别。所以家长在挑选再制奶酪的时候，可以选择钙钠比超过 1 的产品，但建议只作为小零食来吃，补钙还是得靠牛奶或者天然奶酪。

另外，大家还需要注意产品的营养成分表里碳水化合物的含量，尽量选择碳水化合物偏低的产品。尤其在儿童奶酪棒这类产品中，过高的碳水化合物往往也意味着添加了过多的糖。

科大大着重提醒，大部分商家在统计营养成分的时候都会以 100 g 作为标准统计。但有的商家，就会要点"小心机"。例如，以 28 g 作为统计标准，从而模糊成分含量。所以一定要换算清楚。

2. 儿童奶酪棒可以每天都吃吗？

主要根据孩子每天补充乳制品的量来决定。

对于喜欢乳制品的孩子，儿童奶酪棒可以作为相对有些营养价值的零食来吃；而对于不太喜欢喝普通牛奶的孩子，儿童奶酪棒也可以作为一种摄入乳制品的替代方案。

但因为奶酪棒大多添加了乳矿物盐，所以只适合 3 岁以上的宝宝食用。科大大认为只要控制好量，奶酪棒可以成为孩子替代糖果的不错选择。

3. 奶酪含钙高，能完全替代宝宝喝奶吗？

不能。因为奶酪中饱和脂肪酸含量高，宝宝吃多了奶酪，脂肪摄入过多，可能会带来肥胖的问题。

另外，我们选择奶酪时，一定要选择带有"巴氏杀菌"字样的奶酪。由于宝宝的肠胃发育系统不成熟，如果选择未经过巴氏消毒的牛奶、生牛乳，很容易引起食物中毒和消化不良。

4. 怎么制作天然奶酪，宝宝更容易接受？

科大大化身"厨神"，送给大家一份菜单。

1. 奶酪南瓜粥

食材准备：南瓜 100 g、奶酪适量、牛奶适量。

做法：

①南瓜去皮、去籽，切成小块，放在水中煮开，然后转小火炖煮至软烂后盛出，用小勺碾成泥。

②锅中放入奶酪加热，使其慢慢融化，放入南瓜泥炒匀，然后倒入牛奶，等到汤浓汁甜后即可出锅。

吃的时候可以撒一些奶酪粉和炒熟的黑芝麻调味。

2. 芝士鸡蛋卷

食材准备：鸡蛋 2 个、芝士 2 片，黑芝麻、油、糖、葱花适量。

做法：

①鸡蛋打散，调入少许糖，倒入少许葱花。

②平底锅烧热，舀入一小勺鸡蛋液，蛋液凝固后放入芝士片，用铲子卷起来，然后推到锅的一端。

③小火，再舀入一勺蛋液，撒入少许芝麻，蛋液凝固但还未熟透时开始卷，用筷子从一头卷到另一头。

④继续保持小火，舀入蛋液，重复之前的动作，直至卷到喜欢的蛋卷厚度。

孩子最爱的 5 大"危险零食"

关于吃零食这事，可以说"你的童年、我的童年，真的都一样"。现在养孩子了，也依然要死守零食这道关。

不过，各位家长也不必谈零食色变，中国首个儿童零食标准已经开始实施，给孩子吃的零食又添了一道保障。

依据这个标准，科大大就教大家如何打赢"挑零食"这场通关局。

一、初级关卡：死守 5 大硬标准

想要选好零食，一定要牢记标准。儿童零食和常规零食不同，它结合 3 ～ 12 岁孩子身体发育的特点，有专属的标准。

1. 少盐、少糖

家长们在给孩子挑零食的时候一定不能忘的一个原则就是：拒绝重口味，高钠零食容易造成肾脏负担，养出喜好重口味的宝宝。

挑选硬标准：每 100 g 中钠含量低于 100 mg 的零食才适合宝宝，如果每 100 g 零食中的钠含量超过 600 mg，就属于高钠零食，坚决不能给孩子吃。

接下来，高糖零食的罪行也有必要"公示"：增加患龋齿和肥胖的风险，增加 Ⅱ 型糖尿病、心血管疾病的风险。

挑选硬标准：选购时一定要认真查看配料表中的蔗糖、白砂糖、麦芽糖、浓缩果汁、葡萄糖等成分，如果配料表前三位里有这些，多半是高糖零食，要少给宝宝吃，最好不吃。

2. 不能含有反式脂肪酸

脂肪摄入过多，容易导致孩子肥胖，然而反式脂肪酸同样要警惕，会增加患心血管疾病的风险。据世界卫生组织的统计，每年有超过 50 万人因摄入反式脂肪酸而死于心血管疾病。

挑选硬标准：认不出反式脂肪酸不要紧，看到零食包装上有植物奶油、植物黄油、人造奶油、人造黄油、起酥油、植脂末、植物奶精、代可可脂、氢化植物油等成分，果断拒绝。

3. 不能有防腐剂、人工色素、甜味剂

这类食品添加剂会降低宝宝免疫力，过量摄入人工色素还会影响锌的吸收。

挑选硬标准：配料表越简单越好，纯天然成分越多越好。如果配料表中排名靠前的是色素、甜味剂等各种添加剂，别犹豫，立刻放弃。

4. 零食不能崩到小牙

这条标准可能听起来问题不大，但绝对轻视不得。宝宝牙齿脆弱，有些零食有损伤牙齿的风险。

挑选硬标准：吃的零食形态尽量不要尖锐、突出，口感不能硬到崩牙。另外，坚果类食物的呛噎问题也要重视，以免导致卡喉、窒息等严重问题。零食外包装的设计也要考虑进去，包装可能会对宝宝造成割伤、划伤的零食要慎重选择。

5. 规避含有宝宝过敏原的零食

误食可致敏零食，宝宝就要遭大罪了。尤其是一些坚果类、奶制品类，更要警惕。如果孩子有过敏史或有明确的过敏原，在给孩子选择零食时一定要看看是否有致敏成分。

二、中级关卡：识破"披着羊皮"的零食

你以为掌握了以上基础知识就能放心选择了？没那么简单，还有一些"披着羊皮"的零食，趁你不备，进了孩子的小嘴。赶紧跟科大大一起把它们揪出来。

1. 乳饮料

你以为 ×× 奶、×× 钙奶等带个"奶"字就是真的牛奶了吗？其实不是的，这些只是乳饮料。只有蛋白质含量 ≥ 2.9 mg/100 g 的才是真奶。这些乳饮料不仅营养价值低，而且高糖，尽量别让孩子爱上这种甜甜的口感。

2. 果脯蜜饯

虽然果脯蜜饯的原材料是水果，但在加工过程中大量营养元素被破坏，而且为了口感好，少不了额外加糖。还有传说中能治小病的黄桃罐头，这类水果罐头同样是营养价值低且糖分高，与其给孩子吃这些，不如直接吃水果。

3. 糕点

各种派、饼干、小蛋糕，应该是家里的"常客"了，毕竟口感香甜还能充饥，给孩子作为加餐吃也很方便。快停住！这类食物中，糖、脂肪、反式脂肪酸样样不少，偶尔给孩子尝一点儿稍微能接受，但绝不能常吃。

但问题来了，宝宝要是那么听话，就不是宝宝了。

孩子那控制不住拿零食的小手，该怎么办？

三、终极关卡：管住孩子拿零食的小手

世界卫生组织建议，大于 1 岁的孩子每天 3 ～ 4 餐，根据孩子需求还可以在两餐之间增加 1 ～ 2 次零食。这充分说明孩子吃零食也是无可厚非的，但要有度。

小朋友抵挡不住零食的诱惑，就需要家长来正确引导，把控好度。

1. 控制每天吃零食的总量

要让宝宝有个概念，每天能吃多少零食，比如 1 包或半包。养成了习惯，就不会再去想着多吃了。

2. 不能影响正餐

宝宝所需的营养来源主要依赖于正餐，零食不能影响、更不能代替正餐。要和宝宝约定，饭前不可以吃零食。

3. 睡前不能吃

睡前吃零食会加重宝宝肠胃负担，影响睡眠质量。而且晚上吃完零食睡

觉，也容易出现蛀牙。最好不要在卧室里放零食，让宝宝躺在床上准备入睡时"眼不见、心不想"。

4. 别拿零食当奖励

用零食鼓励宝宝或一哭闹就拿零食哄的行为，一定要杜绝。长此以往，宝宝就知道如何能获得零食，并使其成为"惯用手段"。另外如果宝宝闹着要零食，不给不罢休，可以试试转移注意力，用玩具吸引或是带宝宝出去玩。

没有零食的童年是不完整的，我们不能剥夺孩子吃零食的权利。我们能做的就是给孩子提供健康的零食，让他们吃得健康且快乐。

给孩子选礼物，一定不能买这 3 件

每逢节日，最开心的莫过于孩子了，不仅有爸妈陪伴，礼物也是收个不停。

不过，在选购玩具的时候，科大大发现不少热销的"网红玩具"，都暗藏危机，甚至有些塑料材质的玩具，其中塑化剂不合格，还会引起儿童性早熟。

守护孩子安全健康的科大大，必须赶紧给家长们提个醒。

一、新晋"网黑"玩具大盘点

1. 平衡车

科大大每次在小区遛弯儿，都能看到踩着各种平衡车的孩子在身边窜来窜去。10 个孩子 9 个踩着平衡车，仿佛成了"遛娃标配"。

平衡车"惨案"，近年来也是层出不穷。仔细观察一下就会发现，虽然很多购物平台上标注了平衡车的最低使用年龄是 8 岁。但很多五六岁甚至三四岁的小朋友都在玩，而且有些没有使用护膝、头盔等安全用具，既高估了孩子的掌控力，也低估了平衡车的危险性。

2. 巴克球、磁力球

号称"开发智力、提升动手能力"的巴克球，因为外形可爱、吸力足、能拼出各种造型，成为很多孩子的心头好。但是这种玩具只适合 14 岁以上的青少年，小宝宝玩很容易造成误食、误吞。

3. 尖叫鸡

尖叫鸡这两年可以算是热门玩具了。超市、商场、潮玩店……哪儿都少不了它的存在。很多家长看着孩子喜欢，毫不犹豫地掏钱买。先不说这个塑料质量如何，光是这个声音，别说孩子了，就是家长有时候也会被吓到。孩子听力还未发育完全，一些发声玩具的噪声极有可能成为损伤听力的潜在隐患。要知道，反复多次噪声或强噪声，可能会对孩子听力造成永久性损伤，甚至导致全聋。

以拨浪鼓、铃铛这类近耳玩具为例，我国相关标准要求平均声级不超过65分贝。但从医学角度看，不超过60分贝能更好地保护孩子的听力。

家长在选购玩具时，要尽可能购买有听力损害提醒标识的近耳玩具。

二、2 大原则挑玩具

这几类玩具，不要买：

①零件容易脱落或小零件易拆卸的玩具，存在误食、误吞风险。

②加压弹射类玩具，如手枪、弹弓、飞镖等，容易误伤他人。

③刺激眼睛的光电类玩具，激光笔、闪光气球、闪光手表等。

④假冒伪劣玩具，材质差、没有安全标识和使用说明书。

⑤带有长且细的绳索和弹性绳的玩具，可能会缠绕形成活套或固定环，进而发生危险。

⑥遮蔽不严的带齿轮、链条等传动机构的玩具，容易夹伤手。

那么问题来了，玩具怎么挑，才能既安全又合孩子的心意？科大大总结了 2 大原则，照着买准没错。

1. 符合孩子年龄

玩具挑好了，对孩子的视觉、听觉、触觉等感官发展，以及动作、语言、思维等方面大有好处。

0～6 岁宝宝玩具推荐		
年龄	玩具推荐	玩具作用
0～2 个月	黑白卡、彩色卡；摇铃、床铃等悬挂玩具	促进视觉、听觉发育；安抚宝宝情绪

0～6岁宝宝玩具推荐		
年龄	玩具推荐	玩具作用
3～6个月	抓握摇铃、发声的橡胶玩具、磨牙棒、不倒翁	锻炼手部精细动作、满足好奇心
7～9个月	多功能游戏桌、布娃娃、纸板书、软球、小汽车等可走动的小玩具	培养四肢活动能力
10～12个月	不同质地的球、软积木、游戏拼图、玩具电话	激励宝宝走路、培养语言能力
1～2岁	推拉玩具、滑梯、可摇动的木马、游戏绘本、简单的积木	促进思维感知的发展
2～3岁	小排球、叠杯、画板、折纸	增强运动能力、开发想象力
3～6岁	扮演、模拟过家家的社会性玩具、组装玩具，如比较复杂的积木、各种有意思的绘本	培养社交、语言、思维逻辑能力

2. 望闻问摸拉，一个都不能少

知道了挑什么，怎么挑也至关重要。

①望。

产品合格证、生产厂家。外包装有 3C 或 CE 标识，才是符合国家安全标准的玩具。

②闻。

玩具有无异味或刺激性气味。

③问。

适用年龄及使用方法、禁忌。

④摸。

中国新国标（GB6675-2104）对应 3C 认证

欧盟的 EN71 标准对应 CE 认证

美国的 ASTMF963 标准对应 ASTM 认证

日本的 ST 标准对应 ST 认证

触摸玩具表面及可伸入玩具的缝隙、孔洞，是否平滑，有无毛刺及尖端。

⑤拉。

毛绒玩具小零件，如纽扣、动物眼睛，以及玩具上的固定配件，用手拉几下，看是否松动。

三、如何有效地陪孩子玩玩具?

好的玩具，是孩子最好的玩伴。爸妈学会陪玩，也是养娃路上的必修课。

美国《发育与精神病理学》杂志上的一项研究显示，父母经常与孩子玩耍和交流，有利于孩子的心理健康，能降低他们患人格障碍的风险。

不过，陪孩子玩玩具，也是有智慧的。

1. 态度要端正

家长要明白，自己只是陪玩者。

我们作为一个有独立思想的成年人，很多时候确实不知道应该怎么陪孩子玩玩具。看着孩子出错，急；孩子没按自己的想法玩，急；孩子对玩具三分钟热度，急。

换个角度想想，不妨你来当一次学生，让孩子带你玩?

以搭积木为例，并不是为了让孩子搭出一个多么完美的作品，而是让孩子在玩的过程中发挥想象力，学习解决问题。所以，把孩子当成游戏的主体，自己当玩伴，给他更多的专注和耐心。

2. 孩子专心致志的时候，不打扰

不管玩法是否合理，当孩子专心玩玩具的时候，都应该不打扰、耐心地欣赏。当孩子求助，或察觉到孩子已经产生烦躁情绪时，再适时给些建议。

3. 肯定、鼓励，及时回应和引导

当孩子向我们展示自己的"劳动成果"时，及时积极地给予回应，并且可以引导宝宝说出自己的想法。

最后，科大大想提醒一下，家中买的各种玩具一定要根据其材质，选择适当的消毒方法定期消毒。

驱蚊产品，必看 4 种成分

夏天快到了，又到了和蚊子 "battle" 的季节。蚊子专爱叮细皮嫩肉的宝宝，别看它们体积小，在叮咬过程中还会传播乙型脑炎、登革热、疟疾、寨卡病毒等严重疾病。

为了给孩子驱蚊防蚊，家长们使出了浑身解数，花露水、驱蚊手环……这些 "驱蚊神器" 真的有用吗？怎么给孩子有效防蚊？科大大这就奉上 "夏季驱蚊指南"。

一、喷花露水 = 喷农药？错

说到防蚊，家长最常用的就是花露水，但关于花露水的安全性，却存在不少争议：有人说喷花露水就是喷农药，千万不能给孩子用；也有人说花露水防蚊最管用，没什么问题。

由于花露水上标着 "农药批准文号"，不少人误认为喷花露水就是在喷农药。但事实上，我国驱蚊液均归农业部监管，产品上自然会标有农药批准文号。而且，驱蚊花露水中的避蚊胺（DEET）成分，用于驱蚊已经有将近 60 年的历史，安全性和有效性都经得起考验。

花露水真正的安全隐患，在于大多含有酒精、薄荷醇、冰片……容易引起宝宝皮肤过敏，而且高浓度的酒精存在易燃、易爆风险。

因此，科大大不建议给孩子用花露水，如果一定要用，这 3 大标准一个都不能少。

1. 看年龄

3 岁以下的孩子不宜使用。

2. 看三证

产品包装上需要有农业部颁发的"农药登记证号""产品质量标准号""农药生产许可证号"。

3. 看成分含量

尽量选择避蚊胺含量 < 10% 的产品。

二、挑选有效驱蚊产品，认准 4 种成分

除花露水外，三款驱蚊界"网红产品"，科大大同样不推荐。

1. 驱蚊手环、驱蚊贴等

市面上的驱蚊手环、驱蚊贴、驱蚊扣……主要成分大多是香茅、薰衣草、丁香等天然植物精油。

植物精油本身易挥发，辐射范围小，持续的时间很短，没几个小时就失效了，除非贴很多。此外，有些海淘的驱蚊产品成分复杂，安全性也得不到保证。

2. 盘状蚊香

老式的盘状蚊香尽量不要使用，浓浓的烟雾很容易引起宝宝呼吸道不适。与盘状蚊香相比，科大大更推荐电蚊香，但须放置在空气流通、离孩子远一些的地方。

3. 风油精、清凉油

风油精、清凉油里都含有薄荷脑和樟脑，会影响孩子的神经系统，同样不建议给孩子使用。

那靠谱的驱蚊产品到底怎么选呢？看成分。

如何根据成分选择儿童驱蚊产品？	
DEET（又称避蚊胺）	适用于 2 个月以上的宝宝 5% ~ 10% 浓度可驱蚊 1 ~ 3 小时；20% 浓度可驱蚊 4 ~ 5 小时；30% 浓度可驱蚊 6 小时 儿童使用浓度最高不得超过 30%

如何根据成分选择儿童驱蚊产品？	
埃卡瑞丁	适用于 1 岁以上的宝宝 10% 浓度可驱蚊 5 小时；20% 浓度可驱蚊 7 小时 儿童使用浓度最高不得超过 20%
驱蚊酯	适用于 2 个月以上的宝宝 短效驱蚊剂，7.5% 浓度可驱蚊 10 ～ 60 分钟
柠檬桉叶油	适用于 3 岁以上的宝宝 30% ～ 40% 浓度可驱蚊 6 小时

不过，在使用上要注意：

①在有效时间内，浓度越低越好，家长可以根据需要防蚊的时间，选择不同浓度的产品。

②初次使用时，先小范围涂抹在宝宝手背，观察是否过敏。

③使用喷 / 涂类的驱蚊产品，应先喷在大人手上，再涂抹到宝宝手上，避免接触孩子的嘴巴、眼睛、耳周和伤口。

④外出回到家，要立即清洗掉孩子身上的驱蚊液。

三、这个年龄以下，首推物理防蚊

2 个月以下的宝宝，皮肤娇嫩，代谢功能较弱，不建议用驱蚊液等化学防蚊方法，科大大更推荐物理防蚊。事实上，2 个月以上的宝宝，科大大也首推物理防蚊，更安全有效。

居家、在外时采用以下方法，可避免 90% 的蚊子"找上"孩子。

1.4 招搞定居家防蚊

①定期家庭清洁。

蚊子喜欢水，家长平时要特别检查家里易积水的地方：地漏、下水道、鱼缸、花盆底下的接水盘、喝完的易拉罐等，都要及时清理。

②关紧门窗。

夏天蚊子猖獗，最好给家里装上密封性好的纱窗，并随手关窗，防止蚊子进入室内。

③使用蚊帐。

用蚊帐时一定要把四周压住，千万别把蚊子关在蚊帐里。

④勤洗澡。

很多妈妈都存在一个误区，以为 O 型血的孩子最爱招蚊子叮咬。但实际上，孩子招蚊子叮咬和血型并没什么关联，蚊子真正喜欢叮咬的是体温高、出汗多的孩子。因此，夏天及时给宝宝擦干汗液，勤洗澡、勤换衣、保持皮肤清洁很重要。

科大大提示，紫外线灭蚊灯、调味料、洋葱、大蒜、生姜、艾草、橘子皮、薄荷……都不能防蚊。

2.2 招搞定外出防蚊

①少去蚊虫多的地方。

夏天尽量选择凉快的时间段出行，少带宝宝去容易滋生蚊虫的地方，如草丛、树林、水池边等。出门前记得带把扇子。

②给孩子穿浅色衣物。

带宝宝去室外游玩时，尽量穿上浅色、光滑、带衣领、紧口的长衣长裤，这些衣物可以让蚊子没有藏身之地和落脚点。

3. 处理方法

如果宝宝真被蚊子叮咬了，家长又该怎么处理呢？

一般来说，如果是简单的叮咬，用肥皂水清洗，少抓挠、不刺激叮咬部位就可以。如有其他症状，可参考以下处理方法：

①局部红肿、瘙痒。

取毛巾包冰块，或把湿毛巾放入冰箱冻冷后敷在叮咬部位，每 2～3 小时敷一次；如果用冷水冲洗，不要将肿包弄破。

事实上，大部分肿包会在几天内消退。

②持续红肿、瘙痒。

冷敷无效，持续红肿和瘙痒时，可以局部涂抹薄荷膏或炉甘石洗剂进行止痒。

③叮咬处破溃。

如果叮咬的局部被抓破，可使用少许抗生素软膏，如莫匹罗星软膏或红霉素软膏。待渗出液止住时，再涂抹炉甘石洗剂。

宝宝被蚊子叮咬后，如果出现发热、头痛、破溃处持续红肿并瘙痒的情况，应及时就医。

"护娃神器"成"杀手"

科大大看到过一则关于"床护栏"的新闻，一岁女童睡醒后在床上玩耍时突发意外，卡在了床护栏和床铺缝隙之间。幸亏家长发现及时，紧急送往医院，才避免了一场悲剧。

为了让宝宝不掉下床，很多家长会在床的四周安上床护栏。但没想到，这却成了"宝宝杀手"。更让人没想到的是，2019年，上海市市场监管部门抽查45批2～5岁儿童适用床护栏，结果显示合格率几乎为零。

既然床护栏危险系数如此之高，不用床护栏还能用什么？科大大就带大家探索"床护栏"不为人知的真相。

一、床护栏，真正的"夺命杀手"

早在2007年，权威学术刊物《儿科学杂志》就分析过27例因为床护栏导致孩子死亡的事故。

2018年到2019年5月，近80万件儿童床护栏被召回。

这一个个数字，触目惊心，守护孩子的"安全栏"，转眼变成了"夺命栏"。从"护娃神器"到"夺命利器"，它到底藏着哪些严重的安全隐患呢？

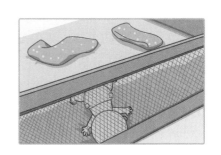

1.窒息风险

如果床护栏与床垫尺寸不符、床护

栏支架离床沿间隙过大，围布太薄、太松垮，都会导致床护栏与床之间存在较大缝隙。

当儿童在活动或睡眠时，滚入这种间隙中，由于他们缺乏活动技巧和力量，无法扭头或支撑起身体摆脱，就会导致窒息，甚至死亡。

家长为了防止宝宝卡住手脚、撞伤、跌落和保暖，在婴儿床上安装厚厚的、蓬松的、填充了棉花的防护垫，这种做法是非常不可取的。如果宝宝在睡眠过程中换成趴卧睡姿，很容易被防护垫堵住脸部，造成窒息，甚至死亡。

2. 夹伤风险

护栏与床垫、相邻护栏之间，都存在夹伤儿童的孔、开口和间隙等安全隐患。

孩子在床上翻滚玩耍时，把四肢、手指、头颈或躯干伸入两护栏之间的接缝处，很可能被夹伤，甚至导致骨折。如果宝宝会扶着护栏站起来或走路，一旦脚踩空在护栏与床垫之间，还容易造成关节扭伤或骨折。

3. 跌落风险

当孩子学会站立后，在扶着床护栏玩耍时，很可能翻出护栏摔到地面上。

床护栏没有你想象中那么结实。宝宝在倚靠、爬扶或冲撞时，容易造成围布变形、护栏折断等，导致宝宝从护栏上跌落。

小心翼翼地试探

如果使用床护栏，必须保证床缘、床护栏高于床垫至少 35 cm，婴儿床缘的栅栏间距小于 8 cm。

但美国儿科学会（AAP）在 2015 年公开声明，不应在婴儿床上使用防护垫，并建议在全美范围内叫停这种产品。美国床栏标准强调，2 岁以下的儿童禁止使用；英国床栏标准则强调，18 个月以下儿童禁止使用。目前国内对于此类产品没有统一的安全标准，导致不少商家有"空"可钻，产品没有经过严格的质量测试，就流入市场销售。

再让我们看看下面这则新闻，8 个月女婴的头被床护栏缝隙卡住，窒息身亡。家长认为是产品有问题，而商家却表示，要么是没把护栏安装好，要么是家长看管不严。

这样的产品，能安心购买吗？能放心给宝宝用吗？所以，准备入手"床护栏"的家长们，快住手。

床护栏不让用，相信不少家长也很头疼，毕竟家中有个"大魔王"，有什么能替代它守护宝宝的安全呢？

二、1 个工具 +4 个方法，守护孩子床上安全

对于既费钱，又鸡肋，还不安全的床护栏，"护娃狂魔"科大大是绝对不建议家长们使用了。但家长也不能 24 小时不离开孩子，科大大为大家挑选了一件更安全的"工具"来守护宝宝安全。

这种蒙古包安装简单，方便进出，搭在床上也相当牢固，既能防止宝宝掉下床，又能在夏天防蚊，简直是一举多得。但重中之重，还是要选择质量有保障的安全产品。

除了利用这些"工具"来守护宝宝的安全，家长在保护孩子安全这条路上，更是不能缺席。

1. 提高防范意识，不要存在侥幸心理

保证孩子始终在我们的视线之内。孩子在休息或玩耍过程中，至少隔几分钟就看一下孩子的情况；更不要因为孩子在熟睡中，就将孩子独自留在家里。

2. 提前阻隔坠床后风险

家长可在放置床的地面周围铺上厚海绵垫、厚毛毯、防坠床地垫等具有缓冲作用的物品。但不要在婴儿床上使用防撞护垫或毛绒物品，这些物品不仅会让宝宝利用它们攀爬出婴儿床，还可能存在堵住婴儿口鼻、引起窒息的风险。

3. 将宝宝放在有围栏的平地上

如果妈妈们一个人在家，需要做家务、无法寸步不离，可以将宝宝放在爬行垫上玩耍，但注意要在爬行垫四周放置围栏。这样可以预防高度差带来的伤害，也可以防止家中的桌角、玻璃器皿、电源插座、热水瓶等物品伤害到宝宝。

如果宝宝实在很黏人，可以把他放在婴儿车内，并系好安全带，放在自己的视线之内。

4. 正确引导宝宝下床

家长在给宝宝购买小床时，最好选择低床或者分高、中、低三个床板高度的婴儿床。并在宝宝学会爬后，亲身示范，引导宝宝模仿，教会宝宝正确的下床姿势，比如后退爬行式下床。

8款"毒凉席"，甲醛超标

炎炎夏日，又到了给孩子买凉席的季节。可市场上的凉席"鱼龙混杂"，一不小心，就会买到不合格的"毒凉席"。

那么，要怎么做才能避免买到劣质凉席？什么材质才是适合宝宝的？又该怎么保证孩子不得"凉席病"呢？

这一篇，科大大就仔细跟大家说说有关凉席的那些事儿。

一、优质凉席怎么挑？

1. 看

首先，要看凉席的做工如何，颜色是否均匀；其次，是看席面上有没有斑点、虫孔、发霉的痕迹等；最后，也是最重要的，要看标签上的安全类别，凉席是直接接触宝宝皮肤的，所以优先选择 A 类产品。

2. 闻

如果凉席闻起来有腐朽发霉的刺鼻异味，说明凉席可能含有甲醛等有害物质，不宜购买。

3. 摸

感受下凉席表面是否平整光滑，有没有毛刺。孩子的皮肤娇嫩，如果凉席粗糙，孩子在爬行玩耍的时候容易被划伤。

只要掌握了这 3 个小技巧，家长们就一定能选到适合的优质凉席。

因为凉席直接接触宝宝的皮肤，所以除了以上的基础安全问题，凉席的材质也很重要。过于粗糙或者坚硬的凉席，不适合孩子使用。

那么什么材质才是好的呢？总不能每一种都买来试试吧？别急，科大大都为大家准备好了。

二、10 种材质大测评，哪种适合孩子？

为了帮助家长们了解不同材质之间的优缺点。科大大将市面上比较火的 10 种材质，逐一进行了对比，并整理成了图表。哪种凉席适合孩子？一目了然。

类型	优点	缺点	推荐指数
亚麻凉席	透气性、吸湿性好，体感温和、舒适，散热更持久	/	☆☆☆☆☆
冰丝凉席	表面细腻光滑，透气性好。凉而不冰，适合空调房使用	/	☆☆☆☆☆
竹纤维凉席	质地柔韧，透气功能、吸水性好，可抗菌防臭	天气炎热时，凉爽度不够	☆☆☆☆
藤席	材质软硬适中，凉爽耐用	人造藤散热效果不好，手感粗糙	☆☆
牛皮凉席	透气、散热、吸汗、防潮、搭配空调使用凉爽	价格高，真假难辨	☆☆
苎麻凉席	透气性好，凉感适中	触感粗糙，打理不当易发霉、变形	不推荐
凝胶凉席	凉爽度高，容易清洗	凉爽度过高，可能引起不适	不推荐
麻将块凉席	表面光滑，易于擦洗，不易滋生细菌	质地较硬，块状连接处较多，易积灰，也容易夹到孩子的手	不推荐
草席	质地柔软，易清洗，好收纳	储存不好易损坏，容易滋生螨虫	不推荐
竹片凉席	价格便宜，耐用，体感清凉，一般不易过敏	细微处可能出现竹子的毛刺，孩子用手抠的话，可能会扎到手	不推荐

相信大家看到这里，心中已经有了选择。接下来咱们再来说说怎么用。

不少家长可能要说了，凉席铺上不就行了，还用教怎么用？错！这里面可大有学问。

三、远离"凉席病"

很多家长不敢给孩子用凉席，就是担心孩子得"凉席病"。其实，"凉席病"并不是真正意义上的疾病，也没想象中那么可怕。它是由于没有选对适合宝宝的凉席造成的，具体表现为过敏、起丘疹（凉席不干净，螨虫叮咬）、划伤（凉席表面有毛刺）等。

只要家长按照上文的标准挑选凉席，并注意下面这 3 点，就能让孩子彻底远离"凉席病"。

1. 彻底清洁

无论新旧凉席，使用前都应彻底清洁，并进行晾晒。除日常被污染后的清洗外，最好每天都擦一遍，每周在太阳下晾晒。定期清洁，避免细菌滋生。

2. 定期更换

由于凉席材质特殊，可能存在过敏或划伤的情况，所以使用凉席时要每天观察宝宝的皮肤是否有异常。一旦发现有发红、肿胀、瘙痒、疼痛等疑似过敏症状时，及时更换凉席。

3. 控制室温

宝宝睡凉席时，室温不要太低，空调以 26 ℃为宜，且不要长时间开着，注意间歇式开窗通风。

如果发觉室内气温较低，及时给宝宝撤掉凉席。同时注意在孩子的肚子上盖个小毛巾，避免着凉腹泻。

凉席是降暑神器，宝宝使用没问题。但是宝宝身体娇嫩，家长们购买和使用凉席时还是要细心。希望每个家长和孩子都能舒舒服服过夏天。

多款儿童防晒含刺激性化学剂

法国《费加罗报》曾指出：3 岁以前晒伤一次，成年后患皮肤癌的风险就会翻倍。

在我国，每年确诊的 80 000 例皮肤癌患者中，70% 与过度暴露于紫外线辐射有关。正所谓：小时不防晒，长大倍伤害。而且儿童的皮肤比成人更加娇嫩，角质层更薄，屏障功能更弱。

一旦晒伤，不仅会出现红斑、水肿、脱皮，严重者还会有发热和打寒战的症状。所以家长们但凡出门，一定要给孩子做好防晒措施。

具体该怎么做？不同年龄层的宝宝，防晒措施可以参考如下。

1. 6 月龄以内的宝宝

以硬遮挡为主，如防晒帽、遮阳伞等。

2. 6 个月到 2 岁的宝宝

推荐使用物理防晒霜，但仍应以外部遮挡防晒为主。抹防晒霜时，不要抹在眼睛周围的皮肤上。

3. 2 岁以上的宝宝

这个年龄的宝宝可以正常使用防晒霜，外部遮挡防晒和防晒霜双管齐下。

接下来，科大大主要跟大家说说，儿童防晒霜怎么选？又该如何用？

一、儿童防晒霜不一定安全

家长们都知道大人的防晒霜是不能给孩子用的，所以在买防晒霜的时候，一般都会挑儿童防晒霜。但是，只要瓶身上写了"儿童防晒"，就一定是安全的吗？

不一定。曾有新闻报道，某款儿童版防晒霜写着"儿童专用"，却添加了3种化学防晒剂，其中还有孕妇慎用的化学防晒剂。所以，千万不能把"儿童专用"作为挑选防晒霜的唯一标准。

想要为孩子挑选健康、安全的防晒霜，一定要遵守以下几个原则。

1. 选择含有氧化锌等成分的物理防晒产品

宝宝用的防晒霜根据防晒剂的防晒原理分为两类：物理性防晒霜和化学性防晒霜。

对比	化学防晒霜	物理防晒霜
成分	氨基苯酸钾、苯酮类等化学物质	氧化锌和二氧化钛
作用原理	通过吸收紫外线的形式起到防晒的作用	阻挡、反射或散射到达皮肤的紫外线
特点	易推开、透明度高、容易吸收	膏体厚重、发白、不易推开
安全性	会被皮肤吸收，有一定的刺激性	正确使用无刺激

通过对比，我们可以得出结论，含有氧化锌、二氧化钛的物理性防晒霜，更为安全。

2. 选择合适的防晒指数（SPF、PA）

① SPF

SPF 值是对抗 UVB、防晒黑的日光防护系数，一般分为 SPF15、SPF30、SPF50。理论上 SPF 值越大，能预防 UVB 的时间越长。但从临床检测试验来看，SPF50 的防晒程度，仅仅比 SPF30 的防晒程度高 1%。但 SPF50 的防晒剂浓度几乎比 SPF30 的高了一倍，而且刺激性和不舒适性也大大增加。

SPF15	阻挡 93% 的 UVB
SPF30	阻挡 97% 的 UVB
SPF50	阻挡 98% 的 UVB

所以，防晒霜的防晒指数只要达到 SPF30 就足够了。没必要为了多出 1%
的防晒程度，增加宝宝皮肤受到刺激的风险。

②PA

PA 指的是对抗长波紫外线（UVA）、防晒伤的能力，用"+"号表示，建
议选择两个"+"以上的防晒产品。

综上所述，SPF30，PA+++ 的防晒霜更适合宝宝。

注意，婴儿用防晒霜需要根据防晒指数和是否引起过敏来选择，一旦确
定品牌，不建议总是更换，最好"从一而终"。

3. 认准"Broad-spectrum（广谱）"字样

我们做防晒主要是为了防止短波紫外线（UVB）和长波紫外线（UVA）
的照射，而广谱防晒霜可以同时做到。

家长们需要注意的是，如果在防晒霜的包装上看到二苯甲酮（Oxybenzone）、
维生素 A 棕榈酸酯（Retinyl palmitate）的字样，千万不要选。

二苯甲酮会渗透皮肤，引发过敏反应；维生素 A 棕榈酸酯在阳光下会加
速皮肤病变和肿瘤的产生，所以坚决不能给宝宝涂。

4. 尽量不要选喷雾式防晒

喷雾式防晒存在被吸入肺中的风险，也可能会刺激到宝宝的眼睛。如果
一定要用，家长切记先喷在自己手上，再擦到宝宝脸上和身上。使用过程中，
自己和宝宝都要尽量屏住呼吸，避免吸入。

防晒工作很重要，给孩子挑防晒霜一样不能轻视。在购买之前，大家一
定要按照以上 4 大原则，逐一进行筛选。虽然麻烦，但是为了孩子的安全，
一切都是值得的。

防晒霜挑好了，接下来咱们就讲讲防晒霜应该怎么抹？

二、3 个步骤抹防晒霜

1. 孩子是否过敏

宝宝的皮肤结构还没有发育完全，非常容易发生过敏。在给宝宝使用防
晒霜前，可以取少量抹在宝宝的耳后或者手腕部位。24 小时之后，观察宝宝

的皮肤是否有红肿、瘙痒、水疱等疑似过敏的情况，确定没问题再使用。

2. 量要够

防晒霜的量不够，会影响防晒效果。一个 3 岁宝宝脸部所需防晒霜的量大约为一枚 1 元硬币大小，全身用量大约 15 mL。

判断涂抹量够不够的直观标准就是，宝宝在涂完后肤色有没有明显变白。给宝宝抹个"小白脸"才能更有效地防晒。另外，在出门前 20 ～ 30 分钟给孩子涂抹防晒霜，效果更好。

婴儿专用防晒霜因为考虑到安全性，几乎没有防水作用，所以要每 2 小时补抹一次，如果宝宝出汗多或是进行游泳、戏水等水中活动，可增加涂抹频率。

3. 涂抹要仔细

给宝宝涂抹防晒霜时，要避开眼睛周围皮肤非常薄的部位，在脸部、脖子、胳膊、双手、腿部、耳后等没有衣服遮盖的地方涂抹。

涂抹参考量如下表所示：

宝宝情况 身体部位	2 岁儿童 身高：85 cm 体重：12 kg	4 岁儿童 身高：110 cm 体重：16 kg	8 岁儿童 身高：140 cm 体重：30 kg
面部	0.65 g （约半枚 1 元硬币）	0.7 g （约半枚 1 元硬币）	0.87 g （约半枚 1 元硬币）
颈部	0.65 g （约半枚 1 元硬币）	0.7 g （约半枚 1 元硬币）	0.87 g （约半枚 1 元硬币）
双手 + 胳膊	2 g （约 2 枚 1 元硬币）	2 g （约 2 枚 1 元硬币）	3.5 g （约 3.5 枚 1 元硬币）
小腿（双）	1.1 g （约 1 枚 1 元硬币）	1.5 g （约 1.5 枚 1 元硬币）	3 g （约 3 枚 1 元硬币）
脚面（双）	0.43 g （约半枚 1 元硬币）	0.5 g （约半枚 1 元硬币）	0.87 g （约半枚 1 元硬币）

注意：防晒霜使用量仅供参考。

涂抹防晒霜真的需要非常仔细。那孩子的身上涂满了防晒霜，不少家长会担心，这得怎么洗才能洗干净呀？

三、2 招轻松清洗防晒霜

其实清洗婴儿用的防晒霜，一点儿都不麻烦。

1. 不防水的防晒霜

用温水或者微热的水就能洗掉；婴儿湿巾也可以轻松擦掉。

2. 防水的防晒霜

可以用宝宝专用沐浴露、儿童香皂、婴幼儿洁面膏清洗。

洗完后，记得用自来水冲湿的凉毛巾给宝宝湿敷，以达到给皮肤降温、让皮肤舒缓镇静的效果。然后在宝宝凉凉的皮肤上，涂抹婴幼儿专用乳液即可。

智能电话手表并不都是安全的

孩子一到上幼儿园的年纪，总是让家长们提心吊胆，生怕一不小心就会发生安全问题。于是很多家长给孩子戴上了集手表、定位、通话于一体的智能电话手表。但看似安全的背后，却隐藏着令人意想不到的危险。

科大大看到过电话手表自燃的新闻，4岁小姑娘的手背竟被自燃的手表烫到需要植皮。

好好的手表怎么就自燃了呢？原来是内置的电池质量不过关。

那电话手表到底能不能给孩子戴呢？如何正确选购？我们就来好好聊一聊电话手表。

一、"找娃神器"3大风险

电话手表基本上是每个"10后"小朋友的标配。与手机相比，它方便携带，能定位、视频通话，还能"碰一碰加好友"。跟普通手表相比，它确实能轻易胜出，但也存在明显的隐患。

1. 通话时，电话手表辐射是手机的1000倍

据央视《第一时间》报道，电话手表在接听的瞬间，辐射比手机大得多，甚至超过手机1000倍。不用科大大多说，家长也能意识到它的危害了吧？

2. 隐私安全风险

部分小品牌电话手表，可能存在被植入木马病毒的隐患，孩子的日常行走轨迹、实时环境声音及家长个人信息等都容易被监控。

另外，孩子在使用电话手表时的"主动泄密"也会引发家长的担忧。孩子无意间发出的内容有可能会被别有用心的人看到并利用。

3. 网络安全问题

之前有网友称，6 岁儿子的儿童手表上竟有不雅视频，在发现时孩子已经看过了，询问后才知道是加好友发来的。

虽然电话手表危害不少，但对孩子和家长来说，实用性也很高，那就尽量给孩子挑个安全的吧。

二、购买电话手表认准 6 点

当前，电话手表还没有明确条例约束，但家长可以从以下 6 点入手，为孩子护航。

1. 从正规渠道购买

家长在选购电话手表时，千万不能贪便宜，不能光看价格和外包装。

从线上选购时，最好选择有企业授权的官方旗舰店；线下一定要通过正规渠道购买，知名品牌可通过官网查询是否有授权店铺，尽量避开无授权的购买点。

2. 选购具有 3C 认证标志的

选购时要查看相关质检报告、检验合格证书，认准产品包装上的 3C 认证标志。

3. 尽量选购信誉度较好的大品牌

大品牌公信度高，具备研发实力，产品寿命也更长。

4. 保留购买凭证

消费后记得保留好购买凭证，如发现产品是假冒伪劣产品，立即拨打 12315 投诉举报。

5. 是否有防水功能

如果购买的电话手表不防水，尽量避免和水接触，以免造成短路，带来安全隐患。

6. 注意电池使用时间

目前市面上的儿童手表产品基本实际使用时间都在 1 天左右，少数产品可达到 3 天左右。家长应尽量挑选使用时间长、更节能的产品。切勿长时间充电，否则会缩短使用寿命。

最后，科大大送大家一些小贴士。

①家长要筛选孩子能够接触到的信息来源渠道，保证他们有良好的上网环境。

②引导孩子正确认识网络，越早形成良性认知越好。当遇到不雅视频等内容时，一定要适时对孩子进行性教育。

③加强对孩子浏览内容的监管，定期、定时检查电话手表使用情况。

④指导、教育孩子养成科学使用电话手表的方法和习惯，对除电话和定位外的功能谨慎开放。

⑤告诉孩子哪些信息不能轻易泄露给他人，使用时要注意保护好个人信息。

⑥一旦发现孩子使用电话手表有不良行为等，务必及时引导、制止，必要时立刻报警。

注意 4 点，挑到适合孩子的帽子

帽子作为具有保暖功能的时尚单品，总能为单一的服饰来个点睛之笔，让人眼前一亮。但是在给孩子挑选帽子的时候，科大大要说的这些问题，家长们可得注意了。

一、挑帽子，应该看什么

家长在给孩子挑选帽子时，注意材质、大小、松紧、配饰这 4 点就可以了。

1. 材质

秋冬针织品里最常用到的天然纤维，一般是毛料和棉料。

含毛的针织品，会比较扎皮肤，如果孩子之前出现过皮肤过敏的症状，不建议选择化纤及毛料材质的帽子。质地轻盈、手感柔软、保温透气的棉质帽子，可以作为首选。

2. 大小

怎么给孩子量头围，肯定是不少爸妈发愁的问题。科大大这就手把手教你怎么量。

最好是爸妈一起量，比较能控制住好动的孩子，数据会更准确。

①找到孩子眉毛的最高点，即眉弓。

②在鼻根附近找到两边眉毛的中间点，作为起点。

③将软尺沿眉毛水平绕向头后，从两侧耳尖后绕过，切记要经过眉弓与

眉毛平行。

④寻找孩子脑后的枕骨结节，即脑后的最高点。

⑤把软尺绕过枕骨，再把软尺绕回起点。

⑥将软尺重叠，读出宝宝的头围。

顺便说一句，这个方法成人也适用，家长也可以给自己量一量。

3. 松紧

可以根据宝宝头围长度，再增加 1 ～ 2 cm，或以帽子下缘内部周长比头围大 1 cm 的标准进行选择。

4. 配饰

不要有太多配饰，尤其是金属类的。不仅容易划伤孩子，有的还可能会脱落或被孩子抠下来往嘴巴、鼻孔、耳朵里塞，想想就很危险。不仅帽子，孩子的衣物同样越简单越好。

另外，可以选择鲜艳一点儿的颜色。不仅是因为好看，孩子活动量大，动作快到出人意料，加上个子矮小，不易被看到，戴一顶颜色鲜艳的帽子，比较容易引起注意，可以在一定程度上减少意外。

好了，学会了怎么挑，接下来我们看看帽子的款式，究竟哪种适合自家宝宝？

二、这些帽子，各有利弊

孩子的帽子种类基本和成人的差不多，只不过是 Mini 款，更加可爱一些。所以，我简单地分了 5 大类，可以根据需求进行挑选。

1. 胎帽

适合季节：一年四季

看到这儿，肯定有不少家长问，应不应该戴胎帽？要一直戴吗？

看情况，不一定必须佩戴。如果家中通风差，婴儿很少吹风受凉，无须佩戴；不过，遇到天气比较冷或者风比较大的时候，还是需要佩戴的，避免出现受风的情况。

友情提示：就算宝宝囟门没闭合，也不用一年四季戴帽子。

2. 针织帽基本款

适合季节：秋冬

优点：适合圆脸、瓜子脸的人佩戴，不仅能盖住大脑门，还舒适、保暖、抗风。

缺点：太小的孩子不建议戴针织帽，不论什么材质，还是会有些扎脑袋。

3. 针织帽升级款

适合季节：冬

北方的朋友，可以选择护耳、围脖一体的针织帽，全方位保暖，一举两得。但要注意围脖的松紧，不要为了保暖而塞得密不透风，很可能会勒伤孩子或造成呼吸不顺畅。

围帽不要选太大的，过于大的尺寸反而不保暖，帽子两侧会遮挡视线，易发生危险。

这两款针织帽注意不要选太厚的材质，比如外层是毛线、内层是保暖绒，太厚、太暖戴上容易出汗，孩子会因此烦躁不安，也会增加吹风着凉的风险。

4. 棒球帽

适合季节：春夏

优点：有固定弯角，不易变形，运动状态下不易掉落，还自带吸汗带。

缺点：大小挑不好或帽檐太长会遮挡孩子的视线；孩子摔倒时，长帽檐也会误伤孩子。

选棒球帽时除了看颜值，还要仔细看帽子内侧：做工是否精良、摸上去是不是光滑、是不是选用纯棉材质。特别是有的夏季款是布料和纱网拼接的，要注意纱网的手感是不是柔软平滑，有没有尖角和粗糙的地方，这样挑选的帽子戴起来才能舒服、吸汗、透气。

5. 渔夫帽

适合季节：春夏

优点：方便折叠放进包里。

缺点：渔夫帽外围会包裹钢丝便于固定，要随时注意钢丝有没有划破布料露出来，以免伤到孩子；一般还会搭配绳子，注意别系太紧，可能会导致孩子窒息；有的渔夫帽帽檐过宽过软，会突然掉下来挡住眼睛，造成危险。

选好之后，还有 5 点注意事项要记牢，不然生病、发生意外的概率直线上升。

三、戴帽子，这些必须警惕

你以为戴帽子只是戴在头上就好了？不是的。戴帽子也是有讲究的，尤其是对于小宝宝来说。

1. 不乱戴别人的帽子

宝宝比较脆弱，头癣、虱病等皮肤传染病很可能通过帽子传染，所以千万不要让宝宝戴其他人的帽子。

2. 勤换洗

一些宝宝的皮脂分泌旺盛，一定要经常洗涤帽子以保持清洁，可以多准备几个以便换洗。

①新生儿胎帽，1 ～ 2 天换洗一次。

②其他帽子，根据季节气温一星期或者半个月换洗一次。

3. 不要突然摘帽子

天气冷的时候，从室外回到家，要等孩子适应了室内温度，每次往上提一点儿，再完全拿掉帽子。防止忽热忽凉，孩子会受凉生病。

4. 不要只看颜值

不要一味地看样式，只想着怎么戴好看，怎么拍照好看。要时刻告诉自己，买帽子是为了让孩子防寒保暖。

5. 帽子的自带绳，要系松

你应该看过不少文章写道：不要买带绳子的帽子，绳子不小心被挂住、钩住或帽子被风吹掉，帽绳都会勒伤脖子，容易发生危险。

科大大同样是这样的建议，但奈何市面上不带绳子的帽子很少，而且小宝宝戴帽子真的容易戴不稳。所以，如果家里有带绳子的帽子，系绳子的时候松一点儿，至少距离下巴两个手指的距离。

给孩子戴帽子确实比较考验爸妈的"技术"。科大大也问了几位有孩子的妈妈，她们给的建议里有一点是重合的，那就是——转移注意力。

比如，戴帽子的同时，让孩子看向窗外，趁其不备快速戴上。妈妈们反馈此方法百试百灵，大家也赶紧试试看。

儿童安全座椅，不能轻视

在一个新闻里，科大大看到一张大货车侧翻、小汽车被无情压扁的车祸照片。而就是在这辆压扁的汽车内，有一位妈妈和她 4 岁大的女儿。不敢想象车内的场景，没有一声孩子的啼哭，没有一双伸出求救的小手，死寂般的沉默，让人揪心……车胎被压爆，挡风玻璃被碾碎，车右半边完全被压扁。

但幸运的是，"我的女儿还在，真的。她的小手还温温的，握着我"。妈妈的一句惊呼划破天际，"幸亏装了儿童安全座椅才保住孩子性命"。

原来车祸瞬间，安全座椅倒扣罩住了宝宝，大货车的重量完全被安全座椅顶起。儿童安全座椅，到底是怎样"神一般"的存在，可能很多家长都不知道。

一、请花 1 分钟，看下这些瞬间

孩子不坐安全座椅，就相当于司机开车不系安全带。遇到一点儿小碰撞，孩子就像在搅拌机里搅拌，砸向前靠背、被惯性抛出车窗、砸碎车玻璃，严重的甚至会被甩飞出去，承受无法估量的伤害。

然而，很多家庭都不以为意，喜欢将孩子搂在怀里，以为自己的臂膀就是最强韧的安全带。但实际上在撞车的瞬间，孩子会受到自身重量 30 倍的高达数百公斤的巨大冲击，人类的手臂压根承受不住这样的重量。如果家长恰好坐在车后排，孩子则可能会飞冲出去，因惯性在车内乱撞致骨折，甚至撞破正前方的挡风玻璃，摔在马路中央被车辆碾轧……如果家长坐在副驾驶，那么孩子就会直接变成你的"人肉气囊",脑部会受到毁灭性的损伤。

有人可能会说,"哎呀,这车没安全气囊才会这样"。

才不是。安全气囊反而会让孩子遭受更严重的二次伤害。因为安全气囊会以大约 300 km/h 的速度弹出,砸向孩子头部……而坐在安全座椅上的孩子,无论车体碰撞得有多激烈,还是会被牢牢固定在原位。

其实我国在 2021 年 6 月 1 日,就将儿童安全座椅纳入了全国性立法。也就是说,现在开车出行,如果你还没让孩子坐上儿童安全座椅,那就属于违法。

那么,安全座椅到底怎么选?真的是越贵的越好吗?

二、安全座椅怎么选?专业 3 步走准没错

1. 看认证

在我国所有售卖的儿童安全座椅,都必须有 3C 认证,国家强制实施。每一枚 3C 标志都有唯一的编码。家长们完全可以通过国家质量认证中心进行编码查询,就能辨别真伪。

3C 认证是安全座椅最基础的保障,相当于 100 分的卷子,60 分及格一样。所以没有 3C 认证的儿童安全座椅,就是不合格产品。但家长在选购时也千万别只盯着 3C,最好在 3C 基础上,附带以下认证会更好。

①欧盟:ECE 认证标。

欧盟 ECE 认证,是一个很权威的认证。这个标识通常是下图中的样子:

这里重点查看：

·是否有"ECE R44/04"这个标准。

·圈里的"数字"是多少。

最好选择认证标为"ECE R44/04"且圈内数字是"1"或"4"的儿童安全座椅。因为在欧洲，E1 代表德国、E4 代表荷兰，这两个国家对于儿童安全座椅的认证是最严格的，所以优先选择这俩准没错。

除了 ECE R44/04 标准，更上一层台阶的认证就是"i-size"：

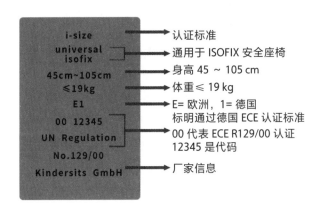

i-size 是 ECE R44/04 的升级版，除了考虑提高安全性，还考虑普适性、可行性等原则。所以，如果一个安全座椅能有这个认证，那么 i-size ＞ ECE R44/04，优先选它。

还有一个认证比 i-size 更厉害。

②德国：ADAC 认证

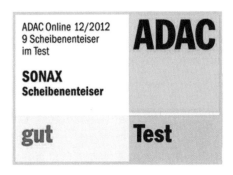

德国 ADAC 认证，是目前世界上最严格的安全认证。因为它在碰撞测试方面，采用了汽车 70 km/h 的速度，比 ECE R44/04 标准多了 20 km/h，简直是顶级。

说了这么多，还不知道怎么买？顺序看这里，从上往下买，越高越好。

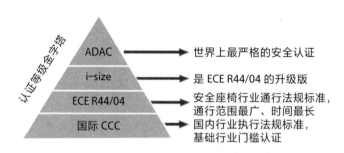

安全座椅的行业认证标准

注意，线下购买时，一定要请导购提供这些认证资质。线上购买时，可以在商品页面看到认证情况，或者可以请客服提供相关证书。

2. 看体重，千万别看年龄

很多家长选购儿童安全座椅时，都是根据孩子的年龄进行挑选。事实上，儿童安全座椅要根据孩子的体重进行挑选，年龄只是参考值。

目前，ECE R44/04 认证标准按照儿童年龄和体重共分为：0 组、0+ 组、Ⅰ组、Ⅱ组、Ⅲ组，共 5 类。

阶段	组别	身高	体重	年龄
1	0	60 ～ 75 cm	9 kg 以下	6 个月
2	0+	87 cm 以下	13 kg 以下	18 个月
3	Ⅰ	75 ～ 105 cm	9 ～ 18 kg	0 ～ 4 岁
4	Ⅱ	87 ～ 125 cm	15 ～ 25 kg	3 ～ 7 岁
5	Ⅲ	105 ～ 130 cm	22 ～ 36 kg	6 ～ 12 岁

家长们可以对照数据，先大概有个选择，然后再让宝宝试坐，最终的选

择结果一定是宝宝试坐后选出来的。因为在体重的基础上，如果孩子超出平均年龄段的身高，那么孩子的身高也要作为考虑的因素。

①头部是否贴合安全座椅头部，没有留空太大、过于狭窄、高于安全座椅头枕。

②安全带是否处于宝宝胸腔，不能勒在宝宝脖子、头的部位。

③身高是否过高，导致身体长度大于安全座椅本身。

目前，我国市面上常见的安全座椅年龄段是：0～4岁和9个月～12岁这两种组合，也有全龄段组的0～12岁。所以很多家长觉得买个全年龄段0～12岁的，从小可以一直用到大，性价比很高。

但科大大非常不建议买年龄跨度过大的安全座椅。因为不同年龄的座椅，设计保护的地方不同，座椅结构与宝宝贴合的部位也不同；并且安全座椅基本都是6年的使用年限，根本无法从小用到大。

3.看固定方式

固定方式一共有3种：

①安全带固定。

② LATCH 链接固定。

③ ISOFIX 链接固定。

这个具体怎么选，就看家长们买的车适合哪一种类型的固定方式了。科大大最推荐 ISOFIX 接口，稳定性和安全性最好。

除了购买合格的产品，很多使用过程中的粗心大意也是万万要不得的。

三、5 大穿戴误区，警惕

1.穿羽绒服不能坐安全座椅

因为羽绒服过于蓬松，且表面光滑，安全带看似牢牢固定住了孩子，实则更多的是空气。一旦发生车祸，孩子会瞬间从羽绒服里滑出来，一头栽地。

2.更换出过交通事故的安全座椅

出过较严重交通事故的安全座椅，就算没有表面的损伤，也需要更换。

3. 千万不要买二手的

因为二手的到底被别人用了几年，你不知道。有没有出过事故，你也无从判断。所以千万别以为捡了小便宜，安全隐患大着呢。

4. 不要选择过于便宜的安全座椅

建议购买千元以上的安全座椅，百元左右的座椅尽量不要选购。因为安全座椅的开模费、3C 检测都不便宜，过分便宜的售价需担心产品用料质量。

5. 不要过早放弃使用安全座椅

在孩子的身高达到 1.45 m 以前，大概 12 岁，都不能直接使用车上的安全带，盲目使用可能会勒断孩子的脖子、手臂。

最后科大大要说，千万别因孩子哭闹，或者老人的阻挠而放弃安全座椅。安全座椅是原则性问题，必须坐，绝不退让！它直接保护的是孩子的乘车安全，若必须经过车祸才能改正认知与看法，这样的代价未免太大。

第八章

药物服用与禁忌

抗生素的使用与禁忌

说起儿童常用药，抗生素必须拥有姓名。虽然抗生素在儿童用药中占据了重要位置，但不合理的使用会带来很多危害。比如，可能会伤害宝宝的脏器，破坏肠道菌群的平衡。

如果出现过敏，情况会比其他药物导致的过敏要严重。最可怕的是，滥用抗生素会诱导细菌产生耐药性，可能导致最后无药可用。

英国的一份报告就曾指出，全球每年有数百万人因滥用抗生素导致的抗药性而提早离世。但要说不再使用抗生素，很难做到。所以，怎样才能最大限度发挥抗生素的作用，又能保护宝宝不受伤害呢？

一、抗生素 ≠ 消炎药

别再把抗生素和消炎药混为一谈。

抗生素专门对抗细菌感染引起的疾病，是处方药，需要凭医生的处方才能在药房买到。

但是在有些药店，没有处方也能买到，家长多了自主性，也增加了滥用风险。另外，有些医生把握不好抗生素的使用指征，也会导致滥用。

想避免？那么我们至少得能认出抗生素呀。

1.看名称

抗生素的名称比较有规律，看到药名里有这 8 种文字，基本是抗生素了。

①霉素：青霉素、红霉素、阿奇霉素等。

②西林：阿莫西林、甲氧西林等。

③头孢：头孢呋辛、头孢曲松、头孢他啶等。

④沙星：莫西沙星、左氧氟沙星等。

⑤硝唑：甲硝唑、奥硝唑等。

⑥磺胺：磺胺嘧啶、磺胺甲噁唑、磺胺米隆等。

⑦环素：四环素、地美环素、美他环素等。

⑧培南：亚胺培南、美罗培南、帕尼培南等。

2. 看说明书

如果说明书中写着"对 ×× 细菌有较好的抗菌作用"，或者"本品适用于对本品敏感的 ×× 菌、×× 菌引起的 ×× 疾病"，那么就也是抗生素。

消炎药则主要有两类：

①类固醇（激素类药）：可的松、氢化可的松、醋酸泼尼松等，名字一般都带"松"字。

②非甾体类抗炎药：布洛芬、阿司匹林等。

二、这些常见情况，不一定要用抗生素

孩子出现以下情况，家长就让吃抗生素的现象很常见，科大大这次就要纠正这个误区。

1. 感冒、腹泻

普通感冒里，90% 以上是由病毒引起的，即便是可怕的流感，也是由流感病毒引起，做好护理才是关键。只有明确合并了细菌感染的情况下，才可能需要使用敏感的抗生素。

腹泻最常见的原因也是病毒感染，预防和纠正脱水最重要，乱用抗生素可能破坏肠道菌群和谐，加重腹泻。

2. 红肿、热痛

有家长看孩子发热、喉咙红肿，就要用抗生素，结果很多患幼儿急疹的孩子被喂了抗生素。还有当孩子受了外伤，家长为预防感染就给孩子吃抗生素，其实诱发炎症的因素相当多，由细菌引起的只占少部分。

科大大整理了一些常见病是否要用到抗生素的情况，这样家长们遇到的时候心里就有底了。

是否使用抗生素一览表				
疾病	细菌引起	病毒引起	细菌或病毒引起	是否需要抗生素
链球菌性咽喉炎	是	否	否	是
百日咳	是	否	否	是
尿路感染	是	否	否	是
鼻窦炎	否	否	是	可能需要
中耳炎	否	否	是	可能需要
支气管炎（针对健康成人和儿童）	否	否	是	否
普通感冒	否	是	否	否
流感	否	是	否	否
喉咙痛（除链球菌感染）	否	是	否	否

所以需要使用抗生素的原则，各位家长能总结出来了吧？

问题：什么情况需要使用抗生素？

答：明确了细菌感染。

细菌感染的诊断需要医生结合临床症状以及一些化验结果来确定，家长们不能"江湖问诊、自己抓药"。

三、使用抗生素的 5 个大坑，千万别踩

给孩子用药是为了什么？自然是为了孩子的身体好。可用药不对，不仅没什么效果，还有害处，所以这 5 个使用抗生素的大坑，家长们千万别踩。

1. 不要自行给孩子使用抗生素

家长要是绕过医生自行买药，在不确定细菌感染的情况下给孩子使用抗

生素，那孩子收获的可能不是疗效而是副作用。

2. 不主动求药，别拒绝开药

不主动要求医生开抗生素。医生开药时，一些程度上会受到家长情绪的影响。如果家长着急焦虑，医生可能为了安抚或减少家长自己买药的风险，而开具没有必要的抗生素。

但也有些家长担心滥用抗生素，所以就干脆不用。记住，要是的确找到了感染灶，医生开了抗生素，不要拒绝。如果心存疑虑，就直接提出来。

3. 不能同时用多种或者频繁更换抗生素

几种抗生素组成"联盟"，就能更全面地消灭细菌了吗？并不能。

抗生素从服药到起效也需要一个过程，有时家长嫌过程耗时长，就着急想换，这样也不行。如果抗生素没有应用在它针对的细菌类别，不仅无效，还可能产生副作用。有一些需要联合使用抗生素的特殊情况，由医生定夺。

4. 不可"见好就收"

有家长觉得"是药三分毒"，孩子吃了抗生素，症状一减轻，就匆匆把药给停了。这时候，细菌一般还没有被彻底清除，病情可能反扑，细菌还容易对这种药物产生耐药性。

5. 不能凭经验用药

有家长会对孩子使用过的见效快的药物充满信赖。等孩子再一生病，家长"就决定是它了"，不考虑症状就首选以前用过的药。可是细菌、病毒分型复杂，孩子接触的环境也在不断变化，上次有效的抗生素，这次就不一定有效了。

记住，从用量、疗程到停药时间，都要严格遵医嘱，明确注意事项。

2012 年，"史上最严限抗令"——《抗菌药物临床应用管理办法》正式实施，使抗生素滥用现象得到有效改善。

我们要不断学习相关知识，保持对医院和医生的信任，实在担心，就多和医生沟通。

吃头孢前后，这几种食物绝对不能碰

提起头孢，想必大家都不陌生。感冒咳嗽来一粒，消炎止痛来一粒……总之，在自行用药清单中，头孢绝对是"名列前茅"。但你知道吗，几乎家家必备的头孢，因为乱用、滥用，可是害了不少人，尤其儿童居多。

为什么这么说？因为头孢类药物的用药禁忌太多了，稍不留意，轻则产生副作用，重则中毒、致命。所以亲爱的家长们，下面科大大要讲的这些头孢用药禁忌，请认真阅读，一个知识点也不要落下。

禁忌一：孩子有这种情况，禁止用头孢

首先，家长们必须明确，头孢的适应证包括哪些。

作为抗生素的一员，头孢类药物只适用于细菌感染，对病毒无效。所以常见的手足口病、病毒性感冒等疾病，根本不需要用头孢类药物。只有当宝宝确诊是细菌感染或合并（继发）细菌感染，才需要用。更要注意的是，头孢≠消炎药，不能盲目用来给孩子消炎。

那么，只要孩子是细菌感染就可以用头孢吗？当然不是。如果孩子有以下情况，就不能使用头孢，或是要谨慎使用。

1. 对头孢菌素类抗菌药物过敏——禁用

如果已知孩子对某种头孢有过敏史，就医时要及时告知医生，无论是输液用药还是口服，都要避免用此药。当然，孩子对头孢类药物过敏，并不代表会过敏一辈子，随着免疫系统的变化，后期可能会好转。

2. 有青霉素类过敏史——慎用

这种情况万万不能自行给孩子用头孢，要让医生看诊，权衡利弊后再确定是否需要使用。如果必须用的话，建议先做皮试。

排除这些情况后，孩子服用头孢就可以安心等病情好转了吗？不是的，头孢的禁忌可不止于此。

禁忌二：吃头孢后，这些食物千万别碰

"头孢就酒，说走就走"，这句话想必大家都听过。然而，你可能忽略的是，这里的"酒"，不只是白酒、啤酒、红酒等各种酒，还包括所有含酒精成分的食物。

科大大带你看看都有什么，其中可能就包括你家孩子的最爱，比如，酒酿圆子、酒心巧克力、多加料酒的菜等；储存不当的高糖水果，如苹果、香蕉、荔枝、榴梿等。

所以，千万别以为宝宝们不可能饮酒，就对这方面放松警惕。要知道，含酒精的食物配上头孢，危害也是极强的。

之前一则新闻报道，一位女士吃了酒酿圆子后挂头孢盐水，结果引起了双硫仑样反应，呼吸困难，差点儿没命。

为了避免危险发生，建议宝宝在服用头孢类药物后，至少一周内不要吃含酒精的食物。成年人也要注意了，吃头孢最好两周内别饮酒。

不过，爸妈们注意归注意，也不要太焦虑了。科大大就经常看到妈妈们对于头孢"忌口"的提问，这就来统一给大家做个解答。

①吃了头孢能吃鸡蛋吗？

能吃，只要宝宝不对鸡蛋过敏。

②吃了头孢能吃海鲜吗？

能吃，同样只要海鲜不过敏就可以。

③吃了头孢能吃辣吗？

能吃，不过宝宝那么小，尽量避免重口味。

好了，食物禁忌这一块的问题解决了，接下来科大大必须来说说"药物

搭配"禁忌了。

要知道，头孢和一些药物搭配着吃，并不会让孩子的病好得快，相反，还有可能造成用药过量、药物中毒等后果。

禁忌三：常用药搭配头孢，重可致命

1. 头孢 + 止咳糖浆

有些止咳糖浆含乙醇，如果和头孢一起服用，同样会产生致命后果。

2. 头孢 + 藿香正气水

大部分藿香正气水都含酒精，在体内消化后产生乙醛。而头孢类药物会抑制乙醛在体内的代谢，造成乙醛蓄积，引起中毒；严重时可诱发急性肝损害、呼吸暂停，甚至死亡。

3. 头孢 + 激素类药物（地塞米松、可的松等）

对头孢过敏的孩子，服用头孢后可能会出现过敏性休克等不良反应，但地塞米松等激素类药物的抗过敏作用可能会掩盖过敏症状，延误抢救时机，最终致死。另外还有含氯苯那敏、西替利嗪、氯雷他定等抗过敏成分的口服药，也会掩盖过敏反应。

以上这些"致命搭配"，大家一定要避开，不给孩子的健康留一丝隐患。

总之，头孢用好了就是治病的良药，误踩禁忌就有可能给孩子带来不可逆的伤害。

4 个被忽视的喂药习惯，重可致命

作为新手家长，最怕的可能就是孩子生病。孩子生病后，更让各位家长崩溃的应该就是喂药了。为了让孩子吃药，家长们尝试"十万种"喂药方式，费了九牛二虎之力喂孩子吃药，到头来还是出了差错。那到底该怎么喂？看了这篇文章就全懂了。

一、4 大喂药误区：这样吃药 = 白吃

喂药不可怕，喂药路上的这些"坑"才可怕。科大大今天就来给大家避避雷，看看你踩了几个。

1. 碾碎或用牛奶、果汁喂药

家长们的想法很美好，可以理解。但像肠溶片等药物，将其碾碎、掰开，会破坏药物的剂型设计，可能会让药物在短时间内大量释放，提前被吸收，既无法完全发挥疗效，也可能增加风险。

其次，虽然果汁、牛奶可以掩盖药物的味道，但其中有些成分可能与药物产生反应，或是影响吸收，还可能影响最终的药效。还有些特殊情况甚至可能形成结晶，会对宝宝造成伤害。

2. 奶瓶喂药

当孩子天真地以为奶瓶里面是他最爱的食物，正准备享受美味，猛吸一口，却是"不美好"的味道，很容易对奶瓶产生抵触和反感。如果反复如此，宝宝甚至会形成条件反射或者相关记忆，产生难以恢复的厌奶。

3. 这顿忘了吃，下顿加倍补

这种做法万万要不得，每种药物都有它特定的服用次数和时间，药物双倍剂量，小心"解药变毒药"。

4. 妈妈服药，通过乳液喂孩子

科大大先为这份母爱点赞，但是这种喂药方法，孩子不仅吃不到药，而且还有一定的危险。

①有些药，根本不会进入血液循环。

②就算药物进入血液循环，到达乳汁中的剂量也远远达不到正确剂量。

③人体会自动将摄入的药物成分代谢转化，从妈妈体内出来的药物就算剂量符合要求，但化学成分很可能已经发生了很大的变化，导致效用降低甚至完全无效。

所以为了自己和宝宝的健康，这种方法不可取。

既然以上这些方法都不可靠，那可难住妈妈了，如何才能让宝宝乖乖吃药呢？

二、给孩子吃药，认准 3 个"对"

对于育儿能手科大大来说，没有什么问题能难倒我。喂药？小问题。科大大总结了 3 个"对"，只要做到，就没有吃不下去的药。

1. 选对

现在很多药物为了让宝宝接受，都做成了水果味。在可选的情况下，尽量给宝宝选择味道比较好接受的那种。不过要注意，吃完以后要放在宝宝看不见的地方，小心被当糖吃掉。

尽量给宝宝选择液剂或粉剂，避免选择片剂、硬壳胶囊等不易下咽或易呛噎的药物。

2. 吃对

要知道，不同的药物有不同的服用方法，家长们在喂药前要认真看说明书。

①泡腾片或颗粒：应该用温开水溶解后再服用，不能直接吃。

②胶囊（硬壳）：整颗温水送服，不能掰开胶囊。

3. 用对

用对，是指一定要用对方法。科大大给大家总结了几个喂药招式，保准好用。

①1岁以内：尽量选择糖浆剂和滴剂，孩子半仰卧或半坐位，用小滴管避开舌头去喂药。

1岁以内，喂药3步走。

第一步：小滴管放在颊黏膜和牙龈的中间，避免碰到舌头。

第二步：轻轻地把宝宝的四肢和头部固定，防止药物洒漏、呛咳。

第三步：少量慢慢挤入，等孩子吞咽后再喂下一口，吃完药后再来几口水冲刷药味。

②1岁以上：多点鼓励少点强迫，喂药后多点夸赞。

喂药方法：

家长可以告诉孩子，吃了药，病就可以好了，就不会难受了，可以出去跟其他小朋友一起玩了。并且多多夸赞他，必要的时候再来点物质诱惑。

吃药前也可以让宝宝吮口冰块或冷藏喂药工具，降低口腔温度，喂药更轻松。

给孩子喂药如游戏闯关，过了第一关，还有第二关。科大大还收集了一些"喂药难题"，给大家一一解答。

三、吃药难题"一锅端"

理论虽好，但实际操作过程中还是会遇到很多问题，接下来科大大就带大家解决几个最受关注的问题。

问题1：孩子不吃药，爷爷奶奶拿勺子压住舌头倒进去。这样有什么危险吗？

孩子大哭时，呼吸道是敞开的，如果强行喂药，容易引起呛咳，甚至窒息。如果长期这样做，还有可能使药进入肺部，导致吸入性肺炎，重则可导致窒息死亡，所以千万不要硬灌。

问题2：宝宝一吃药就吐，怎么办？

这种情况大部分都是因为宝宝不愿意吃药，家长可以用这么几个小方法来缓解：

★ 饭后1小时后再喂药，避免药和食物一起吐出来。

★ 避免给宝宝制造恐怖气氛。喂药时，我们要表现得像每天吃饭喝水一样轻松。可以在宝宝看不到的时候准备好药，然后轻松地说一句，"我们先吃点药再继续玩哦"。

问题3：吐了以后需要补服吗？

由于吃药需要比较精确的剂量，而没有医学基础的家长很难做到正确判断，所以最好不要自己补喂。尤其是吐药以后半小时内宝宝也很难再吃下去。

因此，在孩子吐药以后，家长密切观察孩子状况，必要时咨询医生。

这 5 种 "保健品" 危害太大

现在的药店除了促销，售卖的保健品还会打上各种宣传语：提高免疫力、增高、让孩子吃饭香、促进脑发育。

面对这样的宣传，谁能不动心？

但是，养孩子路上陷阱很多。面对这些宣传我们还是要保持理智的思考，保健品真的适合宝宝吃吗？它是安全的吗？真的会像宣传语说的那样提高免疫力吗？

这一篇，科大大就好好说一说儿童保健品的问题。

一、搞清楚，保健品到底是什么？

大家对保健品并不陌生，即便你没给孩子买过，那家里老人也一定买过。

但实际上很多人对保健品的真正含义并不清楚，科大大在我国《保健（功能）食品通用标准》中找到了保健品的定义：保健（功能）食品是食品的一个种类……能调节人体的机能，适用于特定人群食用，但不以治疗疾病为目的。

从这个定义中我们能捕捉到两个信息：

★ 保健品的本质是食品。

★ 它不能以治疗疾病为目的。

市场监管总局发布的《保健食品标注警示用语指南》中也指出，从 2020 年 1 月 1 日起，全国所有保健食品必须醒目标明"保健品不是药物，不能代替药物治疗疾病"等内容。

看到这儿，不少家长是不是有些吃惊，什么？吃了这么久的保健品居然不治病？

是的，如果保健品的宣传中出现了"治疗、治愈、防治"等字眼，一般就是过度宣传。科大大还要告诉大家，保健品不仅不治病，乱吃还会给孩子的身体造成巨大危害。

①摄取过量的微量元素会对宝宝的肾脏造成极大负担。

②有的保健品含有大量激素，长期服用会影响孩子的内分泌和生长发育，导致性早熟或其他疾病。

③如果对保健品成分不明确，可能会导致过敏。甚至不合格的保健品还会偷偷添加药物，宝宝吃了要承受巨大的副作用风险。

④如果偏信保健品，还可能耽误正常疾病的治疗，造成无法挽回的损失。

当然，科大大为了让大家能够精准避坑，接下来就说一下，哪些保健品坚决不能吃。

二、这几种保健品千万不能吃

在种类繁多的保健品中，有一部分是可以根据身体情况合理食用的，而有一部分，是坚决不能吃的。

比如下面这 4 种保健品或补品，是明确对宝宝有害的，家长千万不要买。

1. 号称增高的保健品

可以增高的保健品，根本不存在。

号称可以增高的保健品，其中可能掺有性激素或生长激素，短期内促进了身高增长，却会加速骨骺闭合。原本孩子能长到 1.8 m，却被限制在 1.5 m。甚至还会出现可怕的性早熟，比如一个 5 岁男孩，就因为吃增高药，长出了胡子。所以，只要是宣传吃了能长高的，通通拒绝。

2. 人参

人参中含有的人参素、人参皂苷等物质会影响身体健康。

如果滥服人参，会削弱机体免疫力，降低抗病能力，容易感染疾病，并出现兴奋、激动易怒、烦躁失眠等神经系统亢奋的症状。而且人参具有促进人体性腺激素分泌的作用，可能会导致性早熟，严重影响孩子的身心健康。

3. 蜂王浆

蜂王浆中所含的性激素有雌二醇、睾酮和孕酮三种，过量服用会对人体产生影响，所以宝宝用蜂王浆千万慎重。而且蜂产品均可能引起过敏，千万别冒险。

4. 牛初乳

真正的牛初乳内含有激素，像泌乳素、生长激素、促性腺激素等，儿童不宜多吃，长期大量食用可诱发性早熟。

从2012年9月1日起，国家卫计委已经禁止在婴幼儿配方食品中添加牛初乳，以及禁止用牛初乳为原料生产乳制品。

除了以上4种，还有一些保健品是不需要给宝宝吃的。比如蛋白粉，宝宝只要均衡饮食，保证喝奶量，是很容易达到蛋白质推荐摄入量的。

看到这儿不少家长要问了，市面上保健品种类那么多，只避开上面那几样，就能保证不上当受骗吗？

重点来了。接下来的辨别方法，适用于所有保健品，只要你拿不准，都可以用下面的方法来自查。

三、认准3个原则，正确吃保健品

开始之前，各位家长可以从家里找一个保健品，对照着一起检查。

1. 小蓝帽

首先，正规保健品的包装上要具备保健品专用标识。

保健品标识，是由国家食品药品监督管理总局批准的天蓝色专用标志，业界俗称"蓝帽子"。采用的批准文号是"食健字"。

保健食品

国食健字 G20120449
国家食品药品监督管理局批准

2. 国产保健食品批准文号

上面图片中，"国食健字"后面跟着一串数字，这就是国产保健食品批准文号，它的组成是：国食健字 G+ 年份 + 4 位顺序号。进口保健食品批准文号为：

国食健字 J+ 年份＋4 位顺序号。G 代表国产保健食品，J 代表进口保健食品。

这个批准文号有两个作用：

①可以查询。

家长可以用电脑打开国家市场监督管理总局（http：//www.samr.gov.cn），输入批准文号后，如果可以查询到你买的保健品，就说明是正规的；如果查不到，就是假冒产品。

②看是否过期。

保健品的批准证书有效期是 5 年，并不是永久使用，如果批准证书的年份已经超过 5 年，那么坚决不要吃了。

3. 宣传功能

同一配方保健食品申报和审批的功能一般不超过 2 个，超过 2 个的，很难审批下来。所以遇到把功能写得"天花乱坠"，什么问题都能改善的，最好不要买。

如果你看到这儿，发现你买的保健品是正规生产，合法合规，那么恭喜你，钱至少没白花。但是保健品合格，就可以吃吗？

当然不是。吃保健品，还要认准下面这些原则：

①生病先就医，不要依靠保健品治病。

②选择保健品时，要遵循"缺什么补什么"的原则。不要根据一些症状盲目判断，更不能轻易听信店铺推销。有问题时，要先让医生诊断，确定缺乏的营养物质，再进行补充。

③尽可能避免服用含有激素的食物和药物。体弱多病的儿童，可在医生的指导下，选择有针对性的保健营养品，适量服用。

④好身体是吃出来的，不是补出来的。健康宝宝主要的营养还是应当来自日常的合理饮食，不能以保健品为主，更不能长期依赖某些保健品。

曾经有很多家长向科大大抱怨，孩子总生病，愁人。实际上，6 岁以下的孩子免疫系统发育不完善，经常生病是正常的。

如果实在担心，完全可以去医院做全面检查。一方面，能更好地解决问题；另一方面，如果孩子真的有什么疾病，也能及早发现。

打虫药，吃不吃只看 2 点

科大大经常收到妈妈的提问——打虫药可以吃吧？什么季节适合打虫？

今时不同往日，我们的生活环境不断改善，现在的孩子究竟还需要打虫吗？打虫药该怎么吃？

这一篇，科大大就来个深度解析，先从你对"打虫"这件事的误解说起。

一、打虫 3 大误区，坑娃无数

关于打虫，家长们总会听到一些经验之谈，"夜里磨牙，就是肚子里有虫，孩子都得吃打虫药""脸上的白斑就是虫斑"。

虽说长辈们都是为孩子好，但这些错误的"经验"往往会害了宝宝。不信就看科大大给你逐一分析。

1. 打虫药要年年吃

提起打虫药，我们这代人或多或少都有记忆，谁还没吃过几次"宝塔糖"。但是现在这一"驱虫神药"却很少见了。原因很简单，宝宝们不需要它了。

以前的生活环境较差，家长常会忽略饮食卫生，所以会出现一些寄生虫类的感染，孩子们当时几乎都要吃打虫药。但如今生活好了，家长对孩子的养育、卫生都很重视，寄生虫病的发病率越来越低。所以，在宝宝没病、没虫的情况下，根本不用吃打虫药。并且打虫药多经肝脏代谢，宝宝肝脏发育还不成熟，擅自吃药很可能造成肝损害。

2. 指甲有白点、脸上有白斑，要打虫

实际上，指甲上长白点和肚里长虫一点儿关系也没有。倒是和宝宝磕碰指甲脱不了关系，指甲受过的外伤最终归宿就是一个小白点。

再来说说宝宝脸上的白斑，其实名叫白色糠疹，是一种主要发生于3～16岁孩子中的良性皮肤问题。它与过敏、日晒和沐浴的频率可能相关，与体内是否有虫无关。如果宝宝不痛不痒，完全可以忽视。

3. 夜里磨牙，要打虫

宝宝夜里磨牙的原因有很多，例如精神紧张、白天太兴奋、呼吸睡眠阻塞、牙齿咬合不好等。多半与肚里有虫无直接关系。

那到底如何判断宝宝肚子里是否有虫呢？遵循4个字：眼见为实。

二、2个硬指标，看孩子肚里有无虫

虽说现在的宝宝们感染寄生虫的概率小，但偶尔也会遇到。爸妈们识别有没有虫主要靠两招。

1. 亲眼看见虫卵

宝宝拉完的大便，爸妈还真不能轻易放过。前面章节中科大大说过，要根据便便颜色判断宝宝是否生病了，这次要说的是观察便便中是否有虫卵。如果有，毫无疑问，宝宝得打虫了。

2. 化验大便结果，证明有虫

如果在便便中"一无所获"，又怀疑宝宝肚里有虫，就只能用化验的方法了。

精准的化验结果往往需要新鲜的"便便"，爸妈们可以用保鲜袋留取宝宝2小时内的便便，送去医院做大便常规和寄生虫虫卵检查，有时也需要多次采便。

根据检查结果，让医生判断是否需要打虫。如果结果显示有虫，这时打虫药就真的要上场了。

医生一般会给宝宝开阿苯达唑类药物，如肠虫清，一种广谱驱虫药，能杀灭虫卵，用于治疗蛔虫、蛲虫、鞭虫、钩虫等多种肠道寄生虫感染。

3. 驱虫药该怎么吃呢？

①2岁以上的宝宝，通常吃一次，即一个疗程，就能消灭蛔虫。

②根据医嘱或症状轻重判断一次服用的剂量。

③建议空腹，清晨、晚上睡觉前服用最佳。

有的家长偏爱海淘，在"妈妈圈"里，"驱虫巧克力"一度很受欢迎。这种甜甜的驱虫药真的有用吗？

事实上，只要保证其中有效成分是阿苯达唑，就是有用的。但驱虫巧克力再甜也不等于巧克力，是实打实的药物，千万要管住宝宝的小嘴，不可随便吃。

看到这里，一定会有爸妈问了，好好的孩子怎么就肚里长虫了呢？

三、肚里长虫，3种食物难逃干系

1. 半生不熟的肉类

生鱼片、未全熟的牛排虽鲜嫩可口，但有感染寄生虫的风险，你还敢吃吗？无论是成人还是小朋友，半生不熟的肉类都要少吃甚至不吃。如果成年人实在偏爱这口，经常吃，也就有必要一年吃一次打虫药了。

2. 未洗净的蔬果

蔬果表面难免会有虫卵残留，所以吃之前一定要清洗干净。部分蔬菜、水果最好能用清水浸泡一段时间。

能看到已被虫子侵袭过的蔬菜、水果，千万不能切掉有虫的部分后，剩余部分继续吃，因为其他部分难免也被污染了。

3. 生水

生水，就是指未经消毒过滤处理过的水，最常见的是家中水龙头流出的自来水。

虽然知道爸妈们都比较注意，但科大大还是要强调一句，给宝宝喝水应该选择白开水，一定要完全烧开后放凉喝。对于大一点儿的宝宝，也有必要告诉他们不能接自来水喝。

为避免宝宝肚里长虫，除了要拒绝以上这些"不良食物"，还有一些预防措施也要牢记。

★ 勤洗手，尤其是还在吃手阶段的宝宝。

★ 勤剪指甲。

★ 减少宝宝玩沙、玩土的频率。

★ 不给宝宝穿开裆裤。

★ 家里的宠物要定期驱虫。

另外，针对口欲期的宝宝，要特别注意居家环境及玩具的清洁，外出时可以自带宝宝喜欢的口咬胶，防止在外乱啃乱咬。

90% 的家长都会用错的药

阿莫西林，作为家中小药箱常备药物，相信各位家长都不陌生。但你可能不知道，阿莫西林加上酒精那就是"夺命毒药"。

这种在我们看来十分熟悉的药物，没想到竟有这么多使用误区。科大大就来说说这个 90% 的家长都会用错的药，到底该怎么用？使用时应该注意什么？

一、90% 的家长都会用错：阿莫西林真不是感冒药

科大大先给家长们讲一个"教科书式"的错误案例。

2 岁宝宝感冒了，睡觉时呼吸急促，家长先喂了布洛芬，又顺便喂了阿莫西林。

画重点！阿莫西林不治感冒。

90% 的小儿感冒是由病毒引起的，而阿莫西林属于抗生素，针对的是细菌感染，对病毒感染没用。孩子感冒时，如果症状不严重，没必要服药，感冒药也只是为了缓解孩子的不舒服。只有当感冒合并细菌感染时，才可以使用抗生素。

既然阿莫西林不是"感冒药"，也不是"消炎药"。那它是什么药呢？

阿莫西林其实是抗生素，却有很多人把它当作"消炎药"来使用，这就是在滥用抗生素。

世界卫生组织调查显示，如果不采取任何措施遏制抗生素耐药性的不断增加，到 2050 年，可能导致每年上千万人因"滥用抗生素"而死亡。可见，

滥用抗生素的危害有多大。

那说回阿莫西林，它究竟主攻什么病呢？科大大为大家整理了"何时使用阿莫西林"。

1. 耳鼻喉感染

急性中耳炎、急性鼻窦炎等。对过敏性鼻炎无效。

2. 泌尿生殖道感染

特异性尿道炎、膀胱炎、急性肾盂肾炎、反复发作尿路感染、细菌性阴道炎等。对霉菌性阴道炎无效。

3. 皮肤软组织感染

淋巴管炎、急性蜂窝织炎、手术切口感染、动物咬伤。对真菌、病毒感染的皮肤病无效。

4. 下呼吸道感染

慢性阻塞性肺疾病、流感嗜血杆菌感染、肺炎链球菌感染、社区获得性肺炎、肺脓肿、脓胸等。对病毒性肺炎，如新冠肺炎无效。

5. 幽门螺杆菌感染

不只需要阿莫西林一种，还需要 3 种或 4 种抗生素同时用药。

我们可以看出，阿莫西林是种"好"药，可用于多类疾病。但它依旧是抗生素，吃不吃，听医生的。家长们可不要化身"赤脚医生"，给孩子乱用药。尤其是不要自己判断就和其他药物一起服用，小心出大事。

二、阿莫西林乱搭配，真会要命

现在家家户户都有小药箱。但孩子生病后，如果家长给孩子随意吃药，随意配药，不仅治不好病，更可能配出"毒药"。吃药这件事，有时可不是 1+1=2。

画重点！下面这 4 个阿莫西林的错误搭配，一个都错不得。

1. 阿莫西林 + 藿香正气水：死亡

藿香正气水含酒精，阿莫西林属于半合成青霉素，两者同时服用，可能会发生双硫仑反应，导致出现脸红、心跳加快等反应，严重时会导致死亡。

所以，在服用抗生素期间，千万不能饮酒或食用含酒精类食物。否则会引起面部或全身发红、头晕等醉酒症状，严重者甚至会出现血压下降、休克等危急状况。

2. 阿莫西林 + 甲氨蝶呤：中毒

阿莫西林与甲氨蝶呤合用时，会降低甲氨蝶呤肾清除率，从而增加甲氨蝶呤毒性。

3. 阿莫西林 + 丙磺舒：增加血药浓度

丙磺舒会对阿莫西林的排泄有阻滞作用，二者合用，会升高阿莫西林的血药浓度，也可能增加毒性。

4. 阿莫西林 + 抑菌药：降低药效

阿莫西林属于细菌"繁殖期杀菌剂"，而抑菌药，如四环素类、红霉素等，属于细菌生长繁殖期"快速抑菌剂"。二者合用，会导致阿莫西林的杀菌作用大打折扣。

科大大列举出这些"阿莫西林"的错误用法，并不是说阿莫西林用不得，而是为了让大家在使用时，完美规避错误选项。

那么，在需要使用阿莫西林时，家长怎样做才是正确的呢？

三、致敏率极高，正确使用看 3 点

阿莫西林属于半合成青霉素，这就决定了它的致敏率极高。既然阿莫西林的过敏率如此之高，我们必须得守住第一道防线。

1. 该如何严防过敏？

2017 年，卫计委发布的《青霉素皮肤试验专家共识》中提出，无论成人或儿童，无论何种给药途径，应用青霉素类药物前均应进行皮试。

在使用阿莫西林前，医生都会询问，既往是否有抗生素类、青霉素类或其他药物的过敏史。

如果孩子曾发生过过敏反应，家长需要牢记过敏症状，并准确告知医生。如果是首次服用阿莫西林，必须进行皮试，以避免出现药物过敏反应。但即使做了皮试，也不能保证结果 100% 的准确。

2. 一旦用药期间发生过敏，应如何应对？

阿莫西林最常见的过敏类型为：速发型反应和迟发型反应。

①速发型反应。

通常在给药 1 小时内，甚至数分钟内发生。

最常见的症状为荨麻疹，还可能出现瘙痒、喘息、呼吸急促、晕厥等症状。

用药期间，家长要密切观察宝宝情况，如出现上述症状，需立即就医。并且以后也不可再用阿莫西林，否则症状还会加重。

②迟发型反应。

通常发生在给药的数日或数周之后，多次用药后出现，甚至可能在停止治疗后的 1 ～ 3 日出现。

最为常见的症状是伴有或不伴有瘙痒的斑丘疹和延迟性压力性荨麻疹。所以，即使停药后，家长也要密切观察孩子是否出现异常症状。

3. 在使用阿莫西林时，除了严防过敏，我们还要注意什么呢？

①严格把控用药剂量。

低于 3 个月的婴儿，每日 2 次，每 12 小时 1 次；大于 3 个月的儿童，每日 3 次，每 8 ～ 12 小时 1 次。具体用量要严格遵医嘱用药。

②每日用药时间最好相同。

阿莫西林属于"时间依赖性"抗生素，最好按时按顿规律服药，每天固定时间吃。

③不要擅自停药、调整剂量。

如果忘记吃药了，只要没到下次服药时间，立即补服即可，但最好每天按时吃药；如果漏服或未完成整个疗程可能会降低治疗效果，增加细菌耐药性；如果一个疗程吃完还没好，应及时复查，而不是自行加大剂量。

科大大提示，包括阿莫西林在内的所有抗生素，都有严格的适应证。在使用时，要严格按照规定的剂量、时间间隔，以及疗程来使用。抗生素不滥用，用药不乱搭配，是家长在给孩子用药时该遵循的原则。

化痰药不能"化痰"，更不能和止咳药搭配

秋冬季，无论大人小孩，嗓子里发出"呼噜呼噜"的声音，喉咙里就像安了鼓风机一样，时不时还会咳嗽两声，这就是痰音。

但有痰音并不代表痰量很大，今天科大大就和大家聊聊真假痰。如果家里小孩或者大人有咳嗽带痰的情况，一定要看这篇文章。

一、有痰音≠有痰

我们听到嗓子里有"呼噜呼噜"的声音，并不是痰，而是痰音。也就是说，我们只是听起来觉得宝宝有痰，其实可能是——假咳痰。

1. 假咳痰是什么？

①喉软骨软化。

喉软骨软化主要的表现是，宝宝在用力呼吸或吃奶时，喉软骨会变形，气体通行受阻导致喉咙发出"呼噜呼噜"的声音。喉软骨软化常出现于新生儿期，6～8个月时声音最明显，大多数于12～18个月时症状消失。

对于大多数病例而言，这种声音不是持续存在的，而且宝宝精神状态好，吃奶正常，看起来不像是生病。轻度的喉软骨软化是宝宝生长发育中的一种正常现象，并不需要治疗，但需要监测体重等生长发育指标。

此外，多达20%的喉软骨软化症婴儿还存在其他气道异常，但危及生命的异常较少见，对于合并有呼吸暂停、声音嘶哑、喂养困难、生长不良的情况，需要积极就诊。

②鼻腔分泌物倒流。

鼻腔分泌物倒流是指黏稠的鼻涕没能及时从鼻孔排出，会倒流至咽喉部，从而刺激咽喉部引发异物感，孩子就会不停"清嗓子"来缓解，导致喉咙发出"呼噜呼噜"声。

家长需要帮助宝宝把鼻涕擤出来，或者对症用药，减少鼻腔的黏液分泌，这样可以帮助宝宝呼吸更顺畅。

2. 真咳痰是什么？

当宝宝出现呼吸道感染或过敏时，就会产生大量分泌物，从而产生痰液。这些痰液会通过支气管上皮的纤毛运动，自下而上，最后通过咳嗽排出体外，起到保护呼吸道和肺脏的作用。

宝宝发生呼吸道感染或过敏时，痰量会明显增多，此时会感觉到宝宝的喉咙"呼噜呼噜"作响。月龄小的宝宝往往不会咳痰，痰液较容易在气道积累，从而影响呼吸。

想要排痰，我们得先学会协助孩子化痰，痰液稀释后，排痰才会更容易。

二、想要化痰，记住 2 招

1. 蒸汽化痰

排痰前，可以打开浴室的热水，让孩子在浴室玩 15 ～ 20 分钟；等痰液稀释得差不多，可以通过拍背帮助孩子排痰。

拍背时间应选在餐前 30 分钟或餐后 2 小时，每侧至少拍 3 ～ 5 分钟，每天拍 2 ～ 3 次。即使拍不出来也没有关系，因为痰主要由水、蛋白质、盐、灰尘组成，咽下去也没有关系。

不健康的痰虽然含有细菌或病毒，但在经过食道和胃时，也会被胃酸杀死，不会有什么危害。

2. 雾化化痰

当咳嗽严重影响宝宝的生活和睡眠时，可以通过雾化的方式化痰。但一定要经过医生诊断，并确认所需要的药物名称和剂量，不能随意使用。

看见孩子咳黄痰也不要担心，更不要仅仅因为少量黄痰就直接使用抗生素。

如果痰色黄或黄绿，且痰量较大，需要警惕合并细菌感染，建议完善检查后酌情加用抗生素。因为呼吸道上皮细胞的多形核白细胞是黄色，当它附着在痰液上时，我们看到的痰液也是黄色。

面对痰多的孩子，家长们平时最好给孩子及时补充水分，秋冬干燥，最好在宝宝的房间放个空气加湿器。如果孩子实在咳得厉害，我们用药也得有讲究。

三、化痰、止咳药不可取，用药遵医嘱

1. 化痰药——NO

目前并没有药物能直接把痰变没了。化痰药只能稀释痰液，让咳痰变得容易一些。但考虑到药物的毒性和潜在的副作用，一般不建议使用。如果痰多又咳不出来，可以在医生的指导下适量地选择盐酸氨溴索化痰。化痰药的应用也可适当结合拍背，促进痰液排出。

2. 止咳药——NO

咳嗽只是一种表现症状，但并不是真正的病因。它是身体重要的防御机制，可以将气道中裹挟着异物、有害物的痰液排出体外。

只想着止咳，反而有可能导致异物或分泌物在体内留存时间过长，加重宝宝不适感。

我们需要治疗的是痰液产生，并不是治疗咳嗽本身，所以不应该盲目使用止咳药。一般而言，止咳药更多应用于较剧烈的刺激性干咳，应用目的是保证进食和休息的质量。

除了药物，很多人认为"秋梨膏、雪梨水止咳化痰"，其实真正发挥作用的是其中的水。

红霉素软膏，你用对了吗？

很多人家中常备红霉素软膏，但它的具体用途你真的知道吗？

之前有一则新闻引发关注，其中提到"红霉素软膏不是万能药"，医生提醒红霉素软膏不能长期使用。

红霉素属于抗生素，滥用会培养出有耐药性的细菌，甚至是完全耐药的超级细菌。一旦被这些细菌感染，孩子和家人就可能陷入无药可用的危险中。

科大大真的不是在吓唬你，全球每年因感染"超级细菌"死亡的人约有70万。

为了不再让孩子因滥用红霉素受到伤害，科大大就给大家说说红霉素软膏如何正确使用，以及与红霉素眼膏的区别。

一、红霉素软膏≠万能药

不知道大家有没有看药品说明书的习惯？下面我们一起来看看红霉素软膏的说明书。

红霉素软膏说明书

请仔细阅读说明书并按说明使用或在药师指导下购买和使用

【药品名称】
通用名称：**红霉素软膏**
英文名称：Erythromycin Ointment
汉语拼音：Hongmeisu Ruangao
【成　　份】本品每克含红霉素10毫克。辅料为：黄凡士林、液状石蜡。
【性　　状】本品为白色至黄色软膏。
【作用类别】本品为皮肤科用药类非处方药药品。
【适 应 症】用于脓疱疮等化脓性皮肤病、溃疡面的感染和寻常痤疮。
【规　　格】1%
【用法用量】局部外用。取本品适量，涂于患处，一日2次。
【不良反应】偶见刺激症状和过敏反应。

OTC 乙类 外

1. 可以使用红霉素软膏

从说明书中可以看出适合用红霉素软膏的有以下 3 种情况。

①脓疱疮等化脓性皮肤病。

②小面积烫伤、溃疡面的感染。这里要记住，烧伤和溃疡面小面积、程度较轻时使用；面积较大、程度较重时，一定要及时送医，避免延误治疗。

③寻常痤疮，也就是因毛囊堵塞进而引起的青春痘才能使用。

2. 不能使用红霉素软膏

科大大发现乱用红霉素软膏的家长真的很多。下面来看看最常见的错误用法有哪些。

①孩子过敏性、增生性鼻炎。

②男童睾丸上长小疙瘩。

③孩子唇炎或口角炎。

④肛裂。

⑤孩子红屁屁。

除了上面这 5 种，科大大还总结了以下 5 种：鼻出血、去除倒刺、蚊虫叮咬、尿路感染、真菌感染引起的皮肤病（如头癣、甲癣、股癣、手足癣等），都不能涂抹红霉素软膏。

科大大希望大家谨慎使用红霉素软膏，不要总是用它来寻求心理安慰，因为即使你用了红霉素软膏，结果也只有一个——没效果。而且错误使用不仅没有好处，反而会打破局部的细菌平衡，增加一些条件致病菌的耐药性，增加细菌感染的可能。这也就是医生要强调不能长期使用的原因所在。

二、红霉素软膏用多久算长期？

说到长期使用，大家是不是也很疑惑，一天算长吗？一个星期算不算长？一个月算不算长？

听科大大来说两句，首先用红霉素软膏必须对症。对症用药后，3 天后是可以看到好转的。如果出现好转，说明用对了，那就可以继续使用，直到感染完全控制为止；如果用了 3 天，红肿脓液没有减少，症状没有减轻，说明治疗效果不太理想，可能会需要调整治疗，而且这3天用药就算长期了。

一旦发现使用后没效果，应立即停药，否则会出现耐药性，培养出超级细菌。最正确的方法是立即去医院就诊。

科大大再告诉大家一个红霉素软膏用药通用原则：小面积短时间使用，忌长期大量地使用。

三、软膏和眼膏不能替代使用

红霉素软膏和眼膏，你有没有替换使用的习惯？

很多人会认为这两种药都叫红霉素，能随便用。但科大大很严肃地提醒大家，红霉素软膏和红霉素眼膏虽然只有"一字之差"，但里面的成分却有所差异。

红霉素浓度：软膏1%，眼膏0.5%。
辅料：软膏的辅料为白凡士林，眼膏的辅料是黄凡士林。

两者浓度和辅料的不同，说明眼膏的刺激性更小，人的眼睛比较娇嫩，使用软膏肯定会刺激眼部。而且，红霉素软膏属于皮肤外用制剂，红霉素眼膏属于眼用制剂。

根据《中华人民共和国药典》的规定，眼用制剂不得检出任何细菌，且制剂要求细腻、无刺激性；但对软膏的无菌性相对宽松一点儿。因此，用软膏替代眼膏是不可取的，否则可能引起严重的眼部不良反应。

红霉素的吸收性较强，皮肤薄的人群，如儿童，最好尽量避免长期使用。另外，哺乳期患乳腺炎的妈妈们不宜使用红霉素类药物，以免药物通过乳汁进入婴儿体内，虽然红霉素本身毒性很低，但依旧可能影响宝宝体内菌群平衡。

激素药膏最多能连用几天？

说起激素药膏，多数家长对它是又爱又怕。爱的是，它在必要时真的很管用，比如孩子起湿疹时；怕的是，担心它有副作用伤害孩子的身体。

所以家长们抹药时难免会在心里犯嘀咕，这药会不会有副作用呀？是不是得少用点？因此，只要孩子病情稍一好转，就立马扔到角落。

其实，激素药膏多是糖皮质激素，本身并不"坏"，还能抗炎抗毒。但科大大理解大家的担心，所以这一篇就来讲讲，激素的副作用大吗？哪些激素药膏孩子可以用？怎么给孩子正确用药？

一、用激素药膏一定会有副作用吗？

正确适量涂抹，掌握好用药时间，治疗作用是远远大于副作用的，一般不会出现不良反应。

家长们不敢给孩子用这类药，大多是担心抹了药会不长个儿、发胖、性早熟，或者出现激素脸等。

首先，孩子使用的激素药膏不含性激素，所以不会引起性早熟，更不会影响长个子。其次，孩子一般都是为了治疗湿疹或者其他病症，才用激素药膏。而且医生开的也多是中效或者弱效激素药膏，正确使用就不用太担心。

所以该使用激素时，家长就安心遵医嘱给孩子用，不要耽误了病情。具体怎么用药，科大大后面会讲到。但下面这 3 种情况容易出现副作用，一定要避免。

1. 给宝宝使用含有激素的面霜

长期使用含有激素的面霜，容易导致面部皮肤黑斑、萎缩变薄等问题，还可能出现激素依赖性皮炎。如果之前给孩子使用过此类面霜，没有出现过什么不适的话，家长也不要太过担心。不过以后在给孩子选择宝宝霜时要擦亮眼睛，如果商家宣称产品对湿疹、皮炎有效果，就要小心了。

2. 擅自给孩子使用激素药膏，尤其是网购相关药品

使用激素药膏一定要咨询医生或药师，而且网购药品中的激素成分和含量都不明确。往往效果越好，激素含量越大，擅自给孩子使用容易造成伤害。

3. 给孩子使用强效激素

强效激素的药性强，激素浓度高。使用强效激素一定时间，会造成皮肤变薄或毛细血管扩张等副作用，恢复起来也比较难。

哪些药膏是强效的呢？孩子能用的常见药膏又有哪些？

二、这类药膏要远离孩子

我国将常见的激素药膏分为 4 种：超强效、强效、中效以及弱效。

1. 超强效 / 强效：尽量不给宝宝用

这两种激素药膏医学上不建议 12 岁以下儿童使用，一定要远离孩子。如果家里有大人使用，一定跟孩子用的药分开。

常见的超强效激素药膏有丙酸氯倍他索（特美肤）等。

常见的强效激素药膏有醋酸氟轻松（肤轻松）、哈西奈德（乐肤液）等。

2. 中效：宝宝短期可使用，私处敏感部位需谨慎

这类药适用于孩子病情较严重时，比如严重湿疹。短期内可以用，病情好转之后，再转为弱效激素药膏。但尽量不要在孩子脸部、脖颈以及私处等敏感的部位涂抹。

常见的有丁酸氢化可的松（尤卓尔）、曲安奈德（派瑞松）、糠酸莫米松（艾洛松）、地塞米松（皮炎平）等。

3. 弱效：宝宝可以用，但需咨询医生

孩子大多使用的是这类激素药膏，既可以有效治疗，也不会有太大副作

用。必要时也可以长期用，但要用对。

常见的有醋酸氢化可的松（1%浓度）、地奈德（力言卓）等。

药膏太多记不住怎么办？教你一句口诀快速辨别：一看松，二找奈德，三寻他索。

那该如何正确用药呢？

三、给孩子抹激素药膏，牢记4点

如果医生开了药没有叮嘱怎么抹，家长们一般都会去看说明书，"这个适量是抹多少呢"？多数家长这个时候都会犯难，激素药膏到底该怎么给孩子抹？

1. 一次抹多少？

一般药管挤出一指尖的量大约 0.5 g，适用于涂抹两只手掌大小的湿疹面积。还有一种药管口比较细，一指尖的量约为 0.25 g，只适用于涂抹一只手掌大小的面积。

家长们可以按照这个方法，根据孩子湿疹面积的大小估算涂抹的量。

2. 不同部位怎么抹？

孩子不同的身体部位对药膏吸收度不同，最敏感的是脸部，手和脚吸收最弱。如果胳膊对药膏吸收量为 1 的话，家长们可以根据下图增减抹药的量。数字越大，吸收性越强；数字越小，吸收性越弱。

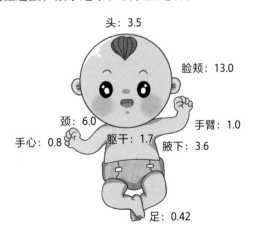

比如，孩子脸部和手上都有湿疹，那么脸上就要相对少抹一些，手上稍微多抹一点儿。

3. 病情好转怎么停药？

这是多数家长会忽略的一点。稍有好转就立马停药，容易引起病情反复，需要再次用激素，这样反而加重对激素药膏的依赖。

正确做法应该是慢慢减少激素药膏的使用，比如从一天 3 次减少到一天 1 次，再到隔 1 天一次，再隔 2 天、3 天用 1 次，这样慢慢停药。

4. 药膏可以抹多长时间？

一般脸部用药连续不超过 1 周，躯干和四肢连续用药不超过 2 周。如果病情没有得到缓解或者有加重迹象，要及时去复诊。

最后科大大还要再次提醒，使用激素药膏前一定要咨询医生或药师。毕竟激素不是万能药，不能孩子皮肤一痒或者红肿，就抹激素药膏。孩子的皮肤娇嫩，用药之前还是要了解清楚。

3 种新型体温计，哪种更靠谱？

对于新手爸妈来说，育儿之路永远是一波未平，一波又起。明明储存了很多知识，但孩子一出问题便发现，理论很简单，操作很困难。甚至很多家长卡在了第一步，测温。

给孩子量体温的过程中，经常出现不准确的情况，或是感觉孩子明明已经高热了，测出的体温却不高，这到底怎么回事呢？

科大大认为这主要源于两个原因：一是体温计的准确性有待考量；二是家长的测量方式不规范。

那么，各种各样的体温计到底哪种更精准？价格高的体温计性价比是不是也够高？如何给孩子测量才是最佳方式？

一、常用体温计测评

体温计种类繁多，测量的部位也是五花八门，腋下、额头、耳朵……你知道哪种更准确吗？

据科大大测评，准确度排行如下：水银体温计＞电子体温计 / 耳温枪＞额温枪。然而想要给孩子准确测量体温，单考虑准确度是不够的，往往还需考虑其他诸多因素。

接下来，科大大就对家庭常用的几款体温计进行全面测评，帮助家长选择更适合的体温计。

1. 水银体温计

操作便捷度： ☆☆☆☆☆

水银体温计对家长来说，操作较为简便，将体温计的水银端夹在孩子的腋下即可。

由于腋下的空间相对封闭，所以对环境要求较小，只要衣着不过多或者过少，同时环境不过冷或者过热，都可以取得较为准确的体温数值。

测温速度 & 孩子配合程度： ☆☆☆

夹在腋下 5 ~ 10 分钟不能动的要求，着实让好动的孩子感到不舒服。一旦体温计离开有效位置，测温数据便会产生误差，重新测温对孩子和家长耐性的考验都很大。

安全性： ☆

相较于水银体温计的准确性，家长更应关注其安全性。水银体温计中暗藏一颗"定时炸弹"——水银材质。体温计破碎，水银溢出，极有可能危害身体健康。

如果不小心打碎体温计，会导致水银中毒。一旦发生这种情况，家长可按照如下方法及时处理，特别注意，若发现孩子身体不适，应立即送医。

①用湿润的棉棒或胶带纸将洒落在地面上的水银蘸起来，放进封口的小瓶中，并在瓶中加少量水，防止其蒸发。

②在水银流过的地方，撒上硫黄粉，降低水银毒性。

③用 10% 的漂白粉液体冲洗地面，二次清除。

不过，相关部门已明确规定 2026 年起全面禁止生产水银体温计，存在了近 3 个世纪的水银体温计即将退出"舞台"。

价格友好度： ☆☆☆☆☆

常规腋下水银体温计的价格在 3 ~ 15 元不等，因超高的性价比受到众多家庭青睐。

2. 电子体温计

操作便捷度： ☆☆☆☆☆

不同于水银体温计的复杂读数，电子体温计能以蜂鸣声提示测温结束，直接显示数字。更适合处于焦急状态的家长，节省宝贵的就医时间。

测温速度 & 孩子配合程度：☆☆☆

作为水银体温计的升级版，电子体温计同样要求孩子坚持 3 ～ 5 分钟，在孩子与体温计的"共同努力"下，才能准确完成测温。

安全性：☆☆☆☆☆

不同于水银体温计中危险的水银材质，电子体温计通过温度传感器输出电信号，对孩子来说更安全；但同时体温计也会受到电子元件及电池供电状况等因素影响，个别时候精准度会打折扣。

价格友好度：☆☆☆☆

电子体温计价格在 20 ～ 200 元，相对较为亲民。

那 1 岁以下的宝宝也适用吗？当然，不过科大大更推荐使用奶嘴式电子体温计，让孩子不知不觉中完成测温。

3. 耳温枪

操作便捷度 & 孩子配合程度：☆☆☆

测耳温时，家长需要将探测仪慢慢伸入孩子的耳道，测到鼓膜才准确，这于家长来说，操作难度和需要孩子的配合程度都较大。

科大大在这里提醒，耳温枪更适合 2 岁以上的孩子，家长在测量前一定要叮嘱好孩子不要乱动。

测温速度：☆☆☆☆☆

耳温枪的测温速度很快，仅 1 ～ 2 秒就能得到体温度数，对于没耐心的孩子，可以说是必备。

安全性：☆☆☆☆☆

耳温枪采取红外线测温，基本对人体没有伤害，家长可以给孩子放心使用。

价格友好度：☆☆☆

100 ～ 2500 元不等，跨度较大。

4. 额温枪

操作便捷度：☆☆☆

额温枪使用时需将仪器垂直指向额头，并保持 3～5 cm 的距离。尽管这样，还是不能完全保证测量的准确度。因为它受外界干扰很大。凡是能造成体表温度波动的因素，都能对其结果造成影响。比如当孩子出汗，或刚从恶劣环境回到家等，这些时候进行测温都会出现偏差。

特别注意，当处于公园等室外场景时，给孩子测温最好选择手腕等被衣服覆盖的部位。这样会减少天气、日照等原因带来的误差。

测温速度 & 孩子配合程度：☆ ☆ ☆ ☆ ☆

额温枪的测温速度较快，仅需孩子乖乖配合 1～2 秒，听到"嘀"的一声，即完成测温。

安全性：☆ ☆ ☆ ☆ ☆

额温枪同耳温枪一样，采用红外线原理测温，虽容易受外界环境影响，但对孩子身体伤害较小。

价格友好度：☆ ☆

300～5000 元不等，价格跨度较大。

综合来看，科大大认为体温计的推荐排行为：电子体温计＞耳温枪＞额温枪＞水银体温计（1 岁以下的宝宝，优先选择奶嘴式体温计）。

二、规范使用体温计

测量体温讲究快、准、稳。在环境稳定，孩子衣着适当并且没有情绪激动，或者刚做完运动的前提下，想要测温准确，以下操作妙招必须知晓。

1. 腋下电子体温计操作指南

将体温计紧贴宝宝腋下，扶住宝宝胳膊，发出蜂鸣提示声即测量完成。

2. 耳温枪操作技巧

将探头轻柔地放入孩子的耳道，再按下开始键。

使用耳温枪时，适当提拉孩子的耳郭，确保红外线感应到鼓膜温度。

需要提醒的是，对于发热的宝宝，测体温往往是一件要持续数天甚至一周以上的事情，直到 48 小时以上不再出现发热症状为止。

在准确测温的前提下，多次测温以评估发热程度的变化是很有必要的。

如果发现孩子确实存在发热，同时伴随以下几种情况，必须及时送医。

★ 吃了退热药，仍无精打采，持续昏睡，或出现烦躁情绪。

★ 在发热过程中，出现明显的面色改变，或者呼吸急促。

★ 连续 3 天反复发热，并且体温持续上升，或口服退热药效果不佳，甚至无效。

★ 在发热的同时，伴有频繁呕吐或喷射性呕吐情况。

★ 发热过程中，大便格外腥臭。

★ 对孩子的情况拿捏不准时，带孩子去医院交给医生解决。

儿童常备药清单

有孩子的家庭都知道，无论是出游，还是日常生活，都要备着小药箱，毕竟宝宝喜欢上蹿下跳，而且时不时地有个小病小痛……

但多数家长并非医务人员，对于各种类型的常用药把控不到位。科大大特意列出了一份"常备药品清单"，各位只需要"抄作业"就行了。

那么，备这些药，储存也是个难题。一旦给孩子吃了储存不当的药，后果会很严重。所以科大大随之给各位总结了"药品储存方法"，请认真阅读。

一、最实用备药清单，居家、外出两不误

下面这份最实用的儿童药品清单，各位家长要牢记。

1. 外伤处理类

①碘伏：相比较碘酊和酒精，碘伏对于伤口来说刺激会小一些。

②生理盐水：对于比较严重一点儿的伤口，可以先用生理盐水冲洗，再用碘伏消毒。

③创可贴：用碘伏消完毒后，可以贴上创可贴，以防碰到伤口，引发二次损伤。

但不是所有伤口都可以使用创可贴，比如，小而深的伤口、动物咬（蜇）伤、疖肿、烧（烫）伤、创面较大的擦伤、感染或污染较重的伤口等，就不能使用创可贴。

2. 退热类

①体温计：可以用电子体温计，既方便又安全。

②退热药：对乙酰氨基酚与布洛芬都是孩子常用的退热药。

对乙酰氨基酚	
适用人群	3 个月以上的孩子
服药剂量	每次按体重 10 ～ 15 mg/kg
服药时间	4 ～ 6 小时一次，24 小时内最多 4 次
注意事项	蚕豆病患儿慎用，不作为首选退热药

布洛芬	
适用人群	6 个月以上的孩子
服药剂量	每次按体重 5 ～ 10 mg/kg
服药时间	6 ～ 8 小时一次，24 小时内最多 4 次
注意事项	脱水、肾脏功能不好的患儿不适用，哮喘的孩子避免使用

3. 腹泻类

①口服补液盐Ⅲ：孩子腹泻时喝，可以预防脱水；感染性腹泻时使用。

②肠道益生菌：防止孩子腹泻后出现肠道菌群失调；感染性腹泻时使用。

③蒙脱石散：如果孩子腹泻严重可以尝试蒙脱石散。

口服补液盐Ⅲ	
服药剂量	按照体重计算，每次剂量为 50 mL/kg，少量多次，4 小时内服用完，之后根据腹泻是否停止，决定是否再次服用
服药时间	发生腹泻开始，每次便后服用
注意事项	不能一包溶液分多次调配，要按照说明书或医嘱。当然，也不能一次给宝宝喝一大瓶

4. 过敏类

①炉甘石洗剂：如果是接触到蚊虫或者其他东西引发的过敏，可以使用外用炉甘石洗剂来止痒。

②氯雷他定：严重过敏可以通过口服抗过敏药来缓解，2岁以上可用；注意，用药剂量遵医嘱。

炉甘石洗剂	
适用人群	没有年龄限制，但2岁以下的宝宝不能使用含有薄荷脑的炉甘石洗剂
使用频率	每天可以涂抹3～4次
注意事项	用前要摇匀，不要涂抹在毛发处及有液体渗出的部位，对炉甘石、氧化锌、甘油等成分过敏的宝宝同样不能用

5. 便秘类

①开塞露：主要成分是甘油，偶尔使用还是相对安全的。

②乳果糖：属于纤维素制剂，如果改善宝宝饮食结构后仍未缓解便秘，可以遵医嘱服用。

6. 晕车类

①晕车贴：孩子皮肤不过敏的情况下，可以考虑晕车贴；8岁及以上孩子可以使用山莨菪碱贴。

②茶苯海明：出发前30分钟服用，7～12岁儿童一次0.5～1片，每日不超过4片。

以上药品最好常备，一旦孩子有个头疼脑热的，可以临时缓解。

如果你要带孩子出行，觉得带这些药多有不便的话，那么以下这几种药，无论如何都一定要带上：创可贴、退热药、口服补液盐Ⅲ、氯雷他定。

接下来看看这些药该怎么储存。不同的药物有不同的储藏条件，正确存放可以充分发挥药物的作用；反之，错误存放不仅降低药效，而且吃了还会对身体造成损害。

二、药品储藏不当，比吃错药还危险

1. 药品储藏，温度是关键

很多人觉得，冰箱的保鲜能力强，药品放在冰箱里会比较稳定，但并不是所有的药品都适合放在冰箱里。

我们要根据药品说明书上的储藏条件，来储藏药品。

★ 冷处：指温度 2 ～ 10 ℃。

★ 常温 / 室温：指温度 10 ～ 30 ℃。

★ 阴凉处：指温度不超过 20 ℃。

★ 遮光：指用不透光的容器包装，例如棕色容器或黑纸包装的无色透明、半透明容器。

★ 避光：指避免日光直射，影响药效。

★ 密闭：指将容器密闭，以防止尘土及异物进入。

★ 密封：将容器密封以防止风化、吸潮、挥发或异物进入。

★ 防潮：将药物放在密闭的药品盒里，存放在干燥的地方，避免放在湿度大的地方。

★ 冷藏保存：2 ～ 8 ℃，即冰箱的保鲜层；注意，不是冷冻层。

在这里要注意的是，放冰箱 ≠ 不变质。

有一些糖浆类药品，如果存储在温度过低的地方，药品内所含的糖分就会结晶，导致药效减弱；还有膏药类的药品需要常温存放，低温会导致黏性变小，影响使用。

另外，家长一定要将药品放到孩子不容易接触的地方，最好将大人和孩子的药箱分开，避免拿错。

2. 不要将包装盒和说明书扔掉

药品的包装盒和说明书上标有指导安全用药的信息，也是选用药品的主要依据。

外包装以及说明书含有药品名称、成分、适应症状、用法用量、不良反应、贮藏方式、禁忌证等，保留说明书利于在用药后对异常情况及时发现与处理。

3. 这些药开封后要尽快使用

所有的药品，开封后有效期限就会缩短，而且不能用原有的期限来衡量是否过期。比如，下面这些药品，一旦开封后，建议尽快使用。

①眼药水：眼药制剂一旦开封很容易被细菌污染，建议4周内用完，也有使用期限是1周内的，需根据药品说明书要求判断具体时间。

②糖浆：含有较高糖分，开启后一旦被污染，就会变成细菌的温床，每次服用前一定要仔细观察；在未受到污染的情况下，夏季可室温保存1个月，冬季可室温保存3个月；如有气泡、异物须丢弃。

4. 过期药品处理

大家是否有过直接将过期药品丢到垃圾桶和生活垃圾一起处理的时候？

大家要知道，过期药品属于危险废物，虽然过期后药效降低，但是一些药品会产生有害物质，对人体产生损害。

那么对于过期药品，怎样处理才合理？

我们可以采取以下两种方式。

①送到药物回收站：可把过期的药物整理好送到药物回收站，相关人员会统一清理销毁。

②送到就近医院或药店：一些药店和三甲医院都会回收过期的药物，然后进行统一销毁。

5. 药品里的干燥剂要丢掉

购买了瓶装药后，有些人把包装打开后仍然把棉花和干燥剂留在瓶内，尤其是糖衣片，以为这样能更好地维持药物质量，防止药品受潮。

其实，随着反复开启药品包装，这些阻挡水汽的干燥剂、棉花同样会吸附空气中的水汽。药瓶开封后，暴露于空气中的棉花易潮湿，干燥剂也失去作用，若与药品放在一起，容易造成药品变质。所以，药品开瓶后，棉花和干燥剂应立刻丢弃，不能一直放在药瓶里。

无论是要外出还是在家中，家长们最好备一些有效且安全的儿童药品。如果孩子出现了严重情况或是自己无法判断，就不要大胆用药了，一定要及时就医。

第九章

科学接种疫苗

3 大春季传染病"作妖"，疫苗赶紧打

春季气温忽高忽低，稍有不慎，孩子的小身体就会"亮红灯"。更可怕的是，随着春季的到来，一些流行病也进入了高发期，它们的头号攻击目标就是可爱的宝宝们。尤其是手足口病、麻疹、流行性腮腺炎这 3 种病，是春季传染病"黑名单"前 3 名。

科大大就教大家一些预防和护理的小妙招，让孩子不受病毒侵扰。

一、大人也会传给孩子，4 招预防手足口病

手足口病作为黑名单榜首，一旦传播开来，能让幼儿园停课闭园。它主要是经呼吸道和消化道传播的，打喷嚏和共餐都能传染。更可怕的是，大人也会传染给孩子。

手足口病全年都可发生，北方地区夏秋高发，但有提早的趋势；南方地区以春夏为主高峰，秋冬为次高峰。

手足口病分为普通型和重型两种，多数为普通型，症状较轻。

1. 普通型手足口病

普通型发病比较急，在手、口、足 3 个部位出现疱疹和斑丘疹，在出疹时或出疹前可能会出现发热，大部分是低热，小于 38.3 ℃。一般无须治疗就能自愈。

孩子得了手足口病，日常饮食和疹子护理，家长们可根据下表来操作。

手足口护理	
护理部位	护理方法
口腔护理	推荐较凉的水、稀粥、面条等流质、半流质食物；饭后用温开水漱口，或用棉签蘸水擦拭口腔
皮疹护理	如果宝宝有痒症，皮疹未破溃，可在局部涂抹炉甘石洗剂；皮疹破溃，可涂抹碘伏等刺激性小的消毒剂

2. 重症手足口病

重症的就比较危险了，如果没有及时治疗，可能会出现脑膜炎、脑炎、脑脊髓炎、肺水肿、循环障碍等并发症。所以当孩子有下面这些情况时，家长要警惕，及时带孩子就医。

①面色灰白、四肢发凉、出冷汗。

②指（趾）甲发紫。

③嘴唇发紫、咳嗽加重。

④咳白色、粉红色或血性带气泡的痰液。

⑤其他不明原因的腹痛。

当孩子有上面这些情况，或者突然出现精神状况变差、抽搐、喷射样呕吐的症状，赶紧带孩子去医院。

当然家长也不用太焦虑，大部分孩子得的都是普通型手足口病，可以自愈。但是防护工作也不能松懈。

3. 防护

①打疫苗：大部分重症手足口病是由 EV71 病毒引起的，接种 EV71 疫苗能减轻宝宝患重症手足口的风险；建议 6 月龄～ 5 岁的孩子都要接种，尽量在 12 月龄前完成 2 次接种。

②洗手：孩子在吃东西前、上厕所后、外出回家后都要洗手，手心、手背、指背、指尖都要清洁到，还不会自己洗手的小宝宝，家长可以帮孩子洗，从小养成好习惯。

③消毒：孩子的玩具、餐具，家长们也要记得用高温消毒。

④隔离：如果宝宝不幸患上手足口病，在生病期间和痊愈后的一周，都要在家隔离，家长也要戴好口罩防止被传染。

二、麻疹，传染性超强，重可致命

春天也是疹子最容易发生的季节，很多孩子一到春天皮肤就开始起疹子。这个时候最常见的疹子是什么？可能有的爸妈已经猜到了。对，就是麻疹，一个非常有特点的发热发疹性传染病，科大大告诉你，可千万不能小瞧麻疹，这家伙可厉害着呢。

麻疹传染性极强，仅通过喷嚏或口水，都可能使身边人中招，俗称"见面传"。

不想让孩子中招，出门别忘戴口罩，少去人群密集的地方。当然消灭敌人最好的方式就是知己知彼。爸妈们拿出小本本，记好它的"坏模样"。

1. 麻疹的症状

主要长在面部。

①感染初期症状和感冒相似，有发热、咳嗽、流涕、咽痛等症状，在口腔颊黏膜处，可见灰白色的小点。

②发热 3 天左右开始出红色皮疹，出疹顺序依次为耳后、发际、颈部、面部、四肢和全身，大多不会发痒。

③出疹后 3 天，皮疹会按出疹顺序慢慢消退。特别注意，若宝宝一直处于高温状态，小心有肺炎、脑炎、心肌炎等并发症出现。

2. 预防护理

因为它有传染性，所以发病期间要隔离，直到皮疹消退。

护理期间，室内保持清洁，空气流通，让孩子多喝水，给予易消化且有营养的流质或半流质饮食等。

可能有家长要问了，那有疫苗吗？当然有，8 月龄宝宝可以接种麻疹疫苗、12 ~ 18 月龄时再接种麻腮风疫苗。

宝宝若是接种了麻腮风疫苗，就没有必要再注射麻疹疫苗了。除了麻疹，最后一位探花选手，能让孩子"面肥脖子粗"。下面就来揭示一下它的

"恶行"。

三、流行性腮腺炎，重可影响生育

流行性腮腺炎本身并不可怕，但它引起的并发症不容小觑。

1. 并发症

①导致耳聋。

②睾丸炎、卵巢炎，可能影响生育。

除此之外，流行性腮腺炎引起的并发症还有脑膜炎、胰腺炎、心肌损伤等。如何判定孩子患了流行性腮腺炎呢？

患儿的表现症状通常为发热、头痛、食欲缺乏；先是一侧脸肿大（耳垂下方）2～3天，然后另一侧也开始肿大，边缘不清，有触痛。

2. 护理和预防

科大大要提醒各位家长，只要做到早预防、早发现、早治疗，宝宝很快会康复的。前面提到的并发症毕竟是少数，只要精心护理，一般不会有大问题。家长在护理宝宝时，要注意做好以下4点。

①缓解疼痛：用毛巾局部冷敷或热敷，减轻宝宝因肿胀导致的疼痛。

②适宜饮食：准备易咀嚼、清淡的食物，同时让宝宝多喝水。

③保证休息：尽量多卧床休息，同时宝宝需要隔离，避免传染给他人。

④适当退热：宝宝出现发热可以适当服用单一成分的退热药，缓解不适感。

另外，家长在照顾患病宝宝时要避免自己被传染，戴好口罩，勤洗手，不共用毛巾、餐具，注意房间通风。

当然预防的关键还是少不了疫苗。宝宝患病后家长可带孩子主动接种麻腮风三联疫苗（MMR），它是减毒活疫苗制剂，是现在最有效的预防手段。

科大大提示：

①已接种过麻风二联疫苗的宝宝，18月龄接种麻腮风三联疫苗。

②未接种过麻风二联疫苗的宝宝，满1岁即可接种麻腮风三联疫苗。

如果宝宝第一剂接种时间在 12 ～ 15 月龄，那第二剂接种时间可安排在 4 ～ 6 岁。

　　春天万物生发，病毒细菌疯狂滋生繁衍，抵抗力差的宝宝和预防不到位的家庭很容易感染。所以各位家长带宝宝外出一定要做好防护，不可抱有侥幸心理。

秋季腹泻，是否要打疫苗？

孩子拉肚子，一直拉个不停怎么办啊？一天 10 次，上吐下泻，还发热。大便还是非常态的"黄绿色"蛋花汤样便，这就是大名鼎鼎的秋季腹泻，学名轮状病毒腹泻。它与普通腹泻不同，极易造成孩子脱水性休克或因高热导致热性惊厥。

很多父母回想起自家孩子住院休克的场景，都心有余悸。而这种腹泻是一种自限性疾病，一般无特效药治疗。患病之后，只能让孩子排便，排出病毒。但我相信没有一个父母，会愿意看孩子遭罪。面对无特效药的疾病，打疫苗是非常必要的预防手段。

一、疫苗打不打？不良反应让人担心

一提到轮状病毒疫苗，不少妈妈都会脱口而出，哎呀，这个不良反应很大的。

其实，在疫苗接种后出现轻度呕吐、腹泻、发热等是正常的，多数情况下于 2～3 天内自动消失，无须特殊处理。

轻度呕吐、发热和严重呕吐、发热的区别		
轻度呕吐	VS	严重呕吐
除了呕吐、腹泻之外，不会给身体带来其他不适症状		身体出现脱水

轻度呕吐、发热和严重呕吐、发热的区别		
轻度发热		严重发热
腋下体温 37.5 ～ 38 ℃，无其他不适症状	VS	除体温异常之外，还可能出现皮肤、口唇颜色异常，呼吸、心率异常等

如果宝宝注射疫苗后出现持续腹泻一个月的情况，就需要去医院确认是否为疫苗所致。

如果是疫苗导致的，那么是否出现脱水症状？ 3 岁前是否再次出现过轮状病毒腹泻？如果都没有，后期受益还是大于风险的。

9 月开学后，就是秋季腹泻的高发期。轮状病毒传染性非常强，极容易在幼儿园、小学传播，学校被迫停课的状况也屡屡发生。

而秋季腹泻一旦住院，就需要花费上千元。如果还出现了并发症，比如，严重脱水休克、热惊厥等，导致住院时间延长，就需要更高的费用。而轮状病毒疫苗相比较之下，就"划算"得多。

	五价轮状病毒疫苗	单价轮状病毒疫苗
价格	285.5 元 / 支	173.5 元 / 支
次数	3 次	1 ～ 3 次
保护时效	3 年	1 年

接种完疫苗后，五价对重症腹泻的防御力在 90% 以上，单价在 70% 以上，极大地降低了孩子去医院的概率。

二、轮状病毒疫苗，选择黄金标准

3 个字：看年龄。

在 6 ～ 12 周龄的宝宝，适合服用五价轮状病毒疫苗。没错，这种疫苗是口服的，不是注射的。

服用第一支：6 ～ 12 周龄。

服用第二支：10 ～ 22 周龄。

服用第三支：14 ~ 32 周龄。

注：每支间隔 4 ～ 10 周。

如果你家孩子已经超过 12 周龄，还没有服用过第一支五价轮状病毒疫苗，那么可以选择单价轮状病毒疫苗。

单价轮状病毒疫苗，对于年龄限制并不严格，只要宝宝大于 2 月龄，就可以服用第一支了。之后每年服用 1 次即可，每次间隔 1 年。一般宝宝满 4 岁后，就可以不用再服用了，因为免疫力已经变强了。

不过，服用这 2 种疫苗有一些禁忌。以下这些宝宝，都是不能服用的。

单价轮状病毒疫苗禁忌	五价轮状病毒疫苗禁忌
①已知对该疫苗的任何组分，包括辅料和硫酸庆大霉素过敏者	①超敏反应：对于本品任何成分出现超敏反应者。接种一剂后出现疑似过敏症状的婴儿，不应继续接种剩余剂次
②患急性疾病、严重慢性疾病者，慢性疾病的急性发作期和发热者	②严重联合免疫缺陷疾病（SCID）：禁止严重联合免疫缺陷疾病患儿接种本品
③免疫缺陷、免疫功能低下或正在接受免疫抑制治疗者	③肠套叠既往史：禁止有肠套叠既往史的婴儿接种本品

三、轮状病毒疫苗，综合答疑

1. 得过一次，还有没有必要接种？

有必要。轮状病毒并不是得过之后就终生免疫了，还是需要接种的。

2. 轮状病毒疫苗可以和流感疫苗、13 价肺炎疫苗、手足口病疫苗、水痘疫苗一起打吗？

国产轮状病毒疫苗，根据说明书，与其他减毒活疫苗至少间隔 28 天接种；进口的五价轮状疫苗与无细胞百白破联合疫苗、脊髓灰质炎灭活疫苗、B 型流感嗜血杆菌结合疫苗、乙型肝炎疫苗和肺炎链球菌结合疫苗同时接种时，不会影响疫苗的保护性免疫应答或安全性。

3. 口服疫苗后，发生了呕吐，需要补种吗？

不需要。美国免疫行动联盟（IAC）不建议补种已经口服的剂次，应按照后续免疫程序完成剩余剂次的接种。

4. 五价接种了一半，延迟了，该怎么做？会影响效果吗？

如果宝宝只接种了一个剂次或者前两剂次进口五价轮状病毒疫苗，后面超过了时间，就不用再去接种了。

5. 接种后发热，怎么护理？

宝宝接种疫苗后出现轻度呕吐、腹泻、发热等症状，在多数情况下，于2～3天内会自动消失，无须特殊处理，适当休息，多喝水，注意保暖即可。如果出现了高热、皮疹、严重腹痛等反应，建议及时就医。

每年10月～次年2月，是秋季腹泻的高发期，所以家长最好都给宝宝安排上轮状病毒疫苗，尤其是有两个孩子的家庭，一个得了，另一个很容易被传染。

优先推荐 6 种二类疫苗

做父母的都知道，孩子一出生就要打疫苗。但是带孩子去接种疫苗时，总会陷入纠结，除了必打的一类疫苗，二类疫苗到底要不要打？

事实上，二类疫苗也存在一定的重要性，一般建议：一类疫苗必须打，二类疫苗提倡打。那到底要重点打哪几支？什么时间打？打几针？科大大整理出来的"宝宝必打二类疫苗攻略"分享给大家。

一、6 种二类疫苗，优先推荐

有家长问科大大，二类疫苗和一类疫苗有什么区别？

其实它们最大的区别就是：一类免费打，二类自费打。二类疫苗虽然需要自费，但不意味着不重要，它是对一类疫苗的补充，可以预防更多严重疾病的发生。所以如果有条件的话，科大大非常推荐家长带孩子接种。

那么，科大大就先讲讲需要优先接种的 6 种二类疫苗。

1. 水痘疫苗

水痘是一种呼吸道传染性疾病，主要发生在婴幼儿时期。一年四季都可能发生，春季和冬季尤其高发。水痘虽然不算严重的病，但宝宝得了水痘可太遭罪了，奇痒难耐，弄不好还会留疤。所以，一定不要放松警惕，打就对了。

水痘疫苗接种指南		
接种年龄	12 ～ 24 月龄	4 ～ 6 岁
接种剂次	第 1 剂	第 2 剂
大概价格	150 ～ 200 元（单价）	
注意事项	①各地规定有差异，具体接种年龄可咨询当地防疫站 ②如果 4 岁后才接种第 1 剂，那么第 2 剂需要间隔至少 3 个月 ③接种后 6 ～ 18 天，宝宝可能会出现发热或轻微皮疹，一般无须治疗可自行消退，必要时对症治疗 ④如果宝宝得过一次水痘，免疫功能正常，很少发生再次感染，通常不需要接种了	

2. 手足口病疫苗

每年春夏之交，手足口病都会迎来发病高峰，多发于 5 岁以下宝宝。

手足口病是由多种病毒引起的，我们现在接种的手足口病疫苗，是针对可引起重症手足口病的肠道 EV71 型病毒。重症手足口病患儿发病急，并发症严重，甚至可能危及孩子的生命。所以，尽快带孩子接种疫苗才能放心。

手足口病疫苗接种指南	
接种年龄	6 月龄～ 5 岁的宝宝，都可以接种
接种剂次	疫苗一共有 2 针，第 2 针至少间隔 1 个月才能打
大概价格	200 元左右（单价）
注意事项	①患有血小板减少症或出血性疾病者，不能打 ②正在接受免疫抑制治疗或免疫功能缺陷者，不能打 ③癫痫非稳定期患者及其他进行性神经系统疾病患者，不能打

3.13 价肺炎疫苗

肺炎链球菌是导致全世界儿童死亡、发病的主要原因之一。据世界卫生组织估计，全球每年约有 160 万人死于肺炎链球菌感染，其中约 46 万是婴幼儿。我国每年大约有 200 万人感染肺炎链球菌，其中约 3 万儿童因此夭折。

13 价肺炎疫苗可以预防 13 种肺炎链球菌所引起的感染性疾病，家长一定要给孩子安排上。

国产 13 价疫苗上市后，过了 15 月龄的宝宝也可以接种。

国产 13 价和进口 13 价肺炎疫苗如何接种？科大大都给大家整理好了。

国产 13 价 VS 进口 13 价肺炎疫苗接种指南		
	国产 13 价	**进口 13 价**
接种年龄	1.5 月龄～5 岁	1.5～15 月龄
接种程序	①基础免疫在 2、4、6 月龄，各接种 1 剂；加强免疫在 12～15 月龄，接种 1 剂，共 4 剂 ②基础免疫在 3、4、5 月龄各接种 1 剂，加强免疫在 12～15 月龄接种 1 剂	基础免疫在 2、4、6 月龄各接种 1 剂，加强免疫在 12～15 月龄接种 1 剂
大概价格	600 元左右（单价）	700～800 元（单价）
注意事项	①当宝宝处于中重度急性疾病发作期时，无论是否发热，都须谨慎接种 ②过敏者不要接种	

4. 轮状病毒疫苗

据统计，我国 2003—2012 年有近 13 万名 5 岁以下的儿童，因严重腹泻死亡。其中 42% 都是由轮状病毒引起的，它是 5 岁以下儿童死亡的第二大原因。

面对这种无特效药治疗的病毒，提前打疫苗预防尤为关键。目前我国国内已上市的轮状病毒疫苗有两种。

①国产：单价口服轮状病毒活疫苗（LLR）。

②进口：五价重配轮状病毒减毒活疫苗（RV5）。

具体怎么打？看下表。

轮状病毒疫苗接种指南		
疫苗种类	**国产单价**	**进口五价**
接种年龄	2 月龄～3 岁	6 周龄～32 周龄

轮状病毒疫苗接种指南		
疫苗种类	国产单价	进口五价
接种剂次	2月龄后即可接种第一次，之后每年1次，每剂之间间隔1年	标准接种年龄为2、4、6月龄各接种一剂次
大概价格	300元左右（单价）	
注意事项	①如果宝宝超过12周龄还没有接种进口五价疫苗，那么就可以选择单价疫苗进行接种 ②国产单价最多接种4次，满4岁后就可以不用接种了	

5.Hib 疫苗（B 型流感嗜血杆菌结合疫苗）

B 型流感嗜血杆菌，简称 Hib，会导致脑膜炎、肺炎等疾病，主要发生于2岁以下儿童，特别是婴儿。这些疾病可能导致智力迟钝、听力障碍等后遗症。

世界卫生组织已经建议把 Hib 疫苗纳入一类疫苗中，可见其重要性。有条件的快给孩子安排上。

Hib 疫苗接种指南			
接种年龄	2～5月龄	6～11月龄	1～5周岁
接种程序	3针基础针+1针加强针（18月龄）	2针基础针+1针加强针（18月龄）	1针加强针
大概价格	120元左右（单价）		

科大大提醒，家长可以优先选择五联疫苗，这样就不用单独接种 Hib 疫苗了，宝宝还可以少打几针。

6. 流感疫苗

流感传染性强、发病急，比普通感冒可怕得多。据世界卫生组织估计，流感每年会导致65万人死亡。这就意味着，每48秒就有1人因流感死亡。因此，接种流感疫苗势在必行。

具体怎么打？一张图全说清。

流感疫苗接种指南		
接种时间	每年一次，最好 10 月底前接种	
接种人群	6 月龄～ 8 岁孩子	9 岁及以上孩子和成年人
接种程序	首次接种或既往接种流感疫苗＜ 2 剂，应接种 2 剂次，间隔≥ 4 周 提醒：如果因为一些情况错过了第二次接种时间，可以随时补种，不影响整体效果 曾接种过≥ 2 剂流感疫苗的儿童，接种 1 剂次	接种 1 剂次
大概价格	150 元左右（单价）	
注意事项	① 6 月龄以下儿童不能打 ②对疫苗中任何成分过敏者不能打 ③正处于发热或急性感染期者，需要推迟到痊愈后再打 各位爸妈带孩子接种疫苗前，要详细告知医生孩子的疾病史、过敏史和近期的健康状况，请医生判断能否接种	

科大大重点提醒，早产儿、平常容易生病的宝宝，更推荐接种二类疫苗。说完了接种指南，科大大再跟大家说说家长们最关心的相关问题。

二、二类疫苗常见问题解答

1. 和一类疫苗接种时间冲突怎么办？

在限定时间内先完成一类疫苗，再进行二类疫苗有序接种。

2. 错过打疫苗时间怎么办？

宝宝因一些原因，没能按时打疫苗，这种情况下不用过于焦虑，因为很多疫苗都有补种计划，可以延迟接种，具体可咨询当地卫生健康行政部门或疾控中心。

3. 延迟接种影响疫苗效果吗？

一般来说，延迟接种时间越久，疫苗应发挥的免疫效果可能会变得越小，同时在推迟的这段时间内，宝宝也存在感染疾病的风险。

4. 出现不良反应怎么办？

有些孩子打完疫苗后会出现低热、局部红肿等反应，这种情况家长不必过于担心，一般 1～2 天就能自愈。只有极少数孩子会出现严重的不良反应，表现为过敏性皮疹、休克等。若症状严重，精神、食欲受到影响，建议就医。不过家长不要过于惊慌，这种情况出现的概率很小。

5. 二类疫苗约不到怎么办？

建议大家致电当地防疫站咨询，不能预约的，隔一段时间就问一下，或者向上一级医院进行预约。

接种乙肝疫苗 = 防癌

你家宝贝出生后，打的第一针疫苗是什么？没错，就是乙肝疫苗，被称为宝宝的"人生第一针"。从接种时间上就可以看出来，它的作用非常大。

乙肝疫苗能有效保护宝宝不受乙肝病毒的侵害，如果妈妈本身携带乙肝病毒，这种疫苗更能起到阻隔病毒传播的巨大作用。

既然乙肝疫苗如此厉害，那要如何正确给孩子接种？接种后没产生抗体怎么办？人们熟悉又陌生的乙肝，危害到底有多大？科大大就来一次讲清。

一、乙肝疫苗可防癌

乙肝在我国属于比较高发的一类传染性疾病，大约每 14 个人中就有 1 个乙肝病毒携带者。不过，90% 以上的成年人在感染乙肝病毒后，都能通过自身成熟的免疫系统将其清除，可能还没察觉到就已经痊愈了，并且还因此获得了保护性的抗体。

但是，所有家长们必须注意，婴幼儿的免疫系统尚未成熟，无法彻底清除侵入体内的乙肝病毒。宝宝一旦感染，易发展成为无症状的乙肝病毒携带者，很容易转为慢性肝炎，如果没有规范治疗，将大大增加成年后患肝硬化甚至肝癌的可能性。

在我国，肝癌是发病率较高的癌症，而乙肝病毒是原发性肝癌发生的主要原因。所以，防乙肝也就等同于在防肝癌。因此，我国把乙肝疫苗列入国家免疫规划疫苗中，所有新生儿都要及时接种，规避感染风险。

有数据显示，年龄越小的宝宝接种乙肝疫苗后产生有效抗体的概率越高。但是，不同情况的新生宝宝的接种方式也有所差异。

下面我们就来看看，如何接种才能带给宝宝最大的保护效力。

二、接种乙肝疫苗，务必牢记这些事

《国家免疫规划疫苗儿童免疫程序及说明（2021 年版）》及《慢性乙型肝炎防治指南（2019 年版）》推荐，宝宝接种乙肝疫苗的方式主要分为以下两种。

①妈妈本身不携带乙肝病毒：新生儿只需接种乙肝疫苗即可。乙肝疫苗一共要打 3 针，分别在出生后 12 小时内、1 月龄、6 月龄。

②妈妈本身为乙肝病毒携带者：新生儿需接种乙肝疫苗和乙肝免疫球蛋白。

那么，如此重要的乙肝疫苗，在接种前后有几个问题，家长们务必提前搞清楚，不给孩子留后患。

1. 乙肝疫苗能否延迟接种？

如果遇到特殊情况，不得不推迟接种，也建议至少在宝宝 12 月龄前完成 3 剂次的接种。注意，第二剂次和第一剂次间隔至少 28 天，第三剂次和第二剂次最短间隔 60 天。

2. 孩子打完疫苗是否需要进行抗体检测呢？检测了，没有足够抗体怎么办？

①对于妈妈是乙肝病毒携带者的宝宝来说，在接种完 3 针疫苗后的 1 ～ 2 个月，要进行抽血抗体检测。

如果宝宝成功免疫，那么到此就结束了；如果发现宝宝体内的乙肝抗体含量不达标，就需要再接种一次了。

②对于妈妈不是乙肝病毒携带者，且自身健康的宝宝来说，一般打完疫苗后是不需要检测抗体的。但是会有一些宝宝在入园、入学前被要求检测。如果检测结果发现抗体小于 10 mIU/mL，就可以采用以下处理办法，增强对孩子的保护作用。

再打一针乙肝疫苗，1～2个月后再次检测抗体，如果达标就意味着孩子有保护性了，无须担心；如果仍未达标，建议再接种2针，1～2个月后仍要进行检测。

一般情况下，这样接种后的宝宝就较为安全了。值得注意的是，有一部分宝宝患有血液缺陷病或需要血液透析，是需要每年检测一次抗体的，看是否大于10 mIU/mL。如果不达标，要询问医生的建议，看是否需要补种。

3. 乙肝疫苗接种后有没有保护期呢？

如果孩子接种疫苗后产生了抗体，疫苗的保护期限一般不会低于12年。当然，在这期间，抗体的有效性会逐渐降低。但免疫系统是有记忆力的，抗体滴度下降不代表失去作用。一般来说，即使是在抗体水平降低或无法检出的情况下，疫苗仍可保护孩子不感染乙肝。

疫苗虽然保护性强，但是家长们难免还要担心一个问题，家里有乙肝患者怎么办？会传染给宝宝吗？

三、家人有乙肝，如何保护好孩子？

首先我们要知道，乙肝病毒有4种传播方式：血液传播、母婴传播、医源性传播、性接触传播。

由此可见，携带乙肝病毒的家人和宝宝一起用餐、抱宝宝、拉拉手、亲亲脸颊等是不会传染给宝宝的。这也是很多人对乙肝的一种误解，认为肢体接触、共餐就会相互传染。但需要小心的是，如果宝宝的皮肤或口腔黏膜破损，乙肝患者的体液正好进入，那就很可能会感染。

那么以防万一，患有乙肝的家人的牙刷、用过的医疗器械都不要让宝宝接触到。

还有一件事，科大大得给妈妈们吃颗定心丸，那就是母乳喂养也不会传播乙肝病毒。携带乙肝病毒的妈妈，正常喂养宝宝即可。尽可能地避免乳头破裂、出血的情况。

以上就是科大大为大家带来的乙肝相关知识了，希望大家能重视乙肝的预防和治疗，但不要歧视乙肝患者。

流行性腮腺炎，重可影响生育

很多家长会认为，得了流行性腮腺炎，就是腮腺肿，过段时间就好了。

相关研究证明，腮腺炎对男孩的伤害确实更大。这是因为在青春期后男生流行性腮腺炎患者中，有 15% ～ 30% 会引发附睾睾丸炎；其中，未接种相关疫苗的患者有 30% ～ 50% 的人会出现睾丸萎缩，导致精子数量和质量双双下降。

虽然麻腮风三联疫苗能抵挡超 96% 的感染，但毕竟还有微小的"失算"概率。

一、打疫苗 ≠ 100% 防御

我们先明确一个概念，腮腺炎疫苗并不能预防所有的腮腺炎。诸如细菌性腮腺炎、单纯疱疹病毒引起的腮腺炎、慢性自身免疫性腮腺炎等均不属于腮腺炎疫苗的防御范围。不过别担心，它们不像流行性腮腺炎，有严重的并发症。不过，如果打了疫苗还感染腮腺炎，那也可能是：

①接种 15 天内。

一般接种疫苗后，15 天后才能产生保护性抗体。所以如果孩子在这段时间不幸感染了腮腺炎，疫苗的预防作用会大大减弱。

②孩子免疫力下降。

极个别儿童因为其他疾病造成免疫力下降，削弱其对很多病毒、细菌的抵抗力，会得腮腺炎也就没那么难理解了。

免疫接种带来的免疫力会逐渐消退,故其保护作用不完全。但即便有"失算"的可能,麻腮风三联疫苗96%的抵御"实力",也会给孩子带来一些保护。

临床显示,同样得了腮腺炎,打过疫苗的宝宝症状较轻、病程较短,也就不会那么痛苦。

如果孩子已经接种腮腺炎疫苗,就无须接种麻腮风三联疫苗,只接种麻风疫苗即可;同理,如果孩子接了麻腮风三联疫苗,也就无须再单独接种腮腺炎疫苗了。

那得了腮腺炎,怎么治呢?

二、辨准症状,对症治疗

想要知道怎么治,先得分清孩子是哪种腮腺炎。

以下这两种腮腺炎实在太像,想要区分,还得看腮腺导管口是否有充血、肿胀或是溢脓。如果以上症状全都存在,那就是化脓性腮腺炎。

	流行性腮腺炎	化脓性腮腺炎
症状	起初通常有数日的发热、头痛、肌痛、乏力和食欲不振,随后48小时内逐渐出现唾液腺肿胀	通常表现为耳前区腮腺表面突发的坚实红肿,有时延伸到下颌角,伴局部剧烈疼痛和压痛,还可能有张口困难和吞咽困难,腮腺导管口有充血、肿胀或溢脓
病原	腮腺炎病毒	细菌
传染性	有	无
发作次数	一次感染,终身免疫	可多次复发
高发年龄	5~9岁	各年龄段
并发症	可伴有睾丸炎等腺体炎	不伴有睾丸炎等腺体炎
抗生素治疗	无效	有效

①如果孩子是流行性腮腺炎。

病毒感染导致的腮腺炎,是自限性的,不需要使用特殊抗病毒治疗。但如果孩子出现发热，尤其是体温大于 38.5 ℃ 时，可以使用布洛芬或对乙酰氨基酚，帮孩子退热。

②如果孩子是化脓性腮腺炎。

细菌导致的腮腺炎，就要使用抗生素治疗了，可以选择青霉素或是头孢类药物。这时一定要保证孩子的个人卫生，及时洗手、漱口。

家长们要特别注意，在孩子生病前后，出现以下 4 种情况，那就别等了，火速去医院。

①宝宝患腮腺炎 1 周后出现腹痛、睾丸痛时。

②宝宝患腮腺炎 1 周内出现尿频、尿急、尿中带血或少尿情况时。

③宝宝患腮腺炎后，面色苍白、心慌、胸闷、心率加快或乏力时。

④腮腺肿大前后，孩子出现了高热、脖子发硬、喷射状呕吐及嗜睡时。

总而言之，科大大还是希望能防则防，争取别到需要治疗那一步。更重要的是不要相信一些奇奇怪怪的治疗方案，别擅用偏方，科学育儿才是王道。

流感疫苗要抓紧接种

全国法定传染病报告统计显示，2018 年全年感染流感的人数为 765 186，因流感死亡的人数共计 153 人，老人和儿童成为感染的高危人群。

一、来自"流感病毒"的自述

盼星星盼月亮，终于轮到我"流感病毒"出场了。别人都是一到冬天就冬眠，而我一到冬天，那可是风生水起。家长们是既怕我，又恨我。

据人类有关部门（世界卫生组织）的数据统计，我每年都会找上全球 20% ～ 30% 的宝宝，也就是说每 4 个孩子中，就有 1 个逃不出我的魔爪。不仅如此，一旦没有及时治疗，我的兄弟们都跟在后面蓄势待发，如中耳炎、肺炎、心肌炎、脑膜炎等。

不是吓唬你。全球每年至少出现 300 万～ 500 万重症病例，有 25 万～ 60 万人因我丧命。聪明的我，还经常伪装成感冒的样子，以此来躲避家长的法眼，其实，我可比感冒厉害多啦。

	普通感冒	流感
致病原	上百种普通病毒引起	流感病毒引起（主要为甲、乙型流感病毒）
症状	流鼻涕、鼻塞、咽痛、咳嗽、打喷嚏、低热等症状	多见高热（39 ～ 40 ℃），可伴有头痛、肌痛和全身不适症状。乙型流感还会出现呕吐、腹痛

	普通感冒	流感
并发症	病情较轻，偶尔引发中耳炎	病情较重，易引发病毒性心肌炎、肺炎、脑膜炎等
高发季节	季节性不明显	季节性明显，多见冬秋季（10 月）至次年春季（3 月）
病程	一般不超过 3 天	3～7 天

什么？流感的显著症状还要具体点？那我再仔细讲讲。

（1）骤然起病，儿童以突发高热为主要表现，可伴有咳嗽、咽痛等症状，几天内持续性加重。

（2）状态差、头痛、全身酸痛、精神萎靡或异常烦躁。

（3）突然发热，39～40 ℃甚至更高，服用退热药后体温下降不明显，难以降至正常体温，且发热间隔可能短至 2～3 小时。

（4）家里、幼儿园、学校出现多人高热，宝宝也随之发热。

二、流感找上门，2 招治根本

看清流感病毒的真面目了吧？既然流感病毒这么嚣张，科大大这就奉上"攻克法宝"。

1. 前往医院确诊

如果出现疑似流感症状，家长就得第一时间带孩子到医院做鼻咽拭子检测。医生会用鼻咽拭子（医用特殊棉签）深入鼻腔根部和咽部，轻转几圈获取样本，15～30 分钟就能得到结果。相比抽血化验，这种操作更方便、无创伤，也更适合宝宝。

取咽分泌物

取鼻分泌物

2.抗病毒药物治疗

首推的抗流感病毒药物有：奥司他韦、帕拉米韦。

①奥司他韦。

剂型：胶囊/颗粒（适合儿童）。

48小时内使用效果最佳。如果错过了，5天内服用也有一定效果。但不同月龄、不同体重的宝宝，服用的剂量有所差异。

如何给孩子服用奥司他韦?	
1岁以下孩子推荐剂量	0～8月龄：每次 3 mg/kg，每日 2 次 9～11月龄：每次 3.5 mg/kg，每日 2 次
1岁及以上年龄的孩子，应根据体重给药	体重不足 15 kg：30 mg/ 次，每日 2 次 体重 15～23 kg：45 mg/ 次，每日 2 次 体重 23～40 kg：60 mg/ 次，每日 2 次 体重 >40 kg：75 mg/ 次，每日 2 次

②帕拉米韦。

对于口服奥司他韦效果不佳，或者各种原因导致服药困难的宝宝，可以考虑静脉注射帕拉米韦药物。

如何给宝宝使用帕拉米韦呢？

★ ＜ 30 天新生儿：6 mg/kg。

★ 31～90 天婴儿：8 mg/kg。

★ 91 天～17 岁儿童：10 mg/kg。

特别注意，金刚烷胺、金刚乙胺、利巴韦林（病毒唑）通通不能治疗流感病毒，扎那米韦不适合 7 岁以下儿童。

三、预防多投 1 元钱，治疗少花 8.5 元

学会再多的治疗方法，也不如防患于未然。很多家长在预防上都用错了方法，以下 4 种方法，不能预防流感。

1.板蓝根、感冒清热颗粒

要知道，目前还没有真正能预防流感病毒的药物，给孩子吃药进行预防，

不靠谱。

2. 吃维生素 C

适量维生素 C 能够减轻部分感冒症状，但并不能预防流感，也不推荐长期口服大量维生素 C，有可能导致结石。

3. 熏醋

家庭熏醋对预防流感无效，如果家里有呼吸道过敏、哮喘史的宝宝，还有可能诱发呼吸系统疾病。

说到这儿，科大大也就不卖关子了，目前最有效的预防方法就是带孩子接种流感疫苗。

4. 奥司他韦

《中国流感疫苗预防接种技术指南（2018—2019）》表示，药物不能代替疫苗接种。

（四）流感的预防治疗措施

每年接种流感疫苗是预防流感最有效的手段，可以显著降低接种者罹患流感和发生严重并发症的风险。奥司他韦、扎那米韦、帕拉米韦等神经氨酸酶抑制剂是甲型和乙型流感的有效治疗药物，早期尤其是发病 48 小时之内应用抗流感病毒药物能显著降低流感重症和死亡的发生率。抗病毒药物应在医生的指导下使用。药物预防不能代替疫苗接种，只能作为没有接种疫苗或接种疫苗后尚未获得免疫能力的重症流感高危人群的紧急临时预防措施，可使用奥司他韦、扎那米韦等。

［来源：《中国流感疫苗预防接种技术指南（2018—2019)》］

奥司他韦通过抑制病毒从被感染的细胞中释放，减少了甲型或乙型流感病毒的播散，不适于常态化预防，仅作为紧急临时预防措施，适用于没有接种疫苗，或接种疫苗后尚未获得免疫力的重症流感高危人群。

◆流感疫苗每年都要接种吗？

是的。不管前一年是否接种过流感疫苗，在当年流感季节来临前都要接种，宜早不宜迟。

6 个月以上的宝宝，最好在每年 10 月底前完成接种。

◆ 9 月刚得了流感，10 月还有必要打疫苗吗？

有必要，得一次流感并不能保证近期不再感染。

◆流感疫苗接种剂量是多少？

这要看宝宝年龄和既往是否接种过疫苗。

既往未接种过流感疫苗	
6 ～ 35 月龄	接种 2 剂次 0.25 mL 剂型疫苗，每剂间隔 4 周
36 月龄～ 8 岁	接种 2 剂次 0.5 mL 剂型疫苗，每剂间隔 4 周
9 岁及以上	接种 1 剂次 0.5 mL 剂型疫苗

既往接种过流感疫苗	
6 ～ 35 月龄	接种 1 剂次 0.25 mL 剂型疫苗
36 月龄以上	接种 1 剂次 0.5 mL 剂型疫苗

◆哪类宝宝不适合接种流感疫苗？

★ 6 个月以下的宝宝。

★ 对疫苗中任何其他成分，包括庆大霉素、甲醛、卡那霉素、裂解剂、赋形剂等过敏者。但对鸡蛋、牛奶等食物过敏均不影响接种。

★ 发热或生病期间（急性发作，症状明显），建议推迟到痊愈后接种。

◆流感疫苗能和其他疫苗一起接种吗？

可以一起接种，不会相互影响。

◆三价和四价、国产和进口有优先之分吗？

目前世界卫生组织和我国流感疫苗接种指南都没有明确的推荐意见，接种任何一种都有保护效力。

国产和进口疫苗在效果上也没有显著区别，家长可以根据经济实力自行选择。

◆ B 型流感嗜血杆菌结合疫苗（Hib 疫苗）管用吗？

不管用，该疫苗虽含有"流感"二字，但并不预防流感。

◆ 打完疫苗有感冒发热的症状，正常吗？

少部分宝宝会在疫苗接种后出现发热等不适症状，这时可以先检测体温，根据体温的高低、精神状态的好坏、食欲的变化酌情就诊。如果宝宝体温只是低热，精神状态好，食欲不受影响，可以先在家观察。

除了接种疫苗，日常生活中预防流感还要注意以下几点。

★ 增强体质和免疫力。

★ 勤洗手。

★ 保持环境清洁，常通风。

★ 减少到人群密集场所活动的频率，避免接触呼吸道感染患者。

★ 咳嗽或打喷嚏时，用纸巾、毛巾等遮住口鼻。

★ 注意休息，前往公共场所或就医过程中需戴口罩。

当然，流感看似"猛如虎"，其实也没有那么恐怖，家长只要记得及时给孩子接种疫苗，做好预防，遇到流感时正确用药就能从容应对。

一针难求的联合疫苗

要说在养孩子的问题中，什么最受家长关注，那必须非疫苗莫属。而其中，联合疫苗以它"一针顶多针，宝宝少遭罪"的优势脱颖而出，备受瞩目。

但是家长对联合疫苗的疑问也很多，联合疫苗到底安全吗？五联疫苗、三联疫苗有什么区别？有必要打吗？

科大大就来一个联合疫苗大解析，全面解答家长们最关心的几个问题。

一、联合疫苗安全吗？

1. 联合疫苗是什么？

联合疫苗就是指 2 个或多个活的、灭活的生物体或者提纯的抗原，联合配制而成的疫苗，可以预防多种疾病。一针顶多针是联合疫苗的优势，但不少家长也心存疑问，这么多疫苗结合在一起，能安全吗？

实际上，联合疫苗看起来是"大锅炖菜"，但实际上每种联合疫苗都是经过科学研究的独立疫苗。

考虑到联合疫苗中各抗原组分间的可溶性、物理兼容性和抗原稳定性等情况，上市前会经过安全性、免疫原性和有效性研究。

联合疫苗的工艺比单独疫苗的要求更严格，单独疫苗研发时做过的临床试验要全部重新做，而且联合疫苗的接种程序还要满足不同国家的不同程序，要求和标准也越来越高。

2. 常见的联合疫苗

①二联疫苗。

白破二联疫苗，预防白喉和破伤风；麻风二联疫苗，预防麻疹和风疹。

②三联疫苗。

百白破三联疫苗，预防白喉、百日咳、破伤风；麻风腮三联疫苗，预防麻疹、风疹、流行性腮腺炎。

③四联疫苗。

四联疫苗，预防白喉、百日咳、破伤风，以及由 B 型流感嗜血杆菌引起的脑膜炎、肺炎、心包炎、菌血症、会厌炎等疾病。

④五联疫苗。

预防白喉、百日咳、破伤风、脊髓灰质炎，以及由 B 型流感嗜血杆菌引起的脑膜炎、肺炎、心包炎、菌血症、会厌炎等疾病。

3. 联合疫苗的优势

除以上说的优势之外，联合疫苗还有 2 个无可替代的好处。

①减少接种次数，防止交叉感染，比如五联疫苗可以让孩子少打 8 针。

②不良反应被降低。疫苗生产过程中为了维持稳定性一般会添加防腐剂和佐剂，但对联合疫苗来说，原本需要添加的多种防腐剂和佐剂，现在只需要添加 1 份，大大降低了不良反应概率。

总之，联合疫苗很安全。接种联合疫苗能减少家长带孩子去医院排队、接种的次数，让孩子少挨针、少遭罪。

二、五联疫苗什么时候接种？

联合疫苗中最受家长青睐的莫过于五联疫苗，那具体什么时间接种最合适呢？

五联疫苗需要在宝宝 2、3、4 月龄或 3、4、5 月龄各接种 1 剂次，共 3 次，在 18～24 月龄再接种一剂次加强免疫。前 3 剂的最短间隔要 ≥ 28 天，第 3 针和第 4 针间隔 ≥ 6 个月。

五联疫苗人气非常高，所以在接种过程中家长还会遇到一些问题。

1. 已经错过了接种月龄，还可以补种吗?

每个国家规定不同，目前国内要求，如果不能按照原来2、3、4或者3、4、5月的程序接种，需要补种的话，得满足以下条件。

①12个月龄内完成前3剂基础针的接种。

②前3剂的最短间隔要≥28天。

也就是说，如果宝宝大于1岁还没接种五联疫苗的前3针，就无法补种了。

2. 打了五联疫苗，6岁时还需要再接种白破二联疫苗的巩固剂型吗?

需要的，正常白破的疫苗接种程序就是一共5个剂次，五联疫苗接种4次，所以6岁的白破该接种还是得接种。

3. 五联疫苗可以和13价肺炎疫苗一起打吗? 如果不能，要隔多久呢?

国内还没有开展五联疫苗与其他疫苗同时接种的临床研究，所以保险起见不要和其他疫苗同时接种。如果短时间内需要接种13价肺炎疫苗，最好是告知医生，咨询医生的意见。

4. 五联疫苗打不到怎么办?

如果没有五联疫苗，可以用四联疫苗+脊髓灰质炎疫苗（脊灰疫苗）来代替；如果四联也没有，那就用百白破疫苗+Hib疫苗+脊髓灰质炎疫苗来完成接种。

当然，为了能打到五联疫苗，家长可以试试在宝宝刚满月的时候就开始预约，或许能够接种上。

三、传统疫苗和五联疫苗如何切换?

很多家长在了解到五联疫苗之前，已经开始按照防疫证上的顺序给宝宝接种传统疫苗了，之后想要接种五联疫苗，还能行吗?

每个地方有每个地方的执行规定，所以要想转换为五联疫苗，一定要打电话咨询当地的医院。

这里科大大贴上北京市给出的替换建议表，仅供参考。

接种 1 剂脊灰 /Hib 单价疫苗后的替代方案							
2 月龄	3 月龄	4 月龄	5 月龄	1.5 岁	4 岁	6 岁	初三
IPV/OPV	五联疫苗	五联疫苗			OPV		
			DTaP	五联疫苗		DT	DT
Hib							

接种 2 剂脊灰 /Hib 单价疫苗后的替代方案							
2 月龄	3 月龄	4 月龄	5 月龄	1.5 岁	4 岁	6 岁	初三
IPV/OPV	IPV/OPV	五联疫苗			OPV		
	DTaP		DTaP	五联疫苗		DT	DT
Hib	Hib						

接种 3 剂脊灰 /Hib 单价疫苗后的替代方案							
2 月龄	3 月龄	4 月龄	5 月龄	1.5 岁	4 岁	6 岁	初三
IPV/OPV	IPV/OPV	IPV/OPV			OPV		
	DTaP	DTaP	DTaP	五联疫苗		DT	DT
Hib	Hib	Hib					

注：IPV 为脊髓灰质炎疫苗；OPV 为口服脊髓灰质炎减毒活疫苗；DTaP 为百白破三联疫苗；DT 为白破二联疫苗。

科大大在这里也要提醒一下大家，如果宝宝已经接种过百白破疫苗、脊灰疫苗或 Hib 疫苗，不是非常建议用五联疫苗进行后续接种。

还有的家长表示，给孩子打了五联疫苗，但后面没货了，该怎么接种后面的疫苗呢？

如果疫苗短缺，后续可以再使用百白破疫苗、脊灰疫苗或 Hib 疫苗来进行后续的接种，首选同品牌的疫苗。

虽然五联疫苗属于二类疫苗，需要家长自费，但科大大还是非常推荐的，因为疫苗就是宝宝健康的屏障。打了疫苗，孩子生病的概率会大大降低。

高度警惕 6 种 "亦正亦邪" 的疫苗

疫苗在家长心里向来是 "保护伞" 一样的角色。打了疫苗可以降低孩子被病毒侵害的风险,家长更放心。

曾有一则让人震惊的新闻,4 个月的宝宝因为接种疫苗致残了。看到这则新闻,相信不少爸妈心里又犯起了嘀咕,这疫苗到底是打还是不打呢?

首先,科大大先给大家吃个定心丸,疫苗还是要打的,因为疫苗仍是目前预防疾病最有效的方法之一。疫苗致残的概率是很小的,因此不需要过度担心。

那么为什么疫苗会出现不良反应?哪些疫苗需要特别注意?怎么做才能减轻不良反应呢?科大大就跟大家好好来聊一聊疫苗接种这些事。

一、6 种 "亦正亦邪" 的疫苗

接种疫苗的确会出现一些不良反应,这些不良反应和疫苗的质量、疫苗的种类、医护人员接种水平,以及宝宝的身体素质有关。但科大大仍然要告诉各位家长,这些反应是正常的,不用太过担心。

为了能更放心地给孩子接种疫苗,科大大在这里列出 6 种 "亦正亦邪" 的疫苗,把所有不良反应一一说清,家长们一定要小心。

1.13 价肺炎疫苗

宝宝可能会出现发热的情况。

2. 乙肝疫苗

少数宝宝可能出现轻微发热、皮疹等不良反应。

3. 卡介苗

卡介苗如果出现不良反应，持续时间会比较长：在接种后 1～2 周容易出现微有痛痒的红色小结；在接种后 6～8 周会形成脓疱并破溃；10～12 周才会开始结痂，形成瘢痕。如果孩子身上没有出现卡介苗接种后瘢痕，家长们也不要高兴得太早，要及时去医院检查卡介苗有没有接种成功。

4. 百白破疫苗

宝宝接种后可能出现不同程度的发热，一般低于 38.5 ℃，如果没有伴随惊厥、精神状态极差等严重反应，可自行降温。

5. 乙型脑炎疫苗

接种部位可能出现红、肿、热、痛等表现，宝宝还可能会出现一些全身症状，比如发热、头痛、头晕、全身无力、寒战、恶心、呕吐、腹痛、腹泻等。这些症状一般多在 24 小时之内消退，很少能持续 3 天以上。

6. 口服脊髓灰质炎疫苗

一般来说，脊髓灰质炎疫苗的不良反应轻微，极个别宝宝可能有发热、恶心、呕吐、皮疹、腹痛、腹泻等症状。

看到上面的不良反应，家长们的心脏是不是又开始微微发颤了？

别怕，这些不良反应其实都是正常的，不要因为这些不良反应而拒绝接种疫苗，那样孩子承担的风险会更大。

下面科大大就来教大家，在给宝宝接种后，要怎样护理宝宝才最安全？什么情况应该立即就医？

二、5 种轻症可自愈，4 种重症需就医

不是所有的不良反应，家长都需要提心吊胆。以下这 5 种接种疫苗后的常见的不良反应，对症下药可痊愈。

1. 发热

宝宝在注射疫苗后，身体会产生免疫反应，在 24 小时内可能会出现全身

发热的情况。这是人体正常的免疫应答，家长大可不必担心。

应对方法：如果宝宝体温已经超过38.5 ℃了，且不伴有其他症状，可以给宝宝服用退热药，必要时补充水分。

2. 局部红肿

一般来讲，宝宝在注射疫苗24小时内，注射部位可能会出现直径3 cm以内大小的红肿，还会感到疼痛或摸到硬结等，这种现象在48小时内会逐步消退。

应对方法：宝宝的接种部位不需要专门覆盖，只要保持清洁、干燥就可以了。

记不住？没关系，针对不一样大小的红肿，科大大专门做了一张表，手把手教大家应对。

注射部位红肿和硬结的范围	
红肿范围	护理措施
直径＜2 cm	一般不需要处理
直径2～3 cm	用干净毛巾冷敷； 待红肿消退后仍有硬结，可改为热敷，每次10～15分钟，每日数次
直径≥3 cm	应及时就诊，第一时间告知医生疫苗种类和接种时间

红肿的情况虽然是有的，但也不常见，所以家长们不用太担心。

3. 硬结

有的宝宝接种疫苗后，接种局部会出现不红不鼓，按压也没有明显疼痛的硬结。

应对方法：一般不用管它，硬结会在几周到几个月内自己消失。如果实在想做点什么，那就前三天冷敷，后三天热敷。

4. 皮疹

在接种疫苗后出现的皮疹反应中，以荨麻疹最为多见。

①接种麻疹疫苗、腮腺炎疫苗、风疹疫苗后5～7天出现的稀疏皮疹。

一般 7 ～ 10 天就可以自行消退。

②接种水痘疫苗后 12 ～ 21 天，还可能出现丘疹、水疱或疱疹，但一般在 10 颗以下，不会结痂，并且会自行消退。

应对方法：以上几种情况产生的皮疹无须治疗，但需密切关注皮疹的面积及严重程度，因为少数人可能会出现比较严重的过敏反应。

5. 轻微腹泻

宝宝接种疫苗后还有可能出现腹泻的症状。

应对方法：一般不需要特殊处理，只要注意根据腹泻情况给宝宝适当补充水分，及时更换尿布，保证充足的休息，两三天就能恢复。

因为宝宝的身体素质不同，接种疫苗之后或多或少会出现一些不良反应，大多数其实可以自愈。

那么，出现哪些情况必须立即就医呢？

①注射部位红肿直径超过 3 cm，或者出现大范围水肿。

②全身出疹，包括荨麻疹。

③发热超过 38.5 ℃，且超过 48 小时不退热；或发热时精神萎靡，出现了比较严重的咳嗽、喘息或肠胃道不适等症状。

④严重腹泻或腹泻持续 3 天以上都不见好转，或腹泻次数超过每天 10 次，而且每次量较多，或者便中异味明显，带血丝、脓液等。

一旦出现上面这些情况，一定要及时带孩子去医院，不能耽误。

三、记住 3 个关键词，安全接种

科大大给家长提供了 3 种方法，只要掌握了，宝宝接种疫苗还是相对安全的。

1. 回避：回避宝宝不能接种疫苗的情况

①当宝宝处在发热、腹泻等一切感染疾病期间。

②宝宝有脑损伤、惊厥发病病史。

③宝宝患有湿疹，或是过敏体质。

④宝宝存在免疫缺陷或免疫功能不全，以及免疫系统相关疾病。

⑤宝宝近期有注射丙种球蛋白。

⑥宝宝存在比较严重的心脏疾病。

2. 详细：详细回答医生的问题

医生不是火眼金睛，不可能看出所有的疾病，所以面对医生询问时，家长需要提前"细心观察""诚实回答"，不要隐瞒宝宝的一系列情况。

3. 准备：接种前后做好准备

疫苗接种前后，家长一定要做好这些准备。

疫苗接种前后的准备	
接种前	接种后
注意观察宝宝的健康状况，选择最佳接种时间去接种	应该在原地观察半小时，没有异常反应后再离开
最好给宝宝全身清洁，换内衣，保持全身干净	接种完疫苗当天，让宝宝好好休息，少运动
哄哄宝宝，让他保持良好的心情	注意两剂疫苗的接种，在规定的时间内连续接种

科大大还是要再次强调，疫苗虽然可能产生不良反应，但总体上来讲，接种疫苗利大于弊，对于宝宝预防疾病，有着非常重要的意义。所以科大大建议每一位家长都要按程序给宝宝接种疫苗。

鼻喷疫苗，靠不靠谱？

随着鼻喷流感疫苗在国内的上市，家长们又多了一个选择，但同时对这个新鲜事物也是充满疑惑。

鼻喷疫苗安全吗？自家孩子能不能打？和针剂流感疫苗有什么区别？

别急，比说明书还详细、更好懂的鼻喷疫苗接种指南来了。科大大统一解答大家对鼻喷疫苗问得最多的几个问题。

一、鼻喷 vs 针剂，2 大区别必知道

先简单介绍一下鼻喷流感疫苗，它是通过鼻喷给药的方式，让疫苗通过鼻黏膜进入体内，从而产生免疫反应，来达到消灭病毒、预防流感的目的。

关于这种疫苗，科大大收到最多的问题就是，"这种疫苗刚上市，安全吗？"

其实，它虽然在我们国家刚上市，但在国外已经使用了十几年，经历过数亿次的验证。疫苗生产所用的毒株也是来自世界卫生组织，所以安全性还是有保证的。

那它和针剂流感疫苗到底有什么区别？

1. 作用原理不同

之前的流感疫苗，属于灭活疫苗，你可以理解成它是把病毒杀死后再加工，注射后引起免疫反应，产生抗体。而这次说的鼻喷疫苗，是活疫苗，相当于把流感病毒"改造"了一番，进行减毒处理，使其致病能力大大降低。

再通过鼻腔接种来模拟自然感染，刺激宝宝发生免疫反应及产生抗体。

如果说得再形象点，那就是一个把死去的病毒拉过来瞅瞅，一个把半死不活的病毒拉过来操练一遍。最终目的都是当真正的流感病毒来临时，可以迅速"围剿"。

但知道了这个原理，肯定又有家长想说："活的流感病毒？宝宝会因此患上流感吗？"

不会。因为鼻喷疫苗还做了"冷适应"处理，让本就"苟延残喘"的流感病毒，无法在 33 ℃以上的环境（如肺部）复制。除非宝宝自身的免疫力存在问题，否则致病的可能性很低。

2. 适用人群不同

相比较针剂流感疫苗，鼻喷流感疫苗的适用人群范围缩小。它目前只适合 3 ～ 17 岁的人群接种，而针剂流感疫苗，只要宝宝超过了 6 个月，还没有相关禁忌证的话就可以接种。而且，接种鼻喷流感疫苗的禁忌比接种针剂流感疫苗要多。

二、这几类孩子不能接种

首先要跟大家说明的是，相比于针剂疫苗，鼻喷疫苗更有可能引起过敏反应。所以如果自家孩子对鸡蛋轻微过敏，或者有过敏性鼻炎，都建议选择针剂流感疫苗。

除此之外，孩子有以下情况也不能打。

①接种前 48 小时服过奥司他韦等抗流感病毒的药物，这会对接种效果产生影响。

②患有哮喘。

③因使用药物、HIV 感染等造成免疫功能低下。

④正在使用阿司匹林或含有水杨酸成分的药物进行治疗。

⑤处于鼻炎及其他疾病的急性发作期。

⑥对该疫苗的其他成分，如辅料、硫酸庆大霉素过敏。

除此之外，如果宝宝有发热现象，最好也要等退热了再接种。

三、鼻喷疫苗，你最关心的都在这里

科大大选了几个提问频次非常高的问题，给予解答。

1. 鼻喷流感疫苗需要接种几次？

鼻喷疫苗接种剂次	
年龄	**接种次数**
3～8 岁，首次接种流感疫苗	需要接种 2 次，间隔 4 周
3～8 岁，以前接种过流感疫苗	接种 1 次
9～17 岁	接种 1 次

2. 接种完，宝宝打喷嚏或流鼻涕，会失效吗？

这种情况是否有影响，影响多少到现在都没有一个明确的说法，就算孩子真的打了喷嚏，也不建议补种。在接种前家长们最好帮助孩子好好擦鼻涕，清理鼻腔，接种后两天内不要给鼻腔用药，尤其是激素类。

3. 它可以和其他疫苗一起接种吗？

如果与其他活疫苗一起接种，如麻腮风疫苗、轮状病毒疫苗等，至少要间隔 4 周，与非减毒活疫苗一起接种，可以选择任意时间间隔接种。

4. 针剂流感疫苗是 4 价，是不是比 3 价鼻喷更有效啊？

理论上的确是针剂流感疫苗防的病毒更多，但实际上这两种疫苗并没有被优先推荐接种哪种，所以它们处于同等有效的位置。

5. 之前一直接种针剂流感疫苗，今年可以换成鼻喷吗？

可以。但如果是首次接种，并且前一针已经接种了针剂流感疫苗，第二针就不能换鼻喷的了。

除了以上几点，科大大还要提醒的是，流感高发季，两种疫苗都不能百分之百预防流感。家长们务必做好流感的防护工作，尤其是出门一定要戴口罩，少去人多的地方。

狂犬疫苗千千问

孩子被狗抓伤或咬伤后，没出血，也没什么异常，而且过了 24 小时也没发病，就没必要打狂犬疫苗了吧？

很多家长都存在同样的误区，但狂犬病是迄今为止人类病死率最高的急性传染病，一旦发病难以治愈，死亡率几乎为 100%。

据世界卫生组织的报告，全球每年有 55 000 人死于狂犬病，即每 10 分钟就有 1 个人死于狂犬病。

那么，如果孩子不慎被狗咬伤，到底哪种情况需要接种狂犬病疫苗？家长该如何进行紧急处理？这次，科大大一文讲清。

一、2 种暴露不可大意，致命

对于一些喜欢养猫狗的家庭来说，孩子不被宠物抓伤几乎是不可能的。因此很多家长就会在心里犯嘀咕：我家狗打过狂犬疫苗，应该不会有事吧？

大错特错。只要被狗咬过，无论狗有没有打过狂犬疫苗，人都需要注射狂犬疫苗。

目前世界卫生组织把狂犬病暴露分为 3 个等级，其中无须特别担心的情况只有 1 种。

1. 家长无须过度担心的情况

狂犬病 1 级暴露：

①用完好的皮肤接触或喂养动物。

②完好的皮肤被舔舐。

③完好的皮肤接触到狂犬病动物或人含有狂犬病病毒的分泌物/排泄物。

简单说，就是当确保孩子是用完好的皮肤喂养、接触动物时，无论该动物是否有狂犬病，都不会被传染到狂犬病病毒。但绝大多数人并没办法确保孩子在接触动物时，皮肤上没有伤口。

所以，当不能确认皮肤是否完好时，还是建议家长带孩子去医院，让医生判断是否需要打疫苗。

2. 可直接去打疫苗的情况

狂犬病 2 级暴露：

①裸露的皮肤被轻咬。

②无出血的轻微擦伤或抓伤。

2 级暴露虽然算是轻度咬伤，却是家长们特别容易忽略的点。像被狗轻咬皮肤，或者只有抓伤但没出血这种情况，绝大多数家长都觉得无所谓。但实际上，皮肤是人体防止狂犬病毒进入的唯一保护屏障。一旦破损，狂犬病毒就会马上进入体内。创口虽小，实则很严重。无论有没有流血，都一定要去打狂犬疫苗。

狂犬病 3 级暴露：

①有单处或多处贯穿皮肤的咬伤。

②破损皮肤被舔舐。

③开放性伤口或黏膜被唾液污染，如被狗舔舐后，手上唾液没有擦干净就揉眼睛等。

3 级暴露，也就是被咬破皮、流血，或者是被舔到伤口的特殊情况。

这种情况大多数家长都能意识到要带孩子去打狂犬疫苗，但是到底在多长时间内打最有效呢？

专家的建议是，尽量在 24 小时内接种狂犬疫苗，一定要越快越好。2 级和 3 级暴露都是这个时间。这里虽然给出了一个最佳接种时间，但并不代表过了 24 小时，接种就没有意义了。只要在孩子还没发病前打疫苗，都是有一定效果的。只是时间拖得越晚，疫苗保护的效果就越差，致死的风险就会越高。

科大大总结如下。

★ 1级暴露时：要确保孩子接触部位皮肤完整，无破损。如不能确保皮肤完整性，要及时去医院。

★ 2级暴露、3级暴露时：都需接种狂犬疫苗，并且越快接种效果越好。

二、3种对症处理，紧急时刻能保命

如果孩子不慎被狗咬伤，家长也不要把希望只寄托在疫苗上。

一位奶奶在宝宝被狗咬伤后，立马就近找到水龙头，对着伤口持续冲洗了30分钟，才拉宝宝去打疫苗。这种水流冲洗的机械力量能有效减少伤口的病毒残留量，大大降低了病毒的入侵。

因此，面对宝宝不同等级的狂犬病暴露，科大大也给各位家长支几招。

1.属于1级暴露时，接触部位皮肤状态完好

此时，需要洗干净被狗舔舐、与狗接触的部位。如果舔舐部位是手，在没清洗前，千万不要让宝宝把手放在口腔、会阴、肛门等黏膜处，或者尚未愈合的伤口处，这些行为都可能传播病毒。

2.属于2级暴露时，破皮没流血的情况

①处理伤口。

首先，冲洗前应先挤压伤口，排出可能带病毒的污血，但绝不能用嘴去吸。

其次，必须用肥皂水或其他弱碱性清洗剂和一定压力的流动清水，如自来水交替清洗咬伤和抓伤的伤口。

一般狗、猫咬的伤口都是外口小、里面深，所以必须掰开伤口，让其充分暴露，冲洗完全。每处伤口至少冲洗15分钟以上，冲洗伤口周围15 cm的区域，最后用生理盐水冲洗伤口。

②接种狂犬疫苗。

处理好伤口后，带宝宝去医院接种狂犬疫苗。

我国常用的狂犬疫苗是五针法，在受伤的当天，以及第3、7、14和28天各接种1剂，共接种5剂。不过由于接种次数多，且周期长达1个月，很

多人会忘记或者耽误了后续接种针次，最后的效果就可能会受到影响。家长们可千万要避免出现这个问题。

3. 属于 3 级暴露时，破皮 + 流血的情况

3 级暴露属于最严重的咬伤状态。这时除自行处理伤口外，还要带宝宝去医院犬科门诊，进行专业的伤口缝合。同时，接种疫苗时一定要提醒医生，再注射一下狂犬病免疫球蛋白。

我们都知道狂犬病疫苗一般在注射到 3 ～ 4 针时才开始产生抗体，发挥保护作用。而狂犬病免疫球蛋白一般在注射之后，可以立马起到保护的作用。因此，面对最严重的狂犬病 3 级暴露，注射狂犬病免疫蛋白非常有必要。

这里就比较推荐"2-1-1 针法"，也叫"4 针法"。这种方法是在受伤当天接种 2 针狂犬疫苗，左、右胳膊各打 1 针，在第 7 天和第 21 天再分别打 1 针。

"2-1-1 针法"更适用于那些就诊时间相对较晚、咬伤比较严重的患者。不过具体使用哪种接种方法，还是要听从专业医生的具体建议。

三、狂犬病疫苗三大问题

狂犬病是少数一旦发作，就无药可救的疾病之一。对此很多家长表现得比较恐慌，有很多问题，所以科大大给大家解决最高频的 3 个问题。

1. 接种过狂犬病疫苗后，再次被狗咬伤还需要再打疫苗吗？

一般情况下，全程接种狂犬病疫苗后，体内抗体水平可维持至少 1 年。

①接种疫苗过程中再次暴露者：继续按照原有程序完成全程接种，不需加大剂量。

②全程免疫后，6 个月内再次暴露者：一般不需要再次免疫。

③全程免疫后，6 个月～ 1 年内再次暴露者：应当于 0 和 3 天各接种 1 剂疫苗。

④全程免疫后，在 1 ～ 3 年内再次暴露者：应当于 0、3、7 天各接种 1 剂疫苗；超过 3 年者应当全程接种疫苗。

2. 孕妇狂犬病暴露后接种狂犬疫苗，会对胎儿产生影响吗？

因为狂犬病是致死性疾病，因此孕妇被狗、猫伤后也应尽早接种狂犬病疫苗。

有资料研究表明，使用合格狂犬病疫苗一般不会给孕妇带来不良反应，也不会影响胎儿，不需要人工流产。

3. 接种狂犬病疫苗后，要注意些什么？会有不良反应吗？

接种狂犬病疫苗后 24 小时内，注射部位出现红肿、疼痛、发痒，一般不需要处理即可自行缓解。部分人可能有轻度发热、无力、头痛、眩晕、关节痛、肌肉痛、呕吐、腹痛等症状，不过一般不需要处理，即可自行消退。

还有一些大家比较关注的问题。

①狂犬病的潜伏期有多久？

潜伏期长可达数月，短为数天。从我国现有的狂犬病病例来看，大多数病例的潜伏期为半年以内，一般为半个月至 3 个月。

②狂犬疫苗延迟接种应该怎么办？

接种狂犬疫苗期间，某一针出现延迟一天或数天注射，其后续针次接种时间按原免疫程序间隔时间相应顺延，无须重新接种。

对于暴露后的疫苗接种，应严格按照程序时间，完成全程接种。一周内完成前 3 针剂接种，对于快速产生抗体极其重要。